全国高等医药院校医学检验技术专业第四轮规划教材

U0694543

临床检验仪器

第3版

（供医学检验技术专业使用）

主　编　李　莉　胡志东

编　者（以姓氏笔画为序）

王丽丽（山东大学齐鲁医院）
王晶莹（吉林大学中日联谊医院）
邓明凤（华中科技大学同济医学院附属荆州医院）
许　雯（上海交通大学附属第一人民医院）
孙桂荣（青岛大学医学部）
杨　柳（空军军医大学第一附属医院）
李　莉（上海交通大学附属第一人民医院）
李永哲（北京协和医学院北京协和医院）
邱　玲（北京协和医学院北京协和医院）
沈　霞（上海交通大学医学院附属新华医院）
张　义（山东大学齐鲁医院）
张时民（北京协和医学院北京协和医院）
陈　辉（重庆医科大学附属第一医院）
陈　瑜（浙江大学医学院附属第一医院）
陈保德（浙江大学医学院附属第一医院）
郑　磊（南方医科大学南方医院）
赵明海（南方医科大学南方医院）
郝晓柯（空军军医大学第一附属医院）
胡志东（天津医科大学总医院）
侯玉磊（重庆医科大学附属第一医院）
夏良裕（北京协和医学院北京协和医院）
郭　玮（复旦大学附属中山医院）
黄　盛（上海交通大学附属第一人民医院）
谢　风（吉林大学中日联谊医院）
虞　倩（复旦大学附属中山医院）

秘　书　孔海芳（天津医科大学总医院）

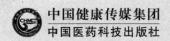

中国健康传媒集团
中国医药科技出版社

内 容 提 要

本教材是“全国高等医药院校医学检验技术专业第四轮规划教材”之一，全书共 18 章，主要介绍了临床检验仪器的历史、展望、仪器的基本结构和检测原理、仪器的种类及特点、仪器的功能和应用以及质量管理与维修保养。各章均有学习要求，包括学生应该重点掌握、熟悉和了解的内容，以指导学生提纲挈领、掌握重点。本教材为书网融合教材，即纸质教材有机融合电子教材、教学配套资源（PPT、微课、视频、图片等）、题库系统、数字化教学服务（在线教学，在线作业）。

本教材主要供高等医药院校医学检验技术专业师生使用，也可作为临床检验人员日常工作、继续教育和职称考试的参考书。

图书在版编目（CIP）数据

临床检验仪器/李莉，胡志东主编 . —3 版 . —北京：中国医药科技出版社，2019. 12
全国高等医药院校医学检验技术专业第四轮规划教材
ISBN 978 - 7 - 5214 - 1213 - 0

Ⅰ. ①临…　Ⅱ. ①李…　②胡…　Ⅲ. ①医用分析仪器 - 医学院校 - 教材　Ⅳ. ①TH776

中国版本图书馆 CIP 数据核字（2019）第 289247 号

美术编辑　陈君杞
版式设计　友全图文

出版　**中国健康传媒集团** | 中国医药科技出版社
地址　北京市海淀区文慧园北路甲 22 号
邮编　100082
电话　发行：010 - 62227427　邮购：010 - 62236938
网址　www. cmstp. com
规格　889 × 1194 mm $^{1}/_{16}$
印张　21
字数　469 千字
初版　2010 年 3 月第 1 版
版次　2019 年 12 月第 3 版
印次　2023 年 8 月第 2 次印刷
印刷　三河市万龙印装有限公司
经销　全国各地新华书店
书号　ISBN 978 - 7 - 5214 - 1213 - 0
定价　62. 00 元

数字化教材编委会

主　编　李　莉　胡志东

编　者　（以姓氏笔画为序）

王　红（湖北中医药高等专科学校）
王晶莹（吉林大学中日联谊医院）
孔海深（浙江大学医学院附属第一医院）
邓明凤（华中科技大学同济医学院附属荆州医院）
邓垂文（北京协和医学院北京协和医院）
许　雯（上海交通大学附属第一人民医院）
孙桂荣（青岛大学医学部）
李　莉（上海交通大学附属第一人民医院）
李永哲（北京协和医学院北京协和医院）
李秋晨（上海交通大学附属第一人民医院）
吴刚珂（华中科技大学同济医学院附属荆州医院）
邱　玲（北京协和医学院北京协和医院）
沈　霞（上海交通大学医学院附属新华医院）
张　义（山东大学齐鲁医院）
张时民（北京协和医学院北京协和医院）
陈　辉（重庆医科大学附属第一医院）
陈　瑜（浙江大学医学院附属第一医院）
易　斌（中南大学湘雅医院）
郑　磊（南方医科大学南方医院）
赵明海（南方医科大学南方医院）
赵金艳（上海交通大学附属第一人民医院）
郝晓柯（空军军医大学第一附属医院）
胡志东（天津医科大学总医院）
郭　玮（复旦大学附属中山医院）
黄　盛（上海交通大学附属第一人民医院）
董召刚（山东大学齐鲁医院）
谢　风（吉林大学中日联谊医院）

秘　书　孔海芳（天津医科大学总医院）

出版说明

全国高等医药院校医学检验技术专业规划教材是在教育部、国家药品监督管理局的领导和指导下，在广泛调研和充分论证基础上，由中国医药科技出版社组织江苏大学医学院、温州医科大学、中山大学中山医学院、华中科技大学同济医学院、中南大学湘雅医学院、广东医科大学、上海交通大学医学院、青岛大学医学部、广西医科大学、南方医科大学、中国人民解放军总医院等全国20多所医药院校和部分医疗单位的领导和专家成立教材建设委员会，在出版社与委员会专家共同规划下，由全国相关院校的专家编写出版的一套供全国医学检验技术专业教学使用的本科规划教材。

本套教材坚持"紧扣医学检验专业本科教育培养目标，以临床实际需求为指导，强调培养目标与用人需求相结合"的原则，近20年来历经三轮编写修订，逐渐形成了一套行业特色鲜明、课程门类齐全、学科系统优化、内容衔接合理的高质量精品教材，深受广大师生的欢迎，为医学检验技术专业本科教育做出了积极贡献。

本套教材的第四轮修订，是在我国高等教育教学改革的新形势和医学检验专业更名为医学检验技术专业、学制由5年缩短至4年、学位授予由医学学士变为理学学士的新背景下，为更好地适应新要求，服务于各院校教学改革和新时期培养医学检验专门人才需求，在2015年出版的第三轮规划教材的基础上，由中国医药科技出版社于2019年组织全国40余所本科院校300余名教学经验丰富的专家教师不辞辛劳、精心编撰而成。

本轮修订教材含理论课程教材10门、实验课教材6门，供全国高等医药院校医学检验技术专业教学使用。具有以下特点：

1.适应学制的转变 第四轮教材修订符合四年制医学检验技术专业教学的学制要求，为目前的教学提供更好的支撑。

2.坚持"培养目标"与"用人需求"相结合 紧扣医学检验技术专业本科教育培养目标，以医学检验技术专业教育纲要为基础，以国家医学检验技术专业资格准入为指导，将先进的理论与行业实践结合起来，实现教育培养和临床实际需求相结合，做到教师好"教"、学生好"学"、学了好"用"，使学生能够成为临床工作需要的人才。

3.充实完善内容，打造教材精品 专家们在上一轮教材基础上进一步优化、精炼和充实内容。坚持"三基、五性、三特定"，注重整套教材的系统科学性、学科的衔接性。进一步精练教材内容，突出重点，强调理论与实际需求相结合，进一步提高教材质量。

4. 书网融合，使教与学更便捷更轻松 全套教材为书网融合教材，即纸质教材与数字教材、配套教学资源、题库系统、数字化教学服务有机融合。通过"一书一码"的强关联，为读者提供全免费增值服务。按教材封底的提示激活教材后，读者可通过PC、手机阅读电子教材和配套课程资源（PPT、微课、视频等），并可在线进行同步练习，实时反馈答案和解析。同时，读者也可以直接扫描书中二维码，阅读与教材内容关联的课程资源，从而丰富学习体验，使学习更便捷。教师可通过PC在线创建课程，与学生互动，开展在线课程内容定制、布置和批改作业、在线组织考试、讨论与答疑等教学活动，学生通过PC、手机均可实现在线作业、在线考试，提升学习效率，使教与学更轻松。此外，平台尚有数据分析、教学诊断等功能，可为教学研究与管理提供技术和数据支撑。

编写出版本套高质量的全国高等医药院校医学检验技术专业规划教材，得到了相关专家的精心指导，以及全国各有关院校领导和编者的大力支持，在此一并表示衷心感谢。希望本套教材的出版，能受到全国高等医药院校医学检验技术专业广大师生的欢迎，对促进我国医学检验技术专业教育教学改革和人才培养做出积极贡献。希望广大师生在教学中积极使用本套教材，并提出宝贵意见，以便修订完善，共同打造精品教材。

中国医药科技出版社

2019年10月

建设委员会

前言

QIANYAN

近 20 年来检验医学快速发展，从检验项目、质量管理和标准化等方面为临床提供了规范、全面和高度准确的检验数据，在人们的健康保健、疾病预测、病因和发病机制研究以及临床诊断、预后判断、疗效观察和复发监测中发挥着日益重要的作用。检验医学之所以能够从化验室有限的手工数据发展到如今集血液体液、临床生物化学、临床免疫学、临床微生物学和分子生物学检验多专业齐备的学科，得益于体外诊断仪器和试剂的发展，自动化、信息化和流水线彻底改变了实验诊断的模式。临床检验仪器包括，从显微镜、血细胞分析仪、血栓与止血仪、尿液分析仪到流式细胞分析仪，从血气和电解质分析仪色谱分析仪、原子光谱仪到生化分析仪，从电泳仪、酶免分析仪、免疫比浊仪到化学发光仪，微生物培养与鉴定仪、核酸检测仪和实验室自动化系统以及 POCT 分析仪等。它们的结构和工作原理各不相同，型号、种类、方法学繁多。因此，临床检验仪器学已经成为检验专业学生、检验工作者、临床医生、仪器工程师和相关管理者的必修课。检验工作者应该了解临床检验仪器的种类、基本结构、工作原理、使用方法、质量管理程序和应用范围的重要知识。

随着检验医学的发展，许多医学院校增设了检验专业，检验仪器的课程设置也应运而生。为了能够为检验专业的学生、检验技术工作者、仪器维修工程师提供学习蓝本，老一代检验专家和学者开创性地编写了《临床检验仪器》。本书出版多年来，为广大检验人员从检验仪器入门到深入了解和拓宽知识提供了启蒙工具。

本次修订是在前一版的基础上，编委们根据检验专业教学的需求，临床仪器的更新、升级和新型仪器的出现，调整了结构比例，新增了章节，图文并茂，力求在保证基本仪器内容的基础上，尽可能做到新而全，以满足检验仪器的学习需求。全书以仪器的基本功能为依据分为 18 章，详细介绍了每章所涉及仪器的历史和发展，仪器的基本结构和检测原理、种类及特点、功能和应用以及质量管理与维修、保养。各章均有学习要求，包括学生应该重点掌握、熟悉和了解的内容，以指导学生提纲挈领、掌握重点。为清晰明了仪器的发展史，书中以编年史形式列出。有关仪器应用的质量管理将在本套教材的《临床实验室管理》一书中详细介绍。本教材为书网融合教材，即纸质教材有机融合电子教材、教学配套资源（PPT、微课、视频、图片等）、题库系统、数字化教学服务（在线教学、在线作业）。

愿本书能够成为临床检验学子的良师益友和得心应手的工具。由于编者专业水平和编写时间有限，书中难免存在缺漏之处，敬请各位专家及读者批评指正。

编　者

2019 年 12 月

目录

MULU

第一章 概 论

教学目标与要求

掌握 仪器在医学实验室的重要作用和临床检验仪器的主要结构及性能评价指标。
熟悉 临床检验仪器的分类、质量管理和维修保养。
了解 临床检验仪器的现状和发展方向。

扫码“看一看”

第一节 仪器在检验医学中的重要作用

扫码“学一学”

从十七世纪末荷兰人列文虎克（Antony van Leeuwenhoek）发明简单显微镜用于观察微生物形态至今已过去三百多年。在这三百多年时间里，临床检验诊断仪器有了长足的进步，尤其是近三十年，随着基础医学和生命科学的快速发展，对疾病发生发展的认识不断深刻，新的治疗方法层出不穷，因此，对临床检验提出了更高的要求。物理学、生物化学、分子生物学、免疫学、蛋白组学、基因组学、光学、仪器材料和精密仪器制造、电子、计算机及芯片等科学和技术的推陈出新，化学发光、荧光偏振、分子标记、生物传感、生物芯片、质谱分析等高新技术产品进入临床实验室，灵敏度高、速度快、稳定性好、样本量少、操作方便和高通量、多参数的检验仪器大大提升了检验能力和水平。推动着医学实验室向自动化、智能化、高度兼容和个性化发展，为临床提供了准确、灵敏、及时的实验诊断保障，支撑了临床医学向着精准和个体化发展。

一、仪器是实验室工作的主要工具

人体是一个复杂的有机体，含有成千上万种物质，这些物质的正常与否和量的变化与人体健康或疾病密切相关，检测这些物质的质和量是了解健康状况、诊断疾病、判断病情、选择治疗方案、预测预后、监测复发以及开发药物、寻找病因、探究发病机制和流行病学调查、健康管理的基础。自1684年准确描述红细胞，人类开启了探究人体奥秘的历程，仪器成为工具进入人体检测领域。随着社会和科学的进步，医学实验室由简单的借助显微镜观察形态、利用化学反应和物理手段检测血液、尿液成分的化验室，升级到有显微镜、分光光度计、滴定仪、电泳仪等简单设备以及后来的半自动分析仪和全自动分析仪，直至近三十年临床检验获得突飞猛进的发展，全自动、流水线，流式细胞仪、基因测序仪、质谱仪等逐渐成为医学实验室的常用设备。传统的临床检验技术分工模式被临床检验仪器的“全实验室自动化”和“模块化”所替代，检测仪器功能越来越多样化、操作越来越容易，一些POCT设备可以由病人及其家属或急救人员在家中、现场或者床边使用，其方便、人性化和及时性的特点使其成为健康管理和急救的有力助手。

（一）检验仪器助推临床实验室发展

当前，检验医学已经进入自动化、集成化和信息化的时代，疾病诊断、病情监测、疗效评估和预后判断都离不开检验医学技术的支持。检验仪器同检验医学共生共赢。显微镜是形态学检验的重要工具，从诞生的第一天起就在微生物检验中发挥作用，如今依然是血液、体液和微生物检验不可或缺的工具，同时荧光显微镜在自身抗体核型、感染标志物抗原抗体检测和 FISH 染色体 DNA 定性、定量或相对定位分析中发挥重要作用。血细胞分析仪目前已发展到不仅检测血液还能检测体液标本，分析参数达 30 余项，一些仪器还能检测特定蛋白如 CRP 或 SAA 等，也有增加了荧光检测通道，同时做 T 淋巴细胞定量计数。是临床检验须臾不可离开的仪器，为健康保健、贫血、感染、血液病等辅助诊断和监测提供重要依据。尿液分析仪包括尿干化学、尿有形成分分析仪同样是临床检验最常用仪器，为健康评估、肾脏与泌尿生殖道各种疾病、肾功能和代谢性疾病提供参考。占据临床检验仪器半数以上的生化分析仪，免疫分析仪包括酶联免疫分析仪、各种化学发光或时间分辨荧光仪、基于荧光微球点阵技术的液相芯片蛋白分析仪、蛋白印迹分析仪和电泳仪、高效液相色谱法仪，分析型和分选型流式细胞分析仪等在生命科学研究、流行病学和预防医学以及临床疾病诊断、鉴别诊断、疗效和复发监测、预后判断中提供着大量、准确和及时的数据，发挥着中流砥柱的作用。

得益于仪器的发展和信息系统以及软件的进步，微生物检验也实现了半自动甚至全自动化。体液标本自动涂片、染片仪，细菌培养、鉴定仪，药敏分析仪和基质辅助激光解吸电离飞行时间质谱仪，实现了微生物涂片、培养、鉴定和药敏检测的革命，成为感染诊断和抗生素合理使用、耐药监测和院感管理的有力助手。精密分析仪也由液相色谱（LC）、气相色谱（MS）发展到高效液相色谱串联质谱仪（LC/MS－MS），应用也从药物分析发展到激素、氨基酸、维生素等小分子检测，解决了现有仪器在低浓度、小分子物质检测能力不足的问题，在精准医学的进程中向前迈进了一大步。检验医学领域最新也是最具潜力的仪器当属分子生物检测，基因扩增技术推动了感染性疾病诊断的发展，在越来越多检测项目和日益简便、快速仪器的支撑下，细菌及其耐药基因、病毒、支原体、衣原体等的核酸检测已成为检验常规，HBV、HPV 和 HCV 核酸分型和不断突破的检测下限，成为药物治疗和疗效监测的依据，为肝炎防治和肝癌、宫颈癌发病率的下降作出了贡献。测序技术为检验的发展创造了机遇，也对检验工作提出了新的挑战。微生物全基因组测序，代谢病、遗传病、血液病、肿瘤及其药物基因等相关的基础知识，测序的理论和技术，检测方法的建立，生物信息和数据分析甚至报告解读，都是全新的领域，需要从头学习和探索。实验室质量管理、技术指南、临床应用规范等也有待建立。

（二）检验仪器自动化提高了临床实验室检验水平

目前，国内大中型医疗机构已步入全自动、流水线时代，将各种功能的一台或多台单机仪器设备连接为一体，通过软件系统实现实验室检验一体化。从标签打印、粘贴、采血管自动选择到样本轨道或气动传输的前处理流水线，实验室内样本自动分拣、离心、分杯、二次贴标签、脱盖、检测、审核、复测的分析中流水线，直至复盖、储存、自动出样丢弃的分析后流水线，实现了检验全自动化。这种形式的流水线应用最多的是生化免疫检测，也有连接凝血仪或者血细胞分析仪。血细胞分析流水线是在分析中环节以血液分析仪连接自动涂片、染片和自动阅片仪组成，分别与前处理流水线和（或）后处理流水线相连接。尿液分析仪流水线则是在分析中环节以轨道连接尿干化学分析仪和尿有形成分分析仪。一方面，加快了速度、减少了误差，另一方面，质量和管理能力的提升为技术人员提供了更多学习和创新的时间与空间。微生物检验流水线将以其崭新的面貌出现，从样本接收、处理、涂片、接种、染片的自动化开始，到培养、鉴定、读片、分析和专家报告系统的全自动化，将繁杂、多环节、多种技术、多台不同的仪器连接在一条线上，是临床检验最受欢迎也是最为期待的。分子生物流水线则集合了样本前处理、扩增、分析于一体。时代在前进，精准医疗和个体化医疗以及医联体建设和健康中国战略在召唤。现代化医学实验室，没有检验仪器就无法开展工作，医疗工作也无法进行，因此，学好检验仪器是做好检验的第一步。实验仪器进入医学实验室是基于临床的需求和实验技术的创新发展，也推动着临床医学的发展。先进的仪器需要检验人员学习、掌握和应用，也是检验仪器不断创新发展的前提。

（三）检验仪器的发展是临床检验能力提升的基础

随着临床检验仪器更新换代，检测的自动化、数字化，样本的微量化、人性化和结果报告的智能化水平不断提高。工作模式的改变使得检验工作的重心向着质量管理和临床服务能力高水平、检验项目个体化发展，为临床提供更全面、更深入、更准确及时的服务，主要体现如下。①检验速度加快：检验仪器的推陈出新和自动化使检测容量大大提升，项目数限制速度的时代已成为历史。②检验项目与日俱增：得益于各种检验仪器的临床应用，在对“三大常规”尚存记忆的同时，检验为临床提供的项目已达千余项。③服务能力不断拓展：检验能力在“三大常规”为基础的血液、体液检验上，已普及了心肝肾功能、内分泌功能、凝血功能、血小板功能和免疫功能分析，心肌损伤、肝和肾损伤、电解质、血气、代谢紊乱检测、贫血与血液病诊断和免疫分型、自身抗体和过敏原检测，各种病原体核酸和抗原抗体检测以及培养与鉴定、药敏分析与耐药监测，器官移植配型，代谢病、遗传病、血液病基因检测，药物浓度、肿瘤标志物、药物基因检测等，覆盖了从形态学到分子水平的各个领域。④检验质量和标准化程度提高：自动化、流水线和配套试剂及其同时发展的软件系统、ISO15189 体系的建立使仪器检验质量、标准化和规范化水平大大提高。检验项目的参考范围更趋一致，实验室间结果的可比性不断提高，为检验结果的互认提供了保障。

二、合适仪器是实验室水平和质量的保证

近年来，医疗技术的发展势头迅猛，相应的设备仪器也得到了更新换代，但无论如何发展，都离不开医学检验仪器的发展，合适的仪器是临床实验室水平和质量的保证。临床实验室必须根据本实验室的实际情况，充分了解仪器的原理和适合检测的项目，综合考虑仪器的特性、准确性、精密度、故障率、运行速度、仪器价格、售后服务、试剂使用等因素，选择适合于本实验室实际情况的仪器。仪器的选择并不是临床实验室经常进行的工作，但是十分重要，拥有一台性能良好的仪器或流水线是实验室工作顺利、故障率低、结果正确、很好完成实验室任务的保证。

扫码“学一学”

第二节　临床检验仪器的分类和主要结构

一、临床检验仪器的分类

由于临床检验仪器的分类标准、分类原则、分类用途不一，不同领域的分类分歧很大，

因此，检验仪器分类繁杂，目前尚缺乏为该领域专家所接受的统一的临床检验仪器分类方法。从大类上讲，临床检验仪器一般分为直接检验仪器和辅助检验仪器；国家管理部门对检验仪器的分类可分为一类管理的仪器、二类管理的仪器和三类管理的仪器；医疗机构设备管理部门对检验仪器的分类可分为一般仪器设备、大型精密贵重设备和工程项目三类；从以临床实验的方法为主对临床实验室仪器进行分类可分为目视检验、化学检验、自动化技术检查等仪器；从以检验仪器的工作原理为主对临床仪器进行分类可分为力学式实验仪器、电化学式实验仪器、光谱分析实验仪器、波谱分析实验仪器等；从以临床主要用途进行分类可分为形态学检查仪器、临床检验常规仪器、生物化学分析仪器、细胞和分子生物学分析仪器、临床微生物检验仪器、临床免疫检验仪器、其他临床检验仪器等。无论哪种分类方法，都各自强调了其领域的特点和应用，都有其优点和一定的局限性、交叉性和不完善性。本教材考虑到临床教学的需要和临床检验仪器在临床实践中的主要用途，将临床检验仪器分为：①医用显微镜；②血细胞分析仪；③血栓与止血分析仪；④流式细胞仪；⑤尿液分析仪；⑥生化分析仪；⑦血气和电解质分析仪；⑧电泳分析仪；⑨色谱分析仪；⑩原子光谱分析仪；⑪酶免疫分析仪；⑫化学发光和荧光免疫分析仪；⑬免疫比浊分析仪；⑭微生物培养与鉴定系统；⑮核酸检测分析仪；⑯POCT 分析仪；⑰实验室自动化与信息化系统。

二、临床检验仪器的主要结构

临床检验仪器通常是集光学、机械物理、电子学于一体的综合性仪器，其主要结构构成了仪器的核心。虽然品种繁多的临床检验仪器各有其特点、特性和临床用途，但主要结构的功能和技术要求有很多共同之处，概括讲包括：样品前处理系统、取样加样装置、预处理系统、分离装置、检测系统、信号处理系统、显示系统、补偿装置和辅助装置等。

（一）取样加样装置

是获取待检测样品并加入检测仪器的装置。检验仪器的取、加样装置就是吸样、加样器。不同的检测目的对样品的要求不同，因此，对进样器的材料、精度的要求也不尽相同。根据自动化程度，进样器又有手动、半自动和全自动之分。

（二）预处理系统

预处理系统是先将样品进行一系列预处理，以满足检测系统对样品的各种状态要求的装置。如样品的温度调节、血标本的离心、甚至分子存在状态的要求等。有时还需进一步除去水分和机械杂质、血基质等。一般包括冷却器或恒温器、过滤器、净化器和保持仪器选择性的某种物理方法、化学方法、生物学方法的处理装置，如气化转化、呈色反应、裂解、抗原抗体反应、酶促反应等。其任务是保证进入检验仪器的样品具有代表性、不含干扰成分、符合检验技术要求。

（三）分离装置

在各种能同时检测多种组分的检测仪器中基本都设有分离装置，这里的“分离”，既包括样品本身各化学组分的分离，也包括能量的分离。将样品各个组分加以机械分离或物理区分的装置都属分离装置。分离装置的技术要求主要是分辨率，分辨率决定了各组分检测仪器性能。如色谱仪中的色谱柱、电子探针中的电子光学系统、光学式检验仪器中的分光系统。质谱仪利用电场或磁场的变化使带一定电荷的、不同质量数的离子沿不同的轨迹运动的待测物被分离，既含组分分离又含能量分离。

（四）检测器

是检测仪器的核心部分。工作时根据样品中待测组分的含量发出相应的信号，这种信号多数是以电参数输出的。如光电比色计中的光电池，分光光度计和流式细胞仪的光电倍增管，电导式检测仪中的电导池，热导式检测仪中的热导池等。一台检测仪器的技术性能，特别是单组分检测仪器的技术性能，在很大程度上取决于检测器。有些仪器中的检测器由几个部件共同构成，如流式细胞仪样本自流动池流出后，在检测区受到激光或紫外光光源激发，发出散射光和荧光信号，收集这些信号的探测器设置在检测区的不同部位。因此，将流动池、检测区和光源统称为检验系统。

（五）信号处理系统

是指信号从检测器发出到显示过程中的一系列中间环节。从检测器输出的信号是多种多样的，有电流、电压、电阻、电或磁感应、频率、压力和温度等种种变化，特别是电参数的变化最为普遍。通过探测和测量这些变化，间接地确定待检测样品中组分含量的变化。通常把测量这些变化的装置称为测量装置。

（六）显示装置

是把检测结果显示出来的装置，一般有模拟显示和数字显示两种。模拟显示是在刻度盘上由指针模拟信号的变化连续地指出结果，或由记录笔描绘出信号的变化曲线。这种显示装置多采用电压表、电流表或带自动记录的电子电位差计等，以传统方法显示，如分光光度计、比浊仪。具有直观、易比较的特点，但精度低，读数误差较大。而数字显示是将处理后的信号，用数字、符号和（或）图像显示，新一代检验仪器大多是数字显示如生化分析仪、免疫分析仪，更多的仪器是图像和数字同时显示，如血液分析仪、流式细胞仪、电泳仪、质谱仪、实时荧光定量 PCR 仪等。

（七）补偿装置

补偿装置的作用是消除或降低外界因素或样品状态对检测的影响，特别是温度、环境、光谱和样品的特性等对检测的影响。补偿装置多是在信号处理系统引入一个与上述因素波动成比例的负反馈装置。电导式检测仪器，补偿装置用以提高仪器的精度和可靠性，流式细胞仪的补偿装置用以消除不同波长荧光光谱之间的重叠干扰。

（八）辅助装置

是用以仪器保证测量精度、消除或降低干扰而设置的附加装置，如恒温器、稳压电源、磁隔绝装置、稳压阀、降噪器等。目前，大多数检验仪器的辅助装置都采用多中央处理器，通过网络连接及传送，提高运行速度和准确性、稳定性。

（九）样品前后处理系统

是集条形码或二维码标识、进样、分类、离心、开盖、分装、编排、运送、闭盖和存储等工作为一体的装置。在加快速度、提高效率、减少误差和标准化管理中发挥重要作用。

扫码“学一学”

第三节　检验仪器的性能评估指标

仪器的技术和方法学发展的最终目的是最大程度地准确反映待检物的真实水平。因此，性能优良的仪器是实验室选择的目标。目前用于评价仪器方法学和性能的指标主要是灵敏度、精度、噪声、误差、分辨率和重复性等，响应速度、线性范围和稳定性也是考评的重要参数。

一、敏感性

又称灵敏度，广义上讲，敏感度反映该试验正确判别某种疾病的能力，就检验仪器来讲，狭义的灵敏度指仪器在稳态下输出量变化与输入量变化之比，即仪器对单位浓度或质量的被检物通过检测器时所产生的响应信号值变化大小的反应能力，它反映仪器能够检测的最小被测量。通常定义为稳态（被检测量 x 不随时间变化，即 $\mathrm{d}x\mathrm{d}t=0$）时检验仪器输出量变化 Δy 与输入量变化 Δx 之比，即被观测到的变量的增量与其相应的被检测量的增量之比。随着系统灵敏度的提高，噪声和外界因素对检测的干扰越明显，检测的稳定性越低，读数越不可靠。因此，抗干扰能力是仪器检测灵敏度提高的要素。

二、最小检测量

是指检测仪器能确切反映的检测系统中最小物质含量。最小检测量也可以用含量所转换的物理量来表示。如含量转换成电阻的变化，此时最小检测量就是能确切测量的最小电阻量（灵敏度）的变化。

三、误差

任何物理量的测定都不可能是绝对准确的，在测得值与真实值之间总是存在或多或少的差别，即使同一检测人员使用同一台仪器检测同一样品的同一项目，在不同时间或者不同环境条件下得到的结果也不会完全一样，不同结果之间的差异就是误差。检验仪器误差是指检测某物理量时，所测得的数值与真值之间的差异。真值就是一个量所具有的真实数值，因为真值通常是不可知的，所以真值是一个理想概念，实际应用中通常用实际值来替代真值，而实际值是根据测量误差的要求，用更高一级的标准器具测量所得之值。任何检测手段无论精度多高，其真误差总是客观存在，永远不会等于零。当多次重复检测同一参数时，各次的测定值并不相同，因此，真误差也是未知的，这就是误差的不确定性。根据误差来源和性质，可将其分为以下三种情况。

1. 系统误差　是指在确定的测量条件下，误差的数值保持恒定，或在偏离测量条件下，按某个规律变化的误差，即同一量的多次测量中，保持恒定或以可预知方式变化的测量误差。系统误差又称可测量误差或确定性误差，多由检测过程中某些经常性原因引起，对检测结果的影响比较恒定，重复测定会重复出现。系统误差的大小和方向在检测过程中保持不变或按某种规律变化，可预测并可调节和修正。系统误差常用来表示检测正确度，系统误差越小则正确度越高。引起系统误差的主要原因有方法误差、仪器误差、试剂误差、操作误差，可通过对照试验、空白试验、校正试验消除。

2. 偶然误差　也称随机误差，是指在相同测试条件下多次测量同一量值时，绝对值和符号都以不可预知的方式变化的误差。其特点是就特定项目而言产生误差的原因不确定、不固定，往往一时难以察觉，可能与测定过程中相关因素微小的、偶然波动、仪器设备及检测分析人员某些微小变化等所引起。误差的绝对值和符号是可变的，测量值时大时小、时正时负、偶然、随机，多次重复测定才会发现。偶然误差具有统计规律，大量数据观测、统计可以探寻其规律，即服从于正态分布。偶然误差反映测量系统的精密度，随机误差越小，测量精密度越高。

3. 过失误差 是指在一定测量条件下，测量值明显偏离实际值所形成的误差，亦称离群值，或明显超出测定预期的误差，也是明显歪曲检测结果的误差，一般与疏忽或错误操作有关，也称为坏值或粗大误差，应予剔除。

系统误差和随机误差的综合影响决定测量结果的准确度，准确度越高，表示正确度和精密度越高，即系统误差和随机误差越小。

误差的表示方法：一是绝对误差，是测得值 x 与被检测量真值 x 之差。绝对误差只能说明测量值与实际值的偏离情况，能反映误差的大小和方向，但不能反映测量的准确程度，绝对误差具有量纲。

$$\text{绝对误差 } \delta = x - x_0$$

二是相对误差（relative error），是绝对误差与被测量真值之比。相对误差只有大小和符号，无量纲，但它能反映检测工作的精细程度。

$$\text{相对误差 } \delta = \triangle / X_0$$

四、噪声

检测仪器在没有加入被测物（即输入为零）时，仪器输出信号的波动或变化范围即为噪声。仪器中的噪声是一种与检测信号并存的随机变化的电平。引起噪声的原因很多，有外界干扰，如电网波动、周围电场和磁场的影响、环境（温度、湿度、压强）的变化等；有仪器内部因素，如仪器温度变化、元器件不稳定或仪器灵敏度提高等。传输线和屏蔽状况所产生的耦合噪声也属于仪器噪声。噪声发生原理大致可分为电子噪声、辐射源噪声、光电转换器噪声、激光源噪声、样品噪声等。噪声带有频谱特征，有直流、交流、低频和高频之分。噪声表现形式有抖动、起伏或漂移三种，抖动即仪器指针以零点为中心作无规则运动；起伏即指针沿某一中心作大的往返波动；漂移为当输入信号不变时，输出信号发生改变，此时指针沿单一方向缓慢移动。仪器的工作状态可用信噪比来度量，高质量的仪器有较高的信噪比。测量结果良好的精密度和低的检出限是与较大的输出信息和较小的漂移及波动相联系，这与信噪比的概念是一致的。这几种形式的噪声均会影响检测结果的准确性，应力求避免。

五、精确度

又称精度，包含精密度和准确度。是指测量值偏离真值的程度，即测量值与真值的接近程度，是评价测量可靠度或测量结果可靠度的指标。精度常用表达方式有：①最大误差与真值的百分比，如测量误差 3%；②最大误差，如测量精度 ±0.02mm；③误差正态分布，如误差在 0% ~10% 的占比为 65%，误差在 10% ~20% 的占比为 20%，误差在 20% ~30% 的占 10%，误差 30% 以上占 5% 等。精确度是定性概念，误差用高低衡量，误差大则精确度低，误差小则精确度高。检测仪器的精确度是客观存在的，体现在误差之中。从仪器测量误差的角度讲，精度是仪器测量值的随机误差和系统误差的综合反映，其大小用不确定度来衡量。

不确定度 = 总误差 = 仪器随机误差 + 仪器系统误差

不确定度愈小的测量结果，准确度越高，即仪器的精确度就越高，这时测量数据比较集中在真值附近，即精确度包含了精密度、正确度。

了解精密度和正确度概念是理解仪器性能的基础。精密度是指多次测量结果互相接近的程度，是在规定条件下独立测试结果间的一致程度。仪器精密度由随机误差的分布决定，与真值或接受参照值无关。随机误差愈小，测量值分布越集中，标准差就越小，测量精密度越高。通常用偏差（算术平均偏差或标准偏差）来衡量，最常用的是标准差，精密度越低，标准差越大。在检验中也可用室内重复性、中间精密度、协同试验、极差试验、变异系数等方法确定精密度。正确度是指由大量测试结果得到的平均数与被测物“真值”之间的一致程度或相近程度。指检测仪器实际测量与理想测量的符合程度，是对仪器系统误差大小的评价。通常以偏倚表示，偏倚小则正确度高，偏倚大则正确度低。正确度的验证可用标准方法、标准物质、回收率、偏倚试验等。字面上准确度和正确度的概念容易混同，但从试验误差理论解释就容易理解。试验误差分为随机误差和系统误差两大类，准确度试验是由随机误差的分量和系统误差的分量（即偏倚）组成。而精密度试验是对随机误差分量的度量，常以标准差表示，标准差越大，精密度越低。正确度和精密度是检验仪器两个不同的精度指标，前者表示仪器的实际检测曲线偏离理想检测曲线的程度，后者则表示仪器实际检测曲线对其平均值的分散程度，即工作的精细程度或可靠程度。任何检验仪器必须有足够的精密度，而正确度不一定要求很高，因为首先要保证仪器工作可靠，而正确度可以通过调整或加入修正量来校准。正确度和精密度的综合构成了检验仪器的精度。

六、可靠性

是指仪器在规定的时间内及在保持其运行指标不超限的情况下执行其功能的能力，是反映仪器耐用性的综合指标。其中包含了在规定的时间内、规定的条件下、完成规定内容的可能性和稳定性。可靠性评价可以使用概率指标或时间指标，包括可靠度、失效率、平均无故障工作时间等。可靠度是指产品在规定条件下和规定时间内，完成规定功能的概率。失效率是指仪器在规定条件下和规定时间内，丧失规定功能的概率，也称为不可靠度。平均无故障时间指在标准工作条件下不间断地工作，直到发生故障而失去工作能力的时间，如果取若干次（或若干台仪器）无故障时间求其平均值，则为平均无故障时间，表示相邻两次故障间隔时间的平均值。

七、重复性

是指在同一检测方法和检测条件（仪器、设备、检测者、环境）下，在一个不太长的时间间隔内，连续多次检测同一样本的同一参数，所得到的数据的分散程度，即批内精密度。重复性与精密度密切相关，反映一台设备固有误差的精密度。

八、分辨率

是指仪器设备能够感觉、识别或探测的输入量或增量（或能产生、能响应的输出量）的最小值。例如光学系统的分辨率就是光学系统可以分清的两物点间的最小间距。

分辨率是仪器设备的重要性能指标，是决定仪器精度的关键，要提高仪器检测的精密度，必须相应地提高其分辨率。

九、测量范围和示值范围

测量范围指在允许误差极限内仪器所能测出的被测量值的范围。检测仪器指示的被测量值为示值。从仪器所显示或指示的最小值到最大值的范围称为示值范围即所谓仪器量程，量程大则仪器检测性能好。

十、线性范围

是指输入与输出成正比例的范围，也就是呈直线的反应曲线所对应的物质最低值到最高值含量的范围。

十一、响应时间

是指从被检测量发生变化到仪器给出正确示值所需要的时间，通常响应时间越短越好，如果被检测量存在于液体中，则响应时间与被测溶液离子到达电极表面的速率、被测溶液离子的浓度和介质的离子强度等因素有关。

十二、频率响应范围

是指为了获得足够精度的输出响应，仪器所允许的输入信号的频率范围。

第四节 检验仪器的质量管理和维护保养

扫码“学一学”

一、检验仪器的质量管理

检验仪器的质量管理就是检测、分析仪器使用过程中与分析、误差控制有关的各个环节，是防止不可靠结果产生而采取的一系列手段和步骤。实验室的质量管理目标是，通过一系列管理的措施和方法使实验结果更好地符合临床实际并及时地发出检验报告，最大程度地满足临床。按照检验程序，质量管理体现在分析前、分析中和分析后各阶段，检验仪器的质量管理包括使用前仪器的选择、环境条件、安置和仪器性能评估，仪器使用过程中各环节的质量保证、保养、维修和更新以及使用后期的维护、去污染和报废等。

通过上述检验仪器的质量管理，以保证检验仪器设备处于良好的工作状态。为了评估仪器质量管理的效果，可从以下几个重要质量参数验证方法加以评估。

（一）重复性试验

目的是评价精密度，最常用的方法是对稳定的样品做多次测定，一般要求重复 20 次，从中求出重复测定值的均值（x）和标准差（s），以及变异系数（CV）。同一批次内重复测定得到的是批内不精密度；若每天检测 1 次，连续检测一个月，得到的是天间不精密度。各实验室、仪器生产厂家和质量管理部门对允许误差的要求不同。按照美国 CLIA’88 对能力验证计划的分析质量要求，室间质量评估允许误差的 1/4，日间标准差应为该允许误差的 1/3（若允许误差以% 表示，则使批内重复变异系数小于允许误差的 1/4，日间重复变异系数小于允许误差的1/3）。达到这样要求的检测系统，可认为它的随机误差属于可接受的低水平。

（二）回收试验

是指分析方法对于样品中分析物的适当增量能实际检出的能力，通常用“回收实验”评估。以纯标准液为标准，检测样品为病人标本时，评价基质效应对检测系统的影响。回收试验可发现比例系统误差，衡量并校准仪器测定的准确度。

（三）干扰试验

分析物标本中准备测定的组分很多，干扰物也是标本中的组分之一，它不是目标被测分析物，但它能被仪器测量并改变分析物的测量结果，使结果偏高或偏低，这种现象称为分析干扰。评价分析干扰的方法称为干扰试验。对测量仪器的干扰包括：物理干扰、化学干扰、非特异性干扰、取代干扰等。

（四）仪器比对实验

在引进新仪器前或使用一台以上仪器检测相同项目，或同一项目参考范围相同或接近，但检测仪器或系统不同，为保证检验结果的一致性和连续性，通常要进行仪器间偏差分析。仪器间的比对试验是实验室质量管理规定，如半年一次的血细胞分析仪、尿液分析仪比对试验，一年一次的生化分析仪比对试验等）和重大故障维修后的比对试验。目的是发现误差、找出原因、及时校准，保证结果稳定、一致。

二、检验仪器的维护保养

任何仪器，无论其设计如何先进、完善，在使用过程中都不可避免地会发生故障或偏离。为保证仪器的正常工作状态，正常维护和及时修理是必需的。仪器的维护是贯穿整个检验过程的长期工作，必须根据各仪器的特点、结构和使用情况，针对容易出现故障的环节，制订出具体的维护保养措施，由专人负责。

（一）一般性维护

1. 仪器接地　接地不仅影响仪器的性能和可靠性，也关乎工作人员的人身安全。

2. 电源电压　稳定供电是检验仪器精度、稳定和检测数据安全的保障。来自电网的浪涌电压及瞬变脉冲对检验仪器危害极大，也会破坏扫描电镜和计算机系统，造成信号图像畸变，干扰前置放大器、微电流放大器等组件，使检测结果丢失。特别是现代信息化实验室，稳定供电是为确保供电电源的稳定，必须配用交流稳压电源，要求高的仪器最好单独配稳压电源。

3. 工作环境要求　检验仪器对使用环境有很高的要求，整洁、防尘、防潮、放热（20～25℃）、防震、防腐蚀是基本要求。

（二）特殊维护

各种检验仪器有其各自的特点，针对检验仪器特点需要特殊维护，一般由仪器工程师负责。临床实验室工作人员一般需要注意，电源器件的避光、使用及存放过程的防污染、定期更换定标的电池、经常冲洗和更换各种测量膜或电极、精密仪器搬动时应断电、定期清洗仪器机械传动装置、及时加润滑剂等。

（三）定期校验

检验仪器是检验工作的工具，应定期校验，以保证测量结果的准确可靠。校准程序可参照厂家仪器说明书提供的方法和标准，制定校准 SOP 文件、规定校准人资质、校准内容及要求、校准周期和使用校准物，由厂家工程师或经过厂家培训授权的代理商工程师执行校准，使用者按照 SOP 文件审核校准报告和所附原始数据，在符合要求的校准报告中签字确认。

（四）仪器档案

制定仪器性能验证、评估、操作、使用、保养的 SOP 文件，建立仪器档案。完整记录并保存仪器接收时间、状态，故障及其维修时间和维修人员，与使用、校准和维修，以及报废、去污染和出实验室交接等相关内容。

第五节 临床检验仪器的发展展望

随着生命科学、转化医学和临床研究以及计算机技术和人工智能的发展，许多新技术、新方法和新的检验仪器和检验人才使检验能力和水平不断提升。未来几年临床检验仪器将朝着自动化、智能化、新设计组合化、个性化以及小型便携化方向发展。高度兼容的试剂、设备将替代封闭的检测系统，流水线下大量仪器的篱笆将被突破。仪器在实验室的无缝连接，结合智能化的管理，在临床检验向着自动化、流水线和小型、床旁使用发展的同时，融合大数据基础上的深度学习，未来的实验室将通过可视化、一键操作、信息的互联互通将为医联体建设、远程诊断提供便捷、全面的支持。病人、医生、护士、院内工勤人员管理者和实验室技术人员将会获得就医和工作的更加舒适的体验。检验报告为临床提供的不再是数据还附有智能预测、预警功能。集数据库、信息库、人工智能、深度学习的平台，将为健康保健、慢病管理流行病学预警、疫情监控、院感管理、临床路径、罕见病、疑难病诊治提供支撑。

扫码“学一学”

扫码“练一练”

（李 莉）

第二章　医用显微镜

教学目标与要求

掌握　普通光学显微镜的结构、使用方法、调校、维护保养以及注意事项。

熟悉　显微镜的类型；普通光学显微镜技术参数及相互关系；组合式显微镜的组件和技术特点。

了解　显微镜的发展史和工作原理、电子显微镜的用途和注意事项。

生理状态下，能清楚地观察到物体原倍大小而不致引起眼睛过分疲劳最适宜的距离是250mm，其被称为明视距离；对于较为年轻的人，明视距离更近一些，约为125mm，由于此时物体在视网膜上形成更大的面积的成像，因而所观察到的物体就可能被放大了1倍。虽然物体似乎被放置在离眼睛越近的位置，看起来变得越大，分辨的细节也就越多，但是人的眼睛能聚焦的距离是有限度的。为了清晰地观察物体，有必要人为地扩大图像在视网膜上的成像，这就有赖于使用放大装置。显微镜（microscope）即是利用光学或电子光学原理，把肉眼所不能分辨的观察样品放大成像，以显示其细微形态结构信息的科学仪器。

扫码“学一学”

第一节　医用显微镜概述

一、显微镜发展简史

1590年在荷兰的米德尔堡，Hans 和 Zacharias Janssen 共同组装了世界上第一台复合显微镜，即在一只管子的两端各装上一个镜片，其中一个镜片靠近被观察的物体（物镜），另一个靠近眼睛（目镜）。这个简陋的装置即是现代显微镜的雏形。其后数百年来，在机械、电子和光学结构等方面不断创新和发展，制造出各类医学显微镜（表2－1）。

扫码“看一看”

表2－1　显微镜在各年代发展的代表性人物和事件

年份	代表性人物和事件
1673年	Leeuwenhoek 使用简单、功能较强的放大器，再加上一个样品放置构件，观察了纤毛虫、水中的微生物和血细胞等，在对动物和植物微观结构的研究方面取得了杰出成就
1827年	Amici 于1827年首先组装了具备可调节消色差系统的装置，指出盖玻片的厚度对成像质量的重要性，并通过在物镜与盖玻片之间填充水（水浸物镜）而成功的改进了图像质量与亮度。随后 Amici 与 Abbe 进一步改进，Abbe 使用与玻璃具有同样折射系数的合适的油替代了水作为浸润介质，形成了现今普遍使用的油浸体系
1872年	Abbe 发明阿贝聚光镜（Abbe lens condenser），为物镜提供最大分辨率；其后，他又提出光学分辨率极限公式，并于1886年，发明复消色差物镜。高质量消色差浸液物镜的出现，使显微镜显示微细结构的能力大为提高，分辨的相邻两点之间的最小间距可达到0.2μm

续表

年份	代表性人物和事件
1932 年	Ruska 和 Knoll 制造了世界上第一台电子显微镜，其分辨能力达到了 50nm，约为当时光学显微镜分辨率的 10 倍
20 世纪初	Siedentopf 设计出暗视场聚光镜，通过阻止入射光直接进入物镜来提高样品对比度。Kohler 创建新的显微镜照明方法（柯勒照明法），获得了恰当的衍射效果和反差程度。Reichert 设计出第一台荧光显微镜
1935 年	荷兰物理学家 Zernike 创造相差显微术，为此而获得 1953 年诺贝尔物理学奖
1982 年	Binning 和 Rohrer 发明了与经典电子显微镜原理完全不同的扫描隧道显微镜，与从事电子物理领域基础研究并设计出新型电子显微镜的 Ruska 共同获得 1986 年诺贝尔物理学奖
21 世纪	激光扫描共聚焦显微镜进入临床实验室，将点光源照射样品产生的激发光斑被探测器以共轭的形式接收于焦平面，计算机以像点的方式将被探测点显示在屏幕上；为了有机地构建一幅既精细又完整的图像，通过计算机控制的步进电动机实现在同一焦平面上的逐点扫描，或沿 Z 轴方向逐渐改变焦平面，来完成对样品不同层面的扫描。从而实现了对检测样品的“光学切片”，被称之为“细胞 CT”

二、显微镜的分类

在医学实验室，显微镜按原理不同分为光学显微镜和电子显微镜。光学显微镜（简称光镜）以光学放大倍数或合像光路的区别分为生物显微镜和体视显微镜，医用显微镜以前者为主。生物显微镜按其构型和物镜的朝向而分为正置显微镜和倒置显微镜；按其作为基本用途或专门用途可分为普通显微镜和特种显微镜，组合式显微镜即是将多项特种显微观察技术汇集于一体、便于科学实验的特种显微镜；在 QB/T 2985—2008 表述中，生物显微镜分为以下几种。①普及显微镜：适用于一般明场观察；②实验室显微镜：兼有明场、暗场、相差和荧光显微术和显微摄影术；③研究用显微镜：除能够实现实验室显微镜功能外，还具有偏光、微分干涉显微术和激光共聚焦显微镜。常见的电子显微镜（简称电镜）主要有透射电镜和扫描电镜两大类。

第二节　普通光学显微镜

普通光学显微镜（optical microscope）系指透射光照明、明场观察的生物显微镜。按其构型可分为正置式和倒置式两类。正置式光学显微镜的物镜从样品的上方观察，在医学检验最为常用。但有些悬浮在组织液中的活体细胞、在玻璃器皿底部的培养物等，要求物镜有较大的工作距离，这就需从其下面透过容器底部观察，因而将前者基本结构反向设定，把照明系统放在样品载物台之上，成像系统置于其下，故称为倒置显微镜。由于这两类显微镜光学原理和基本构件相同，因而以正置式光学显微镜为例予以阐述。

一、原理和结构

（一）光学原理

光学显微镜的成像系统通过两组会聚透镜系统构成：即目镜系统与物镜系统而实现放大功能。被观察的样品置于物镜物方焦点（F_o）的前方，以物镜（L_o）第一级放大并产生倒立的中间实像而位于目镜（L_e）物方焦点（F_e）的内侧，该实像再经目镜进行二级放大形成虚像后被人眼所观察。因此通过目镜观察到的图像并不是样品本身，而是其被物镜放大之后的虚像。显微镜的光路示意图见图 2－1。

扫码“学一学”

扫码“看一看”

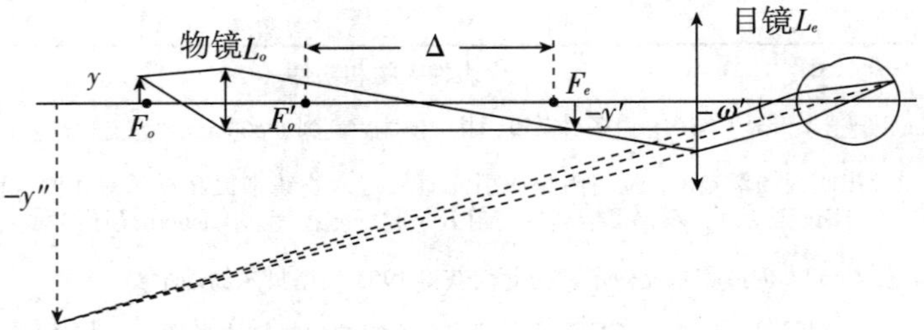

图 2 – 1　生物光学显微镜光路示意图

在大多数情况下显微镜的作用被描述为放大功能，但真正的且最有意义的功能是能获得高分辨率。因为对图像的高度放大可能并不能获得对样品结构的清楚显示，所以仅有放大功能是不充分的。

光学成像不但要求成像清晰，而且像与物应相似。实际光学成像与理想光学成像之间的偏差称为几何像差。其分为两类：一类是单色光所产生的，称为单色像差，包括球差、彗差、像散、场曲、畸变等 5 种；另一类是由于光学材料对不同波长光的折射率不同，所致成像位置和大小都产生差异，即色差，其分为位置色差和放大率色差。

（二）基本结构

如图 2 – 2 所示，普通光学显微镜基本结构由机械和光学两大系统构成。

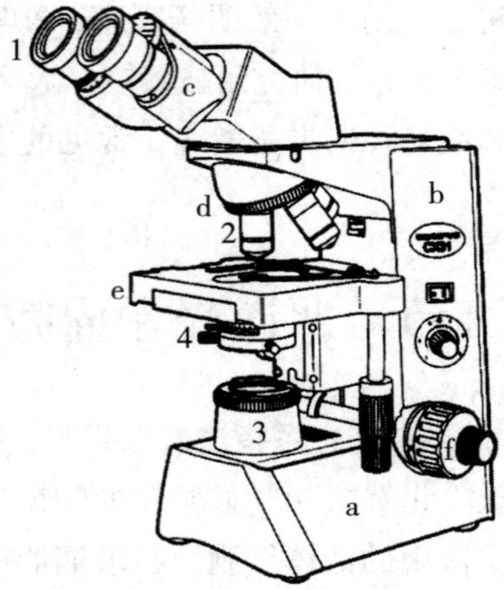

图 2 – 2　普通光学显微镜基本结构

1. 目镜；2. 物镜；3. 光源装置；4. 聚光器组件；

a. 镜座；b. 镜臂；c. 镜筒；d. 物镜转换器；e. 载物台；f. 调焦装置

1. 机械系统　显微镜的机械系统的作用是支撑、装配与调节光学构件和被观察的样品，以保证良好的成像质量。主要由镜座、镜臂、镜筒和物镜转换器、载物台、调焦装置等组成。

（1）支撑构件

1）镜座和镜臂　镜座和镜臂通常组成一个稳固的整体，形成显微镜的结构基础。近代显微镜除用来支撑镜筒和动态调节装置外，许多光学系统构件如聚光器和显微照相装置等都可依附在镜臂上；镜座内通常装有透射光光源及其照明光路系统和视场光阑。

2）镜筒　镜筒上端放置目镜，下端连接物镜转换器。从目镜管上缘到物镜转换器螺旋口下端的距离称为镜筒长度。镜筒按机械结构分为滑板式双目镜筒和铰链式双目镜筒，前者改变瞳距时，左、右目镜管的刻度值须与瞳距值相等，否则会破坏显微镜的齐焦；而后者改变瞳距时，显微镜的齐焦性能不变。按目镜的倾斜角可分为30°、45°的双目镜筒。三目镜筒则用转向分光镜引出另一条光路连接照相机及CCD等附件；而单筒显微镜现已少见。目镜镜筒现多为倾斜式双筒，双目镜筒内装有折光和分光棱镜，能把从物镜出来的一束成像光束等分成两部分，分别由两个目镜作观察，以减轻眼睛的疲劳。双筒之间的距离可在55°~75°范围内调节，以适合不同使用者两眼瞳孔距离。而且其中一个目镜有屈光度调节（即视力调节）装置，便于两眼视力不同的观察者使用。带照相装置的三目显微镜的镜筒一般在右侧装有光束分配棱镜的拉杆，将其全部推入时只作观察，当完全拉出则用于显微照相或摄像。

对于显微镜的支撑构件，近来推出人体工程学设计理念，如镜筒保持一定的角度，观察高度可调节50mm，以确保使用者可以轻松、专注和有效地工作。

（2）动态构件

1）物镜转换器　通常物镜转换器安装在镜筒下端的滑插式燕尾槽座上，已作了准确的对中校准。其有3~6个物镜螺旋口，以便物镜按放大倍数高低顺序装配。

2）载物台　生物显微镜载物台多用于安放以载玻片形式承载的样品。载物台上装有可在水平方向上作前后、左右移动的调节装置，其刻度用来标记观察时在被检样品中所发现的特定部位，便于再次查找。依工作要求和用途不同，载物台有各种类型和附加功能，如水平方向的旋转，可使样品更好地与显微照相的取景框相适配；移动和聚焦也能采用电子步进方式等。

3）调焦装置　显微镜主体结构上或同轴安装或分别装有粗准焦螺旋和细准焦螺旋。调焦旋钮转动时带动燕尾导板上下移动，导板上则装有载物台托架和聚光器托架，从而使其趋向或远离物镜，达到调焦的效果。

2. 光学系统　是显微镜的主体部分，决定仪器的使用性能。主要由物镜、目镜、光源装置和聚光器组件构成。

（1）成像构件　主要包括物镜和目镜。

1）物镜（object lens）　直接决定显微镜的成像质量，它安装在物镜转换器上，因接近被观察的物体而得名。物镜根据使用条件的不同可分为浸液物镜（放大90~100倍）和干燥物镜，后者又可分为低倍物镜（10倍以下）、中倍物镜（20倍左右）和高倍物镜（40~65倍）。按筒长分类如下。①筒长有限远：如物镜的共轭距离（物到像的距离）为195mm，物镜的机械筒长（物镜螺纹端面到目镜支承面）为160mm。②筒长无限远：物镜把物体成像于无限远，因此必须要有镜筒透镜将无限远的光线聚焦到目镜焦面上才能观察。此类物镜的突出优点是在物镜与镜筒透镜之间可方便地插入各种附件，而不会引起成像位置的变化。根据色差与像差的校正状况，分为消色差物镜、平场消色差物镜和平场复消色差物镜等。

消色差物镜虽校正了球差、彗差和2种色光的位置色差，但存在轴外像差，尤其是场曲。成像的清晰范围约50%，即视场中心调节最佳时，边缘像可能模糊；反之视场中心像则不十分清晰。临床应用这类物镜时往往视场面较小。平场消色差物镜多用于临床实验室常规观察，其在消色差物镜基础上校正了像散和场曲，像面平坦，清晰范围大于90%。物镜外壳刻有PL或PLAN字样。平场复消色差物镜多用于高精度图像观察或科学研究，其在平场消色差物镜的基础上，还对第三种色光校正了位置色差，这种物镜成像质量最佳，其数值孔径也较同倍率物镜大，因此鉴别率也最高。物镜外壳刻有 Plan－apo 字样。平场半复消色差物镜的色差的校正程度介于平场消色差物镜与平场复消色差物镜之间，但较近于平场复消色差物镜，外壳刻有 PL Fluotar 物镜就属这类物镜。在物镜上常可见两组数据，例如 10 倍物镜上标有 10/0.25 160/0.17 或∞/0，其中 10 为物镜的放大倍数、0.25 为数值孔径；160 为镜筒长度（单位 mm）、0.17 为盖玻片的标准厚度（单位 mm）；而∞/0 则表示无限远物镜，无盖玻片。

2）目镜（ocular lens） 目镜是将物镜所成的像作再次放大的光学构件，由上下两组透镜组成，上面的透镜为接目透镜，下面的透镜称会聚透镜或场镜。目镜的长度越短，放大倍数越大，目镜的放大倍数与目镜的焦距成反比，常见目镜的放大倍数为 5～16 倍，以 10×目镜最为必备。上下透镜之间或场镜下面装有光阑，其大小决定了观察视场的大小。由于样品正好在光阑面成像，往往示有对中标志，可在此处放置目镜测微尺，用来测量所观察样品；也能在此光阑上标有指针，以便指示某个细微特点。

目镜按放大色差校正状况可分为消放大色差目镜和补偿目镜。对于筒长有限远的物镜，常与补偿目镜配合使用。对于筒长无限远的物镜，若镜筒透镜具有补偿放大色差功能的，可与普通目镜配合使用；若镜筒透镜无补偿色差功能则必须与补偿目镜配合使用。目镜按视场数可分为：非广角目镜、广角目镜和超广角目镜等。对于 10×目镜而言，视场数 <18 为非广角目镜；视场数 $\geqslant 18$ 为广角目镜；视场数 >20，常称为超广角目镜。目镜的外壳标记有放大率/视场数，例如 10×/20。

3）目镜与物镜的关系 物镜已经分辨清楚的细微结构，假如没有经过目镜的再放大，达不到人眼所能分辨的界限，仍旧不能被观察清楚；而物镜所不能分辨的细微结构，虽然经过高倍目镜的再放大，图像也还是不清晰。目镜应与物镜配套使用，如平场目镜与消色差平场物镜、特平场目镜与平场复消色差物镜或萤石玻璃消色差物镜配套使用时可充分显示成像质量。

（2）照明构件 主要包括光源装置、聚光器构成。

1）光源装置 照明方式分为透射式和落射式两大类。透射式照明是光线通过聚光镜穿透样品再射入物镜成像后以目镜放大观察，普通光学显微镜多用此类照明法。透射式照明有自然光源和电光源两种。采用自然光源尚需装配反光镜，目前在临床实验室已较少购置；而电光源装置则由灯室和灯座、卤素灯、集光与聚光系统及视场光阑所组成。某些显微镜根据不同的需要配置一组透射光滤色片，安装在显微镜的底座内，通过底座外的按钮来选择，如色温转换滤色片、中性减光滤色片和某些单色滤片。

2）聚光器（condenser） 聚光器也叫集光器，位于载物台下方的聚光器支架上，起会聚光线的作用，以增强样品的照明；更重要的是应使聚光镜的数值孔径与物镜的数值孔径相适应，以取得最佳或最大的分辨率；聚光器是照明系统中的重要部件。它主要由聚光镜和孔径光阑组成。

简单的阿贝聚光镜由两片透镜组成，有较好的聚光能力，但是在物镜 NA >0.60 时，则色差、球差就显示出来；优质多用途聚光器由一系列透镜组成，下方有一孔径光阑，它对色差球差的校正程度很高，能得到理想的图像，其 NA 值可高达 1.4 。通常刻在上方透镜边框上的数字是代表最大值，通过调节聚光器孔径光阑的开放程度，可得到此数字以下的各种不同的 NA，以适应不同物镜的需要。可变孔径光阑的大小除了会改变图像的亮度外，还直接影响图像的分辨率、对比度和景深。

聚光器的调节装置包括以下内容。①聚光镜的调中螺丝：调中螺丝通常为1对，位于聚光镜托架前方的左右侧，与环形燕尾槽中的调中螺丝成三足鼎立之势，可以前后、左右调整，使聚光镜的光轴与照明光路、成像光路合轴；②聚光镜托架的上下调节装置：利用这个调节装置，可使聚光镜的位置作上下调动，使视场光阑经过聚光镜在样品视场面中的成像调到最为清晰。

二、方法学评价

显微镜能够将人眼不能分辨的微小物体放大成像，以供医学工作者提取组织和细胞的微细结构信息，在临床实验诊断、疗效观察和预后判断等方面得以广泛运用。在临床实验室，常规采用普通光学显微镜进行血细胞、骨髓细胞和脱落细胞被染色涂片以及肿瘤和微环境组织切片的形态学观察；微生物学检验的初级报告和人体分泌物、排泄物中有形成分的识别也依赖于显微镜的观察。

扫码“看一看”

（一）技术参数及相互关系

1. 总放大率（amplification） 显微镜的放大率等于物镜的放大率与目镜放大率的乘积。即

$$M = -\frac{25\Delta}{f_e' f_o'}$$

式中，M 为显微镜放大率；负号表示像是倒立的；f_e' 和 f_o' 分别为目镜和物镜的像方焦距；Δ 为显微镜的光学筒长。

显然，显微镜放大率与光学筒长成正比，与目镜和物镜的焦距成反比。在临床上也常用物镜与目镜上所标识的放大倍数的乘积来估计 M 值。放大倍数是指眼睛看到的像与对应样品的长度比值。

2. 数值孔径（numerical aperture，NA） 组成光学系统的透镜都有一定数值的孔径，用来限制可以成像的光束截面。数值孔径即镜口率，为样品与透镜间媒质折射率与透镜角的一半的正弦值的乘积。

$$\mathrm{NA} = n\sin u$$

式中，NA 为数值孔径；u 为透镜角的一半；n 为媒质折射率。

3. 分辨率（resolution） 又称为分辨本领，指刚能分开物平面两点的最小距离。由物镜的数值孔径和照明光线的波长所决定，以分辨距离来表达。分辨距离越小，表示分辨率越高，即性能越好。

$$\delta = \frac{0.61\lambda}{A}$$

式中，δ 为分辨率；λ 为光波波长（通常 $\lambda = 550\mathrm{nm}$）；A 为物镜数值孔径。

物镜数值孔径与分辨率的关系见表2-2。

表2-2 物镜数值孔径与显微镜分辨率的关系

物镜（倍数/孔径）	4×/0.10	10×/0.25	40×/0.65	100×/1.25
分辨率（μm）	3.36	1.34	0.52	0.27

由上式可知，增大物镜的数值孔径可以提高显微镜的分辨本领。为此采用油浸物镜，

以提高媒质折射率。更进一步采用缩短照明波长的方法，即是利用电子束的波动性来成像，据此使电镜的分辨率较生物显微镜提高近千倍。具有聚光镜的显微镜类似于增大了物镜的NA，此时

$$\delta' = \frac{\lambda}{A_o + A_c}$$

式中，λ 为所用光线波长；A_o为物镜的数值孔径；A_c为聚光镜的数值孔径。若光源平均波长为550nm，物镜和聚光镜的数值孔径分别达1.3时，分辨率 $d=211$nm。

4. 光阑（diaphragm） 附加在某些光学元件周围的具有一定形状的屏或边框统称为光阑。包括限制成像光束口径大小的孔径光阑和限制成像空间范围的视场光阑。

5. 视场（field） 即成像空间范围。由于被目镜的视场光阑限制成圆形，因而令其直径 d 为衡量视场大小的指标。d 与光阑的开启程度和物镜的放大倍数有关，大光阑和小放大倍数的组合可获得较大视场。

综上所述，显微镜的性能参数既相互联系，又彼此制约。使用较大数值孔径的物镜，放大率及分辨率均较好，但视场和工作距离都较小；物镜的工作距离与物镜的焦距有关，物镜的焦距越长，放大倍数越低，其工作距离越长；光阑对像的清晰度和亮度等都有很大的影响。可根据被观察样品的性质和实验要求合理配置和使用显微镜。常见平场消色差物镜及配套10×目镜的性能参数见表2－3。

表2－3 常见平场消色差物镜的光学性能参数（10×目镜）

物镜放大倍率	数值孔径	工作距离（mm）	分辨率（μm）	总放大倍数	视场直径（mm）
4	0.10	22.0	3.36	40	5.0
10	0.25	10.5	1.34	100	2.0
40	0.65	0.56	0.52	400	0.5
100	1.25	0.13	0.27	1000	0.2

（二）光路的调校及其相关分析

1. 临界照明的调校 简单的光学显微镜采用临界照明，其将光源发出的光直接经过聚光镜后用于样品照明。由于光源经聚光器透镜的成像与样品所在平面近于重合，如果光源表面亮度不均匀，或明显地表现出细小的结构，比如灯丝等，那么就要严重影响显微镜观察效果，这是临界照明的缺点。补救的方法是在光源的上方放置乳白色滤片和吸热滤片，使照明变得较为均匀和避免光源长时间的照射而损伤被检样品。

2. 柯勒照明的调校 柯勒照明是现代显微镜普遍采用的照明方式，其构件不同于临界照明系统。在光源某一点发出的光经过特设的聚光镜后，将该点成像于聚光器前焦平面（光阑）上，再经过聚光器成为平行光均匀照射样品。由于不直接采用光源，因而消除了临界照明中光照度不均匀的缺点。

（1）在应用柯勒照明系统之前，应选用10×目镜和物镜，将聚光器上升至最高位，调节适宜的视场光阑和孔径光阑。观察时如果物镜更换了，视场光阑和聚光器的孔径光阑大小也要相应地改变，以便与物镜的孔径相符，但聚光镜位置高低不能改变。

（2）视场光阑调节方法如图2－3所示。①将样品的像调焦清晰，视场亮度适合，其他因素暂不考虑；②将视场光阑收小，此时像的边缘可能模糊；③调整聚光器位置的高低，使视场光阑的像在样品平面上最为清晰时为止；④调整聚光器的对中螺丝，使视场光阑的

像位于视场面中心；⑤将视场光阑逐渐放大，使其像与视场面相等（或外切），从目镜观察，视场面恰好全部均匀照明，以避免侧旁多余的杂光漫射。

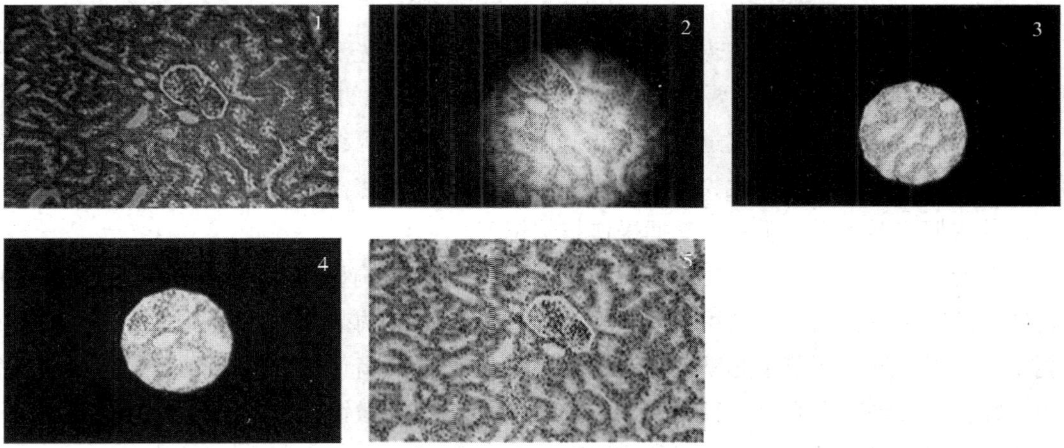

图 2－3　柯勒照明调整步骤

3. 聚光器孔径光阑的调校　视场光阑调节后，把聚光器可变孔径光阑关小，取出目镜，眼睛距目镜筒口约 100mm 处直接从目镜筒中观察物镜末端的通光孔，边观察边打开聚光器孔径光阑，直至孔径光阑像（多边形）为物镜通光孔的 2/3 ~ 3/4（图 2－4）。使用不同放大倍数的物镜应选择各自的孔径光阑，孔径光阑太大，图像反差不佳（图 2－5a）；太小则分辨率不足（图 2－5b）；大小适宜，则反差和分辨率平衡（图 2－5c）。

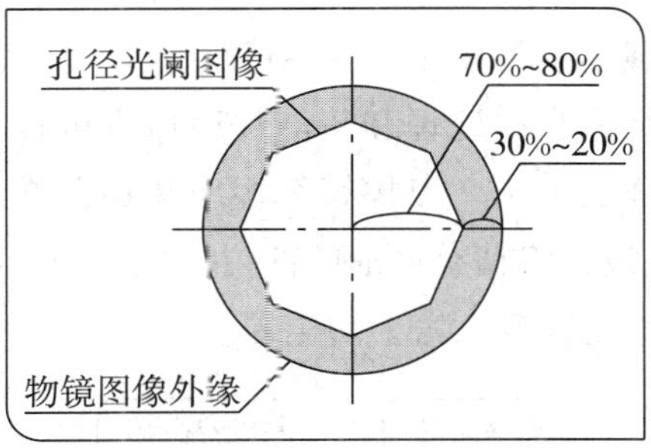

图 2－4　聚光器孔径光阑调节示意图

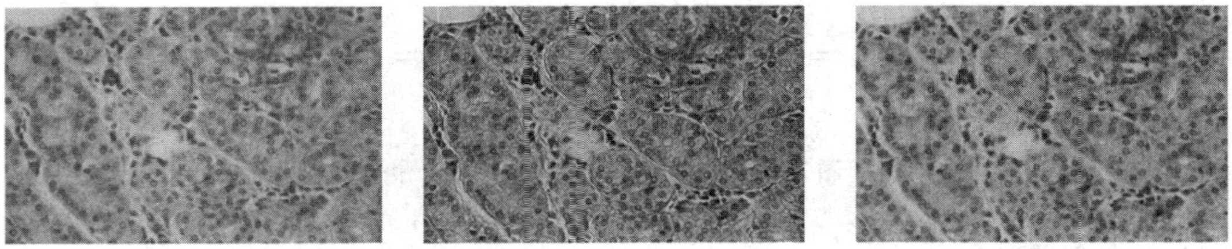

a　　b　　c

图 2－5　聚光器孔径光阑调节效果图

（三）计量校准

生物显微镜具有计量特性，宜在出厂前和定期按 JJF 1402—2013 生物显微镜校准规范对于物镜放大倍数误差、示值误差、双目显微镜左右两系统放大倍数差和两视场中心偏差校准。

三、应用注意事项

1. 安装准备 ①显微镜安装在坚固、平坦、干燥、避光和洁净的工作台上，后面保持足够的空间（≥10cm）；②不要在显微镜下部垫有毡子之类的柔软表面，否则不仅不稳固，还可能堵塞灯室通风口，造成过热或着火；③正确连接电源线，并有效接地；④让电源线远离灯室，以避免其受热老化，甚至漏电；⑤环境清洁，室温 5～30℃、相对湿度 45%～85%；⑥依据仪器使用说明书，掌握操作技术规范。

2. 照明调试 如前所述，照明系统的调整水平直接影响显微镜的分辨率和视场照明的均匀性。照明调试完成后，应用柯勒照明系统时只能通过调节光源电压以营造出合适的视场亮度，而不应该用调节聚光镜的孔径光阑和聚光镜位置高低的方法予以改变。在实际操作中，往往习惯调节聚光器孔径光阑和高低位置来改变显微镜的视场亮度，特别强调这是由于历史上对聚光器的误解所造成的错误用法。

3. 使用原则 ①搬动显微镜时，应一手托住镜座，一手抓紧镜臂，千万不能让载物台、调节旋钮等受力；②转换物镜时应执其旋转碟滚花边转动，不要用手指推动物镜而直接使其受力，否则会逐渐使光轴歪斜，影响成像质量；③非厂家授权技术人员不要拆开显微镜任何部件，因为重新装配可能会导致性能降低；④不要将金属物品插入显微镜光学装置中，以免形成划痕等使设备损坏，或造成触电等致人身伤害；⑤工作中随时用专用纸或布轻轻擦拭清洁玻璃部件；⑥若要除去油渍等污物，宜沾用少量的乙醚和乙醇混合液（7∶3）擦拭。

普通光学显微镜的基本观察步骤如图 2－6 所示。

显微镜使用完毕后应进行适当的处理和清洁程序后方可存放。首先将亮度调整到最小并关闭电源。将载物台上的样品取下，以擦镜纸擦净物镜前端；如曾使用浸油物镜，则在擦镜纸上滴 1～2 滴醚醇清洗液，将粘有镜油的部位擦拭干净。将物镜旋转为“八”字形位置。用绸布擦拭载物台和显微镜镜身，盖上防尘罩。

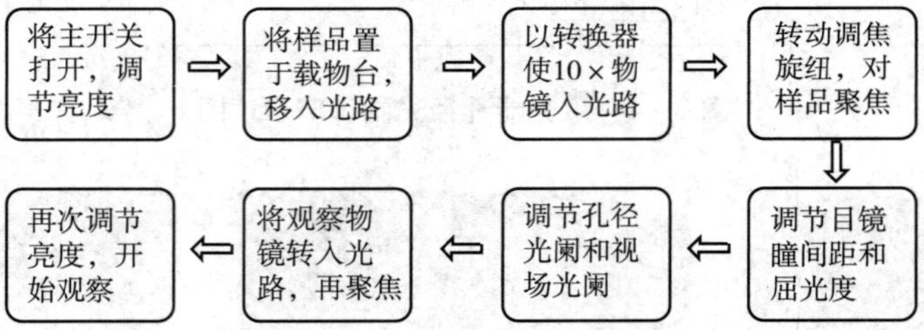

图 2－6 光学显微镜的基本观察步骤

4. 维护保养

（1）良好的保养习惯 显微镜对潮湿、高温、灰尘、腐蚀气体等因素十分敏感，因此除了设置满意的显微镜工作环境外，操作人员还要具有良好的保养习惯。例如，显微镜内部落下尘埃、生长霉菌极难清除，是影响成像质量的主要因素，显微镜操作者必须随时注意。拧下物镜时，必须将其旋座向下置放在干净的台面上，或立即装入物镜盒中；拔出目镜时，随手用镜筒塞或干净纸帽盖上镜筒口；更换显微照相部件、光源时，随手盖好连接口盖，绝不留下跃入尘埃的空隙；拔出滤光片和插板时，即时堵塞插板孔。要有专柜放置显微镜，柜内必须备有吸湿变色硅胶，并按时更换。

（2）光学部件的保养　显微镜的目镜和物镜是主要光学部件，装卸和保养时应格外小心，不得用手或硬物直接接触透镜。主要常规保养工具包括：①擦镜纸、脱脂棉；②醚醇清洗液；③吹气球等。

1）目镜的清洁　目镜上的灰尘用吹气球吹；手指印、唾沫、油脂等用清洗液擦拭。

2）油浸物镜的清洁　浸液物镜用毕后，必须及时清洁，否则镜油在物镜表面会凝结成硬膜，使物镜失去透明度而无法使用。低倍物镜由于孔大，深度浅，只需用擦镜纸蘸上清洗液，轻轻擦拭就能除去污垢。而浸液物镜最前端通光孔极小，必须用细塑料棒卷上脱脂棉蘸上清洗液多次擦拭，用放大镜仔细检查通光孔四周是否残留的浸液，否则会减小物镜的数值孔径，影响物镜的正常功能。

3）光源的保养　对于普通光学显微镜的卤钨灯，既要注意不要高频率地开关，也要注意不能用完时长期不关，两者都易损坏卤钨灯。对于荧光显微镜的汞灯，使用高压充气弧光灯管时，注意不要超过额定电压。起动时预热需要 10 分钟，再加大电压，满足额定的灯丝电压。起动后连续工作而不要时灭时开，频繁启动，开关间隙时间不得少于 15 分钟。注意散热系统的各种条件包括室内温度。

（3）显微镜机械部件的保养　显微镜的机械部件很少出现故障，但是常常出现自然磨损或使用者操作粗暴而产生一些微细的灵敏部件的故障。例如螺旋、齿轮、齿条、物镜弹簧、光阑叶片、相机快门等失灵。例如旋动螺旋调节某些部件时，操作者搞错旋动方向，或旋动到尽头仍用力过大旋得过紧造成失灵；或从前涂抹的润滑油年久干涸，致使旋动阻力增加等。

显微镜的使用者应该了解所用仪器各部件的构造原理。凡是金属制的旋动、转换、滑动、推拉、研磨部件，可定期使用纯净的苯、二甲苯之类有机溶剂擦拭，其后涂抹适合于各类部件的相应标号的润滑油。例如用驱动滚珠部件上用 10 号机械油（黄油）；滑动部件上用 8 号机械油；在光阑叶片上宜用最稀薄的润滑油（钟表油）；快门叶片不用润滑油，只要清除污物即可。香柏油、凡士林等容易干涸的油脂不可涂用。现代新型显微镜的某些部件以硬塑料代替金属部件，这些塑料部件上不能使用润滑油。

第三节　组合式光学显微镜

扫码“学一学”

当不同组织细胞由于具有的不同的折射系数而呈现的光波波长差别越大时，产生的反差越强，分辨率就越高。一般说来，未染色样品各部分的结构的折射系数仅存在细微差别，亮背景照明所形成的图像缺乏反差，因而以普通显微镜下观察此类样品不能揭示其细微结构。有些特殊技术，如利用荧光染色改变光吸收成像可显示细微部分；使用相差、暗视场照明技术能提高反差；显微图像分析则能有效地提取和数字化处理其信息资料。

一、原理和结构

（一）荧光显微术

荧光显微技术现多借助于落射式照明荧光显微镜（fluorescence microscope），物镜既起成像作用，又起聚光镜作用，具有激发样品和收集荧光的双重功能。光源通过激发滤片产

扫码“看一看”

生合适的激发光，到达二色分光镜反射而通过物镜后激发样品，所产生的荧光又经物镜、阻断滤片到达目镜以供观察，从而使荧光强度有较大的改善。为了使用方便，常将激发滤光片、二向性分光镜以及阻断滤片组合成一个模块，即荧光滤片单元。针对不同的荧光基团，生产厂家往往将常用的荧光滤片单元以推动式或旋转式组合于一个模块组件中并予以标识，安装入显微镜的光路中便于多重荧光基团检测时选用。

（二）相差显微术

相差显微镜（phase contrast microscope）与普通显微镜结构的明显区别即在聚光器的下部加设环状光阑，且物镜的后焦面处有相位板。环状光阑由一环状孔构成，一组环状光阑可用旋转方式进入光路，也有用抽插的方式将单个不同的环状光阑置于光路中的相差装置。其作用是使光源光线形成环形光束，以减少不必要的直射光的干扰。通过巧妙的光学设计，使环状光阑与相位板共轭成像，进而调整经过位相板的直射光线与衍射光线之间的相位关系，从而产生相差成像的条件。

（三）特殊显微镜的组合结构

为了便于临床观察和实验研究，现代组合式光学显微镜将各种特殊显微镜技术融为一体，其基本结构见图2－7。组合式光学显微镜以普通光学显微镜基本结构为骨架，镜臂或镜筒中还有一些特殊的光路插件，如荧光、照相和摄像等装置，并附有各种适配的聚光器，如暗视场、相差聚光器等。组合式光学显微镜构件与技术的完善配套不但满足了各种特殊显微镜的专业需要，还能应对较为复杂的实验要求，如显微荧光分析技术同时应具备的落射式荧光与相差光源、以展示不同照明方式时显微照相/摄像的样品原位特征。

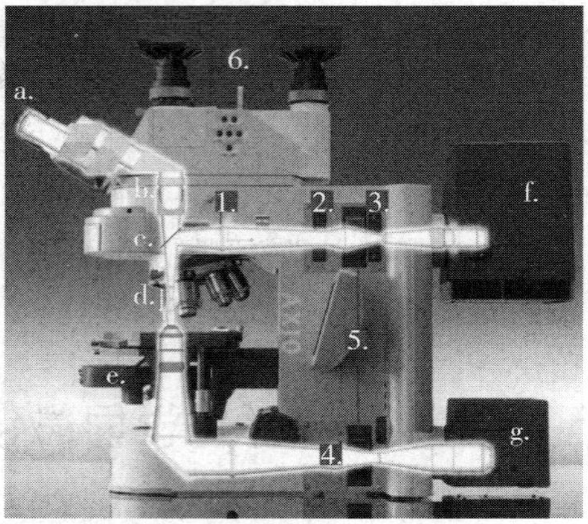

图2－7　组合式光学显微镜的基本结构

a. 目镜；b. 无限远色差校正系统；c. 反射镜；d. 物镜；

e. 聚光镜；f. 荧光光源；g. 普通光光源

1. 无限远色差校正系统；2. 落射光视场光阑；3. 落射光孔径光阑

4. 透射光视场光阑；5. 滤光片组件；6. 摄像/照相装置

（四）显微图像分析法

显微图像分析仪（microscopic image analyzer）是一种执行显微图像输入和处理、形态学参数测量和光度分析任务的计算机系统。图像分为模拟图像和数字图像两大类。传统的光学相机成像后一般不能对图像进行处理，是较为客观的记录；但它必须使用胶卷，在拍摄完后要经过暗房冲洗才能看到照片，因而不便于对图像的及时取舍，更不能直接对图像进行科学研究。比较而言，数字图像具有精度高、处理方便、重复性好、易于存贮等优点，在现代医学实验室广泛应用。

如图 2－8 所示，显微数字图像分析系统基本硬件由计算机、CCD 摄像机与图像采集板（或数码相机）、打印机、显微镜及连接构件等部分组成。软件结构大致分为基础运算库、图像获取、图像管理、图像处理与分析以及用户界面等 5 个模块。

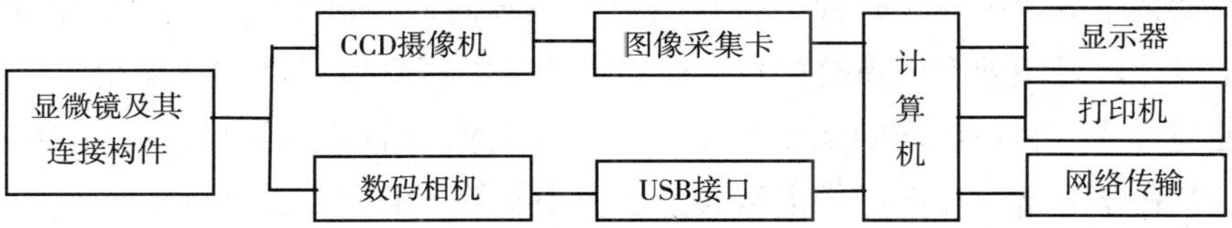

图 2－8　常见显微数字图像分析系统的基本框图

二、方法学评价

随着荧光、相差、偏光和暗视场等反差增强技术和显微操作技术的实现，细胞体视学和生物信息学的发展，更加拓宽和深入了显微镜的应用领域，在生物医学和生命科学的实验和研究中发挥越来越重要的作用。

（一）特殊显微镜观察技术的方法学特点

常见的医用特殊显微镜技术见表 2－4。

表 2－4　常用的特殊显微镜技术特点

技术	原理	应用
荧光	利用自发或标记物荧光基团的光吸收特征及光量子产率而易分辨	细胞结构和代谢所致的自发荧光、诱发荧光及染色荧光、免疫荧光、荧光探针等
相差	改变衍射波阵面与非衍射波阵面之间的相位与振幅的关系，使其能更好地产生干涉	观察活细胞微细结构及运动状态、其他未染色样品及缺少反差的染色样品；细胞生物学技术的显微操作等
暗视场	光源光线从聚光器周缘部位斜射，从而改变样品的光吸收和散射	观察活细胞结构及细胞内某些细胞器的运动状态，细菌和螺旋体等各种病原微粒

1. 荧光显微术

（1）在免疫细胞化学分析中的应用　免疫细胞化学技术基本原理是用标记的抗体（或抗原）检测细胞或组织中相应的抗原（或抗体）。荧光色素标记抗体灵敏度高、操作简便。若以这种标记抗体与细胞的相应抗原反应，即形成抗原－抗体复合物，经激发后发射荧光。通过荧光显微术进行观察或显微荧光光度计进行定量测定细胞和组织所产生的荧光。例如白血病免疫分型、免疫性粒细胞减少症的荧光免疫分析法等。

（2）在荧光核酸染色和原位杂交检测中的应用　荧光核酸染色技术除能快速检测抗酸杆菌、疟原虫等病原微生物外，现广泛应用于荧光原位杂交技术。其基本原理是用荧光色素标记的核酸作为探针，按照碱基互补的原则，与待检样品中的间期细胞核酸进行特异性结合，形成杂交双链核酸后可用荧光显微术观察，以检测突变基因；由于 DNA 分子在染色体上呈线性排列，因此还可以用基因片段作为探针与分裂相中染色体进行荧光原位杂交，从而实现染色体上肿瘤基因定位。

2. 相差显微术　由于相差技术最大特点是在观察未染色样品和活细胞时增强反差，因而能够极其简便地观察未经任何物理学和化学处理的细胞，有其独特应用价值。例如，以普通照明方式观察计数板中血小板，边缘模糊、有光晕，立体感不强；而草酸铵－相差显微镜法计数血小板是经典的参考方法，在相差显微镜下观察血小板，折光明晰、轮廓清楚，极易辨识。在细胞培养时，以倒置相差显微镜观察活细胞动态变化并进行显微操作是一常规方法。

3. 显微数字图像分析技术 在医学实验室，有关细胞形态学和组织病理学的实验诊断，限于人眼视觉系统分辨率和主观性，在显微镜下观察尚未能对于图像特征信息的描述实现标准化和定量化。显微数字图像分析技术改善了图像的视觉效果，并从体视学技术的角度，以计算机处理方式，客观和准确地用数据表达细胞图像中的各种信息，已成为细胞形态学和组织病理学科学分析、显微图像远程会诊以及图文管理的重要工具。

（二）技术要素与构件组合

1. 荧光滤片单元模块 常用荧光滤片单元模块至少有4种：近紫外光激发模块（UV）、紫光激发模块（V）、蓝光激发模块（B）和绿光激发模块（G）。对于不同的荧光染色法，必须选用合适的模块才能得到满意的结果。激发滤片的作用是选择与特定荧光基团对应的激发光波长范围，具有带通特性。阻断滤片中允许有限范围波长的光通过，具有长波通特性。二色分光镜对激发光具有高反射率，而对发射的荧光具有高透过率；即反射入射激发光至样品，同时允许样品被激发后所产生的长波长荧光通过。如异硫氰基荧光素（FITC）激发滤片波长为450～490nm、阻断滤片波长为520nm、分光镜波长即位于510nm。激发光与发射荧光之间无交叉重叠，残留的激发光无法通过阻断滤片，视场背景是黑暗的，而荧光则可顺利地透过阻断滤片，形成荧光图像。

2. 标准相差装置 标准相差装置由环形光阑－聚光镜、相差物镜、绿色滤光片、对中望远镜等组成。环形光阑－聚光镜往往带有五个圆孔，内置ph1、ph2、ph3等三种环形光阑（用于相差显微术），一个用于明场物镜观察（用于明场显微术）和一个暗场环形光阑（用于暗场显微术）的通孔。但如要达到十分理想的暗场效果，宜采用专用的暗视场聚光镜。

3. 显微图像的采集 目前主要用摄像机＋图像采集板和数码相机两种形式。前者关于图像采集与处理器构件的匹配保障流畅的数字化处理过程十分重要。后者在选择数码相机时尤其需要注意：①固体图像传感器的像素；②LCD能否实时显示；③最长曝光时间；④白平衡的校正范围是否满足显微镜的色温；⑤是否能够与显微镜接口连接；⑥能否直接利用计算机的超大容量硬盘存贮数字显微图像。用于显微照相的数码相机不但其硬件方面对拍摄条件与参数、图像分辨率与传输速度提出了比普通数码相机更高要求，而且所附带的软件功能是否丰富，人机界面是否友好也是非常关键的指标。

三、应用注意事项

组合式光学显微镜的基本观察步骤如图2－9所示。

（1）在组合式光学显微镜购置时，依据拟开展的显微镜技术而合理选配光学构件是十分重要的一环。如白细胞分化群的荧光免疫分析，因涉及荧光显微术和相差显微术，故需配有荧光光源组件、滤光片组件和完善平场萤石玻璃消色差相差物镜，聚光器应附有环状光阑。

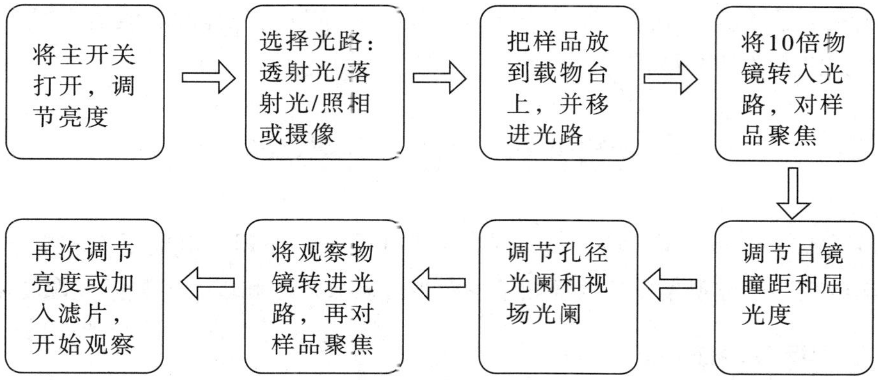

图2－9 组合式光学显微镜的基本观察步骤

（2）正确调校柯勒照明的重要性如下。①控制照明光束的大小，使所观察的视场面能受到均匀的照明；②在应用荧光显微镜时，可以把激发光限制在所需激发样品的视场面范围内，以防止视场面外的样品过早受到激发；③控制杂散光在成像光路系统中的影响，特别是免除杂散光对反差增强方式的影响；并避免对照相系统的干扰，使显微图像不至于蒙上一层灰雾。

（3）由于许多荧光样品在激发光照射下，荧光会很快淬灭，为此须在荧光滤片组件前设置一挡板，可随时关闭或开启。在暂停观察荧光时，应该将激发光挡住。在需采用透射照明方式寻找靶细胞时，亦宜使用相差技术，以避免强光直射。

（4）荧光光源常用汞灯和钨灯。汞灯在开启与关闭之间应间隔20分钟以上。否则可能会导致汞灯爆裂，不但损坏荧光部件，还会使有毒的水银蒸汽逸出而污染环境。更换汞灯后，应进行光源调节：①打开光源，使之映照于白色背景，即呈现主要光（强光）及附属光（较弱光）两种光斑，通过灯箱上的调节器，使两种光斑平行靠近且大小接近后，装上灯箱；②调节灯箱上聚焦调节旋钮，使之通过聚光镜的荧光光源达到最强或最为合适，使用时不再随意调节。

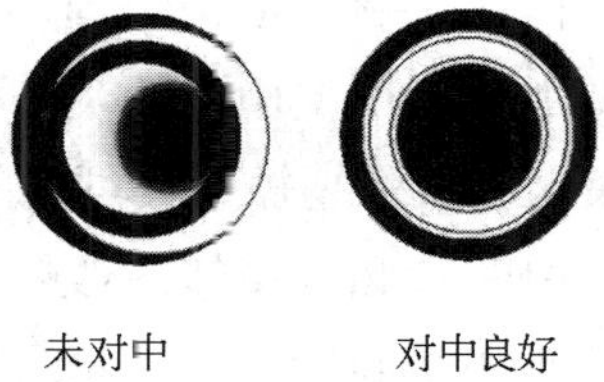

图2－10 相差光的对中状况

（5）对于相差技术，由于相位板固定在物镜内，因此不同倍率的物镜要选用相应的环形光阑。对中望远镜插入目镜管可以观察到环形光阑图像与环形相位板对中状况（图2－10）。通过使用六角螺钉扳手可以对环形光阑进行对中。

（6）传统光学显微照相术基本要素在数字图像的获取过程中同样适用：①严格调整照明系统；②样品制备得当；③光路要洁净；④调焦应清晰；⑤注意感光度；⑥运用滤色片；⑦正确的曝光时间。同时应该熟知图像分析的误差特点，以便有针对性调试和控制。仪器误差包括摄像机非线性带来的误差，摄像机的电子噪声，分割时的阈值设置误差，标定误差等。如消除显微镜视场光不稳定的误差最有效的方法是增加高精度的稳压电源；选择性能优良的显微镜用于定量分析可以有效地消除视场光不匀的影响。

组合式光学显微镜的分析后注意事项以普通光学显微镜为基础。但由于组合复杂、构件精密，维护保养尤其重要。

扫码“学一学”

扫码“看一看”

第四节　电子显微镜

电子显微镜（electron microscope）即是利用电子光学原理，以电子束和电子透镜代替光束和光学透镜，使被观察样品的细微结构获得更高分辨率和放大倍数而成像的显微镜。

一、原理和结构

与光学显微镜比较，电子显微镜采用波长较短的电子束作为光源，更有效地提高了分辨本领；而高速运动的电子在通过磁场或电场时受到场力的作用，其运动轨迹会发生偏转和会聚；改变磁场或电场的强度则可改变偏转的角度，亦即改变了放大倍率。能够使电子束会聚的核心构件称为电子透镜，分为磁透镜和静电透镜两类。由于改变磁场强度只需简单地改变线圈的电流强度就可以实现，在技术和材料方面比改变电场强度要更为安全方便，因此现代电镜大多采用磁透镜。

（一）透射电子显微镜

在透射电镜中，电子束穿过极薄的样品后，再用电子透镜成像放大。它的光路与光学显微镜的光路非常相似。与光学显微镜不同的是，电子显微镜主要依靠电子的散射而不是吸收来获得图像的对比度。在样品较薄或密度较低的部分，电子束散射较少，有更多的电子通过物镜光阑参与成像，在图像中显得较亮。反之，样品中较厚或较密的部分，在图像中则显得较暗。

典型的透射电子显微镜（transmission electron microscope，TEM）由电子光学系统、真空系统、图像记录系统以及电气系统等部分组成。

1. 电子光学系统　主要由电子枪和各级电磁透镜组成。它们和样品室、荧光屏和照相机等部件一起自上而下地装配在镜筒内。透射电镜镜筒的顶部是电子枪，由电子枪的灯丝阴极发射出电子束在阳极高压（即加速电压，10～1000kV）的作用下加速，其运动速度可接近光速。加速电压越高，电子束的波长就越短，其可能的分辨率越高。电镜大多常采用5级透镜，包括两级聚光镜、物镜、中间镜和投影镜。改变聚光镜电流，可以改变图像的亮度；改变物镜电流则改变焦点；而改变中间镜电流，可改变放大倍率。高速运动的电子束由两级聚光镜使其聚焦，通过样品后由物镜成像于中间镜上，再通过中间镜和投影镜逐级放大，最后成像于荧光屏或照相底片上。

2. 真空系统　由机械真空泵、扩散泵、真空阀门和真空管道等组成，并通过排气管道与镜筒相连接。电气系统由高压发生器、磁透镜的稳压稳流电源和各种调节控制单元组成。传统的图像记录系统由照相机及曝光定时电路组成。现在，数码相机已成为电镜图像记录系统的组成部分。

（二）扫描电子显微镜

扫描电子显微镜（scanning electron microscope，SEM）则以极细的电子束在样品表面逐点逐行地扫描并激发出二次电子，这些二次电子由置于样品旁的闪烁体接收，通过放大后调制显像管的电子束强度，从而改变显像管荧光屏上的亮度。显像管的偏转线圈与样品表面上的电子束保持同步扫描，这样显像管的荧光屏就显示出与样品一一对应的表面形貌图像。扫描电子显微镜不用制备很薄的样品，图像有很强的立体感。扫描电子显微镜能方便地利用电子束与物质相互作用而产生的二次电子、吸收电子和X线等信息分析物质的成分。

典型的扫描电子显微镜的结构基本与透射电子显微镜相同，但镜筒内没有中间镜、投影镜和荧光屏。镜筒内有较大空间，可放置较大的样品；有较复杂的机械装置便于对样品移动、旋转、倾斜，在镜筒外的显像管上最终成像。

二、方法学评价

1. 电镜观察技术的方法学特点　透射电镜主要观察组织或细胞内部的超微结构，包括细胞膜、细胞核、胞质内各种细胞器的改变及异常物质的沉积等。用透射电镜观察细胞化学反应，可精确定位一些阳性反应物质，如血小板过氧化物酶（PPO），达到鉴别诊断的目的。扫描电镜主要用于观察细胞表面的立体超微结构，如遗传性球形红细胞增多症、毛细胞白血病等，有助于确诊有特征性的细胞表面结构的疾病。

2. 光路的调校及其相关分析

（1）合轴就是使从电子枪出发到荧光屏显示的电子束要保持在同一轴线上。其间穿过距离约1000mm，中间还有各级透镜、固定光阑和活动光阑等，其中最小孔径20μm左右，因此需要“对中”。合轴不正确，则期望观察的目标将偏离甚远，严重时在荧光屏上根本看不到光斑。因此正确的合轴是保证成像质量的基本前提。各个厂家生产的电子显微镜合轴的具体方法都不尽相同，参见使用说明书和操作培训手册。

（2）灯丝是激发电子的基本元件，典型的灯丝有钨灯丝、LaB_6灯丝和场发射灯丝。灯丝的饱和点是指当逐步增加灯丝电流达到某一值时，如果继续增加电流，则电子束的电流（束流）不再增加，图像的亮度也不会更亮，这一电流值就是灯丝的饱和点。如果灯丝在过饱和点上工作，灯丝的亮度没有提高而灯丝的工作寿命大打折扣；灯丝工作在欠饱和点上则亮度较弱，且在图像上有灯丝的阴影，直接影响图像质量。但灯丝的欠饱和像是电子枪合轴的重要判别依据。正确地调节灯丝的饱和点就是逐步增加灯丝电压，当束流不再增加，且在图像上刚好消除了灯丝的阴影时为最佳。灯丝只有工作在饱和点上才能获得最大的亮度和较长的工作寿命。随着灯丝使用时间延长，灯丝的饱和点会发生变化，所以电子显微镜工作一段时间后应该重新校正灯丝的饱和点。

（3）影响电子显微镜成像质量的另一个主要原因是像散。像散在图像上的典型表现是所有颗粒均在相同方向上被拉长。出现像散的原因是磁透镜磁场的轴不对称。无论电镜设计制造多么精密，都不可能保证磁场完全轴对称，而且由于镜筒内的微尘、残余气体分子和氧化残留物附着在电子光学通道上，都可以造成磁场的不对称，所以需要用另外的磁场加以补偿或抵消，这就是所谓消像散。一般至少应在高于期望的放大倍数的1～2倍条件下对各级磁透镜进行消像散操作。在透射电子显微镜中，由于镜筒内比较清洁，进行一次消像散操作可以维持较长的时间；而扫描电子显微镜对物镜的消像散则应视图像情况经常进行。

三、应用注意事项

（1）电子显微镜属大型精密仪器，自身重量大（仅主机重量就达1000kg以上）且精度要求高。为了获得高质量的电子显微镜图像，必须保证电子显微镜的性能完好。在电镜的安装阶段，电镜生产厂商会就安装场地提出具体的要求，主要是对环境的本底磁场、振动有所限制，因为电磁场和振动直接影响电镜的成像质量。

电镜安装场地，应尽量远离高压输电线路、大型变压器等磁场较大的地方，否则需要考虑电磁屏蔽。为防止振动，电镜室应远离振动源（如车流量较大的马路、中央空调的冷却塔等），尽量将电镜安装在坚固建筑物的一楼，避免在高层安装电镜，如果难以避免（如在南方潮湿的环境中，有时不得不选择较高楼层安装电镜），则应根据电镜生产厂商提出的振动方面的要求，对相应建筑作减震防震设计。电镜的电源应专线引入，有可靠的接地点。若未达到以上要求，往往不能拍出电镜最高分辨率的照片，直接影响仪器的合格验收。

（2）电镜观察者在观察样品时一定要认真仔细，尽量观察到每一个视场和一定数量的细胞。要注意各系细胞的形态、数量和比例，抓住细胞病变的特点，以便作出正确诊断或为临床提供有用的诊断依据。

1）孔径光阑要适当　根据图像质量的要求，一般聚光镜和物镜的活动光阑有几个不同大小的孔径可供选择。聚光镜光阑孔径越大，图像越亮，但也可能由于能量过于集中而将样品击破，对观察者的眼睛损伤也较大。物镜光阑孔径越小，图像的反差度越高，反之则低。但孔径越小越容易被“污染”，形成许多毛刺，其会形成像散等情况，影响最终的成像质量。

2）局部与整体的关系　由于电子显微镜有极高的放大倍率，使得观察者往往只见树叶，不见树木。观察时应先低倍再高倍，尽量观察两张超薄切片的每一视场面，以避免因铜网遮挡而遗漏有特征的病变细胞。

3）照相倍率的选择　在保证一定分辨率的前提下，尽量低倍照相，以后可通过光学放大提高倍率。这样做的好处是能够兼顾局部与整体的关系，也避免了在高倍率条件下照相对仪器性能要求较高而进行复杂调整的麻烦。数码照相则应按需要根据分辨率直接选择合适的放大倍率，避免以后通过电子放大产生的马赛克效应。

（3）随着电子显微镜使用日久，保持镜筒内的清洁至关重要。进入镜筒的微尘、氧化残留物，甚至纤维、样品碎片等沉积、附着在电子光学通道上形成光路“污染”，即会产生像散、放电等情况，直接影响电子显微镜的图像质量和使用性能。定期维护，及时清洁镜筒，才能更好地发挥电子显微镜性能。清洗镜筒的一般原则是从物镜以上（物镜以下不必经常清洗），自上往下逐级进行。主要清洗电子光路中的各个零件，如各级磁透镜光路中的衬管、固定光阑、活动光阑、样品杆或样品杯等。清洗剂用无水乙醇为佳，也可应用超声波清洗仪清洗小零件。有机溶剂一定要限制使用。要保证清洗后没有残留的纤维、研磨膏等异物，否则可能比清洗前更糟糕。镜筒在拆卸清洗后必须重新合轴。

扫码“练一练”

（邓明凤）

第三章　血细胞分析仪

教学目标与要求

掌握　血细胞分析仪检测原理及使用注意事项。
熟悉　血细胞分析仪性能指标及管理要求。
了解　血细胞分析仪发展简史、发展趋势。

第一节　血细胞分析仪概述

扫码“学一学”

全血细胞分析（临床应用中常称为血常规检测）是医院的基本检测项目之一，传统的血常规检查方法是人工借助于显微镜对血液中红细胞、白细胞、血小板计数及对染色后血涂片的白细胞分类，费时费力，检测项目少，且准确性和结果一致性差。

1953 年美国科学家 Coulter（库尔特）先生发明了应用电阻计数法计数红细胞、白细胞的仪器，当时称为血球计数仪。经过半个多世纪的发展，血细胞检测技术日臻成熟，不仅能对血液中的红细胞、白细胞、血小板等有形成分进行计数和定量分析，还能够对细分细胞群进行识别、区分和分析。同时利用计算机强大的信号采集、分析和运算能力，在检测结果的溯源、分析的质量控制等方面也已经建立了完善的方法和体系，为健康保健和疾病的诊断、疗效监测提供着更加可靠的数据，是医学检验领域不可或缺的装备之一。本章重点介绍血细胞分析仪的检测原理、质量管理等基本知识，以便为检验专科学习和临床实习打下基础。

一、血细胞分析仪发展简史

早期的血细胞检测设备可以追溯到 1590 年，荷兰人米德尔堡和詹森设计制造的最原始的显微镜，后来这个显微镜经过发展和改良，1658 年意大利人马尔皮基在显微镜下第一次观察到了红细胞。由此，引导人们逐渐意识到血液中的细胞数量与疾病的发生发展存在着关系，进而促使科学家开始研究细胞计数的方法。直到 19 世纪 50 年代，计数板的出现终于首次实现了红细胞计数，直至今日计数板计数细胞的方法依然使用着，这无疑是细胞计数中应用最广泛、持续最长久的经典方法。下面以表格的形式简单介绍血细胞分析仪的应用、演变和发展的历程（表 3－1）。

表 3－1　血细胞分析仪发展简史

年代	代表性进展
20 世纪 50 年代初	美国 WH Coulter 申请了粒子计数法技术专利，研发了世界第一台电子血细胞计数仪，开创了血细胞计数的新纪元
70 年代后期	国际上血细胞分析技术快速发展，不但可以计数全血细胞成分，还可根据检测数据分析出细胞形态参数。由于仪器除了提供粒子计数值外，还有形态分析参数，这类仪器即改称为血细胞分析仪

续表

年代	代表性进展
80 年代初	自动白细胞分类计数技术诞生。根据体积大小将细胞分成不同的群，但这类原理的仪器不是根据细胞形态特征分类，只能在血细胞检查指标大致正常时将白细胞分类
80 年代中期	白细胞分类技术“百花齐放”，迄今有了：①VCS 技术；②多通道阻抗、射频、细胞化学联合检测技术；③多角度偏振光散射分析 - MAPSS 技术；④过氧化物酶细胞化学染色联合激光检测技术；⑤多角度激光分析技术；⑥双鞘流细胞化学染色光吸收检测法等
80 年代末	网织红细胞计数技术发明
90 年中期	可同时检测同一样本内的血细胞和血浆内成分的崭新理念引入血细胞分析领域，此类仪器只用 20 微升末梢血，1 分钟内报告 15 项血细胞参数，3 分钟内报告全血 CRP 含量
21 世纪初	血细胞分析全自动流水线逐步在国内使用。利用信息技术将自动血细胞分析仪、自动血涂片机、染色仪和自动阅片机组合在一起，再加上条形码识读，实现了实验室的血细胞分析全自动流水作业

我国血细胞分析仪的研发经历曲折。1964 年上海研制了我国第一台血细胞计数仪。1973 ~ 1980 年，南京、济南、辽宁均有此类仪器生产，并一时期在全国各地使用，但受限于国内当时科技和生产力规模和水平，这些细胞计数仪并未能商品化。直至 20 世纪 90 年代末期，三分群血细胞分析仪在国内陆续研制和开发，一系列商业化的产品陆续推出。随着三分群技术的成熟，国内厂家也开始投入研发力量进行五分类产品的研究、开发和生产。2006 年深圳迈瑞公司推出了国内首台五分类血细胞分析仪 BC - 5500，此后国产五分类血细胞分析仪陆续上市，近十余年，随着样本处理量日益增大，处理速度要求提高，国际厂家产品的开发重点转入实验室自动化和智能化。这一研究领域也列入了我们国家体外诊断产业的重点方向，在此高度重视、重点投入的形势下，2014 年中我国首套全自动血细胞分析仪、血细胞推片染色机和轨道系统组成的血细胞分析流水线 CAL - 8000 上市。

二、血细胞分析仪发展前景展望

血细胞分析仪的发展归因于多因素的推动和促进。一方面是临床诊疗工作对血细胞分析更准确、快速和更多参数等的要求，另外一方面是科学技术的发展，尤其是电子科技、计算机技术、激光等光源开发和生物化学以及染色标记技术的进步，奠定了检测仪器发展的基础。为顺应这一发展趋势，一代接一代更加高速、便捷、智能的产品不断推陈出新。回顾过去，展望未来，血细胞分析仪的发展可能有如下趋势。

（一）分析能力多参数化

更加细致的细胞分类和细胞的物理、化学特性不断被发现和挖掘，利用计算机技术加以识别、统计和分析，经过与临床共同研究，血细胞分析仪能够提供给临床的参数和信息量越来越多，从最早的在各种贫血的诊断和治疗中发挥了重要作用的红细胞体积分布宽度到网织红细胞相关的参数，再到幼稚粒细胞及未成熟血小板相关参数等，在临床疾病诊断、鉴别诊断、治疗监测、预后判断和随访等方面发挥着日益重要的作用。

（二）检体的多样化

随着微量检测技术和信号处理能力的突破，一方面，新推出的一些血细胞分析仪所能检测的样本种类不再局限于血液，而扩展至体液，如脑脊液、胸腔积液、腹腔积液和关节腔滑液等，可以对这些体液中的细胞数目进行快速和高精度的检测。另一方面，血细胞和血浆检测项目的分界正在被模糊化，因为全血样本免疫反应技术的突破，一些传统的免疫项目被整合到血细胞分析仪中。此外，利用单克隆抗体和免疫荧光标记技术，在细胞计数的同时，利用针对白细胞分化抗原（cluster of differentiation，CD）的抗体对血细胞进行免疫表型分析，从而更准确地得到细胞亚群的信息和参数。

（三）仪器的高度自动化

血细胞分析仪的自动化步伐从未停止，经过半个多世纪的发展，血细胞分析仪已经从手动、半自动、全自动发展到自动进样、自动推染片甚至自动细胞形态统计分析的由轨道连接的流水线。目前单机的测试速度，最高可达到每小时 120 个样本以上，采用自动进样器，仪器自动闭管穿刺、吸样，由操作技术人员打开样本管盖和手动上样的历史即将结束，在节省人力的同时更提高了操作的安全性。

轨道连接的流水线系统，可以串联 4 ~6 台仪器同时工作，当和推片染色机、数字细胞形态分析系统等连接在一起时，根据设定的规则，由控制系统统一进行样本的调度、分配、复测、推片、染色及阅片，更是大幅度提高了工作效率、减少了操作误差和工作人员的劳动强度，样本检测周转时间（test turnaround time，TAT）的有效缩短明显改善了病人就诊体验，节约了社会资源。检验人员有更多的时间和精力投入到检验结果审核、检验质量提高和为临床服务。未来随着检测项目的多样化，更多的相关产品如流式细胞分析仪、血沉仪、糖化血红蛋白分析仪、血型鉴定仪等产品有望接入到流水线中。

（四）信息化与网络化

随着计算机技术的飞速发展，血细胞分析仪的信息化程度越来越高。仪器内置的条码扫描仪可以自动扫描样本管条码，读取检测申请信息并据此灵活调配样本。血细胞分析仪还实现了内置复检规则，自动筛选需要复测、推片和染片的样本，通过与医院信息系统（hospital information system，HIS）连接获取病人的历史数据，还可以对样本结果进行趋势分析，或者获取其他检测项目的结果以便对不同项目的结果综合分析判断。通过对临床路径、样本审核要求等信息的分析和整理，智能的信息管理和审核系统可以快速地筛选异常样本，并可以按照设定的规则对样本进行后续的处理如重新测量、制作涂片、更换模式确认等操作。随着移动互联网技术和远程医疗业务的发展，未来结果的移动和远程接收、分享和审核等也将在血细胞分析设备上实现。人工智能的应用将是未来几年血细胞分析数据实现质的飞跃，拓展临床服务能力和水平的助推器。

第二节　血细胞分析仪分析技术原理

半个世纪以来，尽管血细胞分析仪分析技术向多元化发展，但归纳起来主要有电阻抗法和流式激光法两大类。

扫码“学一学”

一、电阻抗法血细胞分析仪检测原理

20 世纪 50 年代初，美国库尔特（Coulter WH）发明并申请了粒子计数技术的设计专利，其基本原理是血细胞具有相对非导电的性质，悬浮在电解质溶液中的血细胞颗粒通过计数小孔时可引起电阻及电压的变化，出现脉冲信号，脉冲的数量代表细胞的数量，脉冲的大小代表细胞的大小，从而对血细胞进行计数和体积测定，该原理也称为库尔特原理

(Coulter principle)。白细胞、红细胞及血小板的计数技术很大程度上依赖于该原理。

（一）白细胞计数及分群

扫码“看一看”

全血样本用稀释液在仪器的外部或内部进行一定比例的稀释，加入一定量的溶血剂，使红细胞全部破坏，随后倒入一个不导电的容器中，将小孔管（板）也称为传感器（transducer）插到细胞悬液中。小孔是电阻抗法细胞计数的一个重要成分，其内侧充满了稀释液，并有一个内电极，其外侧细胞悬液中有一个外电极（图 3－1）。计数孔直径一般 <100μm，厚度 75μm 左右。检测期间，当电流接通后，位于小孔两侧的电极产生稳定的电流，细胞悬液向小孔内部流动。因为小孔周围充满了具有传导性的液体，在没有粒子通过小孔时，其电子脉冲是稳定的。当悬液中细胞通过小孔时，因血细胞有极小的传导性，细胞导电性质比等渗稀释液低，故电路中小孔感应区内电阻增加，瞬间引起了电压变化而出现一个脉冲信号，这被称为脉冲。电压增加的程度取决于细胞体积，细胞体积越大，引起的电压变化越大，产生的脉冲振幅越高。因此，通过对脉冲大小的测量可测定出细胞体积，记录脉冲的数目可得到细胞数量。经过对各种细胞所产生脉冲大小的电子选择，可区分不同种类的细胞，并进行分析。利用库尔特原理，能够计数白细胞；对红细胞和血小板根据体积区分并分别计数。

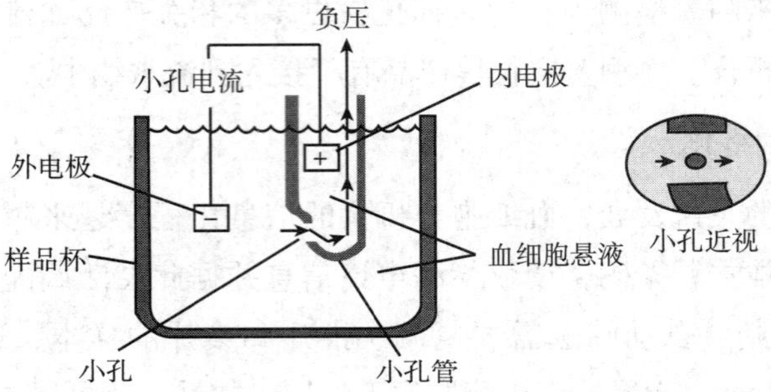

图 3－1　库尔特原理示意图

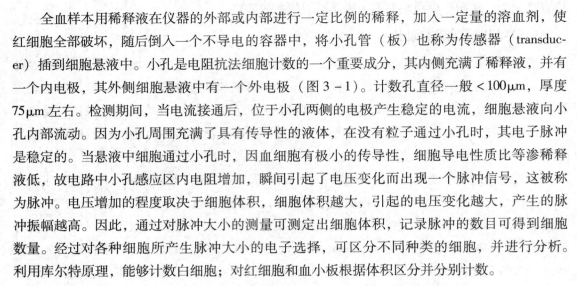

从电阻抗的原理可看出，不同体积的白细胞通过小孔时产生的脉冲大小不同，而不同类型的白细胞（如淋巴细胞、单核细胞、中性粒细胞）经溶血剂作用后有明显的差异，因此根据脉冲的大小，即可人为地将血内的白细胞分成几群（二分群或三分群）。值得注意的是，在临床应用中，称为“二分类”“三分类”血细胞分析仪的概念是不确切的。因为白细胞分类是指在显微镜下，观察经染色的血涂片，根据细胞形态（包括细胞胞体大小；胞浆的颜色及量的多少；胞浆中颗粒的颜色、大小及数量；核的形状及染色质的特点）综合分析，得出准确均一的细胞群。也就是说，如分类结果淋巴细胞是 25%，意味着分类 100 个白细胞中准确地有 25 个淋巴细胞。而电阻法白细胞“分类”实际上是根据溶血剂作用后的白细胞体积大小而分群，其测量的标准只是根据白细胞体积的大小，而体积大小并不是细胞形态唯一的指标。比如，经溶血剂作用后有些嗜碱粒细胞可落入小细胞群，而大淋巴细胞可落到“中间”或“大细胞群”。显微镜下，单核细胞较粒细胞体积大，而经溶血剂作用后，粒细胞体积大于单核细胞。因此，在解释血细胞分析仪白细胞“分类”的结果时，“淋巴”细胞在仪器分类时只认定为体积与淋巴细胞体积相似的小细胞群，在这个群体中，可能 90% 的白细胞是淋巴细胞，而绝不是均一细胞群体。这种差异在病理情况下更大，这也就是专家们反复强调电阻抗法白细胞“分类”不能代替显微镜涂片检查的原因所在。

（二）红细胞计数、红细胞比容及各红细胞平均指数测定原理

大多数血细胞分析仪仍使用电阻抗法进行红细胞计数和红细胞比容测定，其原理同白细胞检测。红细胞通过小孔时，形成相应大小的脉冲，脉冲的多少即红细胞的数目，脉冲的高度代表单个红细胞的体积。脉冲高度叠加，经换算即可得红细胞的比容。有的仪器先以单个细胞高度计算红细胞平均体积，再乘以红细胞数，得出红细胞比容（hematocrit，HCT）。仪器根据所测单个细胞体积和相同体积细胞占总体的比例，可得出红细胞体积分布直方图。值得注意的是，被稀释的血细胞混悬液进入红细胞检测通道时，其中含有白细胞，红细胞检测的各项参数均含有白细胞，但因正常血液有形成分中白细胞比例很少（红细胞: 白细胞约为 750: 1），故白细胞因素可忽略不计。但在某些病理情况下，如白血病，白细胞明显增加而又伴严重贫血时，均可使所得各项参数产生明显误差。

红细胞平均指数是指导临床医生了解红细胞性质的重要依据。同手工法一样，平均红细胞体积（mean corpuscular volume，MCV）、平均红细胞血红蛋白含量（mean corpuscular hemoglobin，MCH）、平均红细胞血红蛋白浓度（mean corpuscular hemoglobin concentration，MCHC）、红细胞体积分布宽度（red cell volume distribution width，RDW），均是根据仪器检测的红细胞数、红细胞比容和血红蛋白含量检验数据，经仪器程序换算出来的。

$$\text{MCV (fl)} = \text{HCT/RBC}$$

$$\text{MCH (pg)} = \text{Hgb/RBC}$$

$$\text{MCHC (g/L)} = \text{MCH/MCV} = \text{Hgb/HCT}$$

RDW 是反映红细胞体积异质性的参数，即反映红细胞大小不等的客观指标。当红细胞通过小孔的一瞬间，计数电路得到一个相应大小的脉冲，不同大小的脉冲信号分别贮存在仪器配套计算机的不同通道中，计算出相应的体积及细胞数，统计处理而得 RDW。多数仪器用所测红细胞体积大小的变异系数表示，即红细胞分布宽度 - CV 值（red cell volume distribution width - CV，RDW - CV），也有的仪器采用红细胞分布宽度 - s 值（red cell volume distribution width - s，RDW - s）报告方式。

（三）血小板检测原理

全血法分析血小板与红细胞均采用一个共同的分析系统，因血小板体积与红细胞体积有明显的差异，仪器设定了特定的阈值，将高于阈值者定义为红细胞，反之为血小板，检测数据经仪器处理后分别给出血小板与红细胞数目。但由于血小板和红细胞测量信号常有交叉，例如大血小板的脉冲信号可能被认为红细胞而计数；小红细胞的脉冲信号可能进入血小板通道误认为血小板而计数，造成实验误差。为此，某些血细胞分析仪设置了一些特殊的装置。①扫流装置：仪器的红细胞计数微孔旁有一股持续的稀释液流，也叫扫流液体，其流向与计数微孔呈直角，使计数后的液体流走，可防止计数后颗粒重新进入循环而再次计数。②鞘流技术：避免计数中血细胞从小孔边缘流过及湍流、涡流的影响，保证血细胞单个依次通过计数孔。③浮动界标：通过调节红细胞与血小板之间的阈值，避免小红细胞及大血小板对计数的干扰。

一般血小板计数设置 64 个通道，体积范围在 2 ~ 30fl 之间。不同仪器的血小板直方图范围可能不一样。血小板平均体积（mean platelet volume，MPV）就是此平整曲线所含群体的算术平均体积。所以，MPV 也就是 PLT 体积分布直方图的产物，用于判断出血倾向及

骨髓造血功能变化，以及某些疾病的诊断。

电阻抗法与即将介绍的流式法相结合，可改善红细胞及血小板计数结果的准确性，在RBC/PLT通道中计数红细胞和血小板。稀释后的血液从喷头的前端喷出，被鞘液包裹着的血细胞从小孔中央沿着规定的轨道通过。因为血细胞逐个地通过小孔中央，所以可正确地反映血细胞的体积信息，并通过数字波形处理技术灵敏地捕捉细胞的信号，从而对红细胞和血小板计数（图3－2）。

由上可知，电阻抗法血细胞分析仪尚存在一些缺点：①不能探测单个红细胞的结构；②由于MCHC数据来源于MCV的测定结果，而MCV测量受细胞体积以外诸多因素的影响，最终造成MCHC的误差；③红细胞通过小孔时都经受一定的形态变化，红细胞形态与细胞质黏度有关，细胞质黏度受血红蛋白含量影响，故血红蛋白浓度可影响红细胞形态，也影响MCV及MCHC的准确性；④血小板计数常受大血小板和非血小板颗粒（如小红细胞、红细胞碎片等）的干扰。流式法在很大程度上纠正了上述缺点。

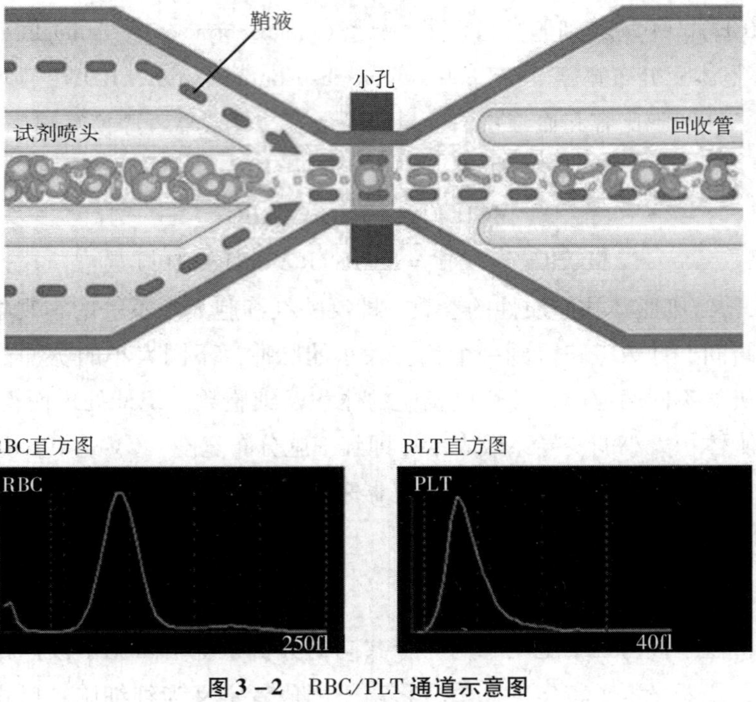

图3－2　RBC/PLT通道示意图

二、流式法血细胞分析仪检测原理

流式法血细胞分析仪有各种类型，使用的分析技术各异且各具专利，这就形成了“五分类”血细胞分析仪型号的多样化。这类仪器白细胞计数原理大致相同，即仪器利用“鞘流”“扫流”技术，使混悬在样本中的细胞单个成束排列通过激光检测器，受激发后产生与细胞特性相应的光信号，检测器接收后分析得到细胞数值。本节以白细胞分类计数为例介绍流式原理，同时描述提高红细胞、血小板检测准确性的技术原理。

流式法血细胞分析的多种技术都是基于流式的鞘流技术产生的，介绍主要方法前先学习这一基本原理。所谓鞘流技术，根据的是“流体动力聚焦”的原理（图3－3），待测样本及鞘液在压力作用下经过流动室，鞘液流包裹着细胞流，经过流动室突然变细的喷嘴流出时形成单一的细胞液柱，液柱与入射光在检测区垂直相交，这就是鞘流技术或流体动力聚焦技术，它可以有效地减少和避免细胞重合导致的漏检和误检，同时，规范细胞流经过检测区的路径，使细胞在检测区的脉冲信号更加规整，为细胞体积、内容物的精准分析提供了保证。稳定有效的鞘流技术是激光散射检测法实现的关键技术前提之一。

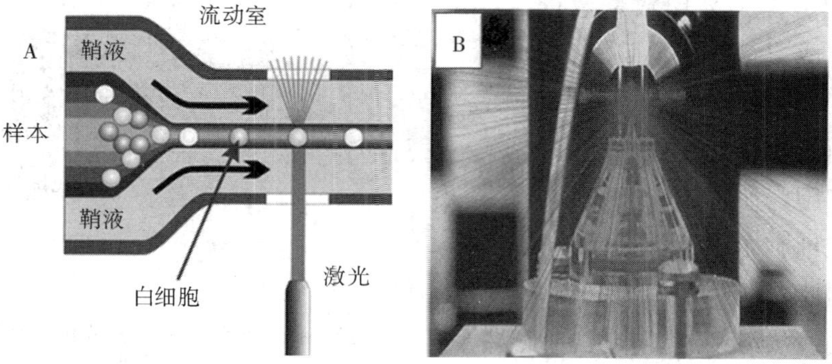

图 3－3　鞘流及激光散射检测原理示意图（A）和模式图（B）

（一）流式技术结合物理方法

1. 多角度偏振光散射分析技术　仪器结合流式细胞仪中的液流聚焦技术－双鞘液原理，以氦氖激光为光源，利用其独特的多角度偏振光散射（multi angle polarized scatter separation，MAPSS）分析技术对细胞进行检测分析。技术的核心是在检测区或测量区设置四个角度（0°、10°、90°和90°D）的散射光探测器，模拟三维立体视角更全面地探测细胞结构和内部特性，更好地识别不同特性的细胞群（图 3－4）。

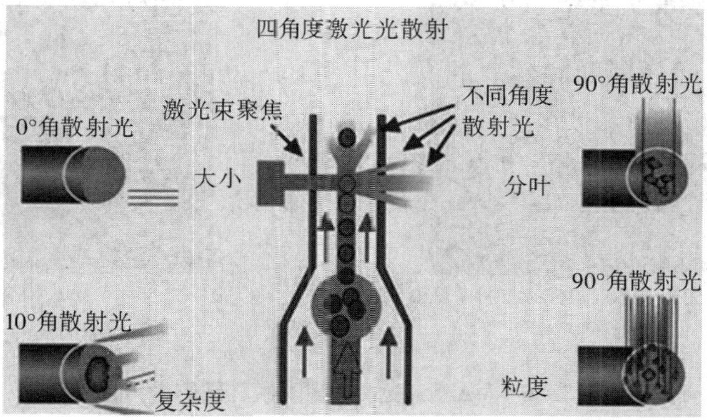

图 3－4　MAPSS 分析原理图

当全血样本经过鞘液稀释形成细胞悬液，与鞘液分别进入流动室。因两者流速及压力均不一样，从而形成一个直径大约 30μm 的液体管道，使细胞悬液中的细胞颗粒单个排列，一个接一个地通过激光检测区，这就是流式细胞仪中常采用的液流聚焦原理。仪器通过检测细胞颗粒对垂直入射的激光在 4 个独特角度的散射强度。其中：①0°（1°～3°）前向散射光，反映细胞大小，同时检测细胞数量。②10°（7°～11°）小角度散射光，反映细胞结构以及核质复杂性。③90°（70°～110°）垂直角度散射光，反映细胞内部颗粒及分叶情况。④90°D（70°～110°）垂直角度消偏振散射光，基于嗜酸粒细胞的嗜酸颗粒具有将垂直角度的偏振光消偏振的特性，可将嗜酸粒细胞从中性粒细胞和其他细胞中分离出来。

仪器对单个白细胞的四个角度散射光信号进行测量和分析后，即可将白细胞划分为嗜酸性粒细胞、中性粒和嗜碱性粒细胞、淋巴细胞和单核细胞 5 种（图 3－5）。这个技术的五分类不是采用传统的体积定量，而是采用数量定量，每次计数时完成 10000 个细胞即自动停止测定。红细胞内部的渗透压高于鞘液渗透压而发生改变，红细胞内的血红蛋白从细胞内游离出来，鞘液内的水分进入红细胞中，细胞膜的结构保持完整，但此时的红细胞折光指数与鞘液的相同，故红细胞不干扰白细胞检测。

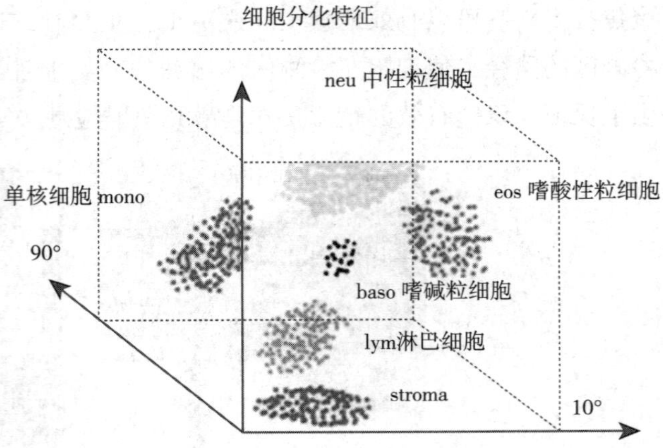

图 3－5　四角度散射光分析示意图

MAPSS 技术检测红细胞及网织红细胞原理：MAPPS 技术通过分析 0°、10°和 90°三个角度的散射光信号检测红细胞和网织红细胞。利用亲 RNA 的核酸染料与网织红细胞内的 RNA 结合，红细胞和网织红细胞在 10°具有相同的激光散色特性，而网织红细胞因含有 RNA 在 90°偏振光照射下发射的散射光比成熟红细胞强，同时在 0°FSC 因体积略大于成熟红细胞，据此区分出两种红细胞。幼稚网织红细胞 RNA 含量越高，其散射光信号越强，在散射图上也处于偏上的位置（图 3－6）。

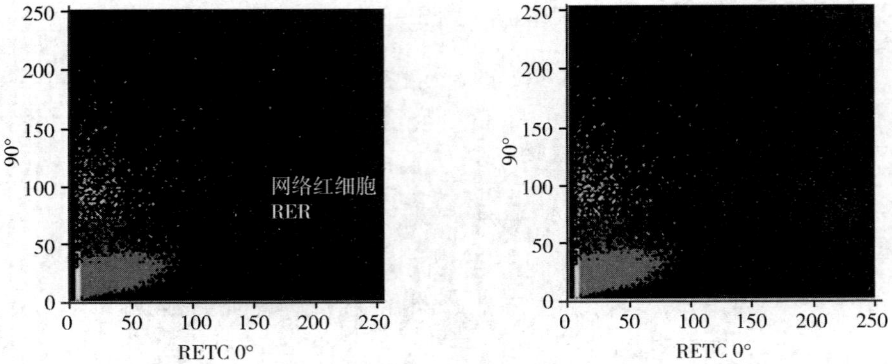

图 3－6　MAPSS 技术检测网织红细胞散点图

MAPSS 技术检测有核红细胞（NRBC）原理：WBC 试剂破坏 RBC/NRBC 细胞膜，使核酸荧光染料碘化丙淀（Propidium iodide，PI）与 NRBC 内的 DNA 结合，在激光激发下发射橙色荧光，荧光信号在 FL3 通道被荧光检测器捕获并计数。NRBC 在用红色散点表示，表现为小FL3＋荧光（图 3－7）。

MAPSS 技术检测血小板原理：血小板在传统的电阻抗技术基础上，又增加了二维激光法和血小板膜蛋白免疫单抗法。在某些型号的仪器上摒弃了电阻抗原理，红细胞和血小板采用光学法技术，在区分大血小板和小红细胞上有较明显大的优势，而且线性范围宽，可有效避免因大血小板、血小板聚集、小红细胞及一些细胞碎片或杂质的干扰而出现的无结果情况（图 3－8）。

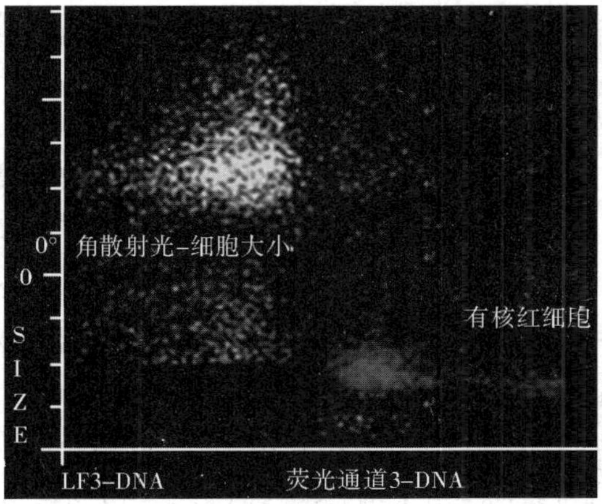

图3－7　MAPSS 技术检测有核红细胞散点图

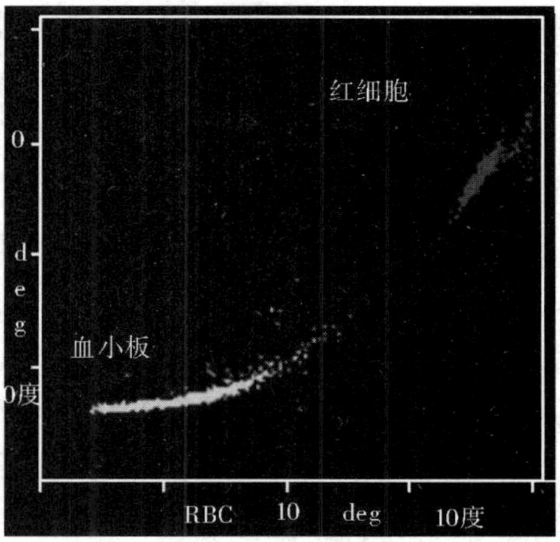

图3－8　MAPSS 技术光学法检测血小板散点图

2. VCS/VCSn 分类技术　VCS 分别是体积（volume）、传导性（conductivity）和光散射（scatter）的缩写，这一分类过程需要配套试剂，对样本进行预处理，提供了高灵敏度、高特异性和高准确性的白细胞分类结果。这两种试剂（erythrolyse™和 stabilyse™）先后加入混匀池内，与血液样本混匀，溶解红细胞并使白细胞保持在未改变或“近原态”状态。其中，红细胞溶解剂 erythrolyse™的作用是溶解红细胞，白细胞稳定剂 Stabilyse™的作用是中止溶血反应并使留下的白细胞恢复到原态，保证分析的准确性。

该系统的组成包括有一个石英晶体制成的流动池，采用流体动力聚焦原理使白细胞通过流动池时，单个排列呈现在检测区。单一通道中，采用三个独立的检测技术同时分析一个细胞，将体积、传导性和光散射的参数结合起来，从而给出 5 种白细胞的分类结果（图 3－9）。

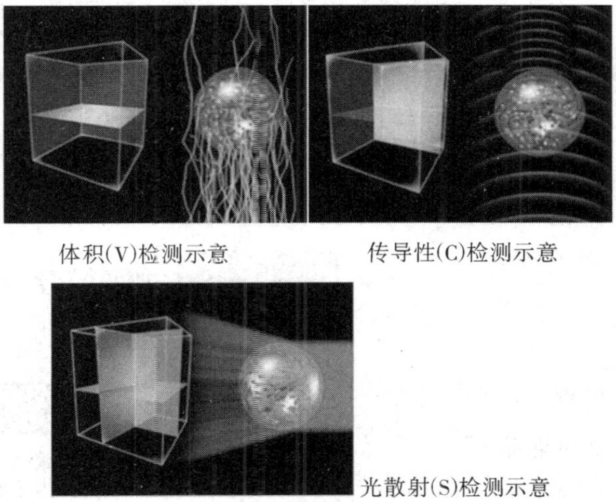

图3－9　VCS 检测原理示意图

（1）体积（V）　利用库尔特的电阻抗原理测量处于等渗稀释液中的完整接近原态细胞的体积。无论细胞在光路中的方向如何，这种方法都能准确地测量出所有细胞的大小。这一信息可纠正传导性和光散射信号，给出强有力的库尔特独特的双重测量数据。

（2）传导性（C）　电磁波范围内的交流电可通过细胞膜穿透细胞。利用具有强大潜能的探针，收集有关细胞大小和内部构成的信息，包括细胞的化学组成和核体积。通过纠正传导信号使它不受细胞大小影响，可获得只与细胞内部构成相关的测量信息。这种新的测量探针（也叫阻光性），使得VCS技术利用细胞内部构成的不同，将大小相近的细胞区分开来。同时，仪器通过计算细胞核/细胞浆比值，区分嗜碱粒细胞和淋巴细胞。

（3）光散射（S） VCS系统内的氦-氖激光发出单一椭圆形的光束，细胞受激发后，可向360度发射散射光，收集细胞散射光信号可获得颗粒信息、核分叶情况及细胞表面特性。库尔特血细胞分析仪消除了光散射信号中的有关体积的部分，给出了旋转光散射（rotated light scatter，RLS）参数。这样，选择每种细胞最佳的光散射角度，并设计出能覆盖这一范围（10°~70°）的散射光检测器，无需数学处理便可准确地把混合的细胞（如中性粒细胞和嗜酸粒细胞）区分成不同的细胞亚群，并且能够提高非粒细胞群之间的分群效果。

每个细胞通过检测区域时，它的体积（y轴）、传导性（z轴）和光散射（x轴）的参数，被定位到三维散点图中的相应位置。在散点图上，一个个细胞的位置就形成了相应细胞的群落，计数群落中细胞的数即为不同分类白细胞的数量。

VCSn技术对散射光信号进一步细分为5个角度的光散射，分别为轴向光吸收（Axial light，AL2）、低角度光散射（low angle light scattering，LALS）、中位角光散射（median angle light scattering，MALS）、低中位角光散射（LMALS）和高中位角光散射（UMALS），对细胞内部复杂的结构检测更为精细，同时可获得10倍以上细胞内部结构和颗粒情况的数据和信息，使得白细胞分类更加精确，同时也大大增强了异常细胞的检出能力。

（二）流式技术结合化学方法

1. 流式细胞术结合核酸染色血细胞分析技术 单纯采用物理方法进行五分类检测，不能有效地分析形态各异的原始细胞或异常细胞，这促进了五分类方法学的改进。新一代的五分类血细胞分析仪不仅强调分类的准确性，而且更加突出对异常样本的筛选能力，原理上更多地结合生物化学法或细胞化学染色法进行多参量检测。而借助生物化学法，根据不同细胞在不同成熟时期对各种溶血试剂、组化染料和荧光染料的反应性不同，将其细胞生物特性转化为差异较大的物理学特征之后，再进行物理学方法检测。使用核酸荧光染料以增强细胞检测的敏感性。仪器以半导体激光器为光源，波长633nm。为了配合红色波长的半导体激光器，采用了近蓝色的荧光染料聚次甲基（polymethine），它可对细胞胞浆中的核酸物质（RNA/DNA）染色。检测90°侧向散射光，以提高对细胞核形态的分辨能力，同时也可满足侧向90°荧光的检测。仪器使用了两个通道检测五类白细胞。

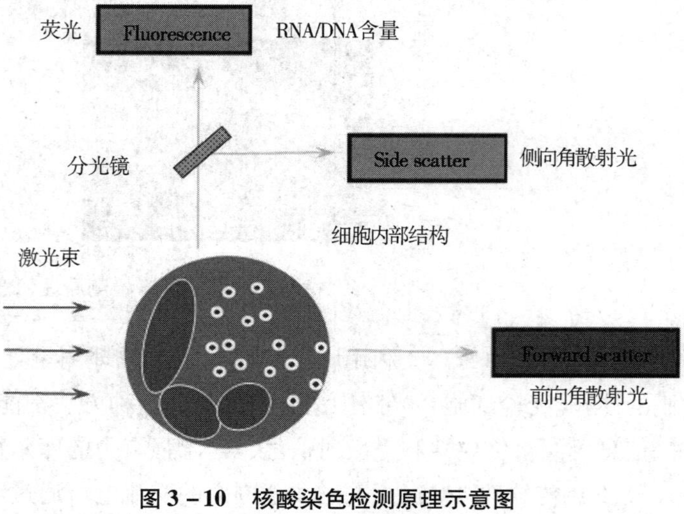

图3-10 核酸染色检测原理示意图

（1）DIFF通道 根据不同白细胞类型和不同成熟度的细胞对荧光染料的着色能力不同，检测散射光信号和荧光信号就可区分出淋巴细胞、单核细胞、嗜酸粒细胞、中性粒细胞/嗜碱粒细胞。在某些病理状态下，外周血中的白细胞还会出现各种异常，如异型淋巴细胞、幼稚细胞等，这些异常细胞主要是幼稚细胞，其特点是胞内含有大量核酸（DNA/RNA），核酸的含量随着细胞成熟度的增加而逐渐减少。因此，利用核酸荧光染料标记细胞，血细胞分析仪中设定滤光片和侧向荧光（side fluorescence，SFL）探测器，用以检测细胞内标记的荧光染料的量，进而区分出正常细胞和幼稚细胞（图3－10）。

（2）BASO通道　为了区分中性粒细胞和嗜碱粒细胞，设立了单独的BASO通道，加入表面活性剂，使除嗜碱粒细胞以外的白细胞溶解破碎，只剩下裸核，而嗜碱粒细胞可抵抗表面活性剂的溶解保持细胞的完整。完整的嗜碱粒细胞和裸核之间的体积差异可表现为散射光信号的差异，因此检测散射光信号可准确区分中性粒细胞和嗜碱粒细胞。有核细胞分类原理（图3－11），根据有核红细胞（NRBC）体积较小，荧光信号较低的特性，在荧光NRBC散点图上可以准确对样本内有核红细胞进行检测分析。

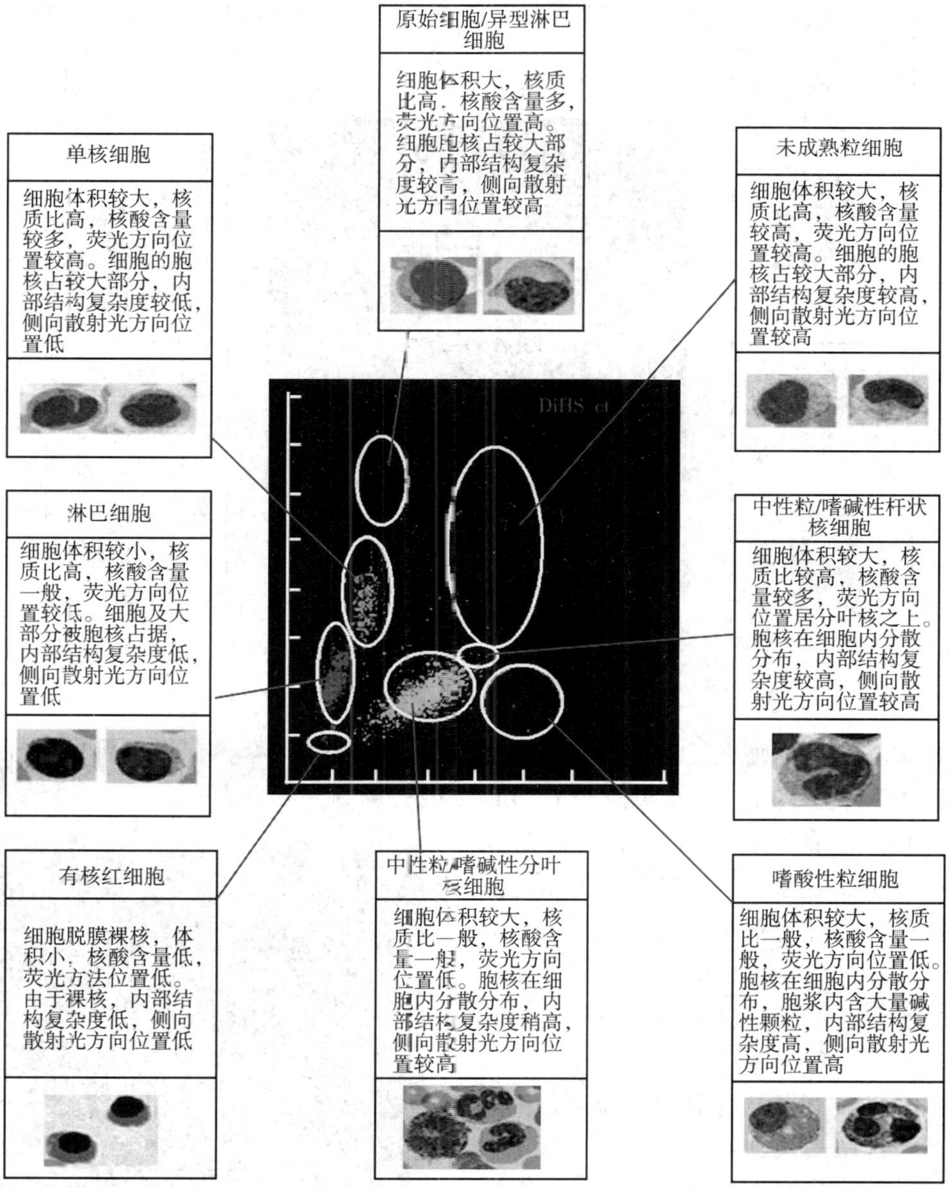

图3－11　荧光DIFF检测散点图

在自动血细胞分析中低值血小板的检测一直是个难点。采用传统的阻抗法检测技术，单纯靠细胞体积一个检测参数，无法有效区分其他干扰物质，特别是无法区分病变样本中的大血小板、小红细胞、红细胞碎片和大的网织红细胞，常规的阻抗法结合核酸荧光染色技术检测血小板，可得到光学法血小板参数（PLT－O），仪器可根据光学血小板的检测结果，对病理样本阻抗法检测的血小板结果自动校准。

网织红细胞计数也属于流式技术与核酸染色相结合的方法。用荧光染料标记网织红细胞内RNA，荧光标记的量与RNA含量成正比，在荧光强度方向上可将其区分为高荧光强度（HFR）、中荧光强度（MFR）、低荧光强度（LFR）三部分。在网织红细胞（RET）检测、分类的同时，通过该检测通道还可以获得RBC和PLT计数结果，即RBC－O和PLT－O（图3－12）。

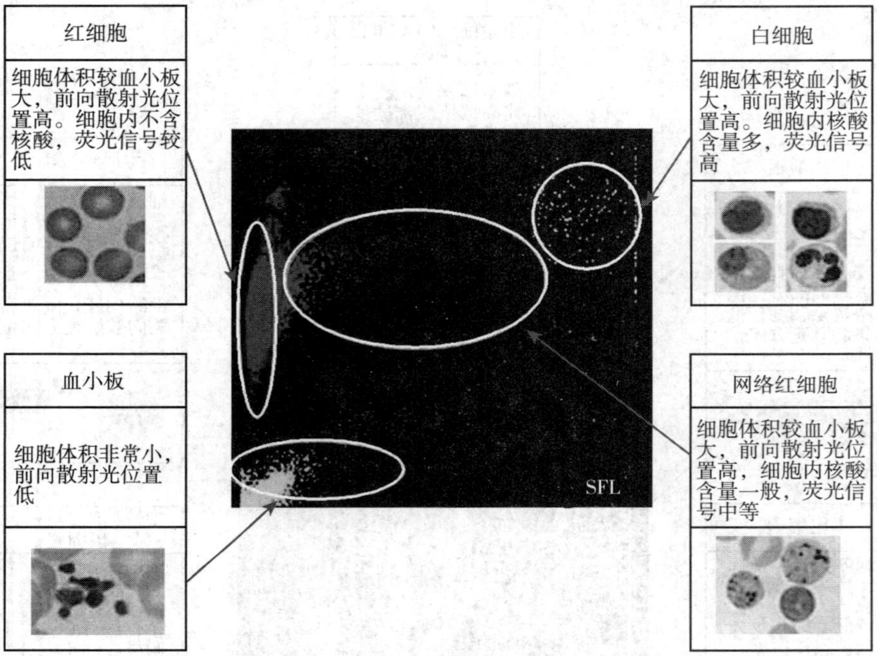

图3－12　荧光RET检测散点图

该技术还可用于血小板计数。血小板荧光通道（PLT－F）通道中，染色液PLT（fluorocell，PLT）中的荧光染料对稀释液（cell pack dfl）处理的血小板进行特异性的染色并且计数。另外，将荧光强度较强的区域划分为IPF（immature platelet fraction），根据FSC和SFL的差异，明确地区别血小板和其他的血细胞（图3－13）。

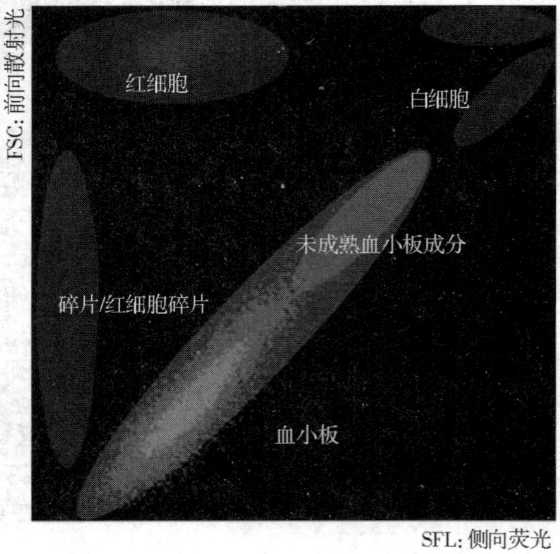

图3－13　PLT－F通道示意图

2. 流式细胞术结合过氧化物酶染色细胞分析技术　因嗜酸粒细胞有很强的过氧化物酶活性，中性粒细胞有较强的过氧化物酶活性，单核细胞次之，而淋巴细胞和嗜碱粒细胞无此酶。将血细胞经过过氧化物酶染色，胞浆内部即可出现不同的酶化学反应。细胞通过测量区时，因酶反应强度不同和细胞体积大小差异，激光束射到细胞上的前向角和散射角光散射强度不同，以透射光检测酶反应强度的结果为 x 轴，以散射光检测细胞体积为 y 轴，每个细胞产生两个信号结合定位在细胞图上，而得到白细胞分类结果（图 3－14）。试剂 1 为溶血素和白细胞固定液；试剂 2、试剂 3 为染色液。

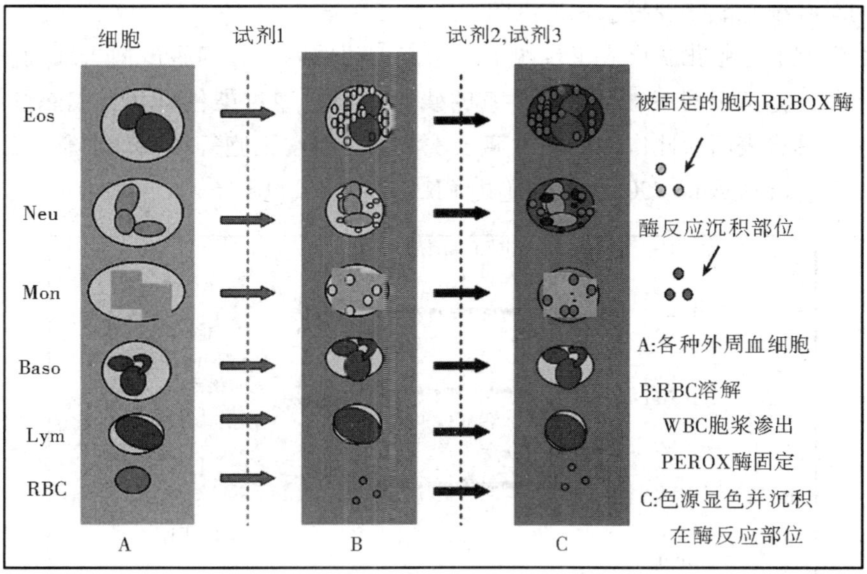

图 3－14　细胞化学染色原理和流程

3. 流式细胞术结合嗜碱粒细胞酸性溶血剂细胞分析技术　“差异性裂解”技术的原理，基于对细胞体积和细胞核分叶/复杂程度的分析来完成。通常情况下，嗜碱粒细胞/分叶核测定通道（Baso 通道）的细胞化学反应包含以下两个步骤。

（1）酸性表面活性剂裂解红细胞和血小板。

（2）利用 BASO 试剂及反应池中增高的温度（控制在 32～34℃），将除嗜碱粒细胞外的所有白细胞细胞质剥离（图 3－15）。根据剥离后白细胞细胞核的形状及复杂程度，将其归类为单个核细胞或多形核细胞。根据细胞体积大小，可将完整的嗜碱粒细胞与较小的细胞核区分开。

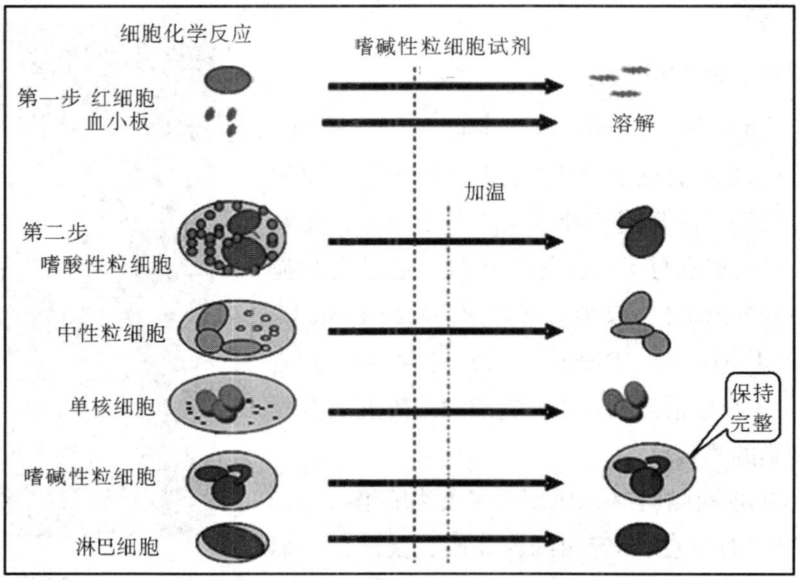

图 3－15　嗜碱性粒细胞/分叶核通道细胞化学反应原理和流程

4. 流式细胞术结合新亚甲蓝检测网织红细胞 经新亚甲蓝染液（A 液）着色网织红细胞中嗜碱性物质（RNA），然后用漂洗液（B 液）漂去成熟红细胞内的血红蛋白。细胞在流式通道中运用 VCS 三维技术分析染色后的网织红细胞，在散点图上分布于红细胞的右侧，并且随着网织红细胞成熟度越低在散点图上分布越靠右。

网织红细胞的细胞化学反应包含两个步骤：①利用网织红细胞试剂将红细胞和血小板等体积球形化；②基于网织红细胞内含有的残存 RNA，通过染色将其与成熟红细胞区分。染色试剂包含具有表面活性作用的两性离子洗涤剂，将红细胞等体积球形化，还包含阳离子染剂氧氮杂芑（Oxazine 750），对细胞内 RNA 染色（图 3－16）。

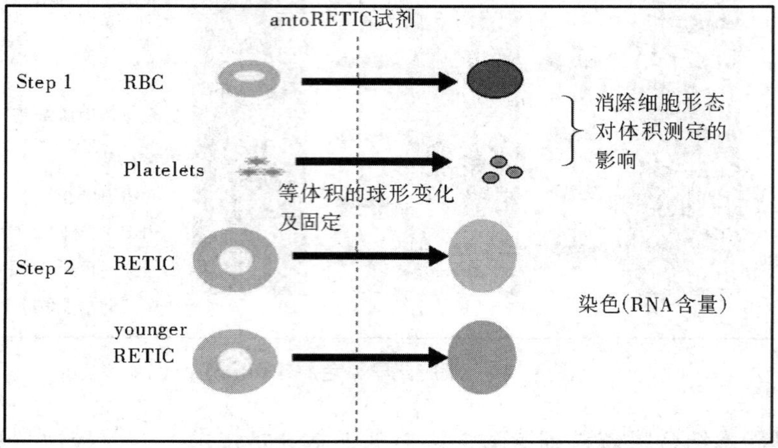

图 3－16 新亚甲蓝染色法检测网织红细胞原理

测量时低角度光散射信号和高角度光散射信号分别与细胞大小和血红蛋白浓度成正比，吸收光信号与 RNA 含量成正比。染色后网织红细胞将比成熟红细胞吸收更多的光信号。根据吸收光信号的强弱，可将网织红细胞分成低吸光度网织红细胞（L Retic）、中吸光度网织红细胞（M Retic）和高吸光度网织红细胞（H Retic）三部分，分别代表高成熟度、中成熟度和低成熟度网织红细胞。幼稚的网织红细胞显示最强的吸收光，反之接近成熟红细胞则极少或没有吸收光。

（三）双鞘流 DHSS 技术

双鞘流（double hydrodynamic sequential system，DHSS）检测技术是一种通过流式细胞技术结合细胞化学染色、光学分析和鞘流阻抗三种方法的白细胞分类技术（图 3－17），双鞘流五分类血细胞分析仪，通过白细胞计数通道（WBC/HGB），双鞘流通道（double hydrodynamic sequential system，DHSS），嗜碱细胞通道（BASO/WBC）3 个通道的相互协作完成白细胞五分类分析和异常白细胞的测定。

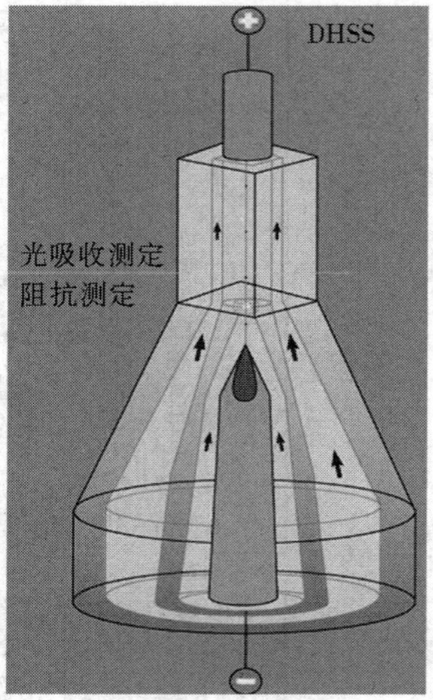

图 3－17 DHSS 检测技术原理示意图

1. WBC/HGB 检测通道 应用无氰化物的溶血剂，采用鞘流阻抗法和比色法测定白细胞和血红蛋白，白细胞为 256 分析通道。该类仪器中有 2 个辅助通道（DHSS

和 BASO/WBC)，分别进行白细胞的计数。所得结果与 WBC/HGB 通道的白细胞结果进行比较，称为平衡检测技术，从而保证白细胞计数和分类的准确性。仪器在 WBC/HGB，DHSS，BASO/WBC，网织红细胞（reticulocyte，RET）4 个通道中同时进行白细胞的计数和比较，在网织红细胞检测通道中可把有核红细胞从白细胞的计数中扣除，保证了白细胞结果的准确可靠。

白细胞平衡检测原理（WBC balance）：在 WBC/HGB 通道中的白细胞计数结果与 DHSS 双鞘流池及 WBC/BASO 通道结果相联系，当 DHSS 通道中的结果超过或低于白细胞参考计数通道（WBC/HGB，WBC/BASO）时，按设定的偏差范围，仪器会自动提示 LMNE 报警，从而保证了白细胞分类结果的准确可靠。

2. DHSS（双鞘流）通道　是此类仪器白细胞分类的核心技术，联合流式细胞化学染色技术、吸光比率法、聚焦流阻抗法，对白细胞进行精确分析。细胞化学染色液（eosinfix）对细胞脂质和蛋白组分进行染色，其中对单核细胞初级颗粒，中性粒细胞和嗜酸粒细胞的特异颗粒进行不同程度的染色。散点图中同时能得到嗜酸粒细胞、中性粒细胞、单核细胞、淋巴细胞、异型淋巴细胞和巨大未成熟细胞的结果。

（1）DHSS 技术　流式通道中有 2 个检测装置：①60μm 鞘流微孔用于测定细胞体积。②42μm 的光窗测定吸光比率用于分析细胞内容物。细胞经鞘流稀释液作用，排列在流式通道中央，细胞经第一束鞘流后通过阻抗微孔测定细胞的真实体积，然后经第二束鞘流后，到达光窗测定细胞的光散射及光吸收，分析细胞的内部结构。DHSS 通道应用该技术，实现了对大量细胞进行有序、准确、快速的测定。

（2）时间检测装置　DHSS 检测时间的固定设计，能保证每个细胞依次通过鞘流微孔，检测细胞体积，并在 200μs 内细胞应到达光窗，检测细胞光散射/吸收，分析细胞内容物。此时间检测装置（time fixed device）能有效防止气泡及静电的干扰，保证获得高精度的白细胞分类结果。

（3）细胞化学染色技术　是经典的细胞分类方法，染色剂中含有溶血素及氯唑黑活体染料（chlorazol Black E）。在仪器的 DHSS 检测池中，全血样本与染色剂充分混匀，35℃下孵育，此反应过程为：①溶解红细胞；②对单核细胞的初级颗粒、嗜酸粒细胞和中性粒细胞的特异颗粒进行不同程度的染色，同时对细胞的膜（细胞膜、核膜、颗粒膜）也进行不同程度的着色；③固定细胞形态，使其保持自然状态。因淋巴细胞、单核细胞、中性粒细胞和嗜酸粒细胞对染色剂的着色程度不同，每种细胞特定的细胞核形态和颗粒的结构造成光散射的强度不同，产生了各自特定的吸光比率。

（4）样本自动混匀系统　血细胞分析仪测定的为全血样本，所以样本的匀一性是保证结果重复性和准确性的关键环节。此类仪器采用了 360°旋转混匀技术，能保证全血样本达到最佳的混匀状态。自动采样针，采用了自下而上穿刺通过样本管帽方式抽取样本，最大限度地减少因真空管的真空度不足使采血量减少而导致的仪器吸样误差。

3. BASO/WBC 通道　在 WBC/BASO 检测池中，全血样本与 Basolyse Ⅱ溶血素混合，在 35℃恒温下，溶解红细胞，因嗜碱粒细胞具有抗酸性，能保持形态完整，而其他白细胞胞浆溢出，成为裸核状态。细胞通过鞘流微孔（80μm），根据每个细胞产生与细胞体积成比例的电子脉冲，绘制 WBC/BASO 直方图。依据阈值设定，区分白细胞裸核与嗜碱粒细胞，能准确测定嗜碱粒细胞和白细胞（监测功能）。

（四）SFCube 技术

激光散射结合荧光染色多维分析技术即 SFCube，S 代表散射光（Scatter），包括前向和侧向散射光，作用如前述；F 为荧光信号（Fluorescence），用于检测细胞内核酸含量；Cube 是由散射光和荧光信号组成的多维分析（图 3－18）。应用 SFCube 技术，首次引入了对网织红细胞和有核红细胞的定量测量功能，并且提升了对幼稚细胞和原始细胞的报警能力。由于核酸含量受细胞形态变异的影响较小，因此，该技术还能够显著提高对离体时间过长的老化血样样本检测的准确性。

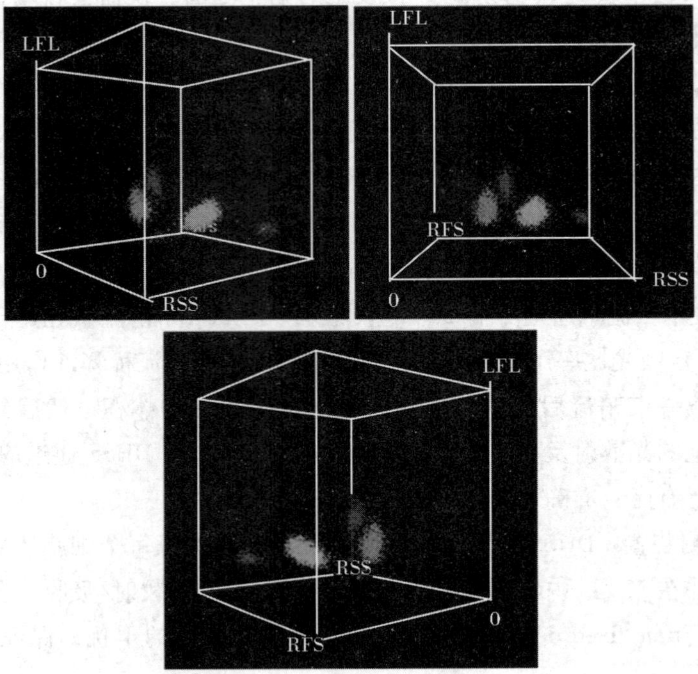

图 3－18　SFCube 检测多维分析示意图

三、血红蛋白测定原理

任何类型的血细胞分析仪测定血红蛋白原理都是相同的，即在被稀释的血液中加入溶血剂溶解红细胞，释放的血红蛋白与溶血剂中有关成分结合形成血红蛋白衍生物，进入血红蛋白测试系统，在特定波长下比色，吸光度的变化与溶液中血红蛋白含量成正比，仪器便可报告其浓度。不同系列血细胞分析仪配套溶血剂配方不同，形成的血红蛋白衍生物亦不同，吸收光谱各异。因为国际血液学标准委员会（International Committe of Standred Hematology，ICSH）推荐的氰化高铁血清化钾（HiCN）法，而 HiCN 的最大吸收在 540nm，校正仪器必须以 HiCN 值为标准。所以，大部分血细胞分析仪选择使用的方法中血红蛋白衍生物最大吸收峰均接近 540nm。大多数血细胞分析仪溶血剂内均含有氰化钾，与血红蛋白作用后形成氰化血红蛋白（注意不是氰化高铁血红蛋白），其特点是显色稳定，最大吸收接近 540nm，但吸收光谱与 HiCN 有明显不同，此点在仪器校正时应特别注意。为了减少溶血剂的毒性，避免含氰血红蛋白衍生物检测后的污染，近年来，有些血细胞分析仪使用非氰化溶血剂（如月桂酰硫酸钠血红蛋白，sodium lauryl sulfate，SLS 法）。实验证明，形成的衍生物（SLS－Hb）与 HiCN 吸收光谱相似，检测结果的精密度、准确性达到含有氰化物溶血剂同样水平。既保证了实验质量，又避免了试剂对分析人员的毒性损伤和环境污染。

血脂过高可能使由血红蛋白比色方法获得的 HGB 结果假性偏高，使用二维光学定量检测技术可以有效地避免这些因素的影响。红细胞血红蛋白浓度均值（CHCM）和平均红细胞血红蛋白浓度（MCHC）都提供了对样本中红细胞血红蛋白的平均浓度的测量方法。但 CHCM 是基于红细胞/血小板通道对每个红细胞逐一分析直接测得的结果（图 3－19），再结合 MCV 和 RBC 结果即可得出总血红蛋白量（HGB）；而 MCHC 则是基于总 HGB，经 MCV 和 RBC 结果计算得出的参数，即 MCHC ＝（HGB ÷［RBC × MCV］）× 1000

血红蛋白假性增加时，MCHC 也会假性增加。用 CHCM 代替 MCHC 计算 HGB 公式：HGB ＝（CHCM × RBC × MCV）÷ 1000 或（CHCM × HCT）÷ 100，可纠正。因此，使用 CHCM 计算 HGB 则完全避免这些因素的干扰，这是由于 CHCM 是基于完整红细胞的直接测量结果，从根本上不受血脂、黄疸等因素影响。

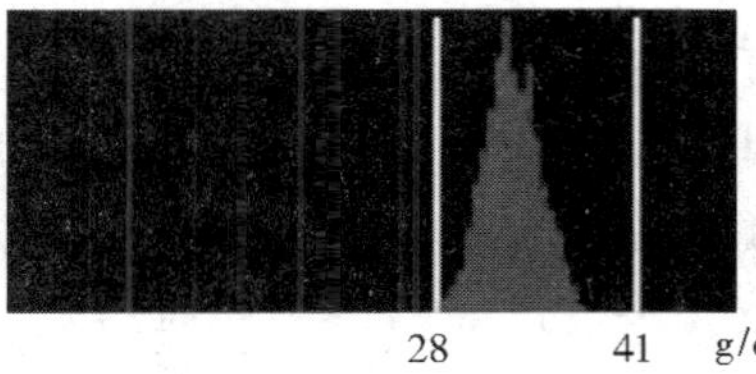

图 3－19 红细胞血红蛋白浓度均值（CHCM）细胞直方图

四、血细胞分析流水线

血细胞分析仪流水线指的是一台或多台全自动血细胞分析仪通过特制的轨道系统或管道系统与一台或多台全自动推片染色仪和（或）自动阅片机连接。

（一）血细胞分析仪流水线的组成模式

目前在市场上比较常见的血细胞分析流水线主要有以下两种组成模式。

1. 台式血细胞分析流水线 一般由全自动血细胞分析仪和推片染色仪组成，这种血细胞分析仪流水线的主要特点是组成模式固定，不能进行系统扩展。目前国内医院已使用的产品有：XN1500（由一台血细胞分析仪通过轨道系统连接一台 SP50 全自动台推片染色仪），LH750/LH780（由一台 LH750/LH780 血细胞分析仪、一台推片仪和一台染色仪独立组成），PENTRA 120DX SPS（一台 PENTRA 120DX、一台 SMS 全自动台推片染色仪独立组成，ADVIA 2120（由一台 ADVIA2120 血细胞分析仪和一台 SPS 独立组成），CAL 6000 由 2 台 BC－6000/6000Plus、一台 SC－120 推片机组成。

2. 柜式血细胞分析流水线 一般由一台或多台全自动血细胞分析仪和一台或多台推片染色仪组成，这种血细胞分析仪流水线的主要特点是整个系统可以根据发展的需求不断扩展。目前在国内医院已使用的产品有：XE－HST 系统（由一台或多台 XE－2100/XE－5000 血细胞分析仪通过轨道系统连接一台或多台 SP－1000i 全自动台推片染色仪）和 LH1500 系列（由一台或多台 LH750/780 血细胞分析仪轨道系统连接一台或多台推片仪和染色仪）。

（二）血细胞分析仪流水线的工作模式

1. 轨道输送样本模式 在血细胞分析仪检测完血液样本后，通过特制的轨道系统，将样本管自动传送到推片染色仪，推片染色仪在软件控制下，根据使用者设定的复检规则自动选择需要推片的样本进行取样、推片、染色。

2. 管道输送样本模式 在血细胞分析仪检测血液样本时，吸取一定量的血液样本，部分样本用于血细胞分析仪检测，剩余样本在负压吸引下，通过管道将样本传送到推片染色仪，在软件控制下，根据使用者设定的复检规则自动选择需要推片的样本进行推片、染色。

3. 单机独立工作模式 在血细胞分析仪检测完血液样本后，通过人工或软件判断后，由操作员将需要推片的样本管放置在推片染色仪上，由推片染色仪上完成取样、推片和染色。

（三）推片染色仪的工作原理

1. 进样 利用空气负压泵产生的负压，将样本管中的血液样本吸入采样针，再用正压将血液样本点放在载玻片上。有三种进样方式：全自动轨道式穿刺进样模式、单个样本闭盖穿刺进样模式和微量血开盖吸样模式。

2. 推片 由机械手模拟人工方式，利用楔形专用推玻片（wedge type）对已加载到载玻片上的血液样本推片。使用者可选择 8 个 HCT 不同水平条件设置条件，再由 LASC 集成管理软件自动接收仪器检测的 HCT 值，并据此控制仪器的点血量、推片的角度和速度。

3. 玻片运送 机器采用机械手将已制备好的血涂片送入专用玻片盒，通过内置传送轨道将血涂片传送至染色槽。

4. 染色方式 仪器配置的专用试剂针，将染液和缓冲液分别加入单个玻片盒内，根据不同的染色要求，可任意设定染色时间，并内置有 7 种染色方法可供选择：瑞氏染色（Wright stain）、甲醇预固定瑞氏染色（Wright stain with methanol pre－fix）、梅－吉染色（May Grünwald－Giemsa）、甲醇预固定梅－吉染色（May Grünwald－Giemsawith methanol pre－fix）、瑞－吉染色（Wright－Giemsa stain）和刘氏染色法（Liu stain）。

5. 玻片标识 内置条码打印机，可直接在载玻片上打印病人条码或样本号和日期等信息，使玻片保存具有唯一性。

血细胞分析仪是目前用于血常规检查的重要仪器。虽然上述介绍了许多技术原理，但是每台仪器采用的技术方法并不是单一不变的，而是根据需要将不同的技术原理进行合理、优化的组合，以实现血细胞分析仪能最大限度地提高检测结果的灵敏度、特异性及准确性。

第三节 血细胞分析仪分类及技术要求

扫码“学一学”

一、血细胞分析仪分类

血细胞分析仪按照对白细胞分类的能力可分为无白细胞分群功能血细胞分析仪、两分群血细胞分析仪、三分群血细胞分析仪和五分类血细胞分析仪。目前各级医疗机构所使用的以三分群和五分类血细胞分析仪为主；也可根据是否仪器内稀释样本分为半自动（检测前稀释样本）和全自动（仪器自动稀释样本）两类。

二、技术要求

全国医用临床检验实验室和体外诊断系统标准化技术委员会组织行业专家、医疗检测机构和各仪器生产企业，历时 2 年多编写完成了血细胞分析仪的行业标准（YY/T 0653—2017），在 2017 年发布并于 2018 年 4 月正式实施。

该标准详细规定了血细胞分析仪应该满足的各项技术要求及其检测方法。

（一）正常工作条件

电源电压：220V ±22V，50Hz ±1Hz；

环境温度：18 ~25℃；

相对湿度：≤80%；

大气压力：86.0 ~106.0kPa。

以上条件与制造商标称的条件不一致时，以产品规定的条件为准。

（二）空白计数技术要求

WBC：≤0.5 $\times 10^9$/L；

RBC：≤0.05 $\times 10^{12}$/L；

HGB：≤2g/L；

PLT：≤10 $\times 10^9$/L。

（三）线性范围技术要求

线性相关技术要求见表3－2。

表3－2 血细胞分析仪线性相关技术要求

参数	线性范围	线性误差
WBC	（1.0 ~10.0）$\times 10^9$/L	不超过 ±0.5 $\times 10^9$/L
	（10.1 ~99.9）$\times 10^9$/L	不超过 ±5 $\times 10^9$/L
RBC	（0.3 ~1.0）$\times 10^{12}$/L	不超过 ±0.05 $\times 10^{12}$/L
	（1.01 ~7.0）$\times 10^{12}$/L	不超过 ±5 $\times 10^{12}$/L
HGB	20 ~70g/L	不超过 ±2g/L
	71 ~200g/L	不超过 ±3%
PLT	（20 ~100.0）$\times 10^9$/L	不超过 ±10 $\times 10^9$/L
	（101 ~999.0）$\times 10^9$/L	不超过 ±10%

（四）仪器可比性技术要求

全自动与半自动仪器检测性能比对允许误差见表3－3。

表3－3 全自动与半自动仪器检测性能的比对允许误差

项目	半自动仪器	全自动仪器
WBC	±5%	±5%
RBC	±2.5%	±2.5%
HGB	±2.5%	±2.5%
PLT	±8%	±8%
HCT/MCV	±3%	±3%

（五）检测重复性要求标准

全自动与半自动血细胞分析仪检测精密度要求见表3－4。

表 3-4 全自动与半自动血细胞分析仪检测精密度要求

项目	检测范围	半自动仪器	全自动仪器
WBC	(3.5~9.5) $\times 10^9$/L	≤6.0%	≤4.0%
RBC	(3.8~5.8) $\times 10^{12}$/L	≤3.0%	≤2.0%
HGB	115~175g/L	≤2.5%	≤2.0%
PLT	(125~350) $\times 10^9$/L	≤10.0%	≤8.0%
HCT	(35%~50%) $\times 10^9$/L	≤3.0%	≤3.0%
MCV	80~100fl	≤3.0%	≤3.0%

（六）允许仪器携带污染率

全自动与半自动血细胞分析仪的携带污染率指标见表 3-5。

表 3-5 全自动与半自动血细胞分析仪的携带污染率指标

项目	半自动仪器	全自动仪器
WBC	≤1.5%	≤3.5%
RBC	≤1.0%	≤2.0%
HGB	≤1.0%	≤2.0%
PLT	≤3.0%	≤5.0%

（七）五分类血细胞分析仪白细胞分类准确性

对中性粒细胞、淋巴细胞、单核细胞、嗜酸细胞和嗜碱细胞的测量结果，按照指定的实验方法，所得结果的允许范围要求在99%可信区间内。

此外，虽然在行业标准中没有要求，但是从实验室管理要求出发，血细胞分析仪还应该具有诸如开关机、使用者管理、校准、质量控制、日志记录和故障报警与处理等功能。

三、可提供的测量参数

随着测量技术不断提升，血细胞分析仪提供的测量参数不断增多，目前最多可达40项以上。这些参数有的是用于临床疾病诊治，有的是用于特殊专科，有的用于科研工作，有的仅是计算机根据测量数据计算出的参数，但迄今尚无充分的证据证实它的临床意义。因此，实验室应根据本实验室的任务、主要病种的病人群，选择拟购买的仪器。血细胞分析仪的测量参数主要包括血细胞的三大系列：红细胞系列参数、白细胞系列参数和血小板系列参数。有些血细胞分析仪还兼有检测网织红细胞的功能。以下介绍目前常见的测量参数中英文名称（表 3-6），其详细临床价值可参见《临床检验基础》。

（一）白细胞

白细胞计数（WBC）、中性粒细胞计数（Neu#）、中性粒细胞百分比（Neu%）、淋巴细胞计数（Lym#）、淋巴细胞百分比（Lym%）、单核细胞计数（Mon#）、单核细胞百分比（Mon%）、嗜酸粒细胞计数（Eos#）、嗜酸粒细胞百分比（Eos%）、嗜碱粒细胞计数（Bas#）和嗜碱粒细胞百分比（Bas%）。

（二）红细胞

红细胞计数（RBC）、血红蛋白浓度（HGB）、血细胞比容（HCT）、平均红细胞体积

（MCV）、平均红细胞血红蛋白含量（MCH）、平均红细胞血红蛋白浓度（MCHC）、红细胞分布宽度（RDW）和红细胞分布宽度变异系数（RDW－CV）。

（三）血小板

血小板计数（PLT）、平均血小板体积（MPV）和血小板压积（PCT）。

（四）图形参数

红细胞分布直方图（RBC histogram）、白细胞分布直方图（WBC histogram）、血小板分布直方图（PLT histogram）和分类散点图（DIFF scattergram）。

除上述测量参数外，不同的血细胞分析仪根据其特点还可有对应的特殊的测量参数。

表3－6　血细胞分析仪常见可测量参数

参数系列	中文名称	英文名称	缩写
白细胞	白细胞计数	white blood cell count	WBC
	中性粒细胞计数	neutrophil count	Neu#
	中性粒细胞百分比	neutrophil percentage	Neu%
	淋巴细胞计数	lymphocyte count	Lym#
	淋巴细胞百分比	lymphocyte percentage	Lym%
	单核细胞计数	monocyte count	Mon#
	单核细胞百分比	monocyte percentage	Mon%
	嗜酸粒细胞计数	eosinophil count	Eos#
	嗜酸粒细胞百分比	eosinophil percentage	Eos%
	嗜碱粒细胞计数	basophils count	Bas#
	嗜碱粒细胞百分比	basophils percentage	Bas%
红细胞	红细胞计数	red blood cell count	RBC
	血红蛋白浓度	hemoglobin concentration	HGB
	血细胞比容	hematocrit	HCT
	平均红细胞体积	mean corpuscular volume	MCV
	平均红细胞血红蛋白含量	mean corpuscular hemoglobin	MCH
	平均红细胞血红蛋白浓度	mean corpuscular hemoglobin concentration	MCHC
	红细胞分布宽度	red blood cell distribution width	RDW
血小板	血小板计数	platelet count	PLT
	平均血小板体积	mean platelet volume	MPV
	血小板压积	plateletcrit	PCT

四、数据显示形式

血细胞分析仪在检测血细胞的同时还获得相应的细胞分布图形，以更直观更准确地描述细胞特性。分析此类图形的变化，不仅可以评估仪器的工作状态或仪器是否受非检测成分（如冷球蛋白、聚集血小板及细胞碎片等）的干扰，而且可提示各类细胞比例（如白细胞分类、网织红细胞分群）的变化或血液内出现非正常血细胞（如白血病细胞）等。常见的图形包括直方图和散点图。

（一）直方图

血细胞体积分布直方图是用于表示细胞群体分布情况的曲线图形。它可显示出某一特定细胞群的平均细胞体积、细胞分布情况和是否存在明显异常的细胞群。直方图（histogram）由测量通过感应区的每个细胞脉冲累积得到，根据库尔特原理可在计数的同时进行分析测量（图3－20），左图为示波器显示的所分析细胞的脉冲大小，右图为相应的体积分布直方图，横坐标为体积，纵坐标为相对数量。血细胞分析仪在进行血细胞分析时，将每个细胞的脉冲数根据其体积大小分类，并储存在相应的体积通道中。从每个通道收集的数据统计出细胞的相对数量（REL No.），表示在“y”轴上；细胞体积数据以 fl 为单位，表示在“x”轴上。

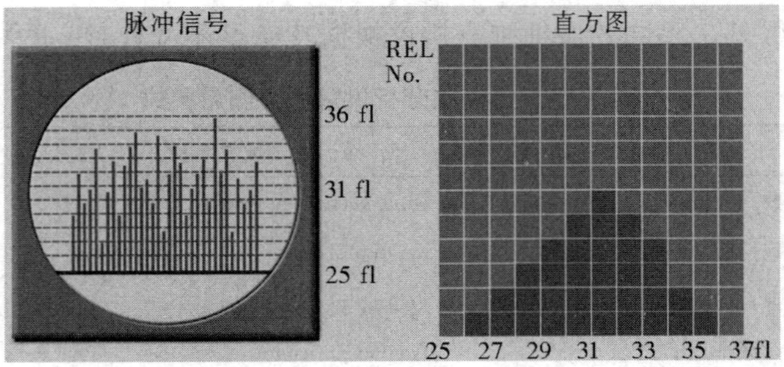

图 3－20　直方图与脉冲信号的关系

例如，在进行白细胞体积分析时，仪器的计算机部分可将白细胞体积从一定体积范围 35～450fl 分为若干通道（channel）256 个通道，每个通道约为 1. 64fl，不同体积细胞进入相应通道中，从而得到白细胞体积分布的直方图（图 3－21）。不同档次仪器设置的通道数不同、直方图形也不同。

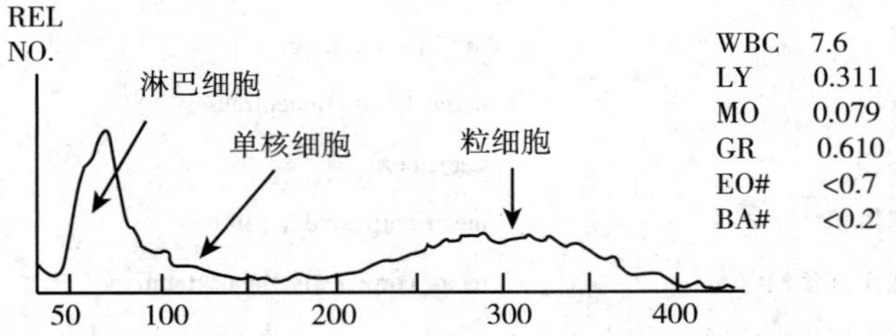

图 3－21　白细胞体积分布直方图

电阻抗测定方法得到的白细胞分类数据是根据白细胞体积直方图计算得来，如图 3－22 所示。

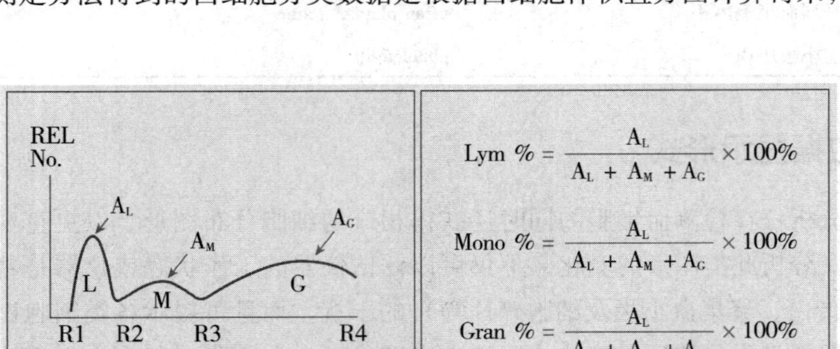

图 3－22　白细胞分类计数计算方法示意图

经过溶血剂处理后的白细胞，根据体积大小可初步确认其相应的种类：第一亚群（小细胞群）主要是淋巴细胞；第二亚群是中间细胞群，也有仪器这区域主要是单个核细胞（如单核细胞、幼稚细胞）故称为单个核细胞，在正常外周血样本中有单核细胞、嗜酸粒细胞、嗜碱粒细胞，在病理情况下异常淋巴细胞、幼稚细胞、白血病细胞可出现在这个区域；相当于粒细胞大小的细胞位于第三亚群（大细胞群）。从图 3－22 中可以看出，位于 35～90fl 的颗粒被计数为淋巴细胞，90～160fl 的颗粒计数为单个核细胞，160fl 以上的颗粒计数为粒细胞。仪器根据各细胞群占总体的比例计算出各细胞群的百分比，再与该样本的白细胞总数相乘，即得到各项的绝对值。需要注意的是，因各厂家血细胞分析仪使用的稀释液和溶血剂成分并不完全相同，对白细胞膜的作用程度不同，所以，仪器对各种类白细胞区分界限的规定也有所不同，在使用时不应随意更换生产厂家试剂，防止造成错误的结果。

白细胞计数池中除加入一定量的稀释液外还加入了溶血剂，溶血剂一方面使红细胞迅速溶解；另一方面使白细胞内液从细胞膜渗出，胞膜紧裹在细胞核或存在的颗粒物质周围。经此处理后的白细胞体积与其自然体积无关，经溶血剂处理后，含有较多、较大颗粒的粒细胞比细颗粒的单核细胞和少或无颗粒的淋巴细胞体积要大些，但其真实体积与单核细胞相等或更小。白血病细胞、异型淋巴细胞、嗜酸粒细胞、嗜碱粒细胞、浆细胞等多出现在单个核细胞区域，少数也可见于淋巴细胞或粒细胞区。所以白细胞直方图并不能代表其自然状况，但可用于判断白细胞各体积群分布情况。

除白细胞直方图外，红细胞、血小板同样常常以直方图的形式表示。在红细胞直方图中可以直观地判断细胞的体积分布，区分大细胞性贫血、正细胞性贫血和小细胞性贫血，以及一些治疗后恢复时期的过度状态的红细胞，RDW 也能提供直观的图示。

（二）散点图

由电阻抗法发展起来的多项技术（激光、射频及化学染色等）联合检测白细胞，由于不同白细胞大小及内部结构（如胞核的大小、胞质颗粒的多少及酶的数量）不同，综合分析后的检验数据也不同，从而得出不同的白细胞散点图（scatter diagram）和较为准确的白细胞五分类结果。

流式法测定白细胞分类的仪器通常能同时根据细胞的体积大小、颗粒情况，结合物理或化学方法等给出 DIFF 分类散点图。利用该图形在判断原始细胞、异常淋巴细胞等方面更具优势。

第四节　血细胞分析仪的管理要求及相关程序

扫码“学一学”

一、血细胞分析仪的性能评价

血细胞分析仪安装后或者每次维修后，必须按照 ICSH 公布的血细胞分析仪评价指标对分析仪的技术性能进行测试与评价，这对充分保证检验质量起重要作用。

（一）精密度

分批内和批间精密度，评价项目的结果应该覆盖病理变化全范围，因此，应该选择低、中、高值不同浓度的样本加以验证。

以红细胞测定为例，选红细胞低值、正常值及高值样本各 10 份，按常规方法分别测定红细胞数。每份样本重复测定3次，记录结果，将样本放室温2小时，再将每份样本测定3次，经统计学处理后可得到不同浓度下的精密度。评价精密度时，低、中、高值样本必须分开测定，避免携带污染的影响。

（二）携带污染

携带污染是指不同浓度样本间连续测定的相互影响，主要是高浓度样本对低浓度样本的污染。在做携带污染实验前，先测一定数量样本，使测定数值达到稳定，然后取一份高值样本，连续测定3次（i_1、i_2、i_3），随后立即取一份低值样本连续测定3次（j_1、j_2、j_3）。携带污染率以下述公式计算。

$$携带污染率=\frac{(j_1-j_3)}{(i_3-j_3)}\times 100\%$$

（三）总重复性

用以评价血细胞分析仪总精密度（总重复性）的优劣，它包含重复测定的随机误差与携带污染双重变异因素。测定时随机取样本20份（以白细胞测定为例）按常规方法测定白细胞，并放置2小时及4小时后，再分别测定白细胞，将3次测定结果以变异分析法做统计。

（四）线性范围

通过评价血细胞分析仪的测定值与稀释倍数的比例关系，用呈线性关系的测定范围评价仪器的检测能力。测定值与稀释倍数成线性关系的范围越广越好，即在呈线性关系条件下检测下限越低、检测上限越高越好。至少应包括报告参考范围和常见的病理范围。

（五）可比性

可比性是指一些血液学测定参数尚无参考方法，因此，要评价某仪器性能只能通过将所得的结果与常规方法所得的结果比较加以评价。评价时随机选择的样本例数应该足够多，如果比较后无差别，即认为仪器法与常规法具有可比性，反之则无。

（六）准确性

准确性指测定结果与真值的一致性，真值必需用决定性方法或参考方法测得，血红蛋白可用ICSH推荐的参考方法作比较。

（七）白细胞分类计数参考方法和对仪器方法的评价

1. 重复性　即观察同一份样本多次测定能否得到变异度最小的结果。

2. 准确性　即与显微镜检查结果的相关程度。

3. 对病理细胞的测定　观察血液存在一定数量的异常细胞时（特别是幼稚细胞）时，是否能从直方图反映出来。

二、血细胞分析仪的全面质量管理要求

血细胞分析仪多用于大批量多参数临床样本检测，完全由仪器按事先设定的程序自动测试，因此，必须具有高素质技术人员和严格的质量控制以保证实验结果的准确性。

（一）分析前质量控制

1. 操作人员上岗前的培训　随着高新技术在医学检验中的应用，技术人员培训已成为

当务之急。先进的血细胞分析仪需要高素质的人员去使用，这些人员必须有检验医学专业学历，经过专业的技术培训，培训包括以下内容。

（1）上岗前应仔细阅读仪器说明书或接受相关培训。要对仪器的原理、操作规程、使用注意事项、细胞分布直方图的意义、异常报警的含义、引起实验误差的因素及仪器维护有充分的了解，掌握用 ICSH 推荐的标准方法校正仪器的每一个测试参数。

（2）应熟悉病人生理或病理因素对检验的误差或服用药物的干扰作用，随时监控仪器的工作状态，注意工作环境的电压变化和磁场、声波的干扰。能根据质控图的变化判断、分析和纠正失控。测试后要根据临床诊断、直方图变化、各项参数的关系和复检规则判断，确认无误后方能发出报告。

2. 选择符合仪器安装要求的环境　血细胞分析仪系精密电子仪器，因测量电压低，易受各种干扰。为了确保仪器的正常工作，安装时要注意：①必须将仪器安放在远离电磁干扰源、热源的位置；②放置仪器的工作台要稳固，工作环境要清洁；③通风好，能防潮、防阳光直射。室内温度应在 15～25℃，相对湿度应＜80%；④为了仪器安全和抗干扰，仪器应用电子稳压器并妥善接地。为了避免磁波干扰，不要用磁饱和稳压器。

3. 仪器的验收　新仪器安装后或每次维修后，必须对仪器的技术性能进行测试、评价，必要时需校准。

ICSH 公布了对血细胞分析仪的评价方案，在对细胞计数和血红蛋白测定方面，要对仪器测试样本的总变异、携带污染率、线性范围、可比性、重复性、准确性进行评价。白细胞基数总变异应＜3%，携带污染率＜2%，重复性＜3%，线性范围较宽。在电阻抗白细胞分群时应注意细胞分类结果的符合性，与显微镜检查的相关程度及能否在直方图显示血液中存在一定数量异常细胞等。

4. 仪器的校准　仪器验收合格后、仪器检修更换零件后及临床使用半年后，必须进行校准。仪器校准是保证检测结果准确的关键步骤。校准时必须使用校准物并记录其批号和有效期。

推荐采用间接溯源到国际标准的定值方法，一是在二级标准检测系统（即参考实验室）定值，二是在规范操作的检测系统定值，即使用配套试剂，用配套标准校准物进行仪器校准。规范地开展室内质控；参加室间质评成绩优良；人员经过培训，按推荐的校准方法逐步的校准仪器。

5. 样本采集和运送

（1）血液样本　一般要求用抗凝的静脉血，毛细血管采血较少，特别对一些全自动的仪器，需要采到足够用量。除了少数不易取得静脉血（如婴儿、大面积烧伤），以及某些需要经常采血检查的病例，均应用静脉血检测。

（2）采血容器　为了保证血液样本质量，防止操作者受被测血液感染，可采用真空采血系统，既可使血液分析达到自动化又可进行质量控制并保证操作者安全。定期验证真空采血管的质量，特别是采血量是否符合要求。

（3）抗凝剂　ICSH 推荐用 EDTA－K_2，其含量规定为 1.5～2mg/ml 血。此抗凝剂不影响白细胞数目及体积大小，对红细胞形态的影响也最小，而且可抑制血小板的聚集。

（4）样本贮存　上述抗凝血在室温（18～22℃）下，WBC、RBC、PLT 可稳定 24 小时，白细胞分类可稳定 6～8 小时，血红蛋白可稳定数日，但 2 小时后粒细胞形态即有变化，故需作镜检下分类者，应及早推片。

（5）血液稀释　在使用半自动血细胞分析仪时，血液需经预稀释后方能检验，此时应特别注意稀释溶血现象。所谓稀释溶血，是指血液经高倍数稀释后，随着放置时间不同，红细胞被破坏，引起细胞计数的变化。故稀释血液后应尽快测定，否则红细胞计数则不准，进而又可影响 HCT、MCV、MCH 及 MCHC 的测定。使用附有溶血抑制剂的稀释样本杯，可避免此种现象。

（二）分析中质量控制

血细胞分析仪在对血液样本进行分析时，要始终监控仪器，确保仪器处于良好的工作状态，保证检验报告的可靠性。

1. 开机检查　开机后要检查仪器的电压、气压等各种指标在仪器自检后是否在规定范围内，试剂量是否充足，本次室内质控测试是否通过等。

2. 试剂及物理条件　血细胞分析仪的使用试剂一般分为稀释液、溶血剂和清洗剂，良好的试剂对保证仪器的正常运行获得准确的检测结果至关重要。①最好使用仪器的原装配套试剂以保证检测结构的准确性，同时也保证仪器附件的正常使用和仪器寿命；②血细胞分析仪技术最适温度为 18～22℃，<15℃或 >30℃均对结果有影；③需严格掌握半自动血细胞分析仪溶血剂用量及溶血时间，不同仪器溶血剂的用量及溶血时间有差异。溶血剂量不足或溶血时间过短，使细胞溶解不完全，时间太长可使白细胞明显变形，导致计数误差；④稀释液的渗透压、离子强度、电导率和 pH 等指标应作为每批试剂验收的标准。

3. 样本要求　血液样本无凝血、仪器吸样前充分混匀。半自动仪器自动稀释器要定期校正，20μl 吸样管是否合格。

4. 操作及保养严格执行操作规程　必须严格执行操作规程，不得擅自更改；认真做好仪器日常保养工作并做好相关记录。

5. 质控程序　每日需保证室内质控各参数在规定范围内才允许检测病人样本。积极参加室间质量评价，通过参加室间质评可比较本室的血细胞分析仪和同类仪器的一致性，及时发现问题，有利于保证检测质量。同一实验室内不同的血细胞分析仪也要按规定定期比对，超出允许误差时需校准。

6. 受检者生理状态对实验结果的影响　注意避免由于生理状态引起的各参数的变化造成的偏差，如每天不同时间（早、中、晚）白细胞总数有一定差别，妊娠 5 个月以上和新生儿白细胞总数明显增高，运动后 PLT 上升，服用某些药物的干扰等。因此对非急诊病人应固定时间检查。

7. 注意仪器的报警提示

（1）堵孔　仪器会出现异常波形或出现报警声及指示灯闪烁。

（2）报警　血细胞分析仪在检测过程中，超出仪器设定或人工设定的参数阈值的结果，样本有异常细胞及非典型细胞时，仪器可在报告单上用警告信号提示出某个区域有异常细胞及种类，以提醒对异常检测结果的复查。不同仪器的报警方式不同，报警信号除了仪器本身造成以外，最常见原因是来自样本的异常因素。对报警信号的复查标准应由各实验室自己确定。

实验室和样本温度越低，仪器的假报警率越高，其可能原因是：温度低时，溶血剂不能有效地皱缩白细胞，使分类出现异常；部分样本可因冷球蛋白、冷纤维蛋白、红细胞冷凝集而影响白细胞计数和分类。对于仪器报警必须查找原因，必要时及时血涂片复核。

8. 病理因素对血细胞分析仪使用的影响　对于病理因素所造成影响可通过血染色、显微镜检查而纠正。

（三）分析后质量控制

1. 保留样本备查　样本检测完毕后，在室温下保留至少 1 天，以备临床医生对检验结果有疑惑时复查、核对时用，这也为寻找检验结果异常原因提供帮助。

2. 检验结果的确认

（1）根据直方图及参数变化确定白细胞分类是否需要显微镜检查。细胞直方图既给临床提供诊断参考数据，也为操作人员提供对仪器工作状态和检测结果是否可信的监控，必须在仔细分析直方图后，确定白细胞计数时是否受到其他因素的干扰，或是否需要显微镜的检查再发出报告，这一点在白细胞分类计数更为重要。

（2）血细胞分析仪测量的血细胞参数之间存在许多内在联系，比如 RBC、HCT 与 MCHC，Hb、HCT 与 MCV，Hb、RBC 与 MCH 之间；又如，RDW 与涂片的红细胞形态变化，均有内在相关性。如红细胞冷凝集时，使红细胞计数结果假性减低，导致 HCT、MCH、MCHC 结果异常。分析仪器检测结果与涂片细胞形态的变化和有核细胞分布情况相结合，可进一步验证仪器运行是否正常，样本吸样是否足量，结果是否准确。

3. 加强临床联系　除了检查检验数据是否符合临床诊断及病人情况，如果超出了生理变化范围要及时与临床医生取得联系，关注其疾病的发展方向，应对检验结果作出合理的解释。这就要求检验工作者也应具备一定的临床基础知识，以便加强与临床的联系。

扫码“练一练”

（李　莉）

第四章 血栓与止血分析仪

教学目标与要求

掌握 血液凝固分析仪的主要检测原理，包括凝固法、发色底物法、免疫法以及新近发展起来的聚集法。血小板聚集仪的主要检测原理，包括光学法和电阻抗法等，能正确评价各种检测方法的特点。血液黏度分析的主要检验原理，包括毛细管黏度仪和旋转式黏度仪等，正确评价血液黏度仪的性能特点和临床应用价值。

熟悉 血液凝固分析仪的性能评价方法，充分认识自动血凝分析的全面质量管理的重要性；如何在分析前、分析中和分析后环节保证自动血凝分析检测结果质量；血液凝固分析仪的基本结构。血小板聚集分析的质量控制措施；血小板聚集仪的基本结构。血液黏度仪的基本结构，血液黏度仪的质量管理措施。

了解 血液凝固分析仪的应用维护基本知识；血液凝固自动分析的发展历史；血小板聚集仪使用和维护保养的基本知识。血小板聚集功能自动分析的发展历史。血液流变自动分析的发展历史。

扫码“学一学”

第一节 血栓与止血分析仪概述

随着科学技术的日新月异，血栓与止血领域的检测逐渐实现了自动化、智能化，并不断向规范化、标准化方向发展，极大提高了临床血栓和出血性疾病的诊治水平。目前血栓与止血检测的常用仪器有血液凝固分析仪、血小板聚集仪及血液流变分析仪。本节将对它们的发展简史逐一概述。

一、血凝分析自动化的发展简史

扫码“看一看”

凝血功能分析的自动化是在凝血试验的基础上发展起来的。伴随着方法学的不断发展，血凝仪的研发和生产也经历了如表 4－1 所列几个重要阶段。血凝仪发展和改进的总体趋势主要体现在以下几个方面：即检测原理的多样化、检测速度的加快、试剂样本分配系统准确性的提高、仪器强大的智能化分析功能和先进的操作界面等。检测能力从常规凝血、抗凝、纤溶等系统检测扩展到为抗凝及溶栓治疗提供实验室监测。

表 4－1 血液凝固分析仪发展简史

年代	代表性设备及简介
1910 年	Duke 开创出血时间（bleeding time，BT）试验。Kottman 通过测定血液凝固时黏度的变化来检测凝固时间，开发出世界上最早的血凝仪
1922 年	Kugelmass 用浊度计通过测定血液凝固后透射光的变化来反应血浆凝固时间
1950 年	Schnitger 和 Gross 发明了基于电流法的血凝仪，该仪器通过检测血液凝固过程中电流的变化来判断凝固终点

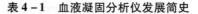

续表

年代	代表性设备及简介
20 世纪 60 年代	Quick、Proctor 和 Rapaport 先后报道了经典的外源和内源性凝血通路的筛查试验凝血酶原时间（prothrombin time，PT）和活化部分凝血活酶时间（activated partial thrombine time，APTT）。机械法血凝仪得到开发，出现了早期的平面磁珠法
20 世纪 70 年代	由于机械、电子工业的发展，使各种类型的全自动血凝仪先后问世。Akzo Nobel 公司的半自动血凝仪 Coag - A - Mate XM 问世
20 世纪 80 年代	由于发色底物的出现并应用于血液凝固的检测，使全自动血凝仪除了可以进行一般的筛选试验外，还可以进行凝血、抗凝、纤维蛋白溶解系统单个因子的检测，使抗凝、纤溶的检测成为可能。准全自动血凝仪（如 ACL - 100，Coulter 公司，1982 年；CA3000，Sysmex 公司，1985 年）问世
20 世纪 90 年代	全自动血凝仪免疫通道的开发将各种检测方法融为一体，检测的项目更加全面，为血栓与止血的检测提供了新的手段，进入了分子生物学时代
21 世纪	血凝仪的检测方法更为全面，SYSMEX 公司最新研发的 CS - 2000i/2100i/5100 新增了聚集法，使普通血凝仪测定聚集实验成为可能。从全自动血凝仪（众多厂家众多型号，如 CS - 5100，STA - COMPACT，ACL - TOP 等，图 4 - 1）到全自动血凝检测流水线系统

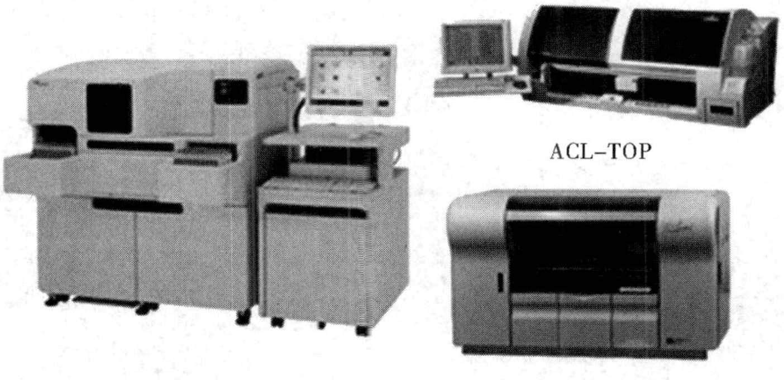

图 4 - 1　现代实验室常用全自动血凝仪

在我国，自动化血凝分析的普及始自于 2000 年原国家卫生部发布的《关于印发出、凝血时间检验方法操作规程的通知》（卫医发［2000］412 号文件，二 000年十一月十二日），其文件核心内容为三点：①停止使用 Duke 法出血时间（BT）测定，必要时使用出血时间测定器法检测出血时间；②停止使用玻片法和毛细血管法凝血时间（CT）测定，用 APTT 或试管法全血凝固时间测定替代；③一般外科手术前，用 APTT、PT 和血小板计数（PLT）联合检测用于手术前出血倾向筛查。自此，PT、APTT 实验项目在临床的常规普及应用，带动了自动血凝仪在国内医疗单位的普及。

二、血小板聚集仪的发展简史

血小板聚集功能测定是应用最广泛、发展和改进最多的一个检测项目。最初，血小板聚集功能的测定主要采用手工法，但操作复杂，重复性差等为其缺点。随着科技发展，经历了几个阶段的变革，现代的全自动血小板聚集仪将检测系统、计算机软件处理系统和数据显示打印等集于一身，具有操作简单、准确、快速的特点（表 4 - 2、图 4 - 2）。

表 4－2　血小板聚集仪发展简史

年代	代表性设备及简介
20 世纪 60 年代	由 Born 首先采用比浊原理测定血小板聚集，通过浊度计测定透射光的变化来反映血小板的聚集，这是世界上最早的血小板聚集仪。但其仅限于富血小板血浆（platelet rich plasma，PRP）的测定，且影响测定的因素较多，如脂血、溶血和血小板数目等，对标本要求较高。后来经改良，利用散射比浊法提高了光学法检测血小板聚集的灵敏度
1980 年	Chrono－Log 根据 Cardinal 和 Flower 提出的电阻原理设计了新的血小板聚集仪，通过检测反应体系的电阻变化来反应血小板的聚集情况。其检测标本为全血，不需离心分离 PRP，对标本要求较低，脂血和溶血等对测定结果影响小
1994 年	Ozaki 首先应用了激光散射粒子计数测定法测定血小板聚集，该方法与光学法的散射比浊法相似，但其灵敏度更高
21 世纪	在检测血小板聚集方法的发展过程中，还出现了诸如剪切诱导血小板聚集测定法、血小板计数法、微量反应板法、发色底物法等多种血小板聚集检测仪器。现代的全自动血小板聚集仪将检测系统、计算机软件处理系统和数据显示打印等集于一身，具有操作简单、准确、快速的特点（图 4－2）

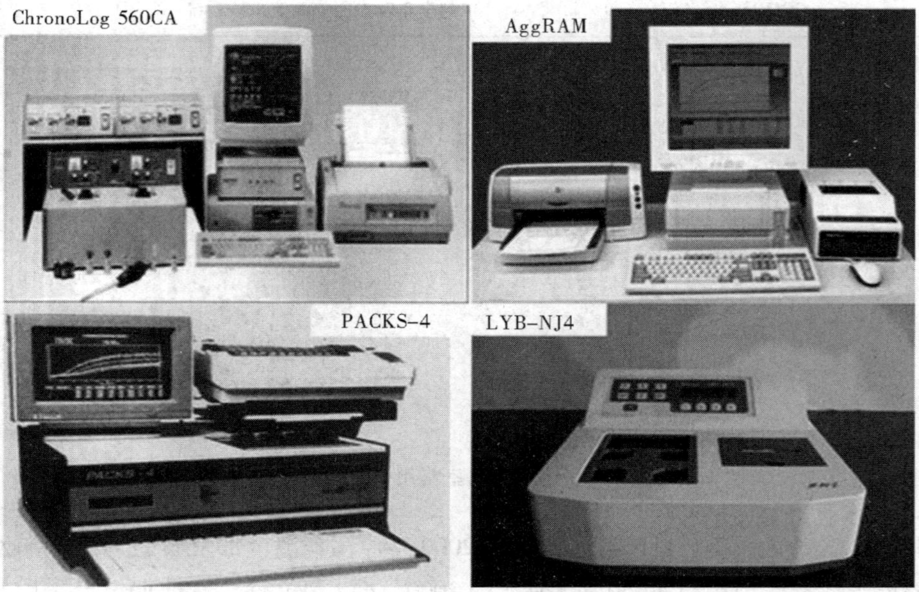

图 4－2　现代实验室常用全自动血小板聚集仪

在我国，从 20 世纪 80 年代起开始生产血小板聚集检测仪，但是多数的国产血小板聚集检测仪功能单一，仅限于检测血小板聚集功能。随着我国经济的发展和科学技术的进步，到目前为止，我国已经能生产功能全面、操作简便、结果准确可靠、多通道同时检测的全自动血小板聚集仪。

三、血液流变学自动分析仪的发展简史

血液流变学自动分析的发展简史见表 4－3。

表 4－3　血液流变学自动分析仪发展简史

年代	代表性设备及简介
1628 年	William Harvey 发现血液在血管内循环流动
1675 年	leeuwenhok 报道了红细胞通过毛细血管时发生变形的现象
1920 年	Binhan 首先提出流变的概念，即在应力的作用下，物体可产生流动与变形
1948 年	Copley 提出生物流变的概念，即血液、淋巴液和其他体液，玻璃体，软组织（如血管、肌肉、晶体甚至骨骼、细胞质）等均可发生流变

续表

年代	代表性设备及简介
1951 年	提出研究血液及其有形成分的流动性与形变规律的流变叫血液流变学（hemorheology）
1966 年	第一届国际血流变会议在冰岛召开
70 年代	上海医科大学梁子钧教授首先在国内开展了血液流变学临床工作
80 年代	我国血液流变学发展迅速，血液流变学基础和临床研究不断深入，而且研制、开发了一批血流变检测仪，为血液流变学的研究和临床应用创造了十分有利的条件
90 年代初至今	随着生物技术、电子技术和计算机技术等相关学科的发展，血液流变学研究不断取得新的进展，其研究内容日趋丰富，推动着基础医学与临床医学的不断发展。近年来，发展到从分子水平研究血液成分的流变特性，如红细胞膜中骨架蛋白、膜磷脂对红细胞流变性的影响，血浆分子成分对血浆黏度的影响等，这些均属于分子血液流变学（molecullar hemorheology）

血液流变学检测项目广泛，所使用的仪器设备较多，如血液黏度分析仪、红细胞变形仪、红细胞聚集仪、红细胞电泳仪、血沉仪、纤维蛋白原测定仪等。本章主要对血液黏度仪作介绍。

第二节　血液凝固分析仪

扫码“学一学”

完善的止血和凝血功能对于机体具有重要的生理作用，它既可以阻止血液流出血管外，也可防止血液在血管内凝固形成血栓。临床上血栓形成主要涉及：①血流和血管；②血小板 - 血管相互作用；③凝血系统；④抗凝系统和纤溶系统。

当血管受损时，血管壁通过神经反射及释放血管活性物质（如内皮素等）增强血管收缩反应，使血流减慢，有利于止血。同时破损的内皮细胞暴露出组织因子（tissue factor，TF）和胶原，通过血管性血友病因子（von willebrand factor，vWF）和纤维蛋白原（fibrinogen，Fg）介导的黏附、聚集使循环中的血小板形成止血血栓（一期止血血栓），并为凝血反应提供催化表面。释放的 TF 通过与因子Ⅶ结合而启动外源性凝血途径；暴露的内皮下组分，通过激活凝血因子Ⅻ而启动内源性凝血途径，随后一系列的凝血因子被激活而形成凝血酶（thrombin），促使纤维蛋白原转变为纤维蛋白，最后，通过凝血因子ⅩⅢa 的作用，形成交联的纤维蛋白（二期止血血栓）。

机体在形成血栓时，抗凝和纤溶系统也被激活。抗凝系统由细胞抗凝和体液抗凝两方面因素组成，细胞抗凝主要通过肝细胞、单核 - 巨噬细胞摄取和灭活凝血因子及促凝物质而发挥作用；体液抗凝则主要通过释放抗凝物质，如抗凝血酶（antithrombin，AT）、组织因子途径抑制物（tissue factor pathway inhibitor，TFPI）、蛋白 C、蛋白 S 等，阻止凝血过程的进行。纤溶系统（即纤维蛋白溶解系统，fibrinolysis system）通过纤溶酶原（plasminogen，PLG）转变为有纤溶活性的纤溶酶（plasmin，PG），降解纤维蛋白（原）和其他蛋白质（如凝血因子Ⅴ、Ⅷ和ⅩⅢ等），以抑制凝血过程中纤维蛋白的聚集。

对上述参与凝血、抗凝和纤溶的各组分进行测定，可评估机体的止血和凝血功能。血液凝固分析仪（automated coagulation analyzer）是指采用一定分析技术，对人体血液凝固功能及有关成分进行自动分析检测的临床常用检验仪器（以下简称血凝仪）。目前，血凝仪可检测多种血栓与止血指标，使传统的手工方法发展成为全自动检测，从单一的凝固法发展到免疫学和生物化学方法。血凝仪既为出血和血栓性疾病诊断、溶栓与抗凝治疗监测及疗效观察提供了有价值的指标，也使止血与血栓领域的检测变得简便、迅速、准确、可靠，是目前止血血栓实验室中最常用的设备。

一、血凝分析仪的分类、结构及检测原理

血凝仪按照自动化程度可分为半自动血凝仪、准全自动血凝仪、全自动血凝仪、全自动血凝检测流水线系统。

（一）分类及结构

1. 半自动血凝仪 主要由样品管位、试剂预温位、样本预温位、加样器械（带或不带电动感应启动装置）、检测通道及内置微机数据处理器等组成。

半自动血凝仪操作步骤一般为：人工添加样本至反应杯→样本预温→试剂预温→预温完成样本反应杯放入检测通道→使用加样器械人工添加试剂入检测通道反应杯中→检测装置自动检测反应过程→数据处理器收集处理检测数据并自动报告结果。半自动血凝仪受人为操作因素影响多，重复性较差，如加样过程、控温时间、样本稀释等步骤均为人工操作。

2. 准全自动血凝仪 与半自动血凝仪相比，添加样本与试剂、稀释、预温过程、检测等步骤均实现了自动化，但与真正的全自动血凝仪相比，准全自动仪器不能直接使用原始采样试管上机测定，须人工将待测样本预先分配至指定的仪器专用样本杯中，使用完的反应杯需要人工丢弃，并需要人工更换反应杯。

3. 全自动血凝仪 检测、分析的整个步骤由仪器各个部件全自动完成，包括：自动吸样、吸试剂、自动稀释、试剂预温控制、自动输送、丢弃反应杯、自动检测并显示结果、自动重检等。吸样过程可直接采用离心后的原始采血管上机，采样针一般具有液面感应装置，部分高配置的仪器还配有穿刺采样装置，可直接对真空采血管穿刺采样而无须开盖，更加符合生物安全管理的要求。全自动血凝仪实现了血凝检测的高度自动化，大大提高了检测精密度。

基于上述检测过程的自动化，全自动血凝仪一般结构包括样品传送及处理装置、冷藏试剂位、样品及试剂分配系统、混匀装置、反应杯输送系统、检测系统、电脑控制处理器、操作系统、输出设备和附件等。

（1）样品传送及处理装置 目前多采用轨道式连续进样及抽屉式存放。轨道式连续进样方便处理大批量样品，简单、快速、准确。抽屉式存放，最多可容纳 200 多个标本同时上机，并可随时设置急诊检测，增加删除检测项目，便于复查和审核，符合大型综合医院的需要。

（2）试剂冷藏装置 为避免试剂的变质，血凝仪设置了 10℃ 试剂冷藏位，最多同时可放置 70 多种试剂。有的血凝仪还提供微量试剂位，有利于保证试剂全部使用，避免浪费现象。

（3）样品及试剂分配系统 具有样品和试剂条码扫描识别系统，保证吸取的快速和准确。样品臂抓取已加样品的测试杯，置于预温槽预温。试剂臂将试剂注入测试杯，自动旋涡混合器将样品和试剂充分混合后，送入检测系统进行检测（图 4－3）。

（4）检测系统 目前全自动血凝仪都具备凝固法、发色底物法和免疫法三种检测方法，具备多个独立的检测通道。

（5）电脑控制处理器及操作系统 血凝仪配备了高性能的电脑控制处理器。电脑根据设定的程序指挥血凝仪完成检测工作，可存储大量的样本检测结果，并可方便地与 LIS、

HIS 连接，双向传输，实现实验室数字化管理。操作系统设置了便捷的人机对话界面，方便使用者操作；具备完善的定标和质控系统；具备良好的安全性和全溯源性管理功能。

（6）输出设备和附件　血凝仪可通过计算机屏幕或打印机输出测试结果。主要的附件有样本条码扫描识别装置、试剂条码扫描识别装置、样本管穿刺装置等。

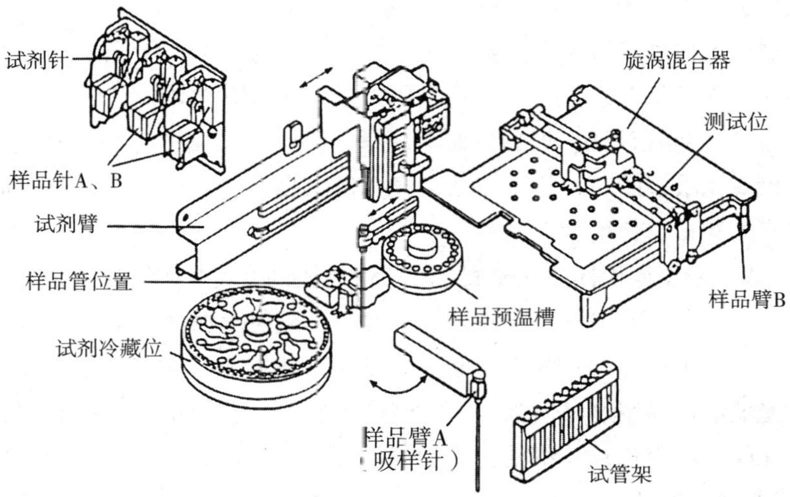

图 4－3　全自动血凝仪样本及试剂分配系统、检测系统

4. 全自动血凝检测流水线系统　在全自动血凝仪的基础上，分析仪整合于实验室全自动化样本输送轨道上，可几台血凝仪相连，也可与其他检测仪器相连，进样装置与全自动样本分配轨道或机械手兼容，一般在整个系统中还包含自动离心系统，送检样本于标本接收处理系统分拣识别，凝血检测标本进入离心系统，离心处理后的标本管通过机械手或输送轨道进入血凝检测分析仪进样装置之后进入全自动检测流程，检测结果自动传送到 LIS 系统、HIS 系统。全自动血凝检测流水线系统还可以与其他血液自动化分析系统结合，实现全实验室自动化（图 4－4）。

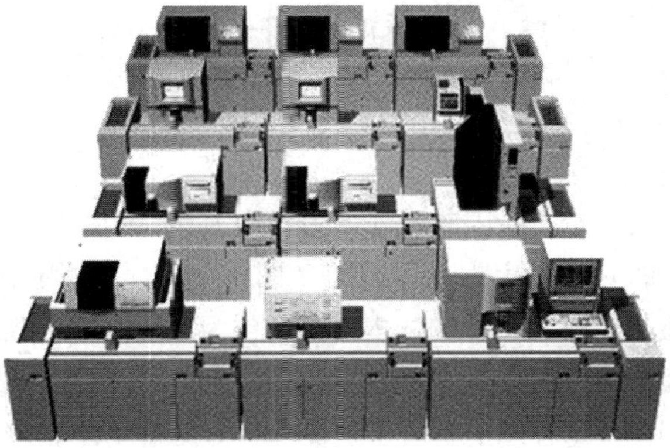

图 4－4　全自动血凝检测流水线系统及全实验室自动化模型

（二）检测原理

自动血凝仪发展至今，所应用的检测原理包括凝固法、发色底物法、免疫法以及新近发展起来的聚集法。早期的半自动以及准全自动血凝仪器一般仅具有凝固法检测功能。全自动血凝仪一般同时具有凝固法和发色底物法，更高档的配置应同时包含免疫法。而聚集

法加入全自动血凝仪中，则是对传统血凝仪的突破性创新，使 vWF: RCo 检测和血小板聚集检测提高到全自动化分析水平。

1. 凝固法 又称生物学方法。将凝血激活剂加入待检血浆中，血浆发生体外凝固，血凝仪连续检测血浆凝固过程中体系某信号（如光、电、机械运动等）的系列变化，并由计算机分析相关数据，得出最终检测结果。凝固法发展最早，应用最为广泛。

目前，不同厂家血凝仪所使用的凝固法又大致可分为四种：①光学法（亦称比浊法）；②黏度法（亦称磁珠法）；③电流法（亦称钩方法）；④干化学法。

（1）光学法 又称比浊法。即通过血液凝固过程中光强度变化来判断凝固终点。光学法是现有血凝仪应用最多的一种检测方法，光学法依据所检测的光学信号不同又可分为透射光法、散射光法和多波长检测光法。

1）散射光法 根据待检样品在凝固过程中散射光的变化来确定凝固终点。血浆凝固过程中生成的纤维蛋白凝块使来自光源的光被其散射，散射比浊法检测通道由一个 660nm 的发射光源与一个呈一定角度（如 90°直角）的光探测器组成。随着血浆样品纤维蛋白凝块逐渐形成，对光的散射作用逐渐增强，当血浆完全凝固后，散射光强度得以稳定。光探测器检测到散射光的强度变化，并将其转化为电信号，经过放大再传送到检测器上进行处理（图 4－5）。仪器把这种光学变化描绘成凝固曲线，并按一定方法设定凝固终点。如百分比方法（Sysmex 公司 CA 系列所采用）——将最大散射光变化之 50% 点所对应的时间定位凝固点和微积分的方法（Coulter 公司 ACL 系列所采用）——反应曲线中最大变化率的切点所对应的时间定为凝固点。

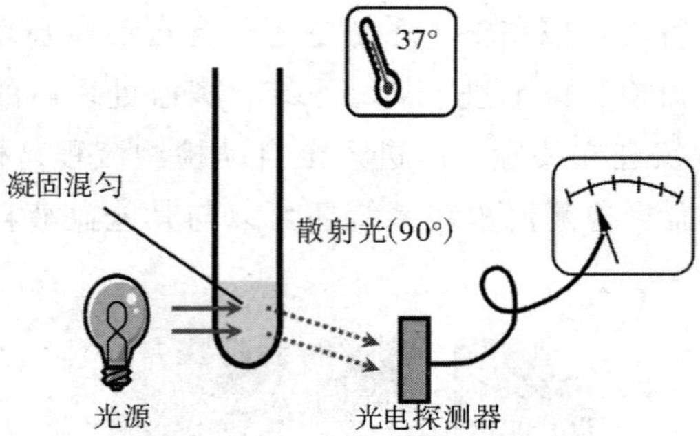

图 4－5 散射光法检测原理

其中，百分比方法通常是把凝固曲线的起始点作为 0，凝固终点作为 100%，并把 50% 凝固的散射光强度对应的时间设定为凝固时间（图 4－6）。当测定含有干扰物（乳糜、黄疸和溶血）或低纤维蛋白原血症的特殊样本时，其作为起始点 0 的基线会随之上移或下移，只要有血浆凝固的过程，就可出现光学曲线的变化，根据凝固百分比这一方式仍然可以判断待测样品凝固时间，在一定程度上解决了这类标本对凝血功能测定的影响。

2）透射光法 根据待测样品在凝固过程中的吸光度的变化（透射光逐渐减弱）来确定凝固终点的方法。透射比浊法检测通道光源与接收光探测器通常呈 180°水平角度，随着样品中纤维蛋白凝块的形成，透过反应物的透射光强度逐渐减弱，光探测器检测到透射光的变化并转化为电信号，放大后在检测器处理（图 4－7），描绘成凝固曲线，并按一定方法设定凝固终点（图 4－8）。

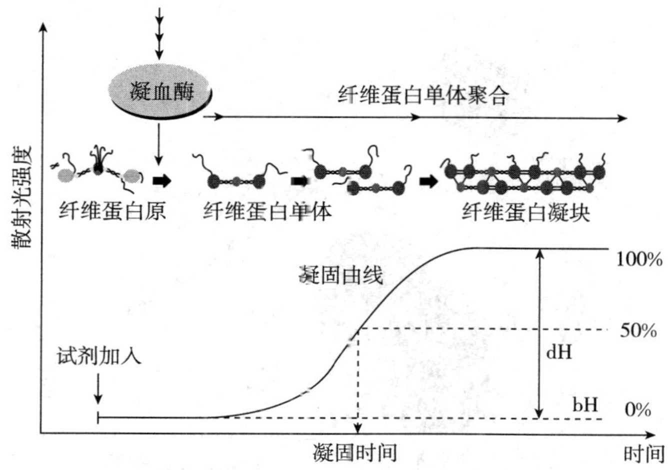

图4－6　百分比法确定散射光法凝固终点示意图

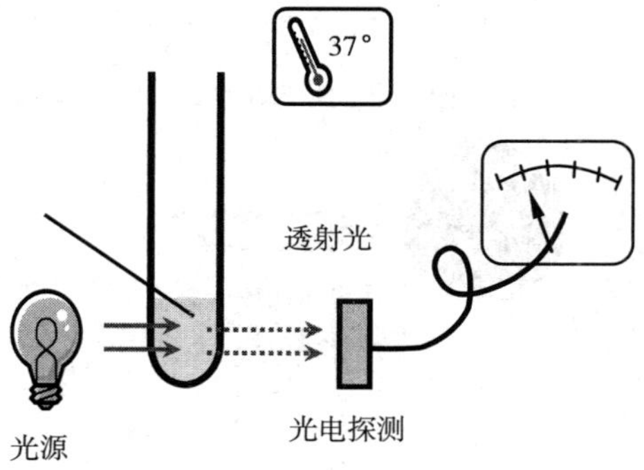

图4－7　透射光法检测原理

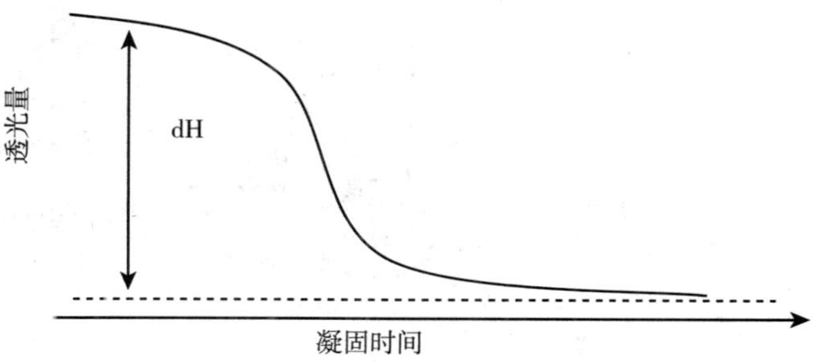

图4－8　透射比浊法凝固曲线

3）多波长检测光法　最近有研发出了最新检测原理的全自动血凝仪CS系列（如CS－5100），其主要检测原理如下：来自卤素灯光源的光束由5个滤光片分别为340nm、405nm、575nm、660nm和800nm的光路组成，被分光路由光纤引导到检测位。在每个检测位，光照射在一个装有所采集的样品和试剂混合物的试管上，由感光元件检测到透射过样品的光，并将其转换为电信号，储存到微机中，由微机处理并计算出凝固时间和吸光度变化量（ΔOD/min）。由于它是用全部的五种波长检测样本，因此称为“多波长检测系统”（图4－9）。

当测定凝固法中的脂血样本和低纤维蛋白原样本时，多波长检测系统的分析数据来自所有波长并自动选择适宜的波长。当检测结果受样本中的干扰物质（乳糜、黄疸和溶血）影响时，系统会自动选择适宜的亚波长并自动计算凝固时间。多波长分析技术可以进一步加强抗干扰能力，全自动监测干扰因素，给异常结果提供客观提示。

在凝固实验中，仪器使用660nm作为默认波长，800nm作为亚波长（除外纤维蛋白原测试Clauss法）。纤维蛋白原测试使用405nm作为默认波长，660nm作为亚波长。通过使用波长转换功能，纤维蛋白原的检测范围得到了扩展。

（2）磁珠法　又称黏度法。在样品测试杯中加入小铁珠，测试杯两侧施加变化的电磁场，小铁珠在电磁场作用下保持恒定的运动（左右振动或旋转运动）。当凝血激活剂加入后，血浆开始凝固，黏稠度逐渐增加，小铁珠的运动强度逐渐减弱，根据小铁珠运动强度的变化（振幅发生变化或旋转速率发生变化）确定凝固终点（图4－10）。采用磁珠法的血凝仪以STAGO血凝仪为代表。

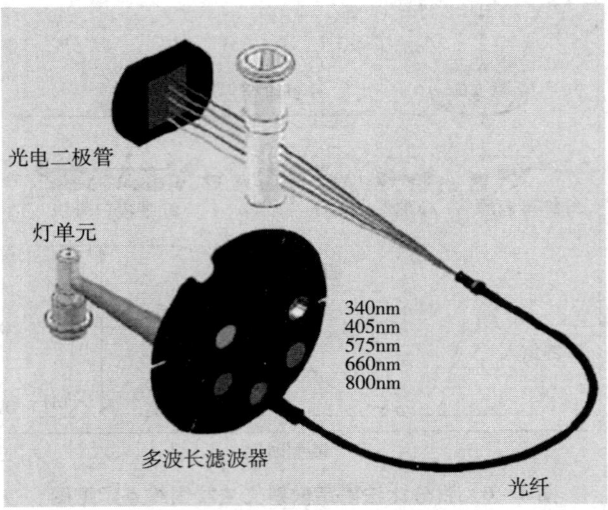

图 4-9　多波长检测光法原理

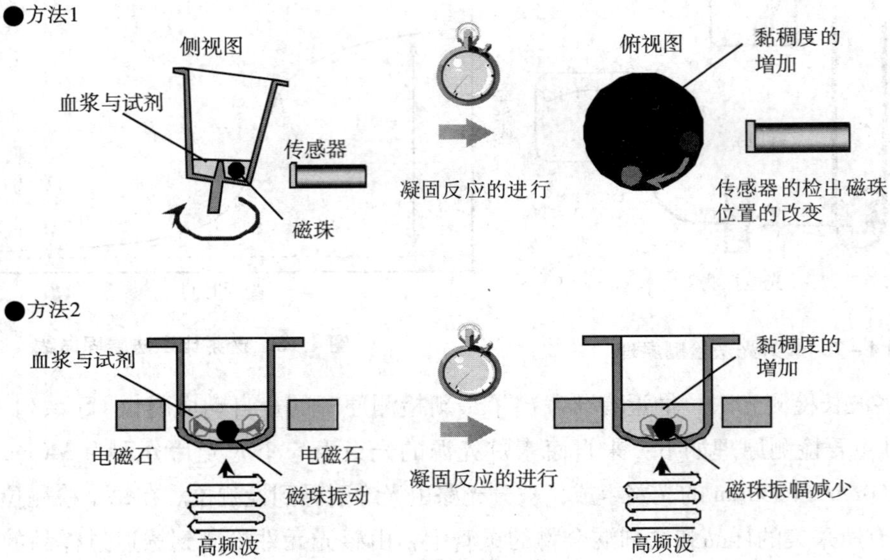

图 4-10　磁珠法检测原理

相比光学法，磁珠法检测凝血功能的最大优点是不受样本乳糜、溶血、黄疸的影响。光学法与磁珠法检测原理的特点比较见表 4-4。

表 4-4　光学法与磁珠法检测原理的特点比较

	光学法	磁珠法
优点	应用于发色底物法和免疫法 敏感性和重复性好 不易受外界环境干扰 可连续监测凝血反应全过程 可作纤维蛋白原浓度的 PT 演算报告	乳糜、溶血或黄疸标本对检测结果影响小
局限性	乳糜标本影响检测结果	对明显和牢固的凝块形成检测敏感 不能演算纤维蛋白原浓度 对弱凝固反应判断有误差 对外界强磁场干扰敏感 血浆黏度影响检测结果

（3）电流法　又称“钩方法”。将待测血浆作为电路的一部分，由于纤维蛋白具有导电性，当两个电极都在血浆中时电路连通。当其中一个电极上移离开血浆时，电路断开。当血浆发生凝固时，纤维蛋白形成，当一电极上移离开血液样本时，可钩起纤维蛋白丝，电路仍处于连通状态，此时可判断为凝固的终点。利用凝血过程中电路电流的变化判断纤维蛋白的形成（图4－11）。但由于电流法的不可靠性及单一性，所以很快被更灵敏、更易扩展的光学法所替代。

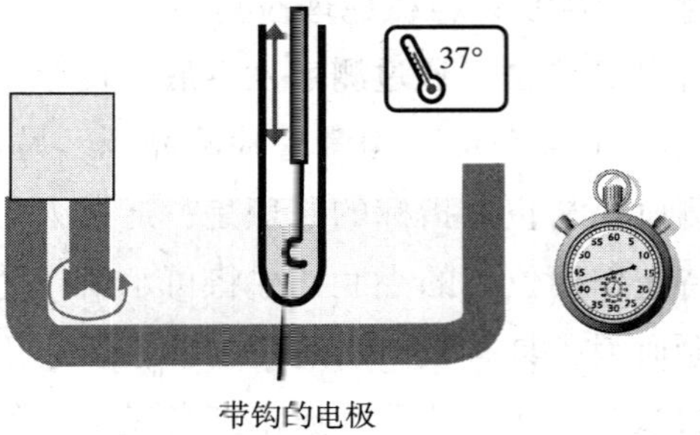

图4－11　电流法检测原理

（4）干化学法　这类分析方法主要用于床旁血凝分析仪，也称全血凝固分析仪（whole blood coagulation analyzer，WBCA）（图4－12）。特点是使用微量全血进行快速、简便的血凝筛选项目分析，已逐渐用于各临床科室，尤其是ICU、急诊、手术室、心胸外科、心内科，可现场快速对病人的血栓与止血状况进行初步筛检。这类床旁血凝仪所用的干化学分析方法按其检测方式不同又分为两类系统。第一类是光电检测系统，第二类是电机学检测系统。

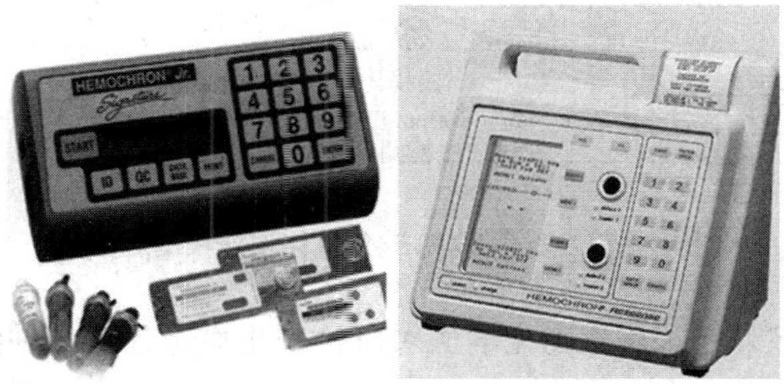

图4－12　干化学法床旁血凝仪

1）光电检测系统　①磁颗粒光电检测系统：均匀分布于血凝或纤溶试剂中的磁颗粒可随着电磁场移动，当电液凝固与纤溶反应发生时，磁颗粒在电磁场中的位移或摆动幅度的大小可提供血液凝固、纤维蛋白形成或溶解的动力学特征，同时，磁颗粒所产生光电变化可通过光电检测器记录，再通过信号转换、放大，并计算结果。这类方法以CVDI公司的TAS系列和COAG－/2等床旁血凝仪为代表。②单纯的光电检测系统：即分析试剂和血标本混合后产生恒定的运动，当血凝块形成时，标本流入试剂系统时被阻塞，这种标本在流动过程中所产生的变化通过光电转换而被记录、放大并计算结果。这类方法以ITC公司的Hemochron Jr仪为代表。

2）电机学检测系统　①磁感器检测系统（magnetic sensor detection system）：这一种以

ITC 公司的 Hemochron 401，Hemochron Response 为代表的检测系统，利用磁感应器检测分布于试剂系统中的磁体在血凝块形成时产生的位移。②传感器检测位移阻抗（transducer detect motion resistance）系统：这种以 Sienco 公司的 Sienco Sonoclot 分析仪为代表的干化学位移阻抗电机学分析原理系统，用一传感器检测在血凝块形成时产生的位移阻抗。③光-光传感器（photo-optical sensor）检测系统：这种以 Sub Medtronic Inc 公司的 ACT Ⅱ 分析仪为代表的电机学检测系统，用光-光传感器检测标本与试剂混合后血凝块形成时，塑料反应板产生的位移降低。此时，血凝块以机械原理检测。

2. 发色底物法 又称生物化学法。通过测定发色底物的吸光度变化来推算所测物质的含量和活性。比色法通道有一个 405nm 的卤素灯检测光源，另一探测器与光源呈 180°角。血凝仪使用发色底物法检测血栓与止血指标的原理是：通过人工合成与天然凝血因子有相似的一段氨基酸序列且有特定作用位点的小肽，并将可水解产色的化学基因与作用位点的氨基酸相连。测定时由于凝血因子具有蛋白水解酶的活性，它不仅能作用于天然蛋白质肽链，也能作用于人工合成的肽链底物，从而释放出产色基因，使溶液呈色。产生颜色的深浅与凝血因子活性成比例关系，故可进行精确的定量。目前人工合成的多肽底物有几十种，而最常用的是对硝基苯胺（PNA），呈黄色，可用 405nm 波长测定（图 4-13）。

生物化学法以酶学方法为基础，可定量检测，重复性和准确性好，样品需求量也小，便于自动化和标准化。但由于发色底物无法反映人体内凝血、抗凝的复杂环境，因此其检测有时会与凝固法的结果产生分离现象，这一点应该引起注意。

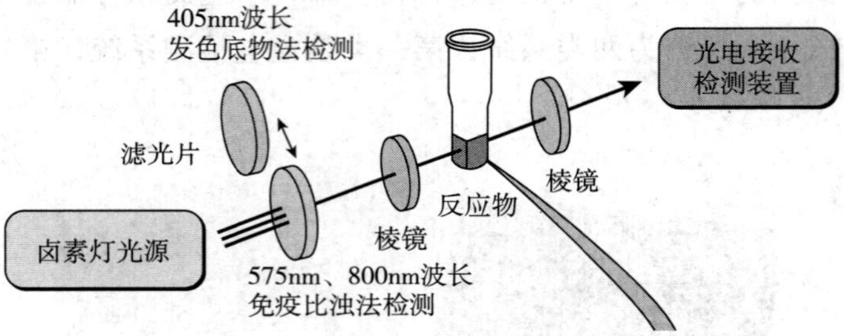

图 4-13 发色底物法/免疫比浊法检测原理

目前，多数血凝仪均已采用生物化学法对血栓与止血过程中多种酶（原）的活性进行检测，如凝血酶（原）、纤溶酶（原）、蛋白 C、蛋白 S、抗凝血酶等指标。该方法大致可以分为三种模式，即对酶、酶原和酶抑制物进行检测。

（1）对酶的检测 在含酶的血浆样品中加入产色物质，酶可直接裂解产色物质释放产色基团 PNA，检测样品在 405nm 处的吸光度变化，与酶含量呈正相关关系，如凝血酶的检测（图4-14）。

（2）对酶原的检测 在含酶原的血浆样品中首先加入过量的激活剂，将全部酶原激活为活性酶，酶原的量与酶活性呈一定数学关系。再加入发色底物，活性酶的量可以通过检测发色基团 PNA 的吸光度变化反映出来，进一步可推算出酶原的含量，如蛋白 C 的检测（图 4-15）。

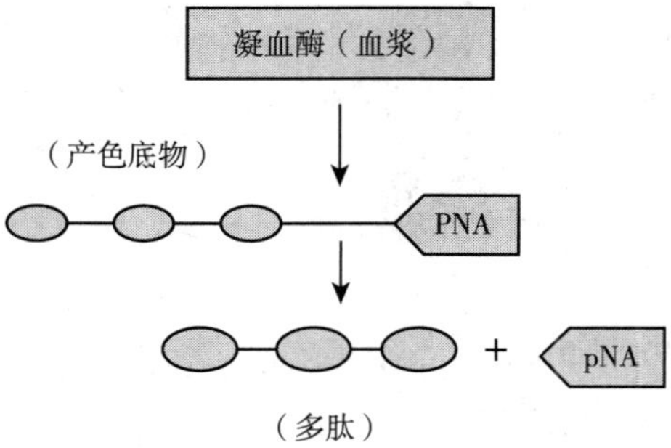

图 4－14　发色底物法检测凝血酶的原理

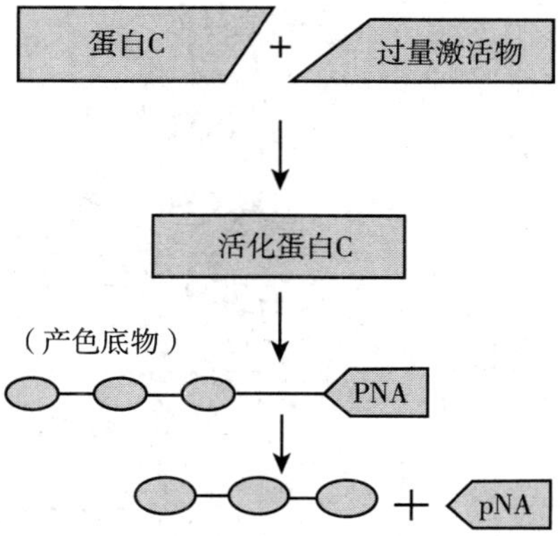

图 4－15　发色底物法检测蛋白 C 原理

（3）对酶抑制物的检测　在含酶抑制物的血浆样品中首先加入过量对应的酶中和该抑制物，剩余酶可裂解发色底物释放 PNA，PNA 吸光度的变化与酶抑制物含量呈负相关，检测反应体系吸光度变化进而推算出酶抑制物含量，如抗凝血酶的检测（图 4－16）。

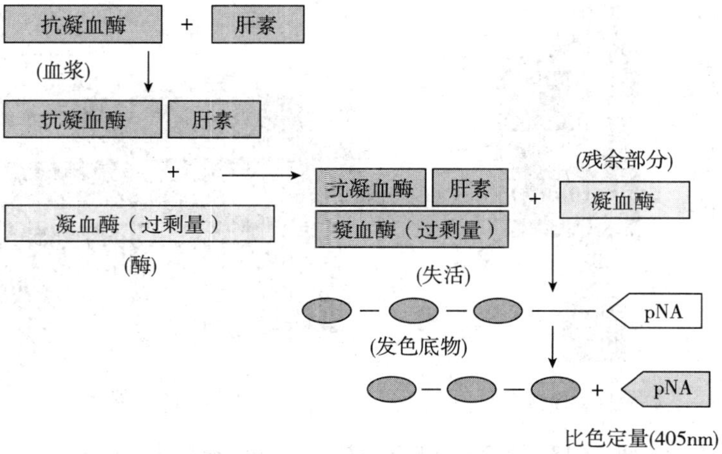

图 4－16　发色底物法检测抗凝血酶原理

3. 免疫学方法　以被检物作为抗原，制备相应的单克隆抗体，利用抗原抗体的特异结合反应来对被检物定量测定，其包括免疫扩散法、免疫电泳、酶联免疫吸附试验和免疫比浊法，全自动血凝仪多采用免疫比浊法来定量分析所测成分的含量。

免疫比浊法可分为直接浊度分析和乳胶比浊分析。直接浊度分析既可是透射比浊，也可是散射比浊。透射比浊是指凝血仪光源的光线通过待检样本时，由于待检样本中的抗原与其特异的抗体反应形成抗原－抗体复合物，使得透过的光强度减弱，光的减弱程度与抗原量成一定的数量关系，通过测定透过光强度的变化来求得抗原的量。散射比浊指凝血仪光源的光通过待测样本时，由于其中的抗原与特异的抗体形成抗原－抗体复合物，使溶质颗粒增大，光散射增强。散射光强度的变化与抗原的量呈一定的数量关系，通过测定散射光强度的变化来求得抗原含量。乳胶比浊法是通过将待检物质相对应的抗体被在直径为 15～60nm 的乳胶颗粒上，使抗原－抗体复合物的体积增大，光通过后，透射光和散射光的变化更为显著，从而提高实验的敏感性（图 4－17）。

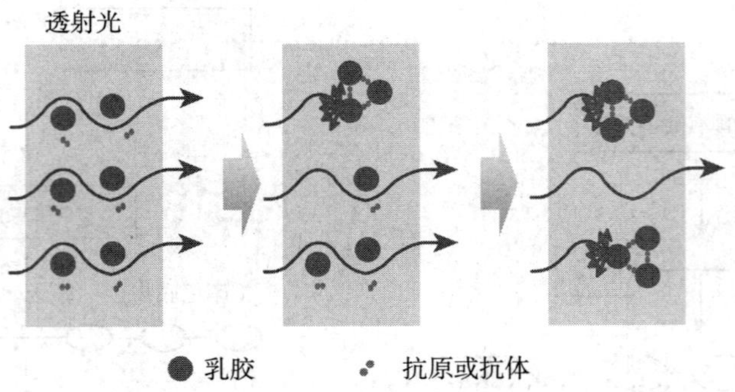

图 4-17　乳胶免疫比浊实验原理

4. 聚集法　聚集法检测实现了 vWF: RCo 检测和血小板聚集检测的全自动化。检测方式类似于光学法仪器中的透射光检测，采用 800nm 波长，在其血凝仪的光学检测通道的基础上，增加了磁场搅拌装置，用于血小板聚集试验中的 PRP 血浆与激活剂的充分混匀（图 4-18）。

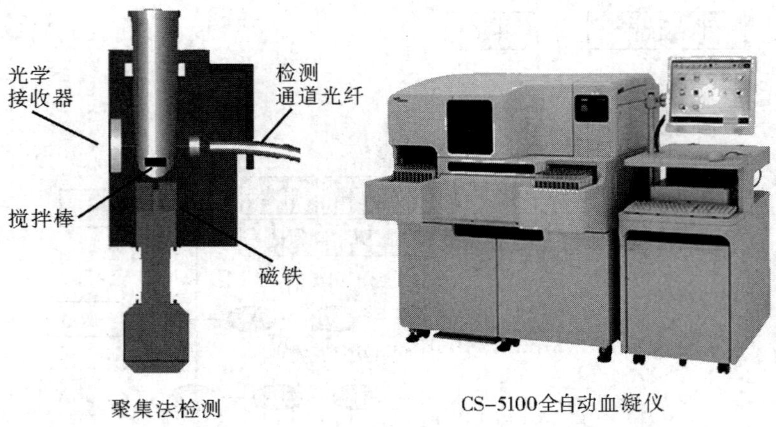

图 4-18　聚集法检测原理与 CS-5100 全自动血凝仪

二、血凝分析仪的性能评价与临床应用

选购和应用自动血凝仪，首先应对血凝仪的各项性能进行评价，这对保证临床血栓与止血检验质量至关重要。自动血凝仪在投入使用后，为临床提供了全面的血栓与止血检验指标，也需加强日常的维护保养，确保仪器各项性能处于良好状态，保证临床检验质量。

（一）血凝仪的性能评价

主要包括一般性评价和技术性能评价。

1. 一般性评价　血凝仪一般性评价的主要内容涉及如下内容。①产品质量：包括优良的检测性能、自动化水平、操作的简便性和易于维护；②使用者评价；③售后服务。

2. 技术性能评价　按照国际血液学标准化委员会（ICSH）所制定的评价内容对血凝仪性能进行全面的评价。

（1）精密度　也称重复性测定，即评价血凝仪分析的偶然误差。评价时，可用相同或不同质控血浆或新鲜病人血浆在相同或不同时间内检测，分析批内（within-day）、批间重复性（between－day）及总重复性，最好采用高、中、低三个水平的样本进行测定（$n \geq$ 15）。总重复性测定用20～100份病人标本，随机排列，每个标本测定2～3次，求总CV、批内精度、仪器稳定性、互染等因素的总和，最能反映仪器精密度。

（2）线性　测定质控物、定标物或混合血浆在不同稀释度（4～5个浓度）时的各种血凝分析相关参数，观察各种参数是否随血浆被稀释而相应减低。理想结果是不同程度稀释及其相应结果在直角坐标纸上应是一条通过原点的直线。例如大多数自动血凝仪测定纤维蛋白原浓度的线性为0.5～9g/L。

（3）携带污染率　即不同浓度样品对测定结果的影响。采用Bioughton法测定，即高低2个活性/含量的血浆，先测定高值样品3次（H1、H2、H3），随时测定低值样品3次（L1、L2、L3）。携带污染率＝（L1－L3）/（H3－L3）×100%。

（4）准确性　即以参考方法确定的参考品或校正品（calibrator）对血凝仪测定的准确性予以评价，定值参考品须由厂家提供或使用规定的校标物。准确性也可通过传统的回收率加以评价。

（5）相关性研究　也称可比性分析（comparison），主要取决于对比方法的性能。最好选择参考方法为对比方法，这样在解释结果时，就可将方法间的任何分析误差都归于待评方法。若采用已知偏差法为对比方法，则有部分误差来自对比方法（与已知偏差一致的那一部分误差），剩余误差则属于待评血凝仪的分析误差。若采用未知偏差方法，分析误差可能来源于两者之一或两者都有，因而难以分析误差来源。目前，由于大多数血凝分析参数缺乏参考方法，也可使用被评价血凝仪与已知性能并经校正的血凝仪作平行测定。如偏差为固定误差或比例误差，可能是仪器没有校准，重新校准后即可使用。如偏差缺乏规律性，则可能为仪器本身缺陷，用户难以解决。

（6）干扰　即血凝仪在有异常样品或干扰物存在情况下的抗干扰能力。干扰因素包括溶血、高脂血、高胆红素血等。

应该指出的是，相比传统手工法，自动血凝仪虽显著改善了血栓与止血项目检测结果的准确性和精密度，但评价准确性和精密度的方法尚不完善，项目检测的标准化仍难以解决。一方面，不同品牌及型号的自动血凝仪之间评估准确性的方法不统一，另一方面，评估准确性的参考方法尚未建立和完善。关于血栓与止血检验项目自动检测标准化的诸多问题，还有待于进一步研究解决。

（二）血凝仪的临床应用

全自动凝血分析仪的临床应用极大地提高了出血性与血栓性疾病的诊断和治疗水平。从常规止凝血筛查试验到凝血因子含量或活性，抗凝系统、纤溶系统各成分的测定，再到抗凝、溶栓的实验室指标监测，以及vWF RCo检测和血小板聚集检测的全自动化均可以实现。

现将目前血栓与止血检验项目在自动血凝仪上的实现情况和检测方法列表4－5（以Sysmex CS－5100为例）。

表4-5　全自动血凝仪检测指标和检测方法（Sysmex CS-5100）

检测指标	凝固法	发色底物法	免疫法	聚集法
①筛查试验				
PT	√			
APTT	√			
TT	√			
②凝血因子				
vWF: Ag			√	
vWF: Rco				√
FIB	√			
Ⅱ	√			
Ⅴ	√			
Ⅶ	√			
Ⅷ	√			
Ⅸ	√			
Ⅹ	√			
Ⅺ	√			
Ⅻ	√			
XⅢ		√		
③抗凝物质				
AT		√		
PC		√		
PS	√			
LA	√			
ProC Global	√			
heparin		√		
C1-inhibitor		√		
DiXaI	√			
Hemoclot TI		√		
④纤溶系统				
PLG		√		
α_2-AP		√		
PAI		√		
FDP			√	
D-dimer			√	

三、自动血凝分析的全面质量管理

血栓与止血项目的检测影响因素较多，因此自动血凝分析的全面质量管理是保证实验结果准确的重要措施，应从分析前、分析中和分析后三个环节对自动血凝分析实施全面质量管理。分析前质量控制主要包括检验项目选择、病人准备、标本的采集、标本保存和运送等。分析中质量控制主要包括试剂的应用、仪器质量管理包括仪器的校正与监控、实验技术、保养等。分析后质量控制主要包括检验结果的咨询、解释和临床应用。

（一）分析前质量控制

1. 检验项目合理选择　临床怀疑出血性或血栓性疾病时，在凝血实验室检查方面，应先选择筛查试验，再选择确诊试验，先易后难。

2. 病人恰当准备　采集血栓与止血试验的原始标本时，病人应处于平静和空腹状态。避免某些药物（如阿司匹林、双嘧达莫、口服避孕药等）和某些生理状况（如怀孕、情绪激动、剧烈运动）对检验结果的影响。

3. 标本正确采集　应从采集部位、抽血技术、抽血量、抽血用具以及抽血过程几个方面进行控制。

4. 标本的正确保存及运送　血栓与止血试验的血液标本原则上立即送检。不能立即送检时，应注意标本放置室温应在 2 小时内检测；2～4℃时应在 4 小时内检测。若在这个时间界限内不能检测，则应将血浆贮存在冰箱，－20℃可保存 2 周，－70℃可保存 6 个月。应根据检测项目选择运送方式，如标本可以放在冰水或干冰中运送。

（二）分析中质量控制

1. 试剂的应用

（1）抗凝剂的使用　凝血检测常用的抗凝剂是枸橼酸钠。ICSH 及 ICTH 推荐使用 3.2%（0.109M）枸橼酸液作为凝血因子检查的抗凝剂。草酸钙与肝素这两种抗凝剂除用于血小板试验外，一般不用。

（2）凝血活酶的使用

1）凝血活酶试剂的敏感性是非常重要的指标，要求所选择的试剂应标有 ISI 值，一般说来 ISI 值越接近于 1，其敏感度越高。厂商提供分别针对不同仪器型号的凝血活酶 ISI 值，实验室应针对自己的血凝仪型号选用合适的 ISI 值，并做好实验室内部校准。

2）APTT 试验所用的活化剂不同，对血内肝素、狼疮抗凝物质及因子Ⅷ、Ⅸ缺乏症的敏感性也不同，所以需要根据检测项目来选择用不同活化剂的 APTT 试剂。磷脂来源、浓度、缓冲液的种类及添加剂的有无均影响 APTT 测定，因此更换 APTT 试剂盒时，应做相关性分析。

（3）其他需注意的问题

1）参比血浆　标准化是质量控制的重要组成部分，为了使结果在同一实验室的不同时期具有可比性，必须使用标准品或参比血浆。

2）乏因子血浆　单独某个凝血因子活性应低于 0.01U/ml（1%）；但其他凝血因子活性应高于 0.5U/ml（50%）；Fg 含量应高于 1.0g/L。同时，必须贮存在－70℃冰箱或冻干保存。

2. 仪器的质量控制

（1）一般性要求

1）玻璃器皿的要求　最常选用一次性玻璃和塑料制品。硅化的玻璃制品必须与未硅化的玻璃制品分开保存。

2）温度的要求　自动终点测定法所得结果的重复性好，大大提高了不同实验室间结果的可比性，在检测终点时运用自动化仪器等设备，仍必须测定并记录实验当天的温度。

（2）仪器的选择　血凝仪的性能评价在前面已详细介绍，应根据血凝仪的一般性能和专业检测性能（如精密度、准确性、线性范围、抗干扰能力等）来选择和购买仪器。

（3）参考值　血凝仪在应用时，应注意如果方法不同，则每种方法都应建立自己的参考值范围。正常参考值随着年龄、性别和地理位置（高度）的变化而变化，统计的正常参考值以相关频数为基础确定其上、下限。将正常人群总体测定结果中的95%范围确定为正常参考值范围。各实验室必须有本实验室条件下该项实验的正常参考值标准，以便于比较。

按年龄组和性别不同分别建立参考值，通常每组选择40人份样本即可，供血者应是未曾服药的健康人。如下所示计算正常参考值：①用公式计算均值（X）和标准差（s）；②计算$X-3s$至$X+3s$范围；③除去这个界限以外的数据；④根据剩下的数据计算X和s；⑤正常范围就是$X\pm2s$的范围，即包括了所有正常标本中95%的范围。

（4）校准曲线的建立　用活性百分比或浓度（x轴）与凝固时间（凝固法）或吸光度变化量（显色法、免疫法）（y轴）建立坐标，绘出曲线图时，可见两个参数之间存在着线性关系，可利用这种关系建立校准曲线。以血凝仪CS5100为例，校准曲线如下（图4－19、图4－20）。

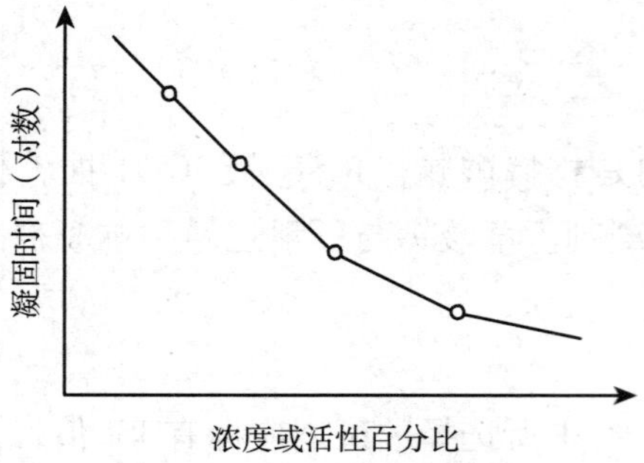

图4－19　凝固法的校准曲线

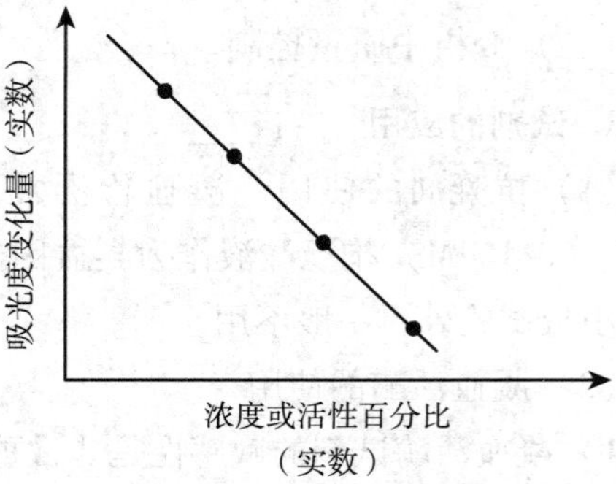

图4－20　显色法、免疫法的校准曲线

（5）绘制质控图　绘制质控图并随时分析其变化趋势是质量控制的重要手段。其步骤为，首先在理想的实验条件下（包括高素质的实验人员、规范的操作、稳定的仪器），对质控品至少进行10次测量，计算出均数及标准差，然后绘出质控图，质控图的均值为基线，纵轴有$X\pm2s$。每次试验时质控物与待检标本一起检测，并把当日的结果点在图标上。

（6）质控物　每次测定都应包括正常和异常质控物。一般认为最好采用凝血活酶和活化部分凝血活酶试剂制造厂家提供的质控物。

（7）仪器的维护保养　血凝仪使用过程中的日常维护和保养对于保证仪器性能、延长使用寿命等都有重要作用，应确保正确执行。

1）光学法自动血凝仪一般性保养　①每日维护：清洗样品针→清空垃圾箱→清空废液→查看仪器防逆流瓶有无水，防止因有水而导致真空泵不能抽真空→在洗液瓶中注蒸馏水，最高不要超过上面的凹槽，防止因水过满，工作时水回流到压力泵和压力传感器上导致人为破坏。②每周保养：做一次管路清洗→清洁仪器。③每3个月或6个月保养：清洁传动滑轨（x轴、y轴）并上润滑油。④每半年保养：清洗洗液瓶内部→指示灯校准。

2）磁珠法自动血凝仪的一般性保养　①每日维护：检查冷凝瓶→清洁触摸屏→清洗进样架→观察温度。②每周保养：清洗空气过滤网→清洗清洗池和吸样针→清洁检测块及抽屉→擦洗反应杯的橡皮吸头→清洁反应杯传送带和梭子→清洁运动导杆和丝杆。③每月保养：倒空集液瓶→更换吸样真空泵的垫圈和白色密封活塞头。④季度维护：更换空气过滤网。

必要的保养是自动血凝仪正常运行的基本保证，运动导杆及丝杆、反应杯、试剂或样品针、抽屉、注射器等是仪器故障多发部位，也是日常保养的关键。自动血凝仪在使用过程中，每年至少请一次厂家专业工程师进行专业维护保养。一旦仪器出现故障，维修者应遵循“多动脑，少动手”的原则，必要时，应寻求厂商专业维修工程师解决。

3. 试验操作应注意的问题

（1）许多实验误差都来源于技术的错误。在实验技术、试剂、温度及 pH 上很微小的变化都会导致试验结果出现显著的差异，孵育时间与温度是在一期法凝血酶原时间测定时应严格控制的参数。血浆绝不能在 37℃下放置超过 10 分钟，凝血活酶放置时间也不能超过说明书所规定的时限。反应混合物的 pH 必须处于 7.2～7.4 之间。

（2）实验前应检查血浆是否有溶血、黄疸、脂血和出现凝块。

（3）抗凝剂用量对结果的影响。采血时应精确控制血液与抗凝剂比例为 9∶1，实际上是指正常红细胞压积下血浆与抗凝剂的比例。若病人 HCT 明显异常，应通过一定方法调整抗凝剂用量。因为临床多使用商品化的真空采血管，已先预置定量抗凝剂，故多通过转换公式调整静脉采血量，即采血量＝抗凝剂用量/［（100－HCT）×0.00185］。

（三）分析后质量控制

在分析前因素得到严格控制的情况下，应遵循合理的临床诊治思维对检验结果进行正确的解释。检验医师应遵循诊断性试验性能评价的最新证据对检验结果的应用价值作出正确判断。

第三节　血小板聚集仪

扫码“学一学”

血小板的黏附、聚集和释放功能在机体的生理性止血和病理性血栓形成过程中起着至关重要的作用。血小板黏附于血管破损处暴露出胶原或受到凝血酶、ADP 等活化剂作用后即被活化，活化的血小板相互黏附在一起即为血小板聚集（图 4－21）。血小板的聚集始于各种诱导剂与血小板膜受体之间的相互作用，这种相互作用通过血小板膜的传递而激活血小板，使其膜表面另一个受体糖蛋白Ⅱb/Ⅲa 活化，再与血浆中的纤维蛋白原结合，介导血小板聚集。

血小板聚集有两种诱发机制，一种为各种化学诱导剂，另一种由流动状态下的剪切应变力所导致。在 Ca^{2+} 存在条件下，化学诱导剂通过血小板 GPⅡb/Ⅲa 与 Fg 结构中的精氨酸－甘氨－天门冬氨酸（Arg－Gly－Asp，RGD）三肽和 γ 链 12 肽结合，使血小板发生聚集。血小板有两种聚集类型，第一相聚集（初级聚集）和第二相聚集。第一相聚集是由外源性诱聚剂诱导的聚集反应，其与 GPⅡb/Ⅲa 和 Fg 的相互反应有关，如 GPⅡb/Ⅲa 或 Fg 存在缺陷，则第一相聚集减低。第二相聚集是指由血小板释放的内源性诱聚剂诱导的聚集反应，若血小板释放反应存在缺陷，则第二相聚集减低。血小板聚集反应也可由剪切应变力作用直接引发而不需要诱聚剂，血小板聚集在切变应力 12mN/mm^3 强度下即可发生，但随之解聚；在切变应力 60～80mN/mm^3 时，可形成稳定的血小板聚集体。剪切应变力所诱导的聚集反应与化学诱导剂不同。在低切变应力条件（18mN/mm^3）下，参与血小板聚集的成分为 GPⅡb/Ⅲa、Fg 和 Ca^{2+}；在高切变应力条件（108mN/mm^3）下，参与聚集的成分为 GPⅠb、bGPⅡb/Ⅲa、vWF 和 Ca^{2+}。

血小板聚集是血小板的主要功能之一，在生理性止血以及病理性血栓形成过程中起着先导而关键的作用，是目前检测血小板功能最有效的指标。因此，检测血小板聚集功能对于早期血栓形成的风险评估、阐明相关疾病的病理机制以及协助临床选择正确治疗方案等有重要意义。

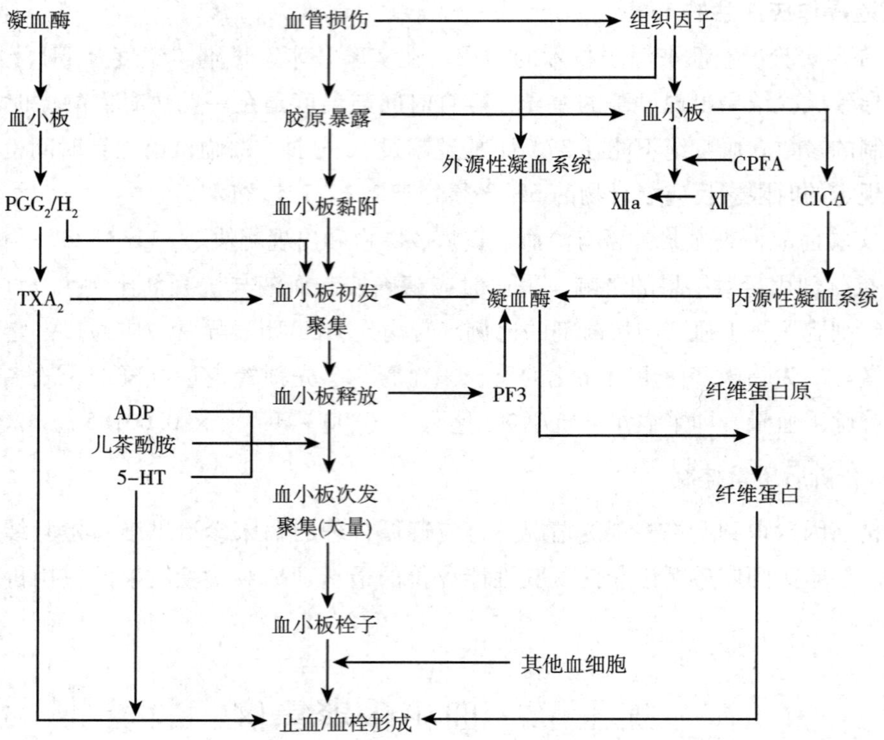

图 4-21　血小板止血功能示意图

注：前列腺素 G_2（prostaglandin G_2，PGG_2）；前列腺素 H_2（prostaglandin H_2，PGH_2）；血栓素 A_2（thromboxane A_2，TXA_2）；接触产物形成活性（contact product forming activity，CPFA）；胶原诱导促凝活性（collagen-induced coagulant activity，CICA）；腺苷二磷酸（adenosine diphosphate，ADP）；血小板因子Ⅲ（platelet factor 3，PF3）；5-羟色胺（5-hydroxytryptamine，5-HT）

一、血小板聚集仪的分类、结构与检测原理

血小板聚集仪根据检测方法和原理的不同，可分为光学法、电阻抗法、血液灌注压法、剪切诱导血小板聚集测定法、激光散射粒子计数法、血小板计数法、微量反应板法等多种血小板聚集检测仪器。目前，临床实验室常用方法为光学法和电阻抗法。

（一）血小板聚集仪分析仪的主要结构

现代医学实验室常用的血小板分析仪主要是光学法和电阻抗法检测系统。光学法血小板聚集仪的结构一般包括光学系统、反应系统、检测系统、光电转换和放大系统以及计算机处理系统等（图 4-22）。电阻抗法的结构与光学法仪器相似，但没有光电转换系统。

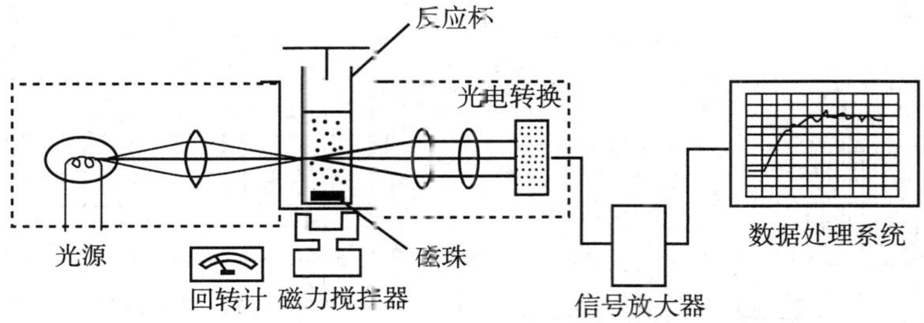

图 4－22　全自动光学法血小板聚集仪的基本结构

1. 光学法血小板聚集仪的主要结构

（1）光学系统　该类血小板聚集仪的光源波长一般为 660nm，但可用于检测血小板分泌、释放等其他功能的血小板聚集仪的光源波长有 660nm 和 405nm 两种，如利用发色底物法检测血小板分泌功能时所用的波长就是 405nm。

（2）反应系统　主要包括样品槽、恒温系统和磁力搅拌系统三部分。不同型号仪器样品槽数目不同，恒温系统功能是保持样品槽始终处在 37℃条件，用于模拟人体的生理状态，磁力搅拌系统包括磁力搅拌器和磁珠，磁力搅拌器位于样品槽的底部，磁珠位于样品杯的底部，作用是保证血小板聚集反应的充分。

（3）检测系统　检测系统分为透射光检测和散射光检测。透射光检测装置与光源成 180°角，散射光检测装置与光源成 90°角。连续检测血小板聚集反应过程中的透射光或散射光变化。

（4）光电转换和放大系统　系统将检测系统所检测到的光信号转变为电信号，但这种转换后的电信号非常小，需要经过放大系统的放大，再传输至计算机处理系统进行数据处理。

（5）计算机处理系统　计算机将放大后的电信号数据进行分析处理，最后得到血小板聚集反应的检测结果，将其直接打印或者传至实验室信息系统（laboratory information system，LIS）。

2. 电阻抗法血小板聚集仪的主要结构　与光学法仪器相似，其检测系统由一对插入样品杯中的铂电极组成，血小板发生聚集反应，聚集块覆盖在铂电极表面导致其电阻抗发生改变，检测系统检测这一变化的电信号，经放大后传至计算机处理系统。

（二）检测原理

1. 光学法原理　光学法可分为透射比浊法和散射比浊法，通过检测血小板聚集反应体系中光强度的变化来反映血小板的聚集程度（图 4－23）。Born 于 1962 年首先应用透射比浊法检测血小板聚集。将富血小板血浆（PRP）置于比色杯中，加入诱聚剂后，用涂硅小磁粒搅拌，血小板逐渐聚集，血浆浊度降低，透光度增加。以 PRP 的聚集率的透光度为 0，乏血小板血浆（platelet poor plasma，PPP）所测得的聚集率的透光度为 100%，平行光透过待测样品照射到与光源呈 180°角的光电转换器后变为电信号。读取 PRP 的透光度，随着反应标中血小板聚集成块，PRP 的透光度逐渐增高，当血小板完全聚集后，吸光度趋于恒定。光探测器接收这一血小板聚集反应中光强度的连续变化，其检测电信号经过放大再被传送到计算机处理系统，最终将透射光强度的变化绘制成曲线，反映血小板聚集全过程，以此可提供反映血小板聚集速度、程度以及血小板解聚等方面的参数，此为透射比浊法（图 4－24）。

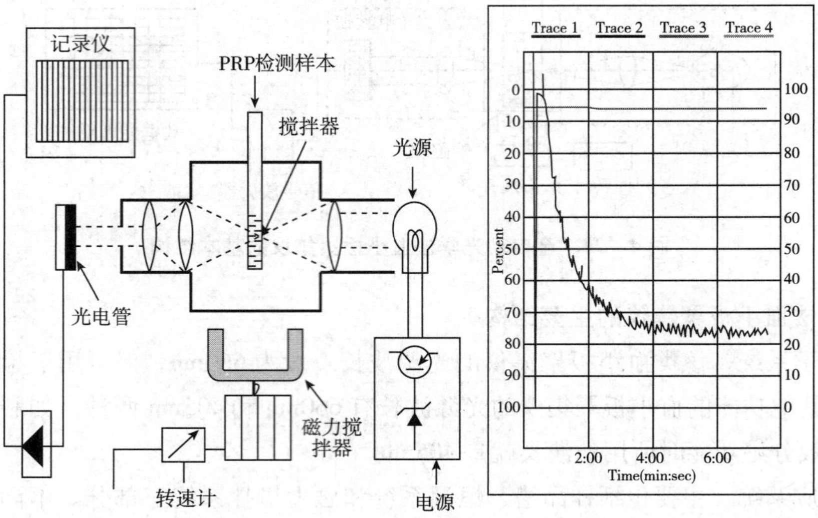

图 4－23　光学法血小板聚集仪结构与原理

与上述不同的是，散射比浊法检测通道光源与光探测器呈 90°直角，当向 PRP 中加入 ADP 等聚集诱导剂后，血小板发生聚集，PRP 样品在变得澄清的同时，样品的散射光强度逐渐增加。仪器把这种光学变化描绘成聚集曲线（图 4－25）。相比而言，散射比浊法灵敏度更高，可以测定 2～100 个血小板形成的小凝集块以及 100 个以上的血小板形成的大凝集块。

不同诱聚剂可产生不同类型的血小板聚集曲线。ADP 诱导血小板聚集在低浓度时（＜3μmol/L）是可逆性聚集，即初期聚集波，还能引起血小板释放 ADP 而产生第 2 个聚集波。在高浓度时（＞3μmol/L）是不可逆性聚集，可使全部血小板对外源性 ADP 产生反应而立即得到 1 个单一的聚集波。适当浓度的肾上腺素亦可引起双聚集波曲线。胶原引起的聚集曲线与 ADP 和肾上腺素不同，不能直接聚集血小板，而是引起血小板内释放 ADP 等诱导聚集。另外，瑞斯托霉素与 vWF 相互作用引起血小板 GPⅡb/Ⅲa 受体激活而导致血小板聚集。

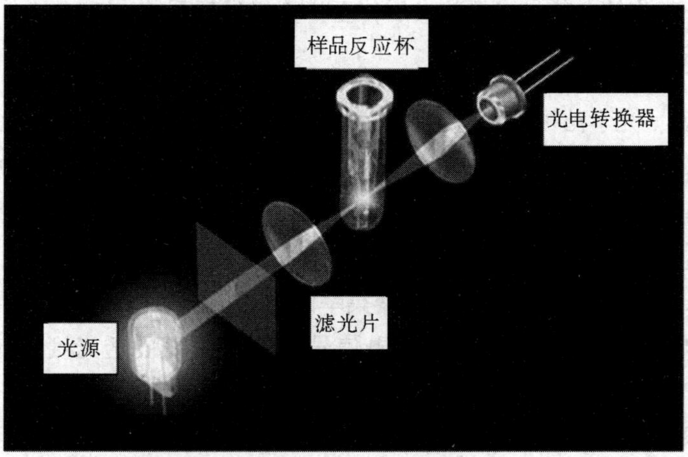

图 4－24　透射比浊法检测血小板聚集原理

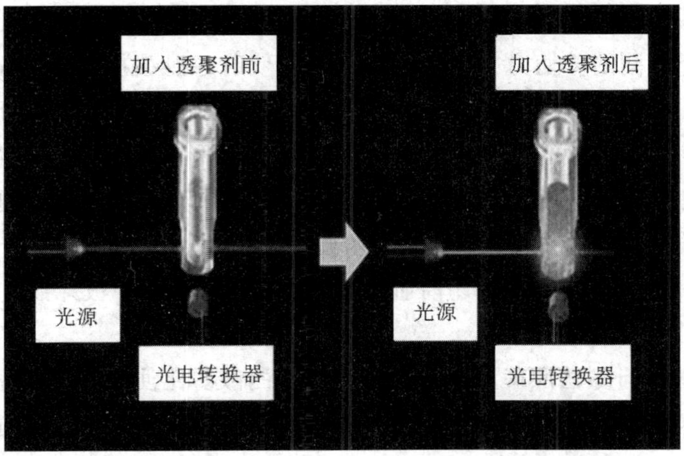

图 4－25　散射比浊法检测血小板聚集原理

2. 电阻抗法原理　电阻抗法血小板聚集仪可用全血或 PRP 进行血小板聚集功能测定。在血小板聚集反应体系中加入一对铂电极并通微电流，全血中的血小板在诱聚剂作用下发生聚集反应时，血小板聚集块可覆盖于铂电极表面，引起铂电极电阻抗变化（图 4－26）。铂电极的电阻抗变化与血小板聚集程度成正相关，根据这一关系，记录浸在血液中铂电极间电阻抗变化，经过放大和计算机处理，绘制成血小板聚集曲线，以反应血小板聚集的聚集情况。

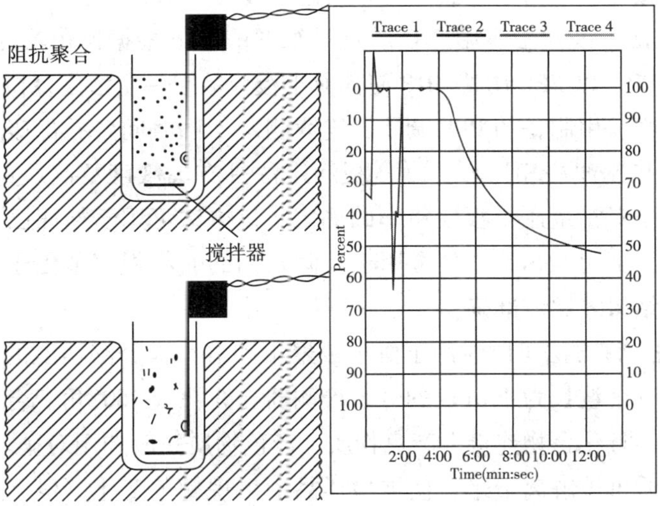

图 4－26　电阻抗法血小板聚集仪原理

3. 血液灌注压法原理　全血中加入 ADP 等诱聚剂，血小板发生聚集，正常情况下单个血小板可以顺利通过检测小孔，而血小板聚集块则堵塞小孔，导致血液灌注压升高。血液灌注压的变化转变为电信号经过放大和计算机处理，绘制成血小板聚集曲线，由此可反应血液中血小板的聚集情况。

4. 剪切诱导血小板聚集测定法原理　血小板在一定的剪切力作用下，即使不加入诱聚剂，也可以发生聚集反应，这种聚集反应是由 vWF 介导的。该方法采用旋转式铁板流体测定仪，将 PRP 注入平板的内筒，通过圆锥的旋转产生剪切力，从而引起血小板聚集，血小板聚集进一步引起 PRP 透光度的变化，PRP 透光度的变化经计算机进行分析处理，最后绘制成血小板聚集曲线。血小板在不同剪切力的作用下，其聚集情况随着剪切力的变化而变化。从小到大给予不同的剪切力，当剪切力为1.2Pa时，血小板就开始出现弱聚集，这种聚集是可逆性的。随着剪切力的提高，聚集的血小板又发生解聚，当剪切力约为10.8Pa时，血小板将发生不可逆性的强聚集。另外，一定血小板浓度的PRP血浆在旋转式锥板黏度仪的高剪切条件作用下，发生不可逆的强聚集，计数剩余血小板数，通过初始血小板数减去剩余血小板数可算出血小板聚集率，该方法为终点法。

血小板聚集率（%）=［（剪切前血小板计数－剪切后血小板计数）/剪切前血小板计数］×100%

5. 激光散射粒子计数法原理 该方法与光学法的散射比浊法相似，由Ozaki于1994年首先提出，该技术采用氦－氖（He－Ne）半导体激光（波长675nm）通过聚光镜折射成宽度约为40μm的带状激光束，照射到加了PRP的比色杯，加入ADP等透聚剂后检测其散射光变化。为防止散射光因多重散射而减弱，采用显微镜的接物镜，使血小板发出的散射光局限在一个狭小的范围内。该方法能通过血小板聚集颗粒的大小及其生成数量两个指标来评价血小板的聚集功能，血小板聚集颗粒的大小及数量与散射光强度成正相关，与比浊法相比，其灵敏度更高。

6. 血小板计数法 该方法主要用于测定血小板聚集后减少的血小板数量。将抗凝全血置于含有旋转离心磁棒的聚苯乙烯试管中，在37℃孵育条件下，用甲醛固定单个血小板，测定血小板初始数量。在加入诱聚剂后的不同时间内，分别测定聚集后剩余血小板数量，通过初始血小板数减去剩余血小板数即可算出血小板聚集率。

7. 微量反应板法 该方法应用全自动定量绘图酶标仪根据比色法测定血小板聚集率。分别制备PRP和PPP，以PPP调整PRP使其血小板计数在一定浓度范围，加入含有诱聚剂的微量反应板小孔中。用制备的PPP调零，连续测定不同时间各孔的吸光度值，直到吸光度不再下降为止。与比浊法相比较，微量板滴定法具有灵敏度更高、重复性更好的优点，适用于临床和科研中对批量血小板聚集率的测定。该方法可用于检测已知的血小板功能拮抗剂，如吲哚美辛、阿司匹林等，且可用于检测未知的血小板调节因子，但要求血小板计数在一定范围内，结果才比较准确。

8. 发色底物法 该方法可同时用于血小板聚集和血小板分泌功能的检测。发色底物法通道的发射光源是一个波长为405nm的灯，检测器与光源成180°角。合成可以被待测物质催化裂解的化合物，且化合物连接上产色物质，产色物质一般选用对硝基苯胺（PNA），在反应过程中产色物质可被解离下来，使被检样品中出现颜色变化，根据颜色变化可推算出待测特质的活性。

9. 闭合时间法 原理在体外运用血液动力学原理，模拟体内血管损伤时血小板的黏附与聚集。抗凝全血通过毛细管从样本池吸入，使血小板曝露于高剪切流条件，血小板黏附到胶原包被的活性膜上。随后，血小板接触到激动剂并被激活，引起血小板相互的黏附和聚集。血小板聚集后，在孔膜中形成血小板血栓，逐渐减缓并最终阻滞血流经过。从检测开始到血小板血栓完全阻塞膜孔的时间，将该时间间隔报告为闭合时间。

二、血小板聚集仪方法学评价

1. 光学法 光学比浊法检测血小板聚集是目前临床和研究中最常用的方法之一。该方法主要特点有：①比较方便快速地获得血小板聚集情况并评价血小板的聚集功能；②对血小板聚集物的形成不敏感，只能检测到大的血小板聚集块；③高脂血症的 PRP 会影响透光度，使 PRP 与 PPP 的差异变小，影响血小板聚集检测结果的准确性；④需血液样本量较多。

2. 电阻抗法　电阻抗法测定血小板聚集功能同样是目前临床和研究中最常用的方法之一。电阻抗法的主要特点是：①无须离心血液、不需要制备 PRP 和 PPP，操作更快速简便，适用于床边实验；②可用全血标本，亦可用 PRP 标本；③与光学法相比，其检测高凝状态时的血小板聚集功能更为敏感；④不引起聚集波的震荡，因为在光学法检测中搅拌用磁棒干扰光的透过；⑤克服了脂血、溶血等标本因素对检测结果的影响；⑥所需标本量少，适合于动物筛选抗血小板药物等研究；⑦全血标本能够真实反应体内的生理环境，较为客观的反映血小板的功能状态；⑧由于红细胞的存在降低了血小板间的相互作用，因此，全血聚集反应比 PRP 聚集反应慢；⑨每次测定后电极需清洗干净，连接电极的电线需小心安放，不可弯曲；⑩对操作人员技术水平要求较高。

3. 血液灌注压法　该方法较前两者在临床中较少用，主要缺点是对血小板聚集形成的小凝块不敏感，只能检测血小板大聚集块。

4. 剪切诱导法　在动脉血栓形成的过程中，血小板的活化是重要的始动因素。老年人的血液处于高黏、高凝和易于形成血栓的倾向，其血管一般存在动脉粥样硬化等退行性变化，血管的局部狭窄等因素可使血小板处于相对高的剪切力作用下，血小板可能因此而发生聚集，并进一步导致血栓形成，因此，剪切诱导的血小板聚集检测对血栓性疾病的防治具有重要意义。

5. 激光散射粒子计数法　该方法不但灵敏度高，而且可以同时测定散射光的强度及其分布情况。应用该方法检测肾上腺素诱导的血小板聚集，可用于推断肾上腺素引起的血小板聚集。另外，该方法可检测血小板的自然凝集。在检测血液中血小板轻度活化状况时，应当在不加诱聚剂的条件下进行测定。

6. 血小板计数法　对于血小板小聚集块的形成敏感、快速，所需样本量少，可用于动态检测小聚集物。一般采用水蛭素等直接作用于抗凝血酶的抑制剂。

7. 微量反应板法　该方法的最大优点是可同时测定多个样品，适合于对批量血小板聚集率的测定。但要求血小板浓度在（150 ~ 250）$\times 10^9$/L 之间。血小板浓度过高，则血小板聚集块在反应杯底部形成沉淀，干扰样品吸光度的测定值；血小板浓度过低，血小板形成聚集块的时间延长，使吸光度下降的绝对值减少，影响检测灵敏度。

8. 发色底物法　可同时用于血小板聚集和血小板分泌功能的检测，具有测定结果准确、重复性好、便于自动化和标准化及所需样品量小等优点。

9. 闭合时间法　该法测定血小板黏附及聚集功能，有以下主要特点：①无需离心及样本制备 PPP、PRP，操作更简便快速；②试剂集成化设计，即开即用，易于标准化；③上机操作简便，检测时间短，检测速度快；④全血样本，血液成分更完整，同时将高剪切力对血小板黏附聚集的作用体现出来，较为客观的反应血小板的功能状态；⑤灵敏度高，结果稳定性好；⑥人为操作环节的减少，及集成试剂盒的设计，更易于标准化血小板项目的实验室操作流程；⑦维护保养简单省心。

三、血小板聚集仪的全面质量管理

对于血小板聚集功能的检测，其影响因素较多，只有严格把握质量控制关，才能为临床提供准确可靠的检测结果。要做好质量控制工作，须从分析前、分析中和分析后三个环节对血小板聚集检测进行全面的质量管理。

（一）分析前质量控制

1. 病人准备 由于餐后和药物对血小板聚集的检测均会产生影响，所以病人应当在空腹状态下采集标本，在不影响病人治疗的前提下，在采集标本前2周内无服用血小板抑制药物，如阿司匹林、肝素、双香豆和双嘧达莫（潘生丁）等。另外，血小板计数高于$500\times10^9/L$或低于$100\times10^9/L$时，都可影响血小板聚集的检测。

2. 抗凝剂选择 血小板聚集实验应当选用3.2%或3.8%枸橼酸钠与血液按1∶9比例抗凝，而不用其他类型抗凝剂，尤其不用肝素，因肝素有抑制血小板聚集功能的作用。但如果使用肾上腺素作为诱导剂，则采集抗凝剂使用为1.5%的枸橼酸钠加2U/ml肝素，比例为9∶1。

3. 标本采集 采血时止血带的压力应当尽可能小，尽量做到“一针见血”，并在1分钟内完成采血。采血人员应避免让病人反复握拳，避免反复拍打静脉和反复穿刺。病人在输液时，应当在输液对侧采血。使用注射器采血时，应当将注射器内的血液缓缓注内采血管，以避免溶血。标本采集后应当加盖。

4. 标本运送 标本采集后应当置于室温，并在30分钟至2小时内送至检验科完成检测。

（二）分析中质量控制

主要包括血小板聚集仪的质量控制、PRP和PPP的制备和标本检测等。

1. 血小板聚集仪的质量控制

（1）仪器一般情况 ①仪器所在环境室温－20～55℃，相对湿度不超过80%，通风良好且无腐蚀气体；②电源电压（220±22）V，频率（50±1）Hz；如实验室电压不稳定，应使用稳压电源，不可与大功率电器共线并用，应确保接地，避免干扰；③仪器应当放置在平稳的工作台上，不得摇晃与振动；④不得自行拆检；⑤避免阳光直晒，远离强热物体，防治受潮、腐蚀，远离强电磁场干扰；⑥进行测量时要保证室温在22℃以上，以免样品内形成胶冻状物质而影响检测结果。

（2）试剂与试管 ADP等诱聚剂应存放于2～8℃冰箱。使用的试管应为一次性产品，以免影响测量精度。稀释或溶解试剂用的生理盐水、蒸馏水等一定要纯净无污染、无热源等，以免造成对聚集的抑制。

（3）仪器定标 血小板聚集仪应当每年至少进行1～2次定标，一般由公司负责人完成，包括光学定标和恒温装置的校准。

（4）室内质量控制 实验室应当每天进行室内质量控制的检测，当出现失控现象时，应及时发现原因并纠正。

（5）仪器操作时应注意 微量进样器加样时必须插到杯底再加样。不论试验或清洗都不可用硬物碰电极，以免损伤电极。

（6）仪器维护与保养 仪器清洗时根据其聚集程度，可先用10%的次氯酸钠清洗，再用蒸馏水清洗，最后用生理盐水清洗，清洗完毕用无尘吸水纸吸干，插入干净的反应杯中放回检测位以免碰坏。需注意不同类型的血小板聚集仪在使用、维护、保养和注意事项等方面要求有所差别。每年至少请一次厂家专业工程师进行专业维护保养。一旦仪器出现故障，维修者应遵循“多动脑、少动手”的原则，必要时，应寻求厂商专业维修工程师解决。

2. PRP 和 PPP 的制备　将抗凝标本按 1500r/min 离心 15 分钟，上清液即 PRP，将剩余的标本按 3000r/min 离心 20 分钟，上清液为 PPP。

3. 标本检测　实验人员应当严格按照实验及仪器操作程序进行实验操作，以保证结果的准确可靠。

（三）分析后质量控制

排除分析前因素对检测结果的影响，是对检验结果进行临床解释的前提，应当从实验室和临床全面地对检验结果作出正确合理的咨询和解释。

第四节　血液流变分析仪

扫码“学一学”

血液流变学是生物流变学的重要分支，是一门研究血液及其组分流动和变形规律的一门学科。血液流变学包含宏观血液流变学和微观血液流变学。前者包括血液黏度、血浆黏度、血沉等；后者包括红细胞聚集性、变形性，血小板聚集性、黏附性等，故又称为细胞流变学。随着生物技术的高速发展，细胞流变学又进一步深入到分子水平的研究，包括血浆蛋白成分对血液黏度的影响，介质对细胞膜的影响、受体作用等，故称为分子血液流变学。由于临床许多疾病与血液流变特性密切相关，而这类病都会使人体血液的流变特性发生变化，从而引起血液微循环障碍，导致组织灌流不足、缺血、缺氧及代谢障碍，严重时导致心、脑缺血。因此血液流变学检查是心、脑血管疾病诊断的重要检测手段。

近十几年来，血液流变学研究方法和技术发展迅速，在临床的应用日益广泛，在疾病的诊断、治疗、疗效判定和预防等方面均有重要意义。血液流变分析仪是在血液流变学的理论基础上发展起来的一种临床检测仪器。它能直接测量多项血液流变学指标：全血高切黏度、中切黏度、低切黏度、全血卡森黏度、全血还原黏度、血浆黏度、红细胞聚集指数、红细胞刚性指数、变形性等多项指标，是一种通过检测人体血液黏度来判断病情的专用检测仪器。

一、血液黏度仪的分类、结构及检测原理

血液黏度仪按仪器的自动化程度分类，可分为半自动和全自动血液黏度仪，如果按方法分类，主要分为毛细管黏度仪和旋转式黏度仪。

1. 毛细管黏度仪　其基本结构包括：毛细管、贮液池、恒温控制器、计时器等部分（图 4－27）。

毛细管黏度仪遵循哈根－泊肃叶（Hagen－Poiseuille）定律，即恒定的压力作用下，一定体积的液体，在流过一定管径的毛细管时所需时间与黏度成正比。临床常检测血浆与蒸馏水的比黏度。血浆比黏度＝血浆时间/蒸馏水时间。

2. 旋转式黏度仪　以牛顿的黏滞定律为理论依据，旋转黏度仪又包括筒－筒式旋转

黏度仪和锥板式黏度仪。其基本结构包括：样本传感器、转速控制与调节系统、力矩测量系统、恒温系统等。

筒-筒式旋转黏度仪，又称 Couette 黏度仪，主要部件为一可调速的转动圆柱和一静止的圆筒，圆筒的间隙放置待测液体，内筒固定不动，外筒以一定的角速度旋转，通过液体加在内筒上的扭力矩可算出液体的黏度。

锥板式黏度仪，又称 Weissenberg 黏度仪，由一个圆板和一个同轴圆锥组成，待测量的液体放在圆锥和圆板间隙内，一般固定圆板，圆锥旋转，通过测量液体加在圆锥上的扭力距换算成液体的黏度（图 4-28）。

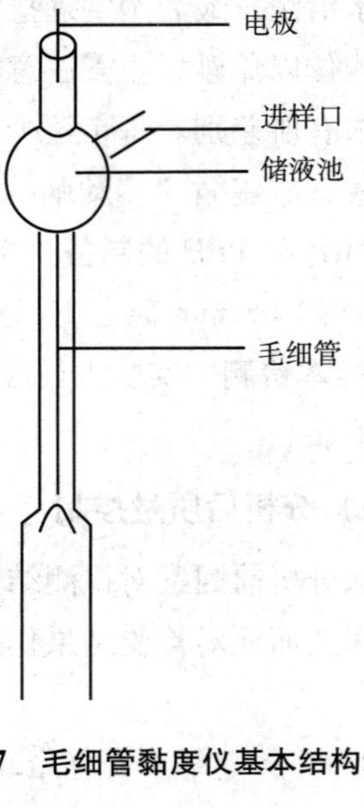

图 4-27　毛细管黏度仪基本结构示意图

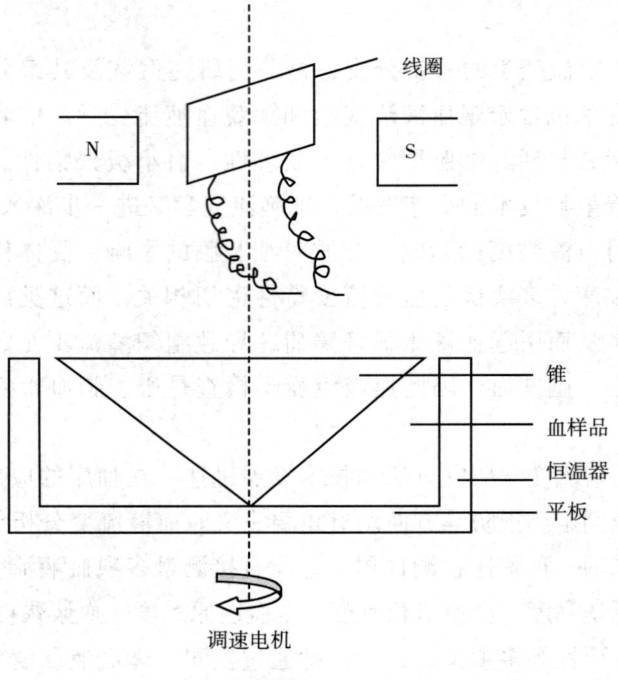

图 4-28　锥板式黏度仪基本结构示意图

二、血液黏度仪的性能特点和应用评价

1. 毛细管黏度仪　适合于检测牛顿液体的黏度，因而适合检测低黏度液体（如血浆、血清等），检测速度快，操作简便，易普及。该类黏度仪不适合检测非牛顿液体，如全血。由于全血是非牛顿液体，即全血的黏度是随切变率的变化而变化，血液的黏度随切变率的变化而改变，血流在毛细管中流动，距轴心不同半径处切变率不同，故管中各处黏度也就不同。用毛细管黏度仪测量全血黏度，所得结果只是某种意义上的平均，得不出在某一特定切变率下的黏度，故用毛细管黏度仪测全血黏度具有一定的局限性。对牛顿流体来说，切应力与切变率之比是常数，是线性问题，而作为非牛顿流体的血液，黏度随切变率改变，是非线性问题，用只能解决线性问题的仪器去解决非线性问题，必然影响测试精度，产生误差。

2. 筒－筒式旋转黏度仪　适用于非牛顿流体的黏度测定，但该类黏度仪在各切变率下的测量结果不稳定，检测效率低。主要原因包括：①由于两筒间隙流层中切变率不均匀，导致测量结果误差；②此种仪器的特长是用来研究与时间相关的流变特性及低切变率下的黏度指标，而恰恰低切变率下黏度的测量时间较长，因此，难以适应大批量的临床检测工作。

3. 锥/板式黏度仪　该类黏度仪能在确定的切变率下测量各种液体黏度，故适用于牛顿流体，更适用于非牛顿流体的测量，如全血、血浆。仪器有较宽的剪切率范围，符合国际血液学标准化委员会（ICSH）要求，能提供不同的剪切率，是测定非牛顿流体比较理想的设备。测量精度、重复性和检测效率均较高。但该类黏度仪价格相对较高，操作要求高。

三、血液黏度仪的质量管理

血液黏度是衡量血液流动性的指标，黏度越大流动性越小，反之越大。血黏度测定的结果与标本的采集、抗凝、标本储存与运送、测量的温度以及仪器的校准等多方面因素密切相关，为了保证结果的准确可靠，必须对检验的全过程进行质量控制，做好血液流变学的质量控制工作。

（一）分析前的质量管理

（1）选择合适的采血时机　标本采集以早晨空腹为宜。在采集血样之前，要求受检者注意生活起居和饮食、运动、药物等。

（2）正确的采集标本　采血方式不当可引起黏度测定误差。抗凝剂以用肝素（10～20U/ml 血）或 EDTA·2Na（1.5g/L 血）为宜。标本采集后需立即充分混匀，混匀时应动作轻柔。

（3）样本的保存　标本采集后最好立即进行检测，最好在 4 小时内完成测试。如无法立即测试，需在 4℃冰箱保存，保存期可延长至 12 小时。血液标本不可冷冻，采血后需静置 20 分钟再进行测量。

（4）做好人员上岗前的培训工作。

（二）分析中的质量管理

1. 血浆的制备　全血标本在 3000r/min 的条件下离心 10～15 分钟得到待测的血浆样本。

2. 测定的温度　在检测标本之前，仪器应首先开启进行预温使测试区的温度达到 37℃±0.5℃，室内环境温度应控制在 23～25℃。

3. 仪器的定标与质量控制　仪器应采用国家标准物质中心检定提供的标准黏度油进行定标。使用牛顿和非牛顿液体的质控物进行各指标的检测，确保仪器的准确性、重复性、稳定性等。参加室间质量评价，确保实验室所发出的报告具有可比性。

4. 建立实验室参考区间　每个实验室应根据所面临的人群的不同，确定自己实验室的参考区间，男性和女性的参考区间有所不同，所以在测试参考区间时应按性别、年龄进行分组。

5. 血液黏度测定中的注意事项　在每次测定前，样品杯及测量系统都应清洁、干燥。仪器每天在检测标本前应使用至少 2 个水平以上的质控物进行质控测试。

扫码“练一练”

（三）分析后的质量管理

检测报告中应给出高剪切力 $200s^{-1}$、中剪切力 $50s^{-1}$、低剪切力 $1s^{-1}$ 下的血液表观黏度值及血浆黏度、压积、血沉、红细胞的聚集性、变形性等指标。对于异常结果，特别是黏度低的结果，应及时和临床取得联系，确认标本的采集方法的正确性以及未在输液时进行抽血，在确保检测结果正确的前提下，排除检验前因素对结果产生的干扰。

（郑　磊　赵明海）

第五章　流式细胞仪

教学目标与要求

掌握　流式细胞仪的基本结构、组成部分及各组成部分的相应功能；流式细胞仪检测原理。

熟悉　分析过程的设门技术、门的类型和流式细胞仪的图；流式细胞技术的临床应用范围。

了解　流式细胞仪的分类及常见型号。

第一节　流式细胞仪概述

扫码“学一学”

扫码“看一看”

流式细胞仪（flow cytometer）是集单克隆抗体、流体力学、光学、荧光染料和标记技术、计算机及其软件等为一体的，对细胞、细胞器或颗粒进行高通量，多参数分析与分选的仪器。

流式细胞术（flow cytometry，FCM）是20世纪70年代发展起来的一项利用流式细胞仪完成的细胞分析新技术，主要是对血液、体液、骨髓、活检组织以及动植物的单细胞悬液或人工合成微球等的多种生物学特征和物理、生化特性以及功能进行计数和定量分析，并能对特定细胞群体加以分选的细胞参量分析技术。目前已普遍应用于免疫学、血液学、肿瘤学、细胞生物学、细胞遗传学、生物化学等的基础和临床研究的各个领域。

本章将介绍流式细胞仪的发展过程、技术原理及主要应用范围。

一、流式细胞仪发展简史

纵观流式细胞仪和流式细胞术的发展历史，不难看出它是一个涉及专业背景众多、科研领域纷呈、高度倚赖社会科技进步的产物，如今流式细胞仪已然成为推动生命科学发展的重要手段。从流式细胞术的发明、完善直至今天在各个领域应用的拓展，每一步都凝集了人类的智慧，是人类不断探索和进取的结晶。下面以编年史表格（表5－1）的形式简单介绍流式细胞仪的起源、发明和发展。

表5－1　流式细胞仪发展简史

年代	代表性进展
1930年	Caspersson 和 Thorell 的细胞计数方法研究开启了人类细胞研究的先河
1934年	Moldaven 首次尝试用光电仪研究流过毛细管的细胞，迈出了显微镜观察静止细胞向流动状态研究细胞的第一步
1936年	Caspersson 等引入显微光度术
1940年	Coons 创造性地用结合荧光素的抗体标记细胞内的特定蛋白
1947年	Guclcer 引入了流体力学计数气体中的微粒

续表

年代	代表性进展
1949 年	Wallace Coulter 发明了流动悬液中计数血液中颗粒的方法即库尔特原理（Coulter princes）并获得专利。这一原理迄今仍然是血细胞分析仪和流式细胞仪计数细胞的基本原理
1950 年	Caspersson 用显微分光光度计的方法在紫外线（UV）和可见光光谱区检测细胞
1953 年	Croslannd – Taylor 应用分层鞘流原理，成功地设计红细胞光学自动计数器
1953 年	Parker 和 Horst 描述一种全血细胞计数器装置，成为流式细胞仪的雏形
1954 年	Beirne 和 Hutcheon 发明光电粒子计数器
1959 年	B 型 Coulter 计数器问世
1965 年	Kamemtsky 等提出两个设想，一是用分光光度计定量细胞成分；二是结合测量值对细胞分类
1967 年	Kamemtsky 和 Melamed 在 Moldaven 方法的基础上提出细胞分选方法
1969 年	Van Dilla、Fulwyl 等在 Los Alamos，NM（即现在的 National Flow Cytometry Resource Labs）发明第一台荧光检测细胞计
1972 年	Herzenberg 研制出细胞分选器的改进型，能检测出经荧光标记抗体染色细胞的较弱的荧光信号
1975 年	Kochler 和 Milstein 发明了单克隆抗体技术，开创了特异标志细胞研究的道路

从此，流式细胞仪进入了飞速发展的时代，Beckman Coulter、BD、DAKO、Cytopeia 等公司等相继推出各具特色的流式细胞仪并不断升级完善，使检测性能不断提高。

国产流式细胞仪最早研制于 20 世纪 80 年代初，但受到当时科技发展和国内生产力的限制，而没有商业化的产品问世。至 2010 年起开始流式细胞仪的设计、研发和生产，迄今已推出了中国自主研发的具有绝对计数功能的从单激光至三激光甚至可同时分析高达 13 种荧光颜色的流式细胞分析仪 BriCyte E6、DxFlex、NovoCyte 系列等。这些流式细胞仪不仅从性能上能够和国外仪器比肩，也有着自身的特色和优势。例如，具有可插拔滤光片、通道配置更改及升级简便、灵活，能够 24 管/40 管及 6/24/96x 多孔板上样等功能。

进入 21 世纪，随着光电技术、计算机技术进一步发展，流式细胞仪已开始向模块化、经济型发展，其光学系统、检测器单元和电子系统更加集成化、自动化及标准化，并可按照使用要求进行灵活的调整和更换。临床型的仪器追求更加自动化的操作，包括自动样本处理及与 LIS 的双向通讯等。

二、流式细胞仪展望

随着医学科技日新月异的发展和临床诊疗对检验技术要求的不断提高，流式细胞技术从 20 世纪 80 年代开始用于 AIDS 诊断、病情判断和疗效监测，流式细胞仪正式加入临床检验仪器的行列，并不断延伸到血液病、肿瘤学、免疫监测、感染、骨髓移植和器官移植等各个临床学科领域，尤其是白细胞免疫分型和造血干细胞移植治疗已经离不开流式细胞仪。

由于临床对流式细胞仪多色、自动化、灵敏度等方面的需求越来越高，传统流式细胞仪激光器和染料的发展都遇到一些瓶颈，而光谱流式细胞分析则给流式细胞仪的发展带来了一个新的维度。

光谱分析是依据光谱参考对照作为标准品来对多色样本中的荧光素成分进行分解分析的方法。其实很早光谱分析的方法就已经应用在许多工业领域：比如化学检测，可以通过对单个纯化物质的光谱进行分析，然后在混合样本中拆分出不同的单体组成物质；其他诸如光谱成像分析等也都是采用类似的方法，这种方法的特点是可以在有限的波长范围内检测更多的指标。将光谱分析的方法应用于流式细胞仪会带来许多好处：包括更多的染料选择，自发荧光分解，无需更换滤光片，较少的激光也能产生高质量的多色数据，节约成本等。

2013 年 Sony 推出了第一代的商业化光谱流式仪 SP6800，但是由于部分激光器共线的问题，限制了一些染料的使用。2017 年 Cytek 推出新一代 Aurora 全光谱流式细胞仪，该流式细胞仪采用最新的液流和光学技术，具有很高的检测灵敏度。此后又推出了更偏向临床使用的 Northern Lights 全光谱流式细胞仪，3 激光的机器在一管样本中便可以检测得到 24 色高质量的免疫实验结果，而传统流式需要 2 ~ 4 管才能完成，节约了宝贵的样本和制样时间。高质量的数据也意味着更大的信息量，较弱和稀有的细胞群体得以区分。此外，因为用到的激光器更少，可以节约硬件的维护成本。

未来的流式细胞仪将向着多元化发展：一方面，临床型流式细胞仪的发展方向是更高通量、更加自动化、性能更稳定和更符合生物安全要求；同时，更快的检测速度、更强大和专业化的数据处理能力以及软件分析功能也是追求的目标；另一方面，为满足蛋白质组学、细胞组学和细胞治疗发展的需求，用于科研的流式细胞仪在分析能力、分选的纯度和精确度上将会有更大的提高。

单光源、逐级增色无限多色和细胞立体切割分析功能，智能化、微小体积、便捷操作界面的仪器与公用的分析软件、共享的云数据和专家平台是展现在我们面前的未来的流式细胞仪和流式细胞技术。

第二节　流式细胞仪的构成及原理

扫码“学一学”

扫码“看一看”

流式细胞仪的基本结构包括四大部分：①液流系统；②光学系统；③电子系统；④数据处理与分析系统，分选型流式细胞仪还配有细胞分选系统。概括来说，流式细胞仪是利用鞘流和流体动力聚焦原理使待测样本中的细胞形成单细胞流，依次通过流式细胞仪的流动室，经激光照射后细胞受能量激发，一方面自发地发射散射光，另一方面标记的荧光染料发射不同波长的荧光波谱，经过一系列透镜、滤光片的处理，光信号被相应的接收器接收并放大，光信号转换为电信号，经计算机储存和处理分析，以图形的形式直观地呈现给使用者，提供目的细胞占选定细胞群的百分比和平均荧光强度等信息，分选型流式细胞仪还能够对特定细胞群体加以分选，收集到细胞培养容器中，做进一步的研究。

一、液流系统

液流系统是流式细胞仪（flow cytometer）的核心，主要功能是利用鞘液和气体压力，使细胞逐个通过激光光斑中央接受检测。

（一）流动室与液流驱动系统

流动室（flow cell）是仪器的核心部件，含有待测样品的液流柱、激光束和探测器三者在此垂直相交，焦点称为检测区。流动室为石英玻璃材质、圆管形，中间设有长方形孔供细胞单个流过，检测区在该孔的中心。流动室内充满鞘液，鞘液在压力的作用下注入流动室，待分析的细胞（颗粒）悬液从圆管轴心注入，通过外层鞘液流动的压力将样品承载并聚集于轴线依次通过检测点，压力迫使鞘流裹挟着样本流单向流动，并且使样品流不会脱离液流的轴线方向，保证每个细胞通过激光照射区的时间相等，从而得到准确的散射光和荧光信号，此即流体动力聚焦（图5－1）。

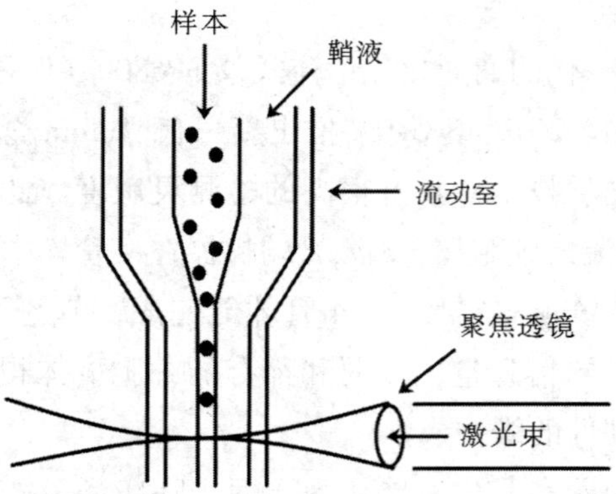

图5－1　流式细胞仪的流动室与液流驱动系统示意图

（二）样本的流速控制

流式细胞仪使用真空泵产生压缩空气，通过鞘流压力调节器在鞘液上施以恒定的压力，使鞘液以匀速运动流过流动室，在整个检测过程中的流速是不变的。样本的检测速度可以通过改变进样管中的压力来控制，以调整取样分析的速度。改变样本的检测速度会影响细胞移动的样本流的直径，同时可以影响实验数据的变异系数，因此，需根据实验要求选择合适的流速。

二、光学系统

流式细胞仪通过检测液流内通过检测区细胞的散射光和荧光信号对目标细胞进行分析，因此，光学系统是流式细胞仪最为重要的系统之一，它由激光器、光束成形系统以及光信号收集系统组成。

（一）激发光源和染料

目前流式细胞仪的激发光源主要为激光（light amplification by stimulated emission of radiation，LASER），因为激光具有良好的单向性即定向发光和单色性，光束的发散度极小、亮度极高，能提供高强度和稳定的光照，在单位立体角内输出功率特别大，是细胞微弱荧光快速分析的理想光源。由于细胞快速流动，每个细胞经过光照区的时间仅为1微秒左右，每个细胞所携带荧光物质被激发出的荧光信号强弱，与被照射的时间和激发光的强度有关，因此细胞必须达到足够的光照强度，激光光源恰好能够满足这一条件，所以目前几乎所有的流式细胞仪都采用激光作为激发光源。

激光器按产生激光的物质分为气态激光器、固态激光器、半导体激光器和染料激光器等。短波长、大功率的气态激光器因发热量大，需要水冷设备才能保证正常运行。而固态激光器、半导体激光器具有体积小、重量轻、发热低、效率高、性能稳定、光束质量高甚至功率可调等特点，因此，新型的流式细胞仪多使用空冷固态激光器或半导体激光器。

目前，绝大多数流式细胞仪都以488nm蓝色激光的氩离子激光器为基本配置，因为常用的荧光染料都可以被488nm激光激发，比如异硫氰荧光素［Fluorescein5（6）－isothiocyanate，FITC］、藻红蛋白（P－phycoerythrin，PE）、ECD（electron coupled dye）、碘化丙啶（Propidium Iodide，PI）、藻红蛋白－花青素－5耦合荧光素（P－phycoerythrin －cyan dye

5，PE－Cy5）等。顺应流式细胞分析的发展和日渐复杂细胞分析的需要，多激光器流式细胞仪逐渐成为趋势。常见的有405nm紫色激光，可以配合Pacific Blue（PB）、Krome Orange（KO），紫色光继发的亮蓝荧光染料（brilliant violet，BV）系列、量子点荧光（quantum dot，Qdot）系列等染料、633nm红色激光，可以配合别藻蓝蛋白（Allophycocyanin，APC）、APC耦合德克萨斯荧光素系列（APC－Alexa Fluor 700、Alexa 647）等染料。355nm紫外激光，可以配合4′，6－二脒基－2－苯基吲哚（4′，6－diamidino－2－phenylindole，DAPI）、Hoechst 33342以及Alexa 350等染料使用。多激光的使用，扩大了检测荧光素的种类和范围，选择合适的荧光素可以避免染料间的荧光波干扰，减少实验中的补偿操作，使多色分析更加简单。多激光同时激发实现了同时多色分析的目的。表5－2为常用激发光源和所对应的常用荧光激发光谱。

表5－2　常用激光光源的荧光素激发光谱

激光器	荧光素	最大发射光（nm）
蓝光（488 nm）	FITC	519
	PE	578
	ECD	615
	PI	617
	7－AAD	647
	PE－Cy5	680
	PerCP	677
	PE－Cy5.5	694
	PerCP－Cy5.5	695
	PE－Cy7	767
红光（638nm）	APC	660
	APC－Cy5.5	694
	APC－Alexa Fluor 700	723
	APC－Cy7	767
	APC－Alexa Fluor 750	775
紫光（405nm）	Alexa Fluor 405	421
	Pacific Blue	451
	Krome Orange	528
紫外（355nm）	DAPI	461
	Hoechst33258	461
	Hoechst33342	461

（二）光束成形系统

激光光束直径一般1～2mm，在到达流动室前，先经过透镜聚焦，形成直径较小的、具有一定几何尺寸的光斑，以便将激光能量集中在细胞照射区。这种椭圆形光斑激光能量分布属正态分布，为保证样品中细胞受到的光照强度一致，须将样本流与激光束垂直且相交于激光能量分布峰值处。

一般来说，台式流式细胞仪的光路调节对使用者是封闭的，即安装时由工程师调试完毕后，使用者检测时无须再调节，操作方便。而部分大型细胞分选仪由于采用空气激发的原理而空气中的液流位置不固定，因此，需要使用者手动调节，使液流中的样本与激光束正交。

（三）光信号收集系统

流式细胞仪中的光信号收集系统含有一系列光学元件，包括透镜、光栅、滤片等，其主要功能是收集细胞受激发后产生的散射光和荧光等信号，并将这些不同波长的光信号传递给相应的检测器，一般使用光电二极管或更灵敏的光电倍增管接收这些光信号，达到细胞光信号检测的目的。

1. 光路设计 流式细胞仪的光信号收集系统中若干组透镜、滤光片和小孔，可分别将不同波长的荧光信号送入到不同的光信号探测器。

光信号收集系统的主要光学元件是滤光片。如果细胞同时标记有几种不同发射波长的荧光素，流式细胞仪需要通过一系列的滤光片组合将不同波长的荧光送入不同的检测器以完成检测，即在光路设计上需要不同的滤光片组合。滤光片（图 5－2）一般为二向色滤镜，根据其功能的不同可分为 3 种：长通滤片（long－pass filter，LP）、短通滤片（short－pass filter，SP）和带通滤片（band－pass filter，BP）。

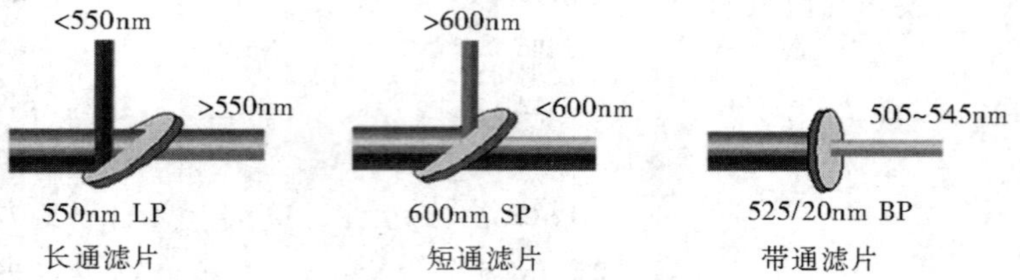

图 5－2 滤光片示意图

（1）长通滤片 只允许某一特定波长以上的光通过，特定波长以下的光则不能通过或被反射。如 LP550 滤片将允许 550nm 以上的光通过，而波长 550nm 以下的光则被反射。

（2）短通滤片 与长通滤片正好相反，只允许某一特定波长以下的光通过，而特定波长以上的光则不能通过或被反射。例如 SP600 滤片将允许 600nm 以下的光通过，而 600 nm 以上的光则被反射。

（3）带通滤片 只允许相当窄的一个波长范围内的光通过，而其他波长的光则不能通过。一般滤片上有两个数值，一个是允许通过波长的中心值，另一个为允许通过的光的波段范围。如 BP525/20 表示其允许通过的波长范围为 505～545nm，而其他波长的荧光全部被阻断。

一般在光路上使用 LP 滤片或 SP 滤片将不同波长的光信号引导到相应的检测器上，而 BP 滤片一般放置于检测器之前，以保证检测器只能检测到相应波段的光信号，降低其他荧光对检测器的干扰。

综上所述，激光光斑在一个固定点与鞘液中的细胞交汇，激发细胞产生的光信号由一系列滤光片引导至光电探测器中，探测器将光信号转变成电信号，然后进入电子系统进行分析。各款仪器的光路设计大同小异，这里以 Cytomics FC 500 和 BriCyte E6 型流式细胞仪光路图示意之（图 5－3、图 5－4）。

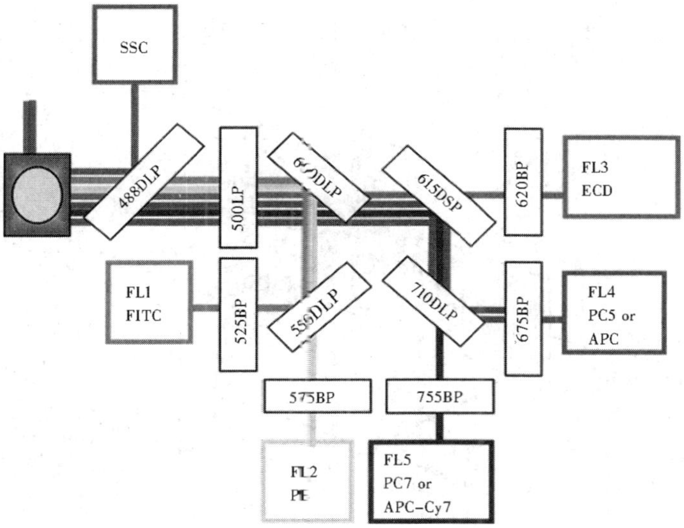

图 5－3　Cytomics FC 500 **型流式细胞仪光路示意图**

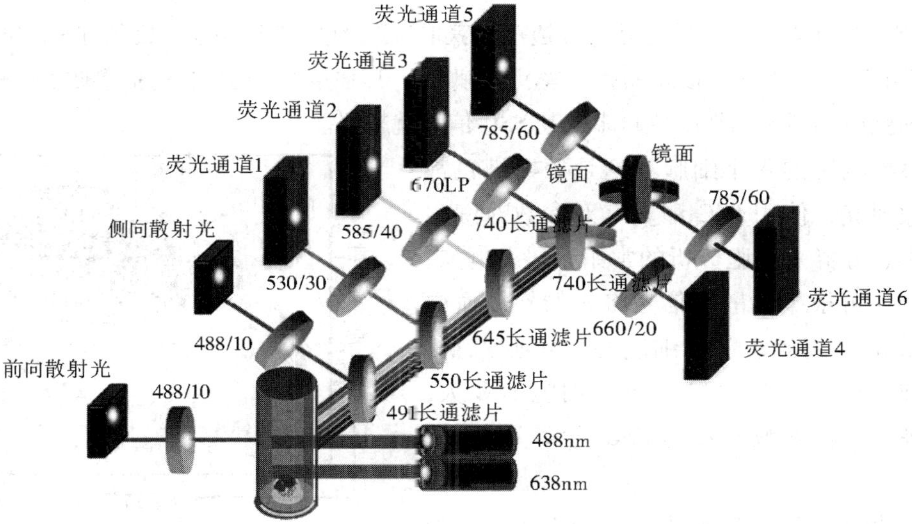

图 5－4　BriCyte E6 **型流式细胞仪光路示意图**

2. 光学信号

（1）散射光信号　细胞被激光照射后，向四周产生折射或散射，可利用细胞发射的光散射信号不同对细胞加以分类。细胞通过激光检测区时向空间 360°立体角方向发射散射光线，散射信号与细胞大小、形状、质膜以及细胞内的颗粒结构的折射率有关。

根据测定散射光的检测器的位置的不同，流式细胞术中的散射光可以分为前向散射光（forward scatter channel，FSC）与侧向散射光（side scatter channel，SSC），它们常被用于细胞物理特征分析（图 5－5）。

1）FSC　在激光束照射的正前方即 0°角处设置透镜，获取细胞的散射光信号，故又称 0°角或小角度散射光。FCS 与细胞的直径成近似直线关系，即细胞体积大，FSC 信号强，细胞体积小，FSC 信号弱。此外，FSC 信号采集的角度也与流式细胞仪对于不同大小颗粒的检测能力有关。目前高端的流式细胞仪会有不同角度的 FSC 的通道供选择，提高了 FSC 的检测灵敏度。

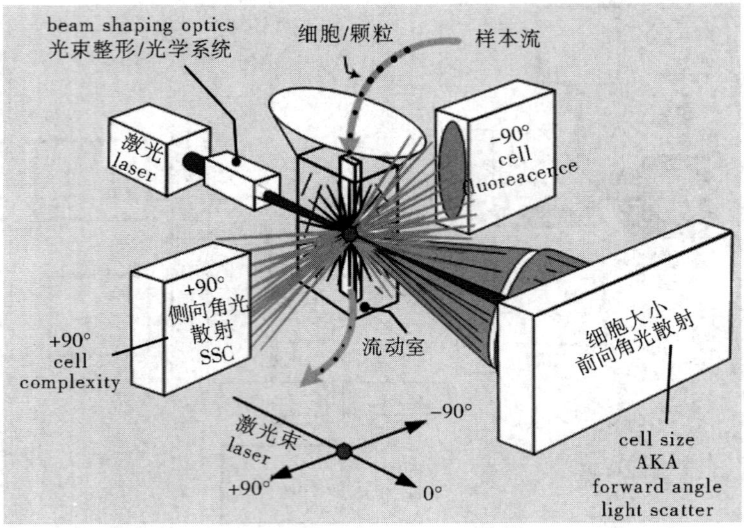

图5-5 散射光示意图

2）SSC 在与激光束垂直处设置透镜，获取细胞的光散射信号，故又称90°角散射光。SSC对于细胞膜、胞质、核膜的折射率更为敏感，其强度与细胞内部的精细结构和颗粒度有关。细胞内部颗粒和细胞器越多，其SSC信号就越强。

通过检测区的每个细胞不论是否被染色都能发射散射光，使用FSC和SSC双参数对细胞进行分类、分群是细胞分析的常用手段。例如，流式细胞仪可根据光散射信号将人的外周血白细胞分成淋巴细胞、单核细胞与粒细胞三群，淋巴细胞FSC与SSC均小，单核细胞FSC大，SSC中等，而粒细胞FSC与SSC均大（图5-6）。

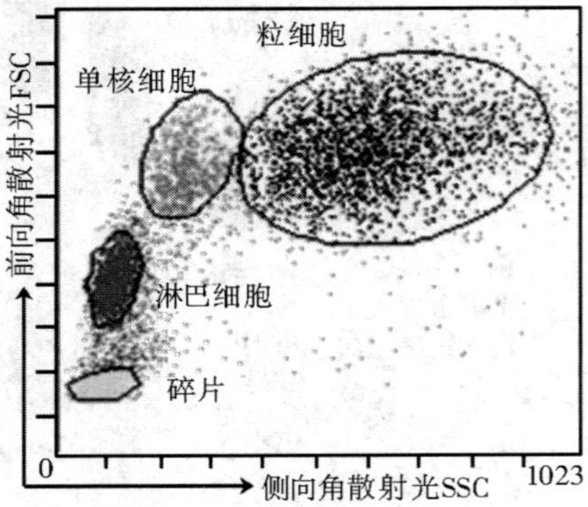

图5-6 散射光检测溶血后的外周血白细胞

（2）荧光信号 荧光是指一种光激发光的冷发光现象，当某种常温物质经某种波长的入射光照射，吸收光能后分子中的电子达到高的能阶，进入激发状态，并且立即退激发，恢复到原有的状态，同时多余的能量就以光的形式辐射出来，即发出比入射光的波长更长的发射光（通常在可见波段）。一旦停止入射光，发光现象也随之立即消失。

细胞受激光激发后，可产生两种荧光信号，一种是细胞自身在激光照射下，发出微弱荧光信号，称为细胞自发荧光；另一种是细胞结合了标记的荧光素，受激发照射得到的荧光信号（图5-7），通过对这类荧光信号的检测和分析，就能了解所研究细胞的数量、所标记分子的表达与含量。

三、电子系统

电子系统主要有三个功能：①将光学信号转换成电子信号；②分析所输出的电子信号，以脉冲高度、宽度和积分面积显示；③量化这些信号，并传至计算机。

通过光学系统能够获取、分离不同波长的光波，并检测这些光信号的强弱，但是目前的科学技术还不能直接对光信号进行分析、储存等处理，因此，必须将光信号转换为电脉冲信号，对这些电信号处理后再进一步转换为数字信号，才能储存和后续分析（图5-8）。

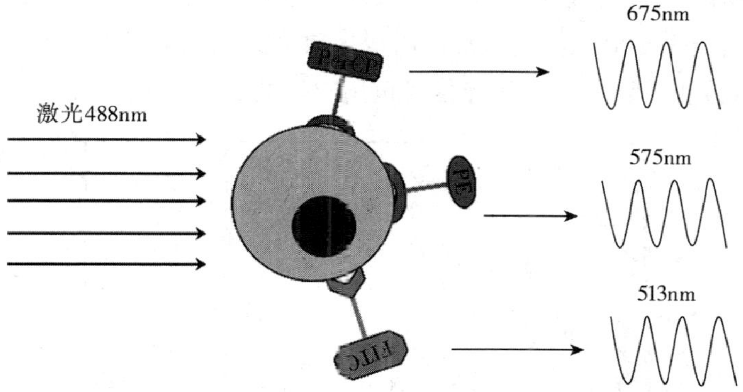

图5-7　三种常见荧光素在488nm激发光作用下产生不同波长荧光信号

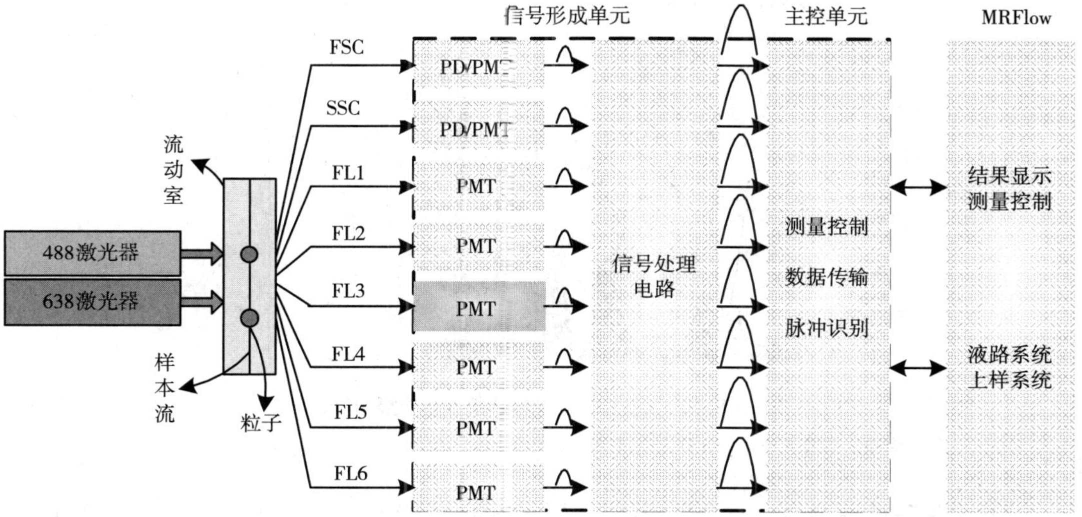

图5-8　BriCyte E6型流式细胞仪电路系统示意图（虚线内部分）

（一）光电检测器

光电检测器（photodetector）的用途是将接收到的光学信号转换成电脉冲信号。流式细胞仪的光电探测器主要有光电二极管（photodiode，PD）和光电倍增管（photomultiplier，PMT）两种。PMT在光信号较弱时有更好的稳定性，电子噪声也更低；而当光信号很强时，PD就比光电倍增管稳定。因此，为了提高检测灵敏度并且具有更好的信噪比，通常在检测FSC时使用PD，检测荧光与SSC时使用PMT。

PMT上加有一定的电压，以控制电子信号的量。当电压处于一定范围时，电脉冲信号的强度与光信号的强度成正比，通过改变电压就可以调节电脉冲信号的大小。

（二）信号处理

1. 电信号的两种放大方式　由于所收集的光电信号较微弱，需要对这些光电信号加以放大，信号的放大方式有两种：线性（linear）放大和对数（logarithmic）放大。

线性放大是指放大器的输出与输入呈线性关系，当输入增大1倍，输出也增大1倍，适用于较小范围内变化的信号，或代表生物学线性过程的信号。对数放大是指放大器的输出与输入成对数关系。假设原来输出为1，当输入增大10倍时，输出增大2倍；当输入增大100倍时，输出增大3倍，以此类推。对数放大适用于变化范围较大的信号（图5－9）。一般FSC及SSC信号变异范围较小，常使用线性放大；而荧光信号变异范围较大，多使用对数放大，血小板或更小颗粒的散射光信号也用对数放大。

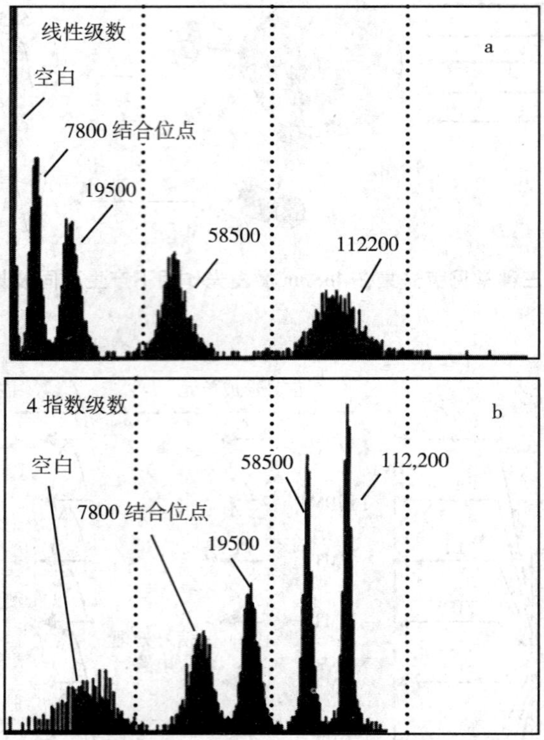

图5－9　线性放大和对数放大的数据显示

包被荧光抗体的微球在**256**通道的线性放大显示（a）和在**4**对数域的对数放大显示（b）

2. 数字信号处理系统　传统的模拟信号仪器的分辨率为256或1024。在线性直方图上显示为0～255通道（channel）或0～1023通道。对数放大的显示范围通常为10^3或10^4。对数放大器在进行对数信号转换时会出现误差，影响精确度，动态范围和分辨率都较低。因此，新型流式细胞仪都用数字信号处理，通过数模转换器（analog digital convertor，ADC）将电子信号转换为数学信号，利用严密的转换公式计算放大对数信号。数模转换器的性能决定了数字信号的精确度和分辨率，它主要由比特数和数据分析速度来决定。数据分析速度越快，信号获取的能力越高；比特数越高，即通道数越多，对信号的转换越精确，信号的分辨率和动态范围也越大。另外，数字信号可以被计算机后续处理和分析，例如进行离线补偿调节以及使用“比例(ratio)”一类计算型参数。

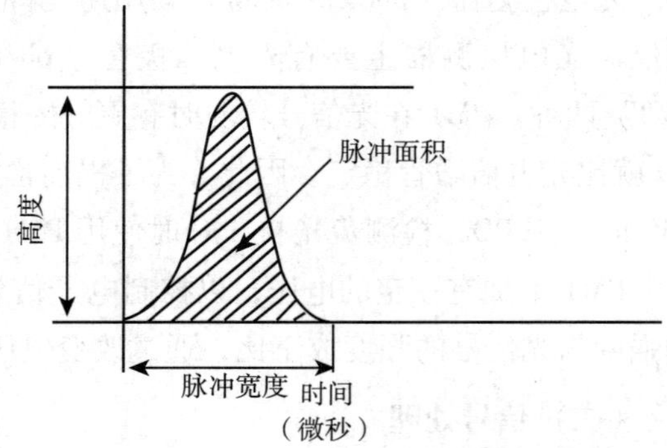

图5－10　电脉冲信号示意图

3. 荧光信号的面积A、宽度W和高度H　光信号经光电检测器转换为电脉冲时，每一个信号脉冲都用高度（height，H）、宽度（width，W）和面积（area，A）三个参数来衡量

(图5－10)。合理应用这三个信号脉冲参数可以有效地排除粘连细胞等干扰。

4. 荧光补偿的调节　流式细胞分析过程中常采用2种或2种以上的荧光标记单克隆抗体或荧光染料进行多色分析。这些荧光素受激光激发后产生的发射光谱，理论上通过选择不同的滤片可以使每种荧光仅被相应的检测器检测到，而无相互干扰。实际上各荧光素的发射波并非单一峰，而是呈正态或偏态曲线，即有很宽的范围。以FITC和PE两种荧光素为例，两者的发射波长如图5－11所示，可以看到两者的发射波长均为偏态分布，FITC受激后多数将光源转变为525nm左右（从480～650nm）的光；PE多数将其转变为575nm左右（530～725nm）的光。故在流式细胞仪中对FITC检测525nm附近的光，对PE则检测575nm左右的光。如果同时使用这两种荧光染料，就会出现发射光谱相互叠加的现象，即光谱重叠（spectral overlap）。

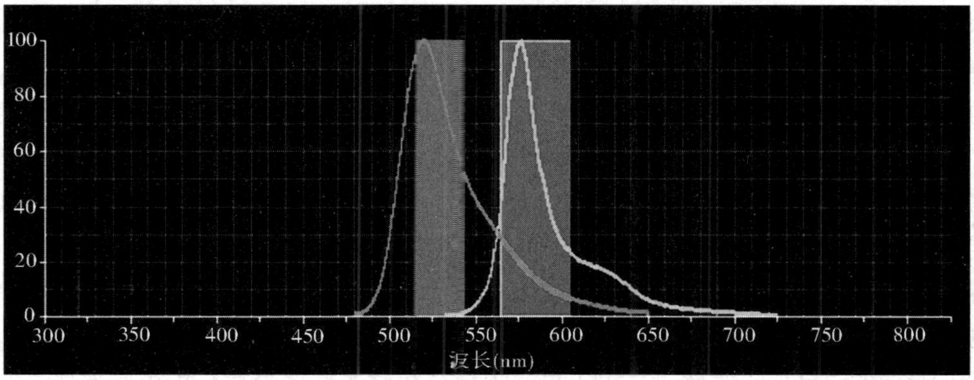

图5－11　受激光照射后FITC和PE分子发射光谱互相干扰

克服因光谱重叠所致误差的方法就是通过仪器内设置进行荧光补偿（compensation）：从一个被检测的荧光信号中去除无关的荧光干扰信号，以纠正发射光光谱重叠导致的误差。

5. 阈值　由于流式细胞仪检测敏感度高，溶液中稍有杂质就会产生干扰信号。阈值是流式细胞术中很重要的概念，指的是一个界限，或者说下限值，也就是说只有信号值大于阈值时才被记录。阈值可以设定在前向散射光上，也可以设定在其他参数上。合理地设置阈值，可以有效地降低细胞碎片、噪声信号等对检测的干扰，又可保证样本的信号被完整地检测到。

6. 通道　一个光电检测器就是一个通道，有多少个光电二极管/倍增管，就有多少个通道。主要有：①散射光通道，FSC通道和SSC通道；②荧光通道。通道可以按照荧光发射波长短按顺序排列，用FL（fluorescence）加数字命名，如FL1、FL2、FL3等，也可根据该通道接收的主要荧光素命名，如FITC通道、PE通道、APC通道等。

四、数据处理与分析系统

数据处理与分析系统的主要功能是对电路系统提供的数字信号进行处理，将其转化成不同的数字参数，并将这些参数以图形的方式展示，还可以对代表参数的数据加以统计分析，做进一步挖掘。计算机软件系统是实现这一过程的重要工具，当然软件也是用户操控仪器的界面和用户了解仪器状态的窗口。

（一）数据的采集与存储

测定样本时，流式细胞仪都会采集、记录每一个细胞被各个光电检测器探测到的信息，这些信息经过数模电路转换后成为数据，全部数据结果都将传送到计算机中进行分析和存储。

目前标准的 FCM 数据格式采用的是列表格式即（list mode）存储，记录获取的每个细胞的所有参数信息。FCM 所采用的大多是多参数分析，荧光参数标志物达 4 个以上，采用 List Mode 这种方式可有效节省内存和磁盘容量，且没有任何细胞信息丢失，方便日后全面地进行细胞的多参数分析。

（二）数据的显示与分析

每个被分析的细胞都能获得多个参数，最基本的有 FSC 和 SSC，标记荧光素抗体后，还有荧光信号，数据信息庞大。数据文件虽然易于加工、处理、分析，但缺乏直观性，因此，流式细胞仪采用了图形，以求直观地展示分析中所获得的信息。FCM 图形有直方图和散点图、等高线图、三维图和雷达图等很多种，以前两种最常用。直方图只能显示一个通道的信息，散点图可以显示 2 个通道的信息，雷达图则可以显示任意数量通道的信息。

在流式细胞检测和分析中，"设门"（gating analysis）是决定识别能力和准确性的关键技术。它是指利用在细胞分布图中指定一个范围或一片区域来实现对目标细胞群分析的手段。设门可以是单参数设门也可以是双参数设门，"门（gate）"的形状有线性门（line）、矩形门（square）、椭圆形门（ellipse）、任意门或称自动门（auto）、多边形门（polygon）和十字门（cross）等，门的名称以大写英文字母代替。椭圆形门用于圈定目标细胞群，形状不规则；如果检测程序给予定义后，此门无须再划定，可以自动生成，此时的椭圆形门又称为任意门或自动门。线性门只用于单一参数分析结果；多参数分析中必然要进行两两分析，双参数分析显示结果通常用十字门；矩形门多用在十字门、线性门、多边形门中定义更精确的细胞群；而多边形门则用于有特殊目的的分析。如图 5－12 右图的矩形门 B 门用于去除弱荧光表达的 CD3 和 CD4 阳性细胞，十字门 R 则用于显示 CD3 和 CD4 双阴性、双阳性、单阴性和单阳性细胞群。

以图 5－12 为例：图中为外周血红细胞溶解后，根据 FSC 和 SSC 获得的白细胞散射光信号，呈现如左图，纵坐标为 FSC，根据细胞大小依次向上排列，横坐标为 SSC，根据细胞内颗粒含量和复杂程度，依次向右排列。外周血白细胞呈现三群，单核细胞在中间，右上群为粒细胞，左下群为淋巴细胞，淋巴细胞群下方为细胞碎片或红细胞。在散射光点图中，可以通过设置自动门或椭圆形门来选定需要分析的目标细胞群。图 5－12 所显示的待分析目标细胞群为淋巴细胞，命名为 A 门。也可以根据被标记细胞的免疫荧光特点，在荧光散点图中标记待测细胞群，然后根据标记细胞群的颜色指示细胞群的位置，再去作进一步的分析。图 5－12 左图的红色所显示的是经 CD3－FITC 和 CD4－PE 单克隆抗体荧光标记后，B 门内细胞（图 5－12 右图）在 SSC/FFC 双参数图上的显示。

左图 A 为椭圆形门，选定外周血的淋巴细胞群。右图 B 为矩形门，选定 CD3 和 CD4 双阳性的细胞群，即 $CD4^{+}$T 淋巴细胞。R 为十字门，左下象限 R3 为荧光双阴性细胞群，左上象限 R1 为 PE 标记阳性细胞群，右下象限 R4 为绿色荧光单阴性细胞群，右上象限 R2 意义基本同 B 门，只是包括了弱荧光表达的成分。

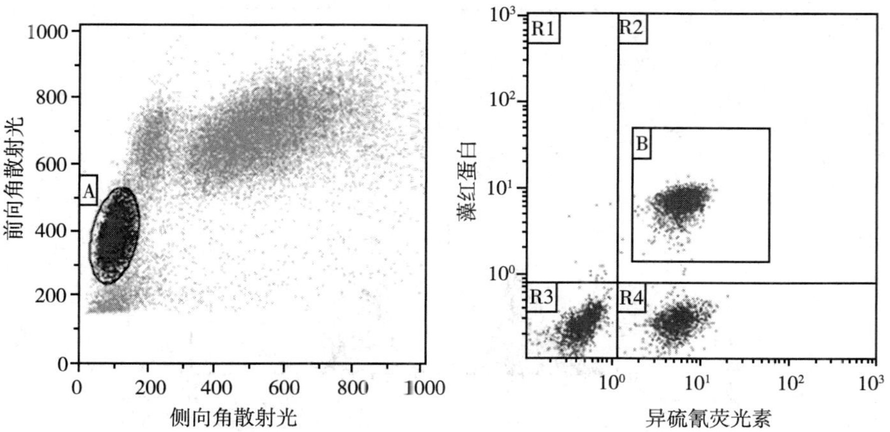

图 5－12　流式散点图及设门示意图

“反向设门”（back gating）应用于 FSC/SSC 散点图中细胞群间相互重叠的情况，可以根据标记细胞的免疫荧光特点，在荧光散点图中标记待测细胞群，然后根据标记细胞群的颜色指示在 FSC/SSC 散点图中找到该群细胞，再作进一步分析。如图 5－13 左图在荧光散点图中根据 CD45/SSC 表达水平设定淋巴细胞门 A，由此映射在右侧 FSC/SSC 散点图中红色区域。

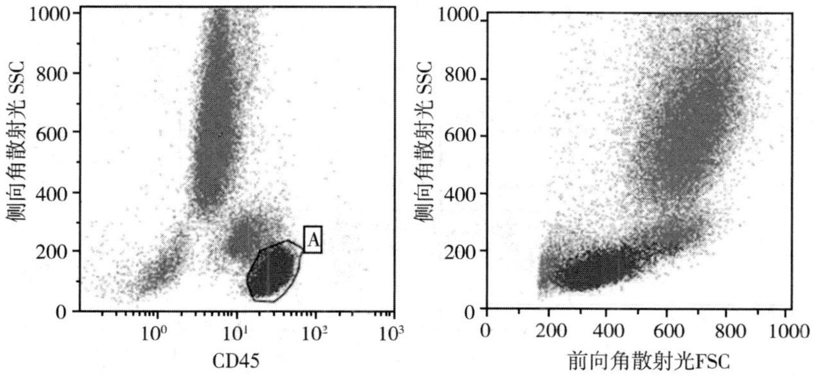

图 5－13　流式双参数散点图及反向设门图

1. 单参数分析　细胞单参数的检测数据可整理成统计分布，以直方图（distribution histogram）显示（图 5－14）。横坐标表示荧光信号或散射光信号相对强度，单位是道数，与荧光强度可以是线性关系也可以是对数关系；纵坐标一般是细胞数量，是一个相对数量而非绝对数。

红色荧光 PE－Cy5 标记的 H 门内 CD3 阳性（占目标细胞的 67.8%）和左边一群 CD3 阴性细胞群。

2. 多参数分析　目前流式细胞仪能够同时检测的荧光参数越来越多，最多能达到 32 色，多参数分析可从更多角度分析细胞的特性，提高分析的准确性。

最常用于多参数分析的图形为二维散点图，一般横坐标为该细胞一个参数的相对量，而纵坐标为该细胞另一参数的量（图 5－15），x 轴表示 CD4－PE 检测通道，y 轴表示 CD8－ECD 检测通道，再通过十字门设门分析，可以得到 $CD8^+CD4^-$、$CD8^+CD4^+$、$CD8^-CD4^-$ 及 $CD8^-CD4^+$ 各细胞群的统计结果。针对复杂标本的表达分析，仅借助于二维散点图尚不足以显示足够的信息，可采用三维图（图 5－16）等获得更多信息。

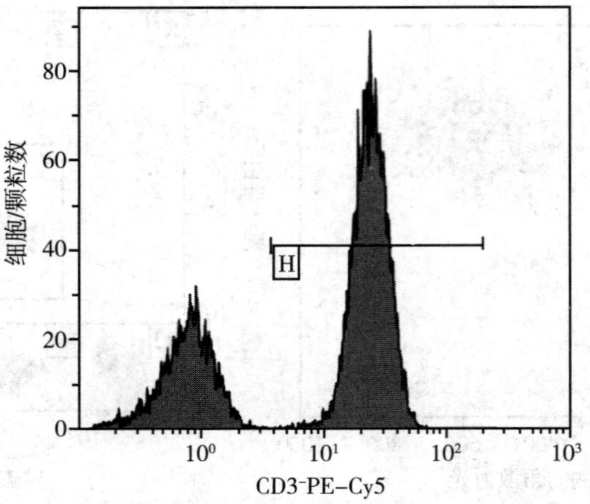

门	细胞数	总的百分比	门内细胞百分比	x轴平均荧光强度	x轴变异
All	9,983	23,42	100,00	18,86	76,95
H	6,727	15,78	67,38	23,37	32,71

图 5-14　单参数分析直方图

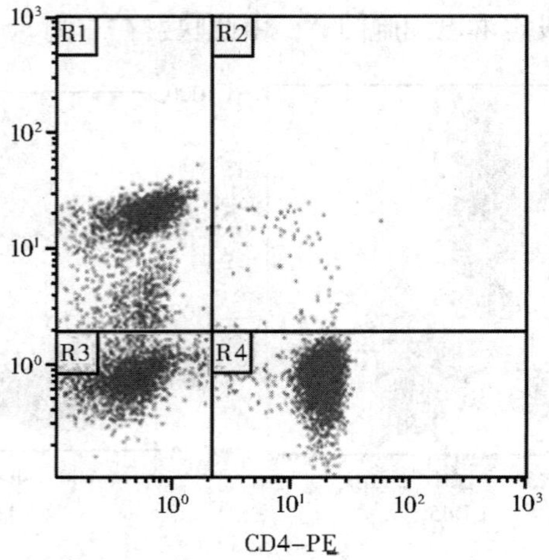

图 5-15　流式细胞仪分析散点图（十字门）

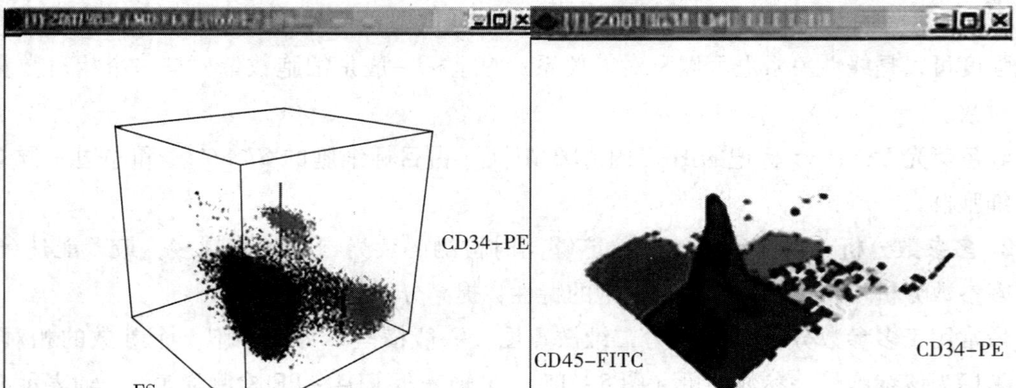

图 5-16　三维分析点图

左图为立体图，右图为等高图。蓝色为 CD**45** 阳性细胞群，红色为 CD**34** 阳性细胞群

五、细胞分选系统

上述组成为分析型流式细胞仪的组成及原理，样本分析后不能回收利用；另一类分选型流式细胞仪，既能对细胞进行分析，还能对分析的目的细胞分选，收集后获得可用于进一步培养、回输等目的的细胞。但由于进样管道较长，还需保持无菌状态，所以分选型流式细胞仪一般只用于分选。

（一）细胞分选方式

细胞的分选方式有机械式分选、磁珠分选和电荷式分选。流式细胞仪采用电荷分选，是利用给目的细胞加电荷偏转的方式分离细胞，分选效率和纯度高，不易污染，是目前主流的分选方式。流动室中的压电晶体在高频信号控制下产生振动，流过的液流也随之产生同频振动，由喷嘴射出并分割成一连串的小水滴，根据选定的某个参数由逻辑电路判明是否将被分选，而后由充电电路对选定细胞液滴充电，带电液滴携带细胞通过静电场而发生偏转，落入收集器中；其他液体被当作废液抽吸掉（图 5－17）。

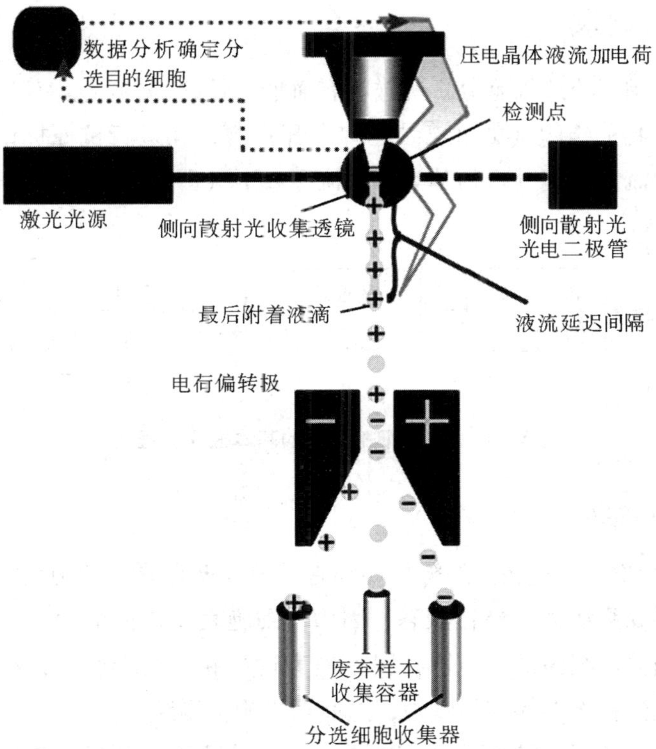

图 5－17　流式细胞仪分选原理示意图

（二）分选参数

细胞分选的技术指标主要包括分选速度、分选纯度及分选收获率三个方面。

1. 分选速度　指每秒可获取目的细胞的个数，目前电荷式分选流式细胞仪最高分选速度可达每秒上万个细胞。

2. 分选纯度　指分选出的目的细胞在所获得细胞的占比，一般分选纯度要求 99% 以上。

3. 分选收获率 指获分选的目的细胞占分析样本中原有目的细胞的比例。通常情况下，分选纯度和收获率是一对矛盾，纯度高，收获率低，反之亦然。一旦两个不同细胞紧邻或粘连时，需要在纯度和收获率之间选择，根据需求给予设定，分选时仪器会作出取舍。

进样速度、分选细胞在样本中所占比例、鞘液压力等是影响分选速度和分选收获率的主要因素。细胞进样速度快，分选细胞在样本中所占比例高，鞘液压力大，分选速度就越快。但是细胞进样速度过快，液滴中夹杂细胞就会增加，更多的目的细胞就会被放弃，分选得率就会降低。鞘液压力越大，液流速度越快，细胞在出喷嘴的时候受到的剪切力就大，活性就下降。因此，分选效果应该根据实验的要求调整。

扫码“学一学”

扫码“看一看”

第三节　流式细胞仪的相关管理要求与程序

运用流式细胞仪进行免疫标记分析时，采用适当的方法制备样本的单细胞悬液、选择合理的荧光素标记抗体、检测中执行严格的质量控制程序、保持仪器的正常状态，针对不同的细胞群体进行合理的分析，这些都是获得正确结果的必要前提。

一、样本管理要求

临床检测中，可用于流式细胞分析的样本有血液、骨髓、各种体液（如脑脊液、胸水、腹水）以及人体或动物的组织（如淋巴结、脾、肝）等，在进行抗原标记及检测前，首先要制备单细胞悬液。流式细胞分析的基本操作流程如下（图 5－18）。

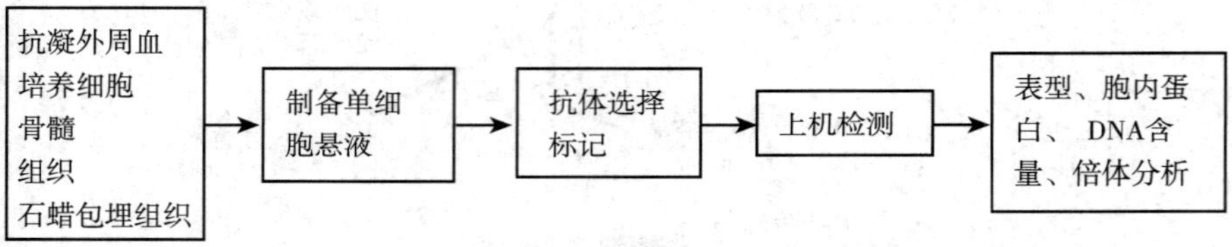

图 5－18　流式细胞分析的基本操作流程

（一）样本采集与保存

流式细胞分析除 DNA 含量相关的分析如细胞循环周期和凋亡细胞检测以外，用于其他目的的标本均应保持细胞活力在最佳状态，因为，细胞表面蛋白的表达、荧光染料的结合部位均与细胞活力相关。细胞活力下降，膜蛋白表达质和量均会改变，细胞活力下降意味着膜结构破坏，荧光染料将渗入细胞膜内，这些都影响检测结果。

1. 抗凝剂的选择 血液样本可采用 EDTA、ACD 或肝素（肝素锂最好）抗凝。如果同一份样本同时需要进行白细胞计数和分类，则选择 EDTA 抗凝。ACD 及肝素锂抗凝样本 72 小时内细胞是稳定的，EDTA 抗凝的样本 48 小时内细胞是稳定的，但超过 24 小时将影响细胞活力。骨髓样本优先选择肝素抗凝，不推荐使用 ACD 抗凝，pH 改变会因影响细胞活力，可以使用 EDTA，但要在 24 小时内处理。

其他体液用 EDTA、ACD 或肝素抗凝均可，样本尽快检测，不宜久置。

EDTA 抗凝适用于免疫表型分析，优点是成熟髓性细胞贴壁造成的损失及血小板聚集较小，但细胞散射光特征丢失较肝素抗凝快；肝素抗凝常用于白细胞功能研究，肝素可维持 Ca^{2+} 和 Mg^{2+} 在细胞内的生理浓度，而且能更好地保持细胞活性，但它可结合血小板，使其活化和聚集，所以不适合血小板的相关检测。

2. 样本保存　样本的完整性和细胞活力与抗凝剂的选择、运输、保存和温度息息相关。理想状态下，样本应在采集后立刻处理、标记和分析。

（1）血液及骨髓　抽取样本后于室温（15～25℃）保存，12小时内处理完毕，若未能及时处理，放置时间超过24小时最好选择肝素抗凝，4℃保存，标记抗体前半小时恢复室温。

（2）体液　抽取样本后室温（15～25℃）保存，注意抗凝，12小时内处理完毕，样本贮存于4℃冰箱时间不宜超过24小时。

（3）各种组织细胞　新鲜采集的样本置于生理盐水或PBS中，如红细胞较多，则可加入少量肝素抗凝，为保持细胞的抗原活性，不宜选取甲醛、乙醇等固定组织；不宜用酶、表面活性剂等处理细胞。

对于只做胞内染色的样本，可固定细胞以长期保存。但此“固定－染色”的方法取决于要分析的抗原特性和染色方式。分析之前一定要设立新鲜样本的对照和验证实验。

（二）样本的处理

1. 单细胞悬液的制备

（1）血和骨髓　天然单细胞悬液。当有血凝块时，应用50μm尼龙网过滤，同时进行细胞计数和血涂片以判断靶细胞群体是否仍然存活。

（2）组织块　可使用机械分离、酶消化和化学试剂处理成单细胞悬液。分离不仅是要获得最大产量的单细胞，还要尽量保证细胞结构的完整性和抗原性。大多数淋巴样组织可用轻柔的机械方法快速分离。某些组织由于细胞间连接紧密，需在机械分离的基础上用蛋白水解酶如胰蛋白酶、胃蛋白酶、胶原酶等。骨髓样本亦可能因骨细胞成分污染而需要酶消化。选用蛋白酶要在分散细胞的同时保证目的抗原不受损伤，细胞活力未显著降低。

2. 分离靶细胞群体　样本的任何处理方式都可能导致靶细胞群体的丢失，所以应尽可能使用最接近原始样本状态的处理过程。去除红细胞是外周血、骨髓等检体样本进行单个核细胞流式分析的必然步骤。

（1）红细胞裂解　要求操作简单、快，最可能保持原始样本的白细胞分布。溶血剂的选择应基于其选择性去除成熟红细胞而最低程度的影响其他细胞的特点，最好在染色后溶血。若在染色前溶血，需确认抗原性不被溶血过程改变；溶血剂被彻底洗去时，细胞和抗体结合的动力反应未受影响；所用溶血剂不含固定剂，否则会影响细胞活性及表面标记结果。

（2）密度梯度离心　白血病细胞回收较好并可能得到富集，同时去除死细胞，但繁琐、费时。白血病细胞的相对密度较难分析，某些重要细胞群体可能选择性丢失。根据密度梯度原理，若白血病细胞的密度不在分离液梯度密度范围内就可能丢失。所以用此方法时应了解各群细胞特性以防止目的细胞丢失。

3. 评估细胞悬液

（1）样本外观　有严重溶血和血凝块的样本可能会有白细胞的损伤以及细胞亚群的丢失或改变，应重新采集标本。

（2）细胞丢失和分布　确认细胞形态和原始样本相似。密度梯度离心之后更应检查细胞分布，可做血涂片判断。

（3）细胞计数和浓度调整　厂家推荐的抗体浓度通常是假定靶细胞数量在正常范围内（$500 \times 10^3 \sim 1000 \times 10^3$/测试抗体）。白细胞数量上的显著变化会影响标记结果，而白血病病人外周血白细胞数量变化很大，骨髓样本也可能被外周血稀释，因此，白血病免疫分型之前必须了解样本的细胞数量，以保证足够的抗体量和足够的细胞数。抗体使用前需认真阅读使用说明书，了解标记方法、缓冲液的条件、抗体与细胞比率范围，实验室若选择不同于厂家推荐的方法（如自己稀释抗体），抗体一定需要进行测试以得到抗体和细胞的最佳比率。

（4）细胞活性　死细胞由于膜结构破坏，抗体和荧光染料会进入细胞内，而细胞膜的泵功能受损或丧失，荧光染料的泵出能力下降，导致异常结果。荧光染料碘化吡啶（PI）、7-氨基放线菌素D（7-AAD）或单乙酸乙锭（ethidium monoacide，EMA）都不能自由进入活细胞，在不用破膜剂的情况下，只有死细胞可被染色，在流式细胞分析图中显示阳性，可用于区分死细胞和活细胞。优点是细胞表面标志和活性分析可同时进行，通过设门即可剔除死细胞，尤其适用于高度坏死的样本。样本染色后需固定，应在加固定剂之前洗去多余的染料，以保证区分的是固定前细胞的活性状态。但随着时间延长，染料会在固定的细胞群体重新分配，使死、活细胞的区分变得困难。染色后立刻分析或需分选的样本用7-AAD，对于染色后常规固定并在固定后12小时以上分析的样本，最好用EMA。EMA与死细胞DNA稳定的共价结合保证了长时间固定后仍能很好保持固定前的状态。

（三）荧光标记

流式细胞仪可用于检测细胞表面标记物、胞浆标记物、核内标记物及可溶性成分等，常用的标记或染色方法有：①荧光素偶联抗体，通过抗原抗体反应让目标细胞特异性地带上荧光；②荧光染料/荧光化合物如PI、DAPI等插入核酸链中，CFSE与蛋白质共价结合，Annexin V的亲脂特性直接与细胞膜脂质结合FITC检测凋亡；③荧光蛋白如GFP，无须染色直接检测。

免疫荧光标记主要包括直接和间接荧光标记两种方法。间接标记因为有第二次放大和通用二抗，因此，使用范围广，在没有直接标记抗体可用时、抗原表位少的弱荧光样本标记常用。但是，难以多色标记，标记过程复杂、信噪比高，常用的标记如下。

1. 细胞膜表面标记　表面抗原分析在流式应用中最广泛，标记步骤也相对简单。大多数细胞分化抗原都在细胞膜上，但由于许多抗原也同时存在于细胞内，所以在细胞表面抗原检测时应特别注意保持细胞膜的完整，以保证检测的准确性。例如细胞内和膜免疫球蛋白重链的临床意义是不同的。检测表面标记必须是未固定的活细胞，一般每管标记（$0.5 \sim 1) \times 10^6$细胞即可，但若洗涤处理次数多，离心会丢失细胞；乙醇固定也会导致细胞损失；目标细胞在样本中含量少等，都需要相应增加细胞量。检测时通常获取1万~2万个细胞即可满足分析和统计需要。

2. 细胞内标记　一些胞内特异性抗原的检测对白血病的免疫分型尤为重要，如末端脱氧核苷酸转移酶（terminal deoxynucleotidyl transferase，TdT）、髓过氧化物酶（myeloperoxidase，MPO），胞浆抗原（cytoplasmic antigen）多在抗原名称前加c或Cy表示如cCD3、cCD22和cIg的表达，而膜免疫球蛋白则以前缀m表示即mIg。胞内染色的关键是使细胞膜穿洞，抗体才能导入胞浆且不影响细胞膜结构的完整，需要固定和破膜的步骤不影响标记蛋白的抗原性和抗体结合能力。

3. 胞膜和胞内的同时标记　通常先标记膜抗原再固定，破膜后再标记胞内抗原，最后是 DNA 标记或染色。固定剂和通透剂对细胞和分析参数都有不同影响，应根据情况选择。每一步染色对荧光素的选择和抗体的选择都很重要，如用于表面标记的荧光素应尽量不受随后的固定和破膜所影响，而胞内标记所用的荧光素应足够小，便于穿透至胞内。

（四）荧光抗体的选择

用于流式细胞检测的抗体，选择方式有：①根据流式细胞仪检测的通道数（由激光器种类、数量和使用的光学滤片）选择；②根据抗原表达强弱选择，不同的荧光素波长不同，高表达的抗原可用不太“亮”（波长较短）的染料，表达低的抗原用更“亮”（波长更长）的荧光素；③选择荧光波谱重叠较小的荧光染料组合，同时需要正确调节补偿。这在临床样本检测中尤为重要。

1. 选择抗体组合的基本原则

（1）用作筛选的抗体组合抗体谱应足够宽，能够覆盖样本中所有谱系。抗体的种类越多，提供的信息越多，检测特异性也越高。由于白血病细胞谱系抗原的异常表达或表达缺失，因此，往往需重复选择同一抗体不同荧光标记。

（2）抗体的选择还应能够区分正常和异常细胞，正常细胞可作为实验的内对照，使异常细胞的表达比例更准确。如用 CD45 区分正常和幼稚细胞，尤其在幼稚细胞含量少时优势更明显。

（3）应同时考虑荧光强度和表位密度。对抗原表位表达少的蛋白应尽可能选择发射波长的荧光染料。必要时通过检测细胞活性，排除死细胞的非特异干扰。

实验人员应了解所用抗体代表的细胞谱系以及与特定荧光素结合后的染色模式。相同的 CD 编号的不同抗体，由于抗体特性和识别的抗原表位不同而会有不同的结合模式和表达比例。

2. 常用的方案　临床上白血病免疫分型时，常遇到多种抗体组合的问题，一般情况有大而全的抗体组合和分步标记两种方案。前者能够一次性全面了解抗原表达，无须再次标记、检测，省时，但费用高。后者先参考临床、血液分析和骨髓涂片细胞形态学等得出的初步诊断，针对性地选用抗体，获得谱系初步判断，再采用特异性更高的二线抗体组合，这种方法经济、但较耗时。各实验室需根据临床和实验条件灵活选用。

二、仪器管理相关要求

（一）流式细胞仪主要技术指标

1. 荧光灵敏度　流式细胞仪能检测到的最少荧光分子数即为荧光灵敏度。灵敏度的高低是衡量仪器检测微弱荧光信号的重要指标，一般以能检测到单个微球上最少标有 FITC 或 PE 荧光分子数目来表示，一般现在 FCM 均可达到 <600 个荧光分子数。

2. 仪器的分辨率　分辨率是衡量仪器测量精度的指标，通常用变异系数 CV（coef-feient of variation）值来表示：$CV = d/m \times 100\%$（d 为分布的标准误差，m 为分布的平均值）。如果用流式细胞仪测量一群含量完全相等的样本，理想的情况下，CV = 0，用 FCM 测量曲线表示为图 5 - 19（左），但是在整个系统测量中，会带入许多误差，其中样本本身含量的误差，样本在进入流动室时照射光的微弱变化，再加上仪器本身的误差等，实际得到的曲线为图5 - 19（右）。

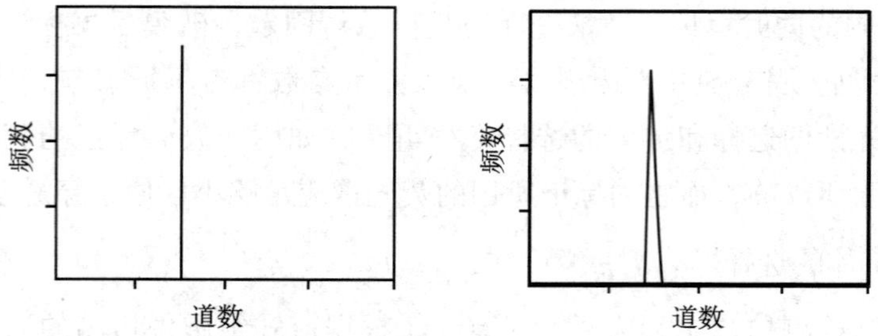

图 5-19　仪器分辨率的显示——CV 值

CV 值越小则曲线分布越窄、越集中，测量误差就越小。一般的 FCM 在最佳状态时 CV 值<2%。CV 值的计算，除采用以上计算公式外，还可以用半高峰宽计算。半高峰宽指在峰高一半的地方量得的峰宽，m 代表峰顶部的荧光道数；它们与 CV 值的关系式为：CV = 半高峰宽/m×0.4236×100%。上述公式是建立在正态分布基础上，而实际情况往往是非对称图形，故采用半高峰宽所计算得到的 CV 值要明显小于前公式得到的 CV 值，实际工作应加以注意。

3. FSC 检测灵敏度　前向角散射光检测灵敏度是指能够测到的最小颗粒大小，目前新型的流式细胞仪可以测量到 0.2～0.5μm。

4. 细胞分析速度　细胞分析速度以每秒可分析的细胞数来表示。当细胞流过光束的速度超过 FCM 仪器响应速度时，细胞产生的荧光信号就会丢失，这段时间称为仪器的死时间（dead time）。死时间越短，仪器的数据处理越快，一般可达 3000～6000 个/秒，一般分析型仪器的分析速度为 10000 个细胞/秒，高速分选型仪器的分选速度可达每秒 10 万个细胞。

（二）仪器的日常使用及维护保养

1. 人员培训　仪器使用前需做好相关操作人员的培训工作，包括样本采集、运送、处理、保存、单细胞悬液的制备、单克隆抗体的选择及与细胞结合的比例、细胞活性的检测、细胞表面标记、细胞内标记、膜和胞内同时标记，让使用者了解和掌握每一个影响检测结果的因素和环节。

2. 仪器的日常操作　经培训合格的检测人员在仪器的日常使用中应根据标准操作规程（standard operation procedure，SOP）做好仪器开、关机，日常维护保养和仪器状态监测工作并做好记录。

（1）仪器状态监测　包括开展室内质控监测仪器的稳定性、参加室间质量评价监测仪器的正确性以及进行仪器比对监测检测结果的可比性。未参加室间质评计划的仪器、同一实验室有两台以上的仪器均应做仪器间比对，至少每半年进行一次。两仪器比对时应使用配套检测试剂、质控品和校准品，进行规范操作。

（2）检测结果的审核　具有报告审核资质的检验人员要结合仪器散射光和荧光信号的光电倍增管电压、增益、颜色补偿等参数的设定以及对照、设门、样本等情况和病人信息综合考虑，审核并发出报告。

对照的设置有：未标记荧光的细胞作为空白对照，用于去除被流式细胞仪检测到的细胞自身荧光（自发荧光），也即背景荧光，避免假阳性。已知、已使用过证实为阳性的抗体作为阳性对照，用于确定荧光抗体有效，但并不是每次分析时都必须设置，在使用新的或者存储时间较长的荧光素抗体时需设阳性对照。单荧光标记对照，两色以上的多色标记需设置每一种荧光的单一标记对照，用于调节补偿。

流式结果中的荧光强弱是一个相对值，光电倍增管电压越大，电子信号越强；反之越弱，通过调节电压，使阴性对照管的荧光强度处于阴性的位置。

（3）仪器日常保养及故障处理　应严格按照仪器操作规程对仪器进行日常维护保养，必要时由厂家工程师进行特殊的维护保养。

（三）仪器校准及验证

根据仪器使用情况以及法规和标准等要求制定仪器校准计划，校准包括流路的稳定性、光路的稳定性、多色标记荧光颜色补偿、光电倍增管转换的线性和稳定性。标准微球已成为流式质控中常用的校准品。

审核人根据校准计划对校准后的仪器和校准报告进行核查并签字确认，校准报告需附有校准时检测结果的原始数据。

第四节　流式细胞仪分类与应用范围

扫码“学一学”

一、流式细胞仪的分类

流式细胞仪按功能可分为分析型流式细胞仪和分选型流式细胞仪。

（一）分析型流式细胞仪

扫码“看一看”

用于快速分析悬液中细胞组分及颗粒，通过同时检测液流中细胞上多种信号，对细胞加以细致的区分鉴别。临床检验中使用的流式细胞仪主要为分析型，型号有 BriCyte E6、Calibur、Canto Ⅱ、CantoPlus、DxFLEX、FC500、Lyric、Navios、NovoCyte、Via 等（图 5－20）。此外还有 Aurora（光谱流式）、CyFlow、CytoFLEX、Gallios、Guava、Helios（质谱流式）、LSR、MACSQuant 等各种类型的科研型流式细胞仪。

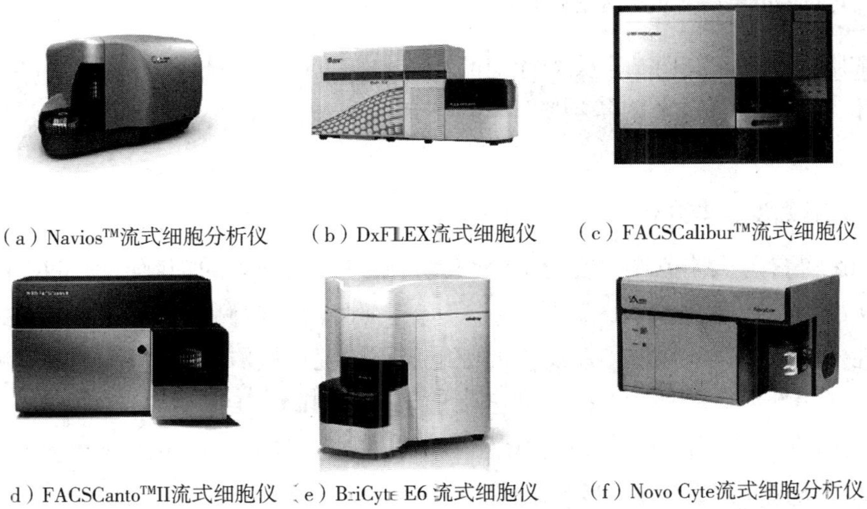

（a）Navios™流式细胞分析仪　（b）DxFLEX流式细胞仪　（c）FACSCalibur™流式细胞仪

（d）FACSCanto™II流式细胞仪　（e）BriCyte E6 流式细胞仪　（f）Novo Cyte流式细胞分析仪

图 5－20　常见分析型流式细胞分析仪组图

根据临床常规检验的需求，临床型流式细胞仪操作流程自动化、生物安全性及可视化程度不断提高，全自动流式细胞仪及图像型流式细胞仪应运而生，如 Aquios CL、AutoCyte

等。图像型流式细胞仪则是将流式多色检测技术和荧光显微镜图像显示技术相结合，通过荧光信号的强度以及荧光图像对细胞亚群进行定性和定量分析，如 Image Stream 系列成像流式细胞仪。

（二）分选型流式细胞仪

用于快速分离获取目的细胞，在分析检测基础上通过分选模块对细胞加以分离。电荷式分选是目前主流的分选方式，具有分选效率和纯度高，不易污染等特点，例如 Aria 系列、InFlux、MoFlo Astrios ^{EQ}、MoFlo XDP、S3 等流式细胞分选仪（图 5－21）。

（a）MoFlo XDP 超高速流式细胞分选系统

（b）FACSAria™II流式细胞仪

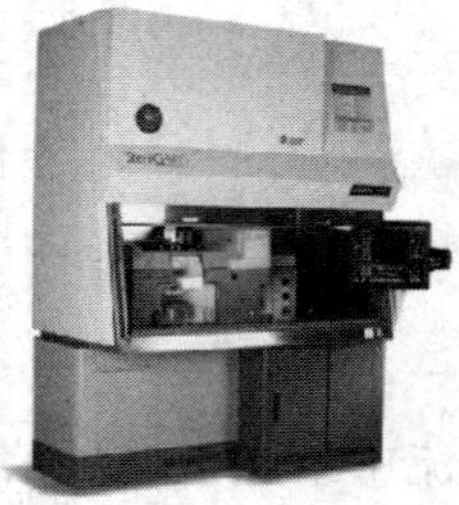

（c）MoFlo Astrios^{EQ}超高速流式细胞分选系统

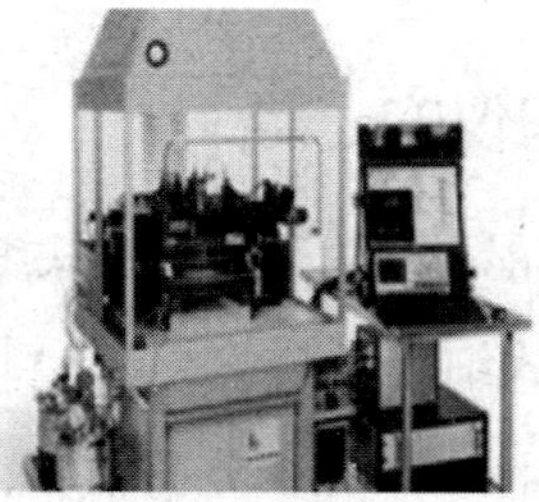

（d）Influx™高速流式细胞分选仪

图 5－21　常见分选型流式细胞仪组图

二、流式细胞仪的临床应用范围

流式细胞仪的临床应用基于荧光标记的白细胞分化抗原（cluster of differentiation，CD）单克隆抗体，始于艾滋病的 CD4 细胞计数，此后应用范围日益广泛，目前常用于以下几类分析。

（一）细胞免疫表型分析

淋巴细胞是参与机体免疫应答的主要细胞，通过测定其中的细胞比值可以了解机体的细胞免疫状况。在评价肿瘤病人细胞免疫状态、细胞治疗监测、感染程度、免疫缺陷病、自身免疫性疾病以及器官移植排斥反应的细胞免疫情况中具有参考价值。可检测外周血淋巴细胞亚群（表 5－3、图 5－22）、淋巴细胞活化（HLA－DR、CD69、CD25、CD45RA、CD45RO 等）、Th1（CD4/IFN－γ）、Th2（CD4/IL－2）细胞、调节性 T 细胞即 Treg 细胞（$CD4^+CD25^{high}Foxp3^+/CD4^+CD25^{high}CD127^-$）等。

表 5-3　淋巴细胞亚群标记及在淋巴细胞中的比例

表型与细胞亚群	百分比
总 B 细胞（$CD19^+$）	9.0 ~ 14.1
NK 细胞［$CD3^-$/CD（16+56）$^+$］	8.1 ~ 25.6
总 T 细胞（$CD3^+$）	61.1 ~ 77.0
T 辅助/诱导细胞（$CD3^+$/$CD4^+$）	25.8 ~ 41.6
T 抑制/杀伤细胞（$CD3^+$/$CD8^+$）	18.1 ~ 29.6
T 辅助/诱导细胞/T 抑制/杀伤细胞（CD_4^+/CD_8^+）	0.71 ~ 2.78

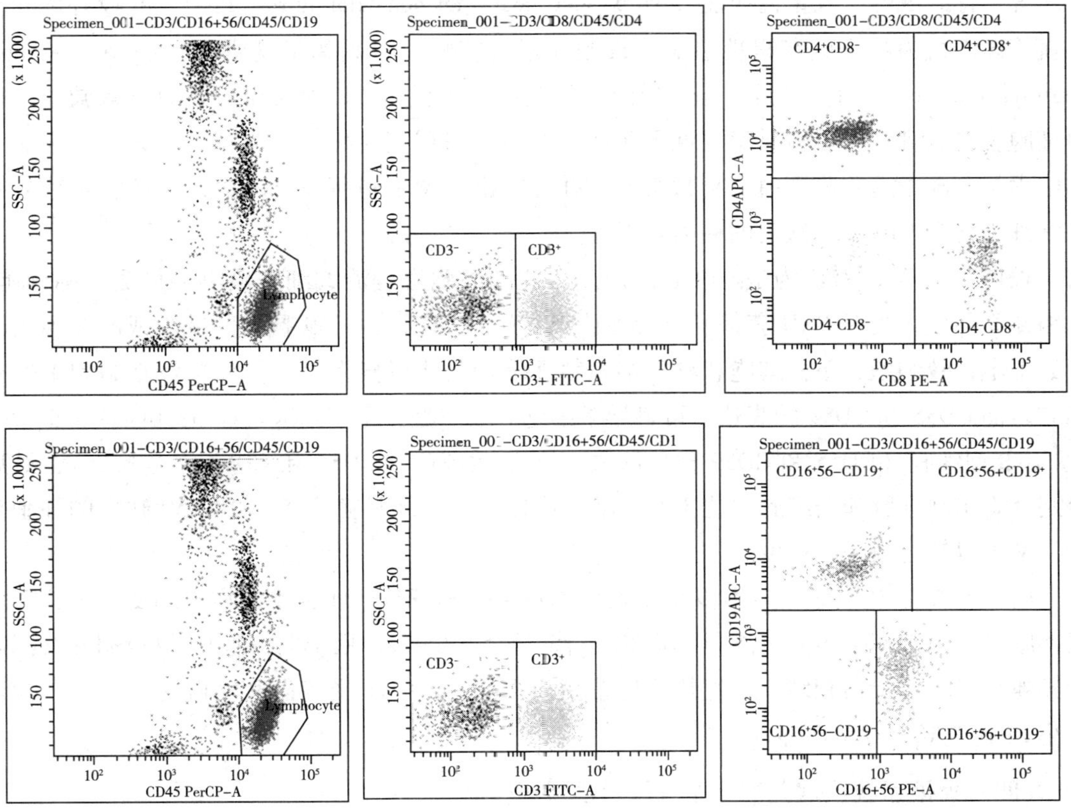

图 5-22　四色荧光标记外周血淋巴细胞亚群检测直方图（LMD）

（二）HLA-B27 检测

人类白细胞分化抗原（human leukocyte antigen，HLA）Ⅰ类位点 B27 是迄今为止人类发现的与疾病关系最为确定的基因，HLA-B27 与脊柱关节病，尤其是强直性脊柱炎（ankylosing spondylitis，AS）的相对危险度（relative risk，RR）为 101.5，此外，与 Reiter 病以及葡萄膜炎等也相关（表 5-4）。

HLA-B27 抗原表达于几乎所有有核细胞，特别是淋巴细胞表面含量丰富。流式细胞术分析具有简便、快速、高特异性的特点，已取代 CDC 法和 PCR 法，成为目前最常用的 HLA-B27 检测方法。95% AS 病人表达 HLA-B27 抗原，但并非 HLA-B27 阳性均是 AS 病人，另一方面有 5% 左右的 AS 病人 HLA-B27 阴性，因此，并不能依据 HLA-B27 阴性排除该疾病。

表 5-4　常见脊柱关节病等与 HLA-B27 阳性率

疾病	HLA-B27 阳性率（%）
强直性脊柱炎	>90
Reiter's 综合征	70~90
银屑病性关节炎	50~70
葡萄膜炎	40~50

（三）PNH 诊断

阵发性睡眠性血红蛋白尿症（paroxysmal nocturnal hemoglobinuria，PNH）是以补体介导的血管内溶血为特征的获得性造血干细胞克隆性疾病。糖基磷脂酰肌醇（glycosyl-phosphatidyl ionositol，GPI）合成缺陷，导致血细胞膜锚定蛋白 GPI 如 CD55、CD59 等缺乏，使血细胞膜在收到补体攻击时稳定性下降而致溶血。采用荧光标记 GPI 相关抗体，结合流式细胞术检测缺乏这些膜蛋白的异常细胞，并计算出异常细胞所占百分数，能够客观地判断异常细胞群和 GPI 蛋白缺乏的种类与程度。

长期以来 PNH 被认为是红细胞疾病，因此红细胞也是流式细胞最早期检测目标细胞，也因此而促使人类对 PNH 获得了革命性认识：PNH CD55、CD59 抗原的减少或缺失不仅限于红细胞，粒细胞、单核细胞和淋巴细胞表面锚蛋白均可异常。通过分析红细胞和中性粒细胞表面 CD55 和 CD59 的表达，可将异常细胞分为三型：Ⅰ型细胞（CD55 和 CD59 正常表达）、Ⅱ型细胞（CD55 和 CD59 部分缺失）和Ⅲ型细胞（CD55 和 CD59 完全缺失），最后分别计算出红细胞和白细胞中这 3 群细胞的百分比，既可明确 CD55 和 CD59 缺失的细胞类型，又可以知道缺失的程度。

由于粒细胞中 CD55 和 CD59 的阴性和阳性区分不清楚，而且不同样本间变异大，嗜水气单胞菌溶菌素变异体分析法即 FLEAR 取代 CD55、CD59，用于粒细胞和单核细胞的检测，特异地与 GPI 锚蛋白相结合，直接反应锚蛋白丢失情况，不受溶血和输血的影响，在检测微小 PNH 克隆上优势明显。

（四）血液系统疾病免疫分型及微量残留病检测

白血病/淋巴瘤主要是造血干细胞/祖细胞因某些原因阻滞于分化的某个阶段后出现克隆性异常增殖所导致的一组造血系统肿瘤。不同类型的白血病，因其发病机制、病理学特点、临床病程不同，治疗方案及预后也不尽相同，所以对其类型的识别是临床诊疗的关键依据。

细胞形态学（morphology）、免疫学（immunology）、细胞遗传学（cytogenetics）和分子生物学（molecular）分型即 MICM 分型法是 WHO 于 2001 年提出的一种白血病分型方法，而流式细胞术免疫分型是 MICM 分型法中最重要的组成部分。过去，常使用荧光显微镜检测细胞的类型、数量和分化程度。因流式细胞仪可以短时间内完成几万甚至几十万个细胞的检测。此外，由于使用的荧光素抗体数量多，获取的细胞信息量大，因此对细胞的鉴别能力也更精细、准确。目前，流式细胞仪已成为白血病免疫分型的最重要工具。

定期检测骨髓涂片监测治疗反应一直是白血病治疗策略的一部分，以往是通过细胞的形态判断残存白血病细胞和正常造血细胞的状态，以判断白血病细胞对化疗药物的敏感性和治疗过程中骨髓的再生程度，但由于白血病细胞与正常早期细胞形态学上的一致性及人工计数导致形态学判断缓解状态存在一定的偏差。微小残留病变（minimal residual disease，MRD）检测主要是通过检测白血病细胞特异性的标志而不是主观的形态学识别。MRD 检测目前比较灵敏的方法主要为多参数 FCM 和 PCR 方法。临床常用白血病相关的免疫表型（leukemia associated immuno phenotype，LAIP）是指正常骨髓和外周血不表达或者表达低的免疫表型，是流式细胞仪监测 MRD 的主要标志。

（五）$CD34^+$绝对计数与造血干细胞移植

CD34 最早被认为是造血干细胞的标志。外周血 $CD34^+$干细胞被广泛用于骨髓移植以及癌症病人大剂量放/化疗癌症病人的骨髓重建。临床上通常要求移植的造血干细胞移植数量要大于 1.2×10^6/kg，因此，确定合理的采集时间和采集次数以保证干细胞的质量就成为移植或重建的决定性因素。此外，$CD34^+$干细胞计数还用于脐血库干细胞存储等。

流式细胞仪造血干细胞计数具有操作简单、速度快、精度高等特点，对于医生掌握最佳采集时机，准确判断采集的干/祖细胞数量很有帮助。目前主要使用血液治疗和移植工程国际组织（ISHAGE）推荐的方法计数干细胞，通过干细胞 CD34 阳性、CD45 弱阳性以及前向散射光强度和分布的特点设门，顺序检查区分 CD45 弱表达的 $CD34^+$细胞与 CD45 表达分散的 $CD34^+$细胞。同时加上 7 - AAD 等细胞活性染料区分死与活细胞，提高检测准确度。

（六）细胞周期分析和细胞凋亡检测

1. 细胞周期分析　细胞周期分为间期和分裂期（M 期）两个阶段，间期细胞经历 DNA 合成前期（G1 期）、DNA 合成期（S 期）与 DNA 合成后期或有丝分裂前期（G2 期）。处于细胞周期不同阶段的细胞 DNA 含量不同，处于 G0/G1 期的细胞含有二倍体量的 DNA，G2/M 期细胞含有四倍体量的 DNA，而 S 期细胞 DNA 含量介于两者之间。

利用亲核酸的荧光染料如 PI、DAPI、DRAQ7 等与细胞的 DNA 碱基结合或插入 DNA 碱基对中，结合或插入荧光染料的量与细胞内 DNA 的含量成正比，通过流式细胞仪检测荧光强度经过软件拟合，推算出细胞内 DNA 的含量，区分各细胞周期（图 5 - 23）。经过与正常二倍体细胞 DNA 含量的换算即可计算出细胞内染色体的倍数。

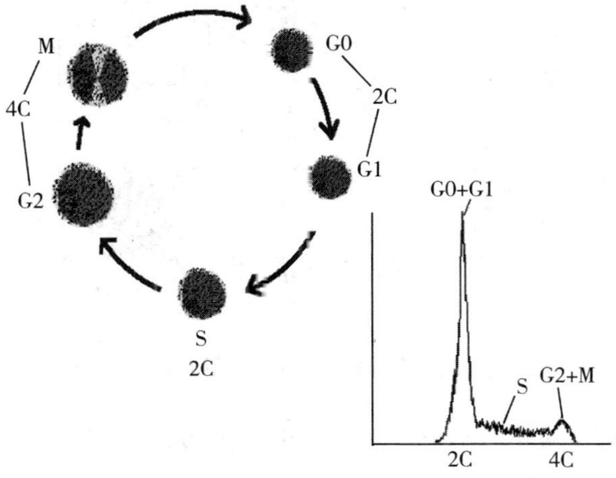

图 5 - 23　细胞循环周期（左上）和流式细胞仪 DNA 含量分析（右下）模式图

2. 细胞凋亡检测　细胞凋亡也称细胞程序性死亡，是细胞受基因调控的一种主动性、高度有序的结束自己生命的过程。

凋亡细胞在形态和生化上有明显的特征，如细胞皱缩、细胞膜卷曲、DNA 片段化、线粒体电位变化等，根据这些特征流式细胞术有多种方法能定性及定量检测细胞的凋亡情况。常用的有：①染料摄取与排除能力检测，根据死细胞泵出荧光染料的能力下降或丧失，鉴别凋亡细胞（荧光标记阳性）和活细胞（荧光标记阴性）；②光散射分析，适用于群集性好的细胞，凋亡细胞皱缩、体积变小，在 FSC 和 SSC 直方图中表现为向下、向左移；③细胞 DNA 含量分析，凋亡细胞由于其断裂的小片段 DNA 从细胞内泄漏，细胞内 DNA 减少，出现亚 G1 期峰即 A0 峰（apoptotic peak）；④Annexin V/PI 双染色法，细胞凋亡时细胞膜磷脂外翻，通过亲磷脂酰丝氨酸的绿色荧光染料 annexin V 标记，并与 PI 联合使用，可以区别凋亡早期（annexin V 单阳性）、凋亡晚期或者坏死细胞（PI 与 annexin V 双阳性）；⑤DNA 链断裂点标记。常用末端核苷酸转移酶脱氧三磷酸腺苷（dNTP）缺口末端标记法。只要有 DNA 断裂，即可检出，早于形态学改变，是目前凋亡检测中普遍适用的方法。

（七）血小板检测

1. 血小板计数 流式细胞仪是血小板计数的最准确平台，国际血液学标准化委员会（ICSH）/国际实验血液学协会（ISLH）在 2001 年就向全世界推荐使用流式细胞仪作为血小板检测的推荐方法，尤其适用于血小板预输注病人的检测。

检测的灵敏度可达（1 ~400）$\times 10^9$/L，重复性好，室内和室间变异系数均小。

检测时利用正常情况下表达于血小板表面的膜糖蛋白 GPⅡb/Ⅲa 作为血小板识别标志，通过 FITC - CD41/CD61 标记，分析中分别对 FSC 信号用对数放大信号值（log FSC）和荧光信号（488nm 激发于 528nm 处的荧光强度）的对数放大值（log FITC）双参数，进而从噪声、碎片和 RBC 中识别出血小板。同时用单通道阻抗原理的半自动细胞计数仪准确计数 RBC，用 RBC 数除以 RBC 和 PLT 的比值 R（R = RBC/PLT），计算出 PLT 值（图 5 - 24）。

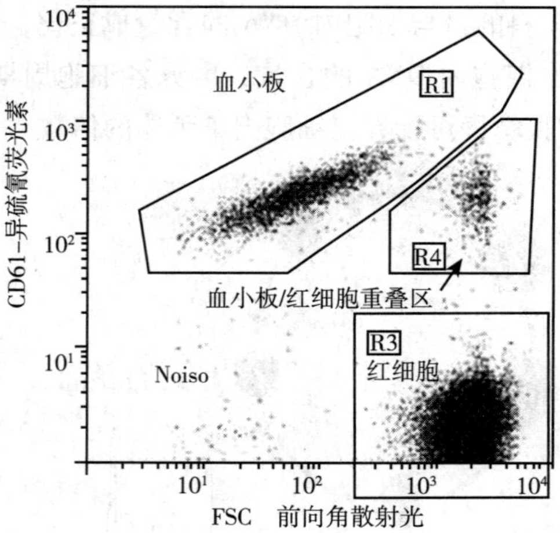

图 5 - 24 流式细胞仪检测获取血小板散点信号方法示意图

2. 网织血小板检测 网织血小板反映骨髓中血小板增生程度，在血小板减少症的鉴别诊断和外周血干细胞移植后判断输注血小板效果中均有重要价值。网织血小板的细胞浆内含有较多量 RNA，可以被核酸荧光染料噻唑橙（thiazolorange，TO）染色，通过流式细胞仪检测可以获得网织血小板数量。用 GPⅡb/Ⅲa（CD41/CD61）或 GPIb（CD42b）抗体鉴别全血中 PLT，以免丢失具有非正常光散射特性的 PLT，检测时应用 PE 结合的抗体。PE/TO 具有高荧光强度而且两种荧光较少重叠，无须补偿 。

3. 活化血小板检测　血小板膜糖蛋白有规律地分布在脂质双层内外，一旦血小板活化，首先发生膜糖蛋白内翻和外翻的改变，这种膜糖蛋白表达的改变可以作为血小板活化的检测标志物。正常血小板表面糖蛋白 GPⅡb（CD41）、GPⅢa（CD61）、GPⅨ（CD42a）和 GPⅠb（CD42b）表达在95%以上，而 CD62p 和 CD63 表达率约在5%以内。结合血小板早期活化的指标纤维蛋白原受体 PAC－1 流式细胞术可检测处于活化状态血小板的数量。

（八）流式细胞微球多重分析技术

该技术又称为 CBA 技术，是基于液相芯片（也称为微球悬浮阵列）和可选择性多重分析基础上的多种可溶性物质流式细胞分析技术平台，理论上一个反应孔可以完成多达100种不同的标记目的分子的快速检测。检测平台除经典的流式细胞仪之外，还有 Luminex 平台，可选择性多重分析的检测技术就是于1997年由美国 Luminex 公司开发的。该技术的最大特点就是一个体系内实现高通量、大数据的快速分析结果，因此，凡需要高通量检测的分子，都可以利用该平台实现。例如细胞因子的检测、血小板自身抗体检测等。其优势在于样本用量少，一次检测的目的分子多，速度快，省时、省力、准确，结果稳定、重复性好，成本相对低廉。

核酸分析也是流式细胞微球多重分析技术特点适宜的目标。比如，多种感染病毒的鉴定、基因分型单核苷酸多态性（single nucleotide polymorphism，SNP）分析等。与 DNA 测序或者基因芯片相比具有操作简便、快速、高效、准确、重复性好、通量高、费用低，而且单管反应即可检测多种 SNP 的优点。

除上述项目外，流式细胞仪还可用于感染指标（$CD64^{+}$粒细胞百分比）、网织红细胞，习惯性流产封闭抗体检测、HLA 配型、自身抗体、肿瘤干细胞、肿瘤侧群细胞等的检测分析。流式细胞仪开发和应用的研究方兴未艾，国际上的流式细胞技术专业期刊 Cytometry 分为 part A 和 part B 两卷，分别专注于流式细胞产品性能的发掘、改进、升级和提高以及应用成果的报道与探讨。相信随着科学技术发展和社会需求的增加，流式细胞仪必将以其独特的功能不断发展，在生命科学进步和人类健康保护中作出卓越贡献。

扫码“练一练”

（许　雯）

第六章　尿液分析仪

教学目标与要求

掌握　不同测定原理的尿液分析仪的系统组成和相应的检测原理、测定方法、检测流程和方法学特性、质量管理要求、仪器性能评价方法和日常维护要求。

熟悉　各种设备在临床检验实验室使用的特性和使用过程中的局限性，对仪器的测定影响因素和不足应有足够认识。

了解　尿液分析仪发展简史，现行应用状况以及发展前景。

扫码“学一学”

第一节　尿液分析仪概述

尿液分析仪（instrument of urinalysis）是临床检验工作中一类专用检验设备，是临床尿液分析工作中最重要的检验设备。尿液分析（常规检查）一般包括理学检查、化学检查和有形成分检查三大内容。用于尿液分析的设备主要分为两大类，尿液干化学分析仪和尿液有形成分分析仪。现在已经有不少品牌的仪器将两大类仪器进行联合，发展成尿液分析工作站、尿液分析流水线或一体化尿液分析仪。还有将尿液干化学分析仪、尿液生化分析仪和尿液有形成分分析仪连为一条流水线，形成更加专业化的尿液自动化分析流水线系统。

尿液分析自动化仪器的发展基于尿液干化学试纸检验方法的发明，初期被称为尿试纸阅读器（urine strip reader）。而尿液有形成分分析设备也被称为尿液颗粒分析仪（urine particle analyzer）。两类尿液分析设备的发展简史见表6－1。

表6－1　尿液分析仪发展简史

年代	代表性设备及简介
1956年	美国Bayer和Lily公司首先推出尿干化学试纸，包括尿糖、蛋白、pH等多个项目的多联试纸。在20世纪90年代的发展为10项干化学试纸
1970年	美国Ames公司推出有8项指标的Clinitek系列尿半自动干化学分析仪器，目前已经升为可测10项指标的Clinitek系列型号仪器
1980年	美国Ames公司首先生产出了具有8项目指标的Clinilab全自动尿液干化学分析仪，后来该仪器改变为具有10项指标的Atlas型号
1983年	美国IRIS公司推出的第一台尿有形成分检查工作站Yellow Iris
1990年	日本TOA公司与美国IRIS公司合作研发了影像流式细胞术类型的UA－1000型尿液有形成分自动分析系统，但后来没有进一步发展
1995年	日本Sysmex公司推出以流式细胞技术、荧光染色技术和颗粒计数分析为基本原理的UF－100型尿液颗粒计数仪。现已升级为UF－5000i型
1995年	美国DiaSys公司推出了R/S 2003尿液有形成分数字影像拍摄系统并进入中国医院，他的前序产品为R/S 2000和R/S 1000但没有在中国医院使用。该设备首先开启了数字图像法尿液有形成分分析的先河
2002年	美国IRIS公司推出新一代iQ200系列尿液有形成分检测系统，该设备采用鞘流技术及数字图像分析法
2002年	中国许多公司开始研发采用数字图像拍摄技术为基本原理，配合神经网络、智能识别技术等方法，研发生产多种类型的数字图像尿液有形成分分析系统

续表

年代	代表性设备及简介
2010 年起	各种原理的尿液有形成分分析仪器及干化学分析设备进行结合或以一体机的方式，开始出现各种全自动尿液分析流水线系统
2018 年起	人工智能技术在尿液分析领域的研发与应用开始发展

由于尿液分析的自动化设备处于发展阶段，不断会有新的产品问世。随着各种原理的仪器不断推出新一代产品，随着系统软件的不断升级，人工智能（AI）技术的应用，以及实验室管理要求的不断提高，相信此类仪器会有较大的发展空间和前景，特别是将尿液干化学与有形成分分析系统进行联合，形成自动化流水线系统；或者在实验室全自动化系统中，作为其中一个尿液分析的模块，提供尿液干化学法半定量检查，甚至湿化学法的定量化检查，再配合尿液有形成分分析，从而不断提高尿液分析的整体解决能力。

第二节　尿液干化学分析仪

一、尿液干化学分析仪的分类

扫码“学一学”

尿液干化学分析仪器可按照检测方法分为便携式仪器、半自动仪器和全自动仪器三大类。还可按照检测原理分为反射光检测原理与 CCD 数字分析检测原理两类。

1. 便携式仪器　体积小分量轻，可采用干电池组作为电源，也可配备电源适配器。一次检测一条试带，不可连续测定，显示或打印测定结果。便于携带到偏远无电力环境地区或移动使用。

2. 半自动仪器　台式机，品牌和型号众多，检测速度因仪器设计不同而差异较大。操作时需人工将试带浸入尿样，然后放在检测台上待仪器自动测定。

扫码“看一看”

3. 全自动仪器　台式机，品牌和型号较多，体积比半自动化设备大，检测速度不如某些半自动仪器。所用干化学试带因仪器不同而异，有单条型（与半自动化仪器相同）、盒装型和卷筒型。尿液加样方法有浸入式和点样式两种。比重测定有的设备配备了光学折射计法。

半自动与全自动尿液干化学设备特点见表 6－2。

表 6－2　半自动和全自动尿液干化学分析仪特点

内容	半自动仪器	全自动仪器
试纸	多为单条试带	专用试带（盒装，卷装）或单条试带
滴样方式	浸入式	浸入式或点样式
质控	同于样本测定方式	有质控程序及质控数据存储
比重测定	干化学法	可干化学法，某些仪器采用光学折射计法
混匀方式	手工混匀标本	自动混匀标本
试管架	无专用试管架	有轨道和通用试管架，一次可置入多个样本
反应时间控制	时间控制精度差	准确控制点样量和反应时间
尿量限制	可适宜用少量尿，如新生儿尿检	一般要求不少于 2ml 尿量
进样方式	手工	全自动进样，可连接成尿分析流水线系统
测定速度	50～600 标本/小时	200～300 标本/小时
条码识别	无，或手工扫描条码	自动化扫描条码，双向通讯
价格	低廉	高于半自动化仪器

二、尿液干化学分析仪的工作原理

早期的尿液干化学分析仪器一般采用反射光度计法为基本原理，多采用单波长光检测法，近年来许多仪器采用更多不同波长的发光二极管检测反射光，以适应不同的试带块颜色反应特性。而新一代仪器开始采用 CCD 或 CMOS 相机拍摄或扫描试带模块上的颜色变化，对颜色进行分析，提高了检测精度和灵敏度。

1. 反射光检测原理　多联试带模块与尿样中相应成分发生特异性呈色反应，颜色深浅与相应物质浓度成正比。仪器的检测系统由光源和光电接收管组成。

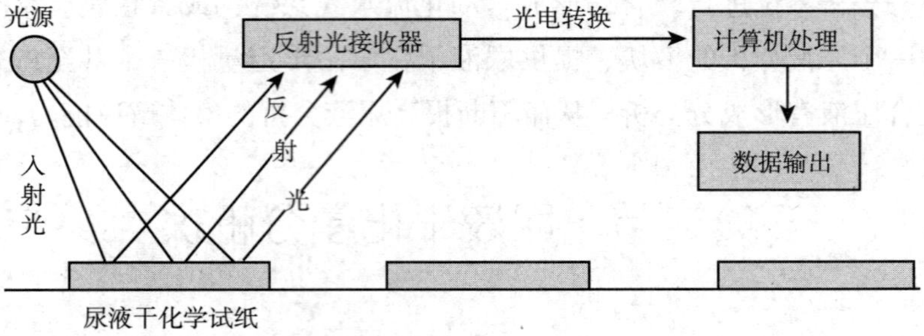

图 6－1　尿干化学分析仪检测原理示意图

如图 6－1 所示，光源发射出特定波长的光照射在尿试带对应的模块上，各模块反应后的颜色深浅对光的吸收和反射不同。颜色越深，吸收光量值越大，反射率越小；颜色越浅，吸收光量值越小，反射率越大。各模块的反射光信号经反射光接收传感器接受，经过光电转换后，与同一尿液影响下空白色块的颜色变化信息进行比较，经计算机处理后即可对尿中多种成分进行定性或半定量分析，再转化为相应浓度值结果后，通过屏幕显示或网络将检测结果输出。

一些仪器配备有本底色块检测功能，在相应的试纸条上也有空白色块，用于校准因尿液颜色变化而带来的对检测项目的影响，以及用于对尿液颜色和透明度进行初步识别。

2. 折射计法比重测定原理　全自动型尿液仪器在比重检测中添加了比较精准的折射法原理，取代传统的干化学试带法。光线从一种介质射到另一种介质时光路角度的改变叫折射，折射角度改变形成折射率。影响折射率的主要因素有物质性质与浓度，且浓度越高，折射率越大。而尿液中所含各种物质浓度是影响比重的重要因素，它们会改变折射率，仪器通过检测折射率的改变进而计算出尿比重结果。在尿液分析仪中安装一折射计，一束光线通过一个充有尿液的三棱镜槽后，折射率改变，检测器接收到这一改变的折射率，进而算出该尿液样本的比重值，折射计分析原理参考图 6－2。

三、尿液干化学分析仪的组成

尿液干化学分析仪一般由机械系统、光学系统、电路系统，以及尿液处理系统等组成。半自动与全自动型之区别主要在进样器部分和取样针及清洗管路方面。

1. 机械系统　由机械运输装置组成，其主要作用是拾取干化学试带、运送至指定位置进行检测、将检测完毕的试带传送至指定的废物收集盒中；对于全自动尿干化学分析仪，机械系统还承担对尿液标本的运送、自动将干化学试带浸入尿液或取样针吸取混合均匀的尿液，依次分别定量滴加到干化学试带的每个模块，然后通过管路运送清洗液来清洗吸样针。

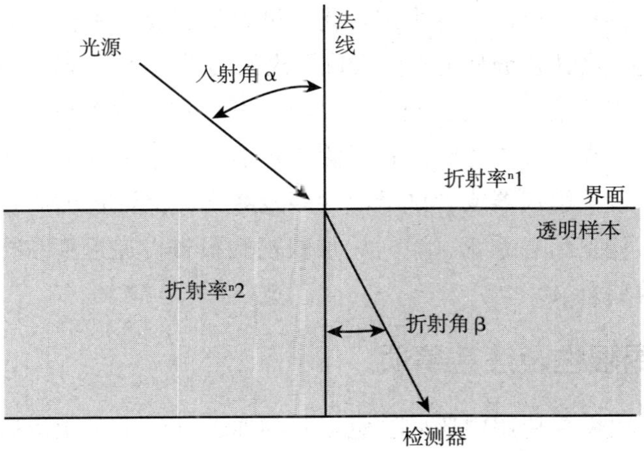

图 6－2　折射计分析原理图

2. 光学系统　主要由光源和光电转换装置组成。常用的光源类型有：以卤灯、卤钨灯作为光源，通过滤光片分光得到单色光；采用不同波长的发光二极管作为光源；采用高压氙灯作为光源。不同的光源与对应的光线接受与分析装置配套，通过光电转换装置，将反射回来的光强度信号转换成电信号。通过 CCD 或者 CMOS 数字拍摄系统对尿试带上的每个模块进行影像拍摄，获取每个模块的颜色变化。

3. 电路系统　由微处理控制器、数字转换器组成，控制整个系统的程序化运行。最终将光学系统转换得到的电信号换算为相应物质的浓度值，并显示、储存和打印结果，也可以将最终结果通过接口传入实验室信息系统，出具最终的检验报告单。

4. 处理系统　部分尿液干化学分析仪还有真空吸引装置，可去除尿干化学试带上多余的尿液，以免相邻模块上的固相试剂通过尿液的传递互相污染。对于全自动尿液干化学分析仪，它根据每个模块反应需要的最佳尿液量定量滴加至各分析模块，这样既保证了精确的样本反应量，又完全避免分析模块间的交叉污染。

5. 折射计　部分全自动尿液干化学分析仪采用折射计法测定尿比重，需要在仪器内部加装一个折射计部件，取代干化学法以获得更准确的比重测定结果。

四、尿液干化学分析仪的应用意义与价值

尿液干化学分析的临床意义不言而喻，在临床病人的各种疾病的筛查、辅助诊断、鉴别诊断、预后观察、健康体检和流行病学调查方面，具有广泛的用途。有关尿液化学检查的临床应用价值请参看《临床检验基础》教材中的相关内容。

在各级医院实验室中都会有不同类型的仪器在广泛应用，因此学习和了解尿液干化学分析仪器的原理和性能特点，对即将从事临床基础检验的学生来说非常必要。此外在具体应用方面还应参考各个仪器的标准操作程序（SOP），在带教老师的指导下完成培训，合格后方可独立操作仪器。

尿液干化学分析仪的应用的重要意义在于开启了尿液分析自动化与标准化的进程，其优势在于以下几点。①多项目联合测定：配套的多联尿干化学试带的使用，使得多项尿液化学定性检查可以在瞬间完成，其检测项目包括尿蛋白、葡萄糖、酮体、胆红素、尿胆原、亚硝酸盐、红细胞（潜血）、粒细胞酯酶、酸碱度、比重；某些仪器还可对尿颜色、浊度测定，配合相应的尿试带还可对维生素 C、尿微量白蛋白、尿肌酐等项目进行测定。②半定

量化报告：许多项目的报告可以实现半定量化，可以根据定义进行不同单位报告方式的转换。③比色测定性能：在比色分析上，依靠仪器内的反射光度计或数字图像相机等检测法，可以敏感地探查到试纸条上的颜色改变，可以依据设定的反射率和颜色变化确定各种成分的水平，给出半定量结果。其比色能力较目测比色能力有很大提升。④具有质控功能，选用配套的质控液，可以了解仪器或者试纸的性能及状况，保证检测质量。⑤可以将检验数据通过网络传输给实验室信息系统（LIS），加快检验报告传递速度和标准化，对实验室数据管理现代化具有重要意义。

五、应用的局限性及注意事项

尿液干化学分析设备在使用中还应注意以下问题，这包括干化学试带法的局限性，仪器的稳定性，尿试带质控和仪器保养等。

1. 干化学试纸法的局限性 干化学试带法具有一定的局限性，会受到一些因素的影响，例如：①尿比重测定，pH > 7.0，测定值应增高 0.005，对过高或过低的比重值不够准确，此时推荐使用折射计法作为参考，在评价肾脏的浓缩、稀释功能时应使用比较敏感准确的折射计法，而不推荐使用干化学法。②尿蛋白检测只对白蛋白敏感，且造影剂、大剂量青霉素可导致假阴性现象无法发现，尿 pH 增高还会导致假阳性出现。③尿糖测定只针对尿中的葡萄糖，高浓度酮体、维生素 C、阿司匹林等可导致假阴性。④酮体检测只用于对丙酮和乙酰乙酸的检查。⑤尿胆红素测定可以因尿兰母产生的橘红色或红色引发假阳性反应，而高浓度维生素 C 可抑制重氮反应导致假阴性。⑥尿红细胞（隐血）和白细胞（酯酶）测定，都是过筛性试验，不能完全代表尿液中的这两类细胞，同时也有许多干扰因素。如粒细胞酯酶只与中性粒细胞反应，高蛋白尿与可影响粒细胞酯酶检测的敏感性，导致假阴性；红细胞（潜血）不仅仅与红细胞反应，还可与肌红蛋白反应，而且高蛋白、高比重尿液易出现假阴性，高浓度维生素 C、甲醛和其他还原性物质也可导致假阴性；对热不稳定酶、尿路感染时细菌产生的过氧化物酶可导致假阳性出现。所以必须建立显微镜复检规则，或者配合尿液有形成分分析仪检查结果，联合进行显微镜复检，才可用于临床报告。

2. 干化学试带的质量保证 应该保证使用与仪器配套的尿液干化学试带和质控物的质量。干化学试带应保存在干燥、避光、室温条件下。每次应取出适量的试带使用，未用完的试带应放回瓶内，干燥剂不可随意取出。全自动尿液分析仪试带仓不可随意打开，仓内干燥剂不可随意取出，开启的试带应在启封后一周内用完，每开启一个新的试带包装，应在其瓶或盒上标注启用日期和开启者。受潮、过期、肉眼发现出现颜色异常的试带不能使用。

3. 干化学分析设备的系统评价 可以参考中华人民共和国医药行业标准进行。

（1）与适配的尿液分析试带的准确度 使用厂家推荐的参考溶液进行评价，每种参考溶液至少应测定三次。检测结果与相应参考溶液的标示值相差同向不超过一个量级，不得出现反向相差。阳性参考溶液不得出现阴性结果，阴性参考溶液不得出现阳性结果。

（2）携带污染 除比重和 pH 外，各测试项目的最高浓度结果的阳性样本，在随后检测阴性样本时不得出现阳性。

（3）功能评价 仪器至少应该具有下列功能：应能开机自检，识别并报告错误；结果单位应至少有国际单位制；应具备数据输出端口；应具有存储测试数据能力；仪器应该具有校正功能。

4. 质控和规则 每日开机应做两个水平的质控物测定，质控合格后方可测定病人样本。

质控合格标准是，阴性质控物不可出现阳性结果，阳性质控物不可出现阴性结果；阳性质控物应在标示值的上下一个浓度范围内浮动。当更换新批号试带时，应加做质控一次，确保质控合格方可使用。

5. 仪器保养　应该按照仪器厂家推荐的维护保养程序对设备进行定期的维护保养，应该制定日保养、周保养和月保养程序。例如用清水或中性清洗剂擦拭仪器表面，清洁试纸托盘和传输装置，倾倒和清洁废试带容器。对容易积累尿液残液或积垢的部位，应拆下后进行刷洗，清水冲洗，擦拭干燥后安装上。对仪器光路、基准白块区等主要部位不可污染任何灰尘和颜色，或遵厂家给出的建议进行清洗。

某些自动化仪器带有月校准程序，应该遵循并执行。仪器会自动对比反射光强度进行检测，将检测后数据存储或打印保存。如果配有校准检测条的仪器，应保持校准条的洁净，用后立即放回包装盒内保存。

第三节　尿液有形成分分析仪

扫码“学一学”

一、仪器分类

目前国内外研发和应用的设备按仪器检测原理和检测流程分类，可分为三种类型。

1. 流式尿液有形成分分析仪　这种设备主要由日本公司开发生产，其早期产品为 UF－100 和 UF－50，目前应用同样原理的设备已经升级为 UF－1000i 和 UF－500i 分析系统，它们均采用流式细胞分析技术、电阻抗法和荧光染色技术分析尿液中的有形成分。其最新型号设备 UF－5000/UF－4000 是第四代尿液有形成分分析仪，并可以与该厂开发的尿干化学分析仪器 UC－3500 链接，形成流水线尿液分析系统。

扫码“学一学”

2. 流动拍摄式尿液有形成分影像分析系统　是美国最先研发的设备，后经过数年应用实践和不断改进，于 2002 年推出的 iQ－200 型为代表性仪器。其原理是采用平板鞘流技术，在样本不断地流过 Flowcell 时进行数字影像的拍摄，再通过神经网络系统和特殊的 APR 软件对样本进行分割和鉴别计数。目前国内也有一些厂家采用相同或近似的原理开发生产了全自动尿液有形成分分析仪并有模块化流水线分析系统出现。

3. 静止拍摄式尿液有形成分影像分析系统　与流动型尿液有形成分影像分析系统不同的是尿液标本是通过离心或自然沉淀的方法，将尿液有形成分静止在一个专用的计数池内，通过数字相机拍摄数字照片，对有形成分目标进行数字化分析，获取分析结果。采用这种原理的仪器种类、品牌众多，例如匈牙利生产的 UriSed 检测系统其最新型号设备 UF－5000/UF－4000 是第四代尿液有形成分分析仪，并可以与该厂开发的尿干化学分析仪器 UC－3500 链接，形成流水线尿液分析系统。其最新型号的仪器 UriSed 3 还增加了相差显微镜功能。而国内不同厂商研发和生产的此类设备也较多，例如 AVE 系列、EH 系列、FUS 系列、LX 系列、Urit 系列等，他们有采用固定计数池和使用一次性计数板之分。而日本研发的具有染色功能的尿液有形成分分析仪 USscaner Ⅱ也有独特的分析性能。

近年来许多尿液有形成分分析系统，无论是上述类型的哪一类设备，都可以和尿液干化学分析仪进行联机配合，形成完整的尿液分析的流水线系统。更有一些厂家已经研发出了既有尿干化学分析功能，也可同时进行尿液有形成分分析的一体机分析系统，甚至还可连接尿液生化分析仪。

二、分析系统构成及检测原理

（一）流式尿液有形成分分析仪

1. 系统组成

（1）光学检测系统　由氩离子激光器（波长488nm）、激光反射系统、流动池、前向光收集器和前向光检测器、荧光信号检测器等组成。

（2）电阻抗检测系统　两个电极分别位于流动池（flowcell）入口的内外两端，电极间有恒定的直流电。当尿液中细胞通过时，检测细胞通过的瞬间而产生的电阻抗信号，其测定原理等同于血细胞计数仪测定原理。

（3）鞘流系统　核心是一个由光学玻璃或石英材质等稳定的材料制作而构成，它的进口部分可接入样品管和鞘液管，中心是喷嘴和轴线通道，后端连接到排出管。样品管是进入尿液样品的通道，细胞悬液在液流压力作用下从样品管以单细胞排列方式射入；鞘液由鞘液管从四周流向喷孔，包围在样品外周，从喷嘴射出，进入Flowcell中心部位。

（4）电子和电路系统　对测定过程中获取的各种电子信号，如前向散射光强度、前向散射光脉冲宽度、荧光强度及脉冲宽度、电阻抗信号等，通过电子系统对这些电子信号和光学检测信号进行放大、增幅、光电转换、整理，再传输给计算机的微处理器进行汇总，得出每种细胞的直方图和散射图，再经过系统分析，得到各种有形成分的特征性信息，根据特征信息判别部分有形成分的类型，并定量计算出这些有形成分的数量。

（5）自动进样装置　包括试管架自动进样传输装置、样本混匀器、定量吸样装置、样品传输管路等组成。仪器在加样装置吸取尿液标本的同时，各种管道和电子阀门将试剂送入测量系统，与尿液进行反应，然后进行检测分析。仪器具有条码自动扫描装置，可对标本个体进行识别。

（6）屏幕显示和输出　UF系列仪器具有匹配的电脑和软件系统，可对仪器进行操作，可以显示散点图和直方图，数据，报警信息，执行对仪器的清洗、质控和数据管理等。可显示有形成分的直方图（histogram）和散射图（scattergram），连接打印机则可打印检测数据和图形，也可通过连接LIS系统传输数据。

2. 测定原理　该系统使用两种荧光染料对尿有形成分中的细胞进行染色处理。菲啶（phenantridine）染料的特性为可对细胞的核酸成分（DNA）进行染色，它在480nm波长激光照射时可产生610nm的橙黄色光波，发出的荧光强度和细胞DNA含量成正比，可用于区别有核的细胞和无核的细胞、有内含物的管型与无内含物的管型，例如白细胞与红细胞、病理管型（包括含有颗粒、细胞、蜡样结构等）与透明管型。但菲啶对细胞膜的渗透性差，因此在细胞膜完整的情况下染色性较低，为对此进行补偿，同时使用了羧花氰（carbocyanine）染料，其特性为穿透力较强，可与细胞质膜（细胞膜、核膜和线粒体）的脂层成分结合，在460nm的光波激发时，可产生505nm的绿色光波，主要用于区别细胞的大小（如上皮细胞与白细胞）。

仪器内部有一个氩激光发生器，它可发射出488nm波长的激光，与菲啶染料和羧花氰染料所需的最佳激发波长非常接近。当尿液标本被稀释液稀释并经荧光染料染色后，靠液压作用通过样品喷嘴口进入流动池，它在进入的同时被无粒子的鞘液包围形成鞘流。鞘流作用可使尿中有形成分以单个纵列的形式通过流动池中心轴线，在这里每个尿液细胞被氩激光光束照射。每个细胞均会表现出不同程度的荧光强度（Fl）信号，反映出该细胞的特性，如细胞膜、核膜、线粒体和核酸的情况。同时每个细胞还会发出前向散射光强度（Fsc）信号，它可以反映出被测定有形成分粒子的大小，还可被两个电极测量到每个通过的粒子的电阻抗信息和液体的电导率信息。仪器正是通过对前向散射光信号（散射光强度和散射光脉冲宽度）、前向荧光信号（荧光强度和荧光脉冲宽度）和电阻抗信号的大小一起综合分析，得出尿液中各类有形成分的大小、横截面、染色部分的长度、细胞容积等信息，根据这些信息来区分红细胞、白细胞、上皮细胞、管型、细菌等成分，作出定性和定量分析的结果。仪器分析测定原理示意图，见图6－3。

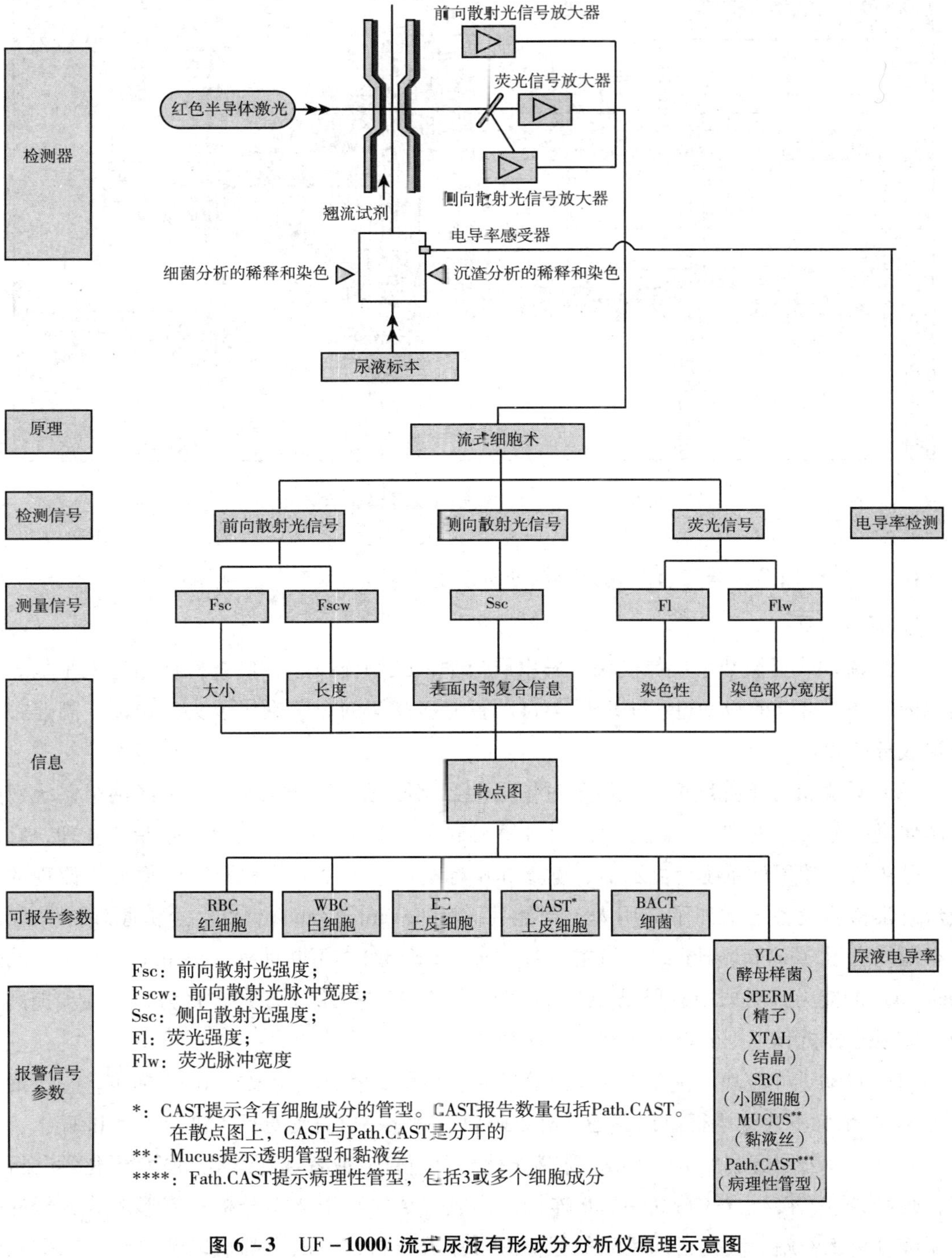

图6－3　UF－1000i流式尿液有形成分分析仪原理示意图

3. 报告参数 该系统可得到尿中红细胞、白细胞、上皮细胞、管型、细菌的定量测定结果，不仅给出各种有形成分的每微升含量的报告，还可提供每高倍视野下细胞数量的换算结果。可对病理性管型、结晶、精子、小园上皮细胞、酵母样菌给出提示性报告和定量报告。此外当尿液中红细胞数量增多时，还可给出均一性红细胞、非均一性红细胞、混合性红细胞的建议性提示信息和尿液电导率结果。直方图和散点图对结果的分析判断，甚至辅助诊断均具有一定的价值。图 6－4 为 UF－1000i 分析系统屏幕显示的散点图、直方图和测定数据。

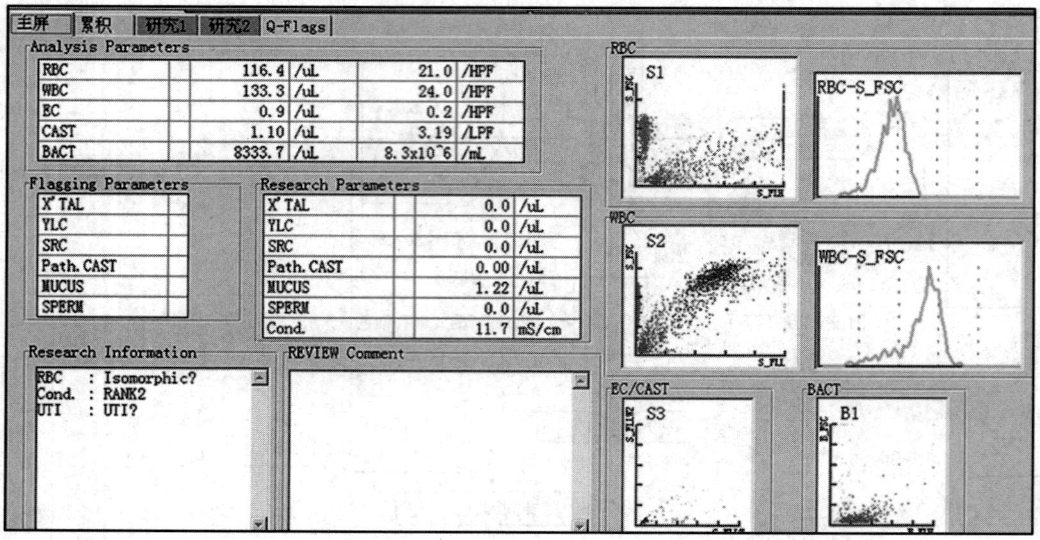

图 6－4 UF－1000i 分析仪屏幕显示结果

（二）流动拍摄式尿液有形成分影像分析系统

1. 系统组成

（1）流动式显微数字成像模块 采用层流平板式鞘流技术，使被检样品进入平板式鞘流池内，并在持续的流动过程中应用全自动智能显微镜的数字摄像镜头（CCD）高速拍摄有形成分照片。

（2）计算机分析处理模块 用于对拍摄的数字图像进行分割、通过神经网络系统对数字图像进行分析、处理、归纳，再通过计算机对图像和数据进行显示、存储和管理，它是由电脑主机、软硬件系统、显示器、键盘和鼠标构成。近年来这种数字图像分析原理的尿液形态学检验设备还增加了应用人工智能（Artificial Intelligence，AI）分析原理，依据 AI 具有深入学习（deep learning），自主学习（self learning）、不断训练（training）与不断改进（reform）的能力，对尿中有形成分进行鉴别，根据 AI 在图像分析中的优势，对逐步提高尿液有形成分分析和识别的能力将有很大帮助。

（3）自动进样模块 配备有自动进样装置，每个试管架上可安放 10 个标本，一次最大可容纳 60 个标本连续运行。仪器还具有条码识别功能，可自动对标本进行识别和编号。

如果将该公司配套的 iQ－Chem 尿液干化学分析仪，或者选配 AX－4030 干化学分析系统，则可通过连接桥方式与 iQ－200 连接，形成包括尿液干化学分析和有形成分分析的完整尿液分析工作站。其他不同系列的尿液有形成分分析仪一般也都可以和自己厂家配套的干化学分析系统，或者选定的干化学分析系统进行链接，形成流水线分析系统。

2. 测定原理

（1）平板鞘流技术　通过平板鞘流池的鞘流液是等渗的、无颗粒的、具有缓冲功能的溶液，具有使薄层鞘流稳定、抑制尿中细菌繁殖和防腐功能，可保证尿液中有形成分始终处于鞘流液中部，在显微镜镜头的焦点内，还起到保障每个细胞是以单层独立的方式通过显微镜镜头和CCD相机，尽量起到避免有形成分重叠、黏附和聚集现象发生。

（2）自动数码影像拍摄　固定在薄层鞘流平板一侧的显微镜物镜头，其位置符合显微镜物镜视野的焦距范围，CCD数字照相机位于显微镜目镜后面。流经物镜头前面的标本会以最大的面积直接面对镜头的观测，数字影像拍摄过程中同时有每秒24次的高速频闪光源（stroboscopic lamp）配合，当显微镜视野被照亮后，所经过的有形成分会瞬间被拍摄下来。CCD相机会在一定时间内可对每个标本会拍摄含有500幅有形成分的图像。图6-5为薄层平板鞘流技术原理示意图。

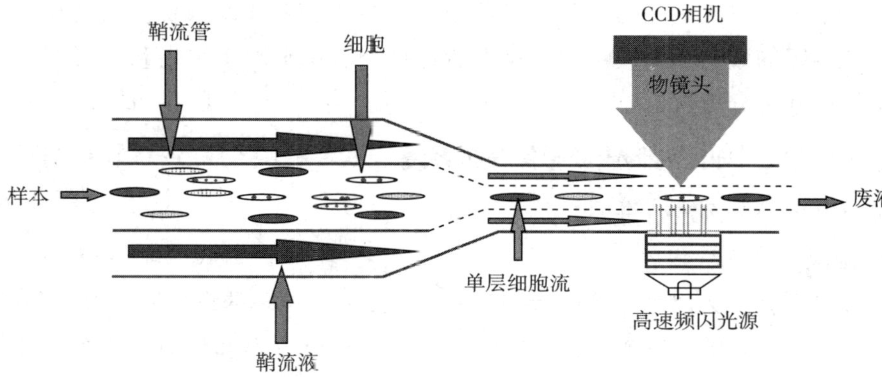

图6-5　iQ-200 薄层平板鞘流技术原理图

（3）有形成分的识别　仪器数据库中已经预先存储了12种常见有形成分典型的大量图像数据资料，建立了它们的标准模板数据库，这12种有形成分在电脑中被称为粒子（particles）。自动粒子识别软件（auto-particle recognition software，APR™）和高度训练的神经网络技术（neural network technology）可迅速地将拍摄的图像分割成含有单独"粒子"的图像（图6-6），并将每个含有单独"粒子"的图像和数据库中的标准模板进行对比，并根据被拍摄到的"粒子"的大小、外形、对比度、纹理特征等众多特征性信息来初步鉴别。

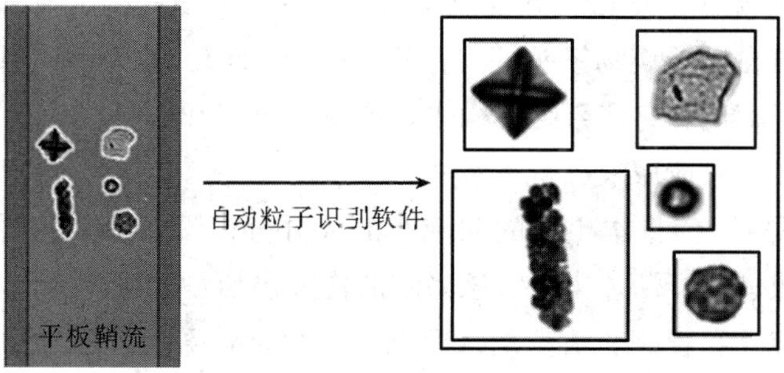

图6-6　APR系统尿液分析仪对"粒子"的分割图

3. 测定参数　仪器可初步将这些不同种类的"粒子"分成12个类别：红细胞（RBC）、白细胞（WBC）、白细胞团（WBCC）、透明管型（HYA）、未分类管型（UNCC）、鳞状上皮细胞（SQEP）、非鳞状上皮细胞（NSE）、细菌（BACT）、酵母菌（YST）、结晶（CRYS）、黏液丝（MUC）和精子（SPRM）。而未分类管型主要是一些病理性管型或假管型，需要人工辅助鉴别其亚类；非鳞状上皮细胞和结晶的种类同样需要人工辅助鉴别。

仪器对尿中有形成分分析结果可采用定量方式报告（个/微升），也可换算成传统的每高倍/低倍视野表达方式报告。用户可自行定义审核标准，凡符合定义审核标准的结果，可不再通过人工审核，电脑根据设定标准自动预审后（per－review）即可自动输出报告。凡超出定义审核标准的结果，需要人工复核后（post－review）发出报告。凡 APR 软件系统不能识别的“粒子”会出现在电脑屏幕上，可通过人工在电脑屏幕上辨认、识别和分类，并可以对一些类型的粒子进行亚分类，如将病理管型再根据图像特征，经人工鉴别细分为颗粒管型、细胞管型、蜡样管型等，结晶也可根据形态人工划分到具体结晶类别。应注意此仪器所拍摄的有形成分图片，是经过 APR 系统处理、分割成单一成分的数字照片，这和我们在显微镜下所观察的整个视野图像是不同的。

确认后的结果可生成格式化报告单打印或者直接上传到 LIS 系统。仪器还可接收来自干化学分析仪测定的数据，生成包括干化学测定结果、比重测定结果和有形成分分析结果在内的完整尿液常规分析报告。

（三）静止拍摄式尿液有形成分影像分析系统

以三种典型设备为例进行讲述。

1. 系统组成

（1）UriSed 系统　为欧洲国家生产的设备，采用同一原理的设备还有 cobas UT01 和 cobio XS 型，采用数字图像分析技术对尿中的有形成分进行分类和计数的仪器。该仪器由自动传输和进样系统、自动混匀和取样系统、微型自动离心机、20×物镜头、可自动对焦的130 万像素的数字相机、图像分析软件和管理软件、显示屏、存储和打印系统等构成，检测和分析速度最高可达 80 个/小时。仪器在测定过程中还需要一个特殊的、一次性使用尿液有形成分定量分析方型薄板。该系统的最新升级版本在硬件上结合了相差显微镜功能，提供更加清晰和易于识别的图像，有助于异常红细胞、透明管型和其他有形成分的识别能力。UriSed 系统还可以和该公司生产的 LabUMat 尿液干化学分析系统，通过连接后形成干化学和有形成分分析一体化的尿液分析工作站。

（2）AVE－76 系统　为国内生产厂家生产的系列仪器，其多种型号的仪器均采用相同的检测原理，但是检测速度和某些功能各有不同。设备的硬件构成有自动进样系统，自动混匀和取样系统，可自动转换物镜头的显微镜，数字相机，神经网络系统，图像分析软件和管理软件、显示屏存储和打印系统等构成。该系统可以和自己公司生产的 AVE 系列干化学分析系统进行桥接，形成尿液分析流水线。

（3）USscann 系统　为日本生产的尿液有形成分分析设备，其独特之处在于首先在计数半内对尿中有形成分进行活体染色。该系统的构成包括自动进样系统、内置显微镜系统、数字相加、染色液容器和管路、清洗剂及管路、一次性计数池、图像分析软件和操作系统软件、废弃计数板容器等。

2. 测定原理

（1）UriSed 系统　测定标本应使用新鲜晨尿，无须离心处理。仪器启动后会将试管架自动运送到测试位置，先通过取样管插入到标本中下部并打出气泡将样本混匀，然后吸取尿样 200μl，将其注入仪器内部储存的方形薄板内，板腔内厚度为 0.2μm。注入标本后的薄板被自动移至内置的特制离心机内并立即以 2000r/min 的速度离心 10 秒。经离心处理后样品中的有形成分被沉淀在薄板的一侧，形成一个沉淀物层面，该薄板被转移至内置的显微镜平台上，并处于数字照相机的可调焦距范围中。该系统采用 20 倍物镜头和数字相机对相当于显微镜检查的 10 个视野的范围进行多点拍摄，其拍摄照片的分辨率为 1280×960dpi，实际拍摄的有形成分图片相当于显微镜下的 400 倍放大倍率。所有拍摄的图像通过仪器内部的高级图像处理软件进行处理，该软件数据库中会包括所有可识别粒子的特征性信息，应用人工神经网络和其他智能数学模型的识别判定算法，或者是人工智能（AI）系统，将所拍摄的尿中粒子根据其各自的特征信息通过多个数学模型与数据库中的信息进行比对、计算、分类和计数。仪器内存储的各种粒子的特征性信息数据库可根据厂家提供的更新数据库进行更新，相关识别和判定的数学模型等软件可通过厂家的升级更新得到优化，以不断提高其识别尿中各种有形成分的灵敏度和正确率。对仪器尚不能识别的成分，或者形态特征接近而误判的成分，还可通过图片复核的方式，由有经验的检验人员进行确认、核实或修改。仪器可以用定量的方式进行报告，也可采用传统的高倍视野方式进行报告。该系统的测定原理和工作流程图参考图 6－7。

（2）AVE－76 系统　非离心标本安放在试管架上，仪器运行时其取样针可将标本上下反复吹吸混合，然后吸取一定量的混均标本，充入到特制的流动计数板中，待有形成分自然沉淀到计数板底部后，再开始进行扫描测定。仪器先用低倍镜扫描计数池，拍摄 8～16 幅图片，计算机系统则根据所摄图片上的内容，寻找到可疑目标并进行准确定位。然后显微镜自动转换为高倍视野，对准確定位的可疑目标视野拍摄 8～16 幅高倍视野图片。然后将拍摄的数字影像传入计算机系统，分别对低倍视野和高倍视野中有目标的影像进行分析。一般低倍视野影像用于对上皮细胞和管形的分析，高倍视野影像用于对细胞、结晶等较小成分进行分析。其分析过程为根据数字图片中目标的大小、颜色、灰度、纹理等各种特征性数据，通过神经网络与系统内已经建立的各种有形成分数据模型进行比对、分析、理解、拟合、处理，参照已建立的模型数据识别该图像所属的类别，分别进行定量计数，最终以每微升含量的方式给出图文报告。凡仪器不能识别或错误识别的成分，仪器可做出提示或报警，可通过浏览图像的方式在屏幕上通过专业人员协助识别和纠正错误识别。图 6－8 为 AVE－76 系统的测定原理和工作流程图。

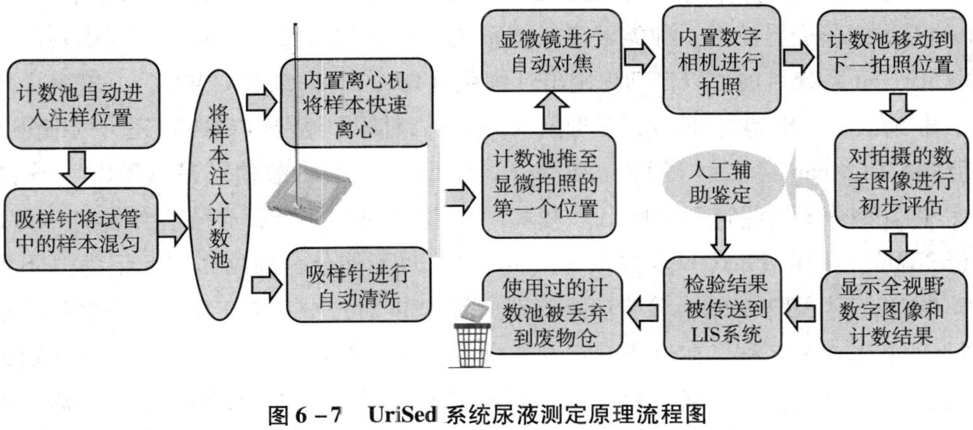

图 6－7　UriSed 系统尿液测定原理流程图

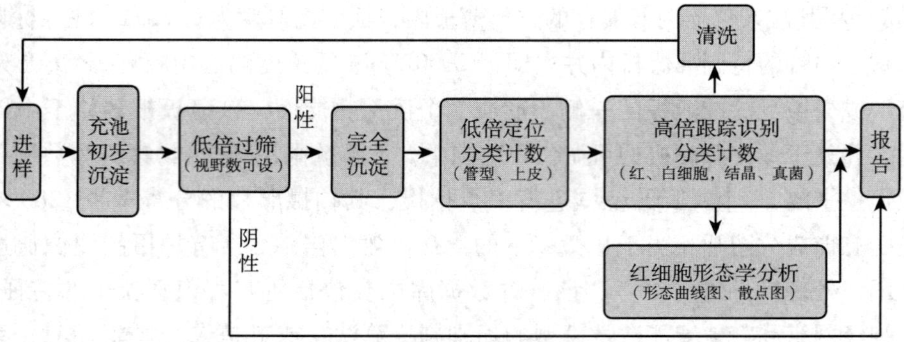

图 6-8　AVE-76 系统尿液测定原理流程图

（3）USscann 系统　独特之处在于对尿样本进行活体染色。仪器预先在计数板的染色池内滴加染液，再将混合均匀的尿液注入染色池，混合均匀后将染色样本转移注入致计数板后面的计数池，经过沉淀，数字显微镜系统可以拍摄多幅数字图像，软件系统可以对图像进行数字化分析，最终完成对图像中有形成分的鉴别和计数，系统有独特的测量尺，可对有形成分大小进行实际测量。该设备以彩色图文的方式呈现最终检验结果。图 6-9 为该系统的模拟工作原理流程示意图。

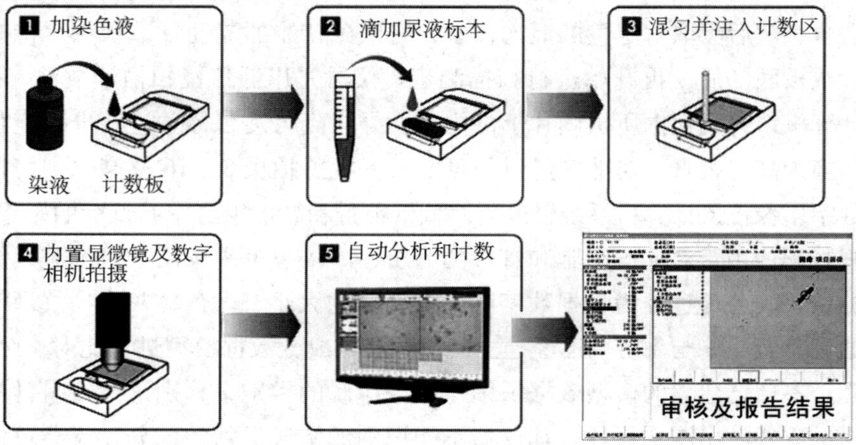

图 6-9　流程示意图

3. 报告参数　此类检测系统原则上是所拍摄到的尿液中有形成分均可识别，但是由于尿液中的有形成分变异较大，种类繁多，其系统数据库的局限性等问题，其识别能力会有所不同。UriSed 系统目前可以自动识别出红细胞（RBC）、白细胞（WBC）、鳞状上皮细胞（EPI）、非鳞状上皮细胞（NEC）、酵母菌（YEA）；对尿中结晶（CRY）还可以细分为一水草酸钙结晶（CaOxm）、二水草酸钙结晶（CaOxd）、三联磷酸盐结晶（TRI）、尿酸结晶（URI），将管型分为透明管型（HYA）和病理管型（PAT）；此外还有白细胞团（WBCc）、精子（SPRM）、细菌（BAC）和黏液丝（MUC），对不能分辨的物质则标记为“不可分类的粒子（UNC）”，用于提示检验者注意鉴别。另有 34 种成分可人工鉴定和选择性添加出这些不常见的有形成分名称。在仪器测定并拍摄的数字图像屏幕显示上，这些可识别的有形成分可以以英文字母标示出来。AVE-76 系统目前可识别尿中的红细胞、白细胞、上皮细胞、管型、结晶、精子、黏液丝等成分。对形态不典型或不能识别的成分，仪器会给出特殊的标记，由人工识别鉴定，其他少见或罕见的成分需要人工辅助识别鉴定。

上述仪器所拍摄的数字图片是完整的视野下图片，而不是分割开的图片。其中 UriSed 系统可在屏幕上将可识别的有形成分加注缩写字母，但在存储的图像中不包含这些识别缩写字母。对不可识别或错误识别的有形成分，可以通过屏幕添加人工识别标记。这些图像资料和检测数据信息可以储存在系统的电脑中，并可根据需要随时由检验者和医生提取浏览、复核或重新识别。

三、尿液有形成分分析仪的临床应用

尿液有形成分检查是尿常规分析中的重要组成部分，一般应配合尿液理学检查和化学检查结果进行综合分析判断，更有价值。该项目多用于对泌尿系统疾病、肾脏疾病的初筛和辅助诊断，还有助于对血液系统、循环系统、内分泌系统、代谢系统及肝胆功能和疾病的情况进行全面了解。可为这些疾病的临床诊断、治疗及预后判断提供重要信息。有关尿液有形成分检查的临床应用部分请参看本系列丛书中《临床检验基础》中的相关内容。

以往的尿液有形成分多为显微镜检查法，而且依然是作为金标准而使用。自动化尿液有形成分仪器的使用，其重要意义在于在大量样本检测时可明显提高检测速度、节省人力、提高检测流程的标准化、增加质量控制流程、对检测项目提供定量报告或形态学图文报告等。但是此类设备目前为止依然是一种过筛性检验方法，应结合所用仪器性能、科室质量要求、服务对象要求和医生的要求，配合尿液化学分析结果并以标准的显微镜检查法为标准，制定适宜的筛检规则，防止出现漏检和因仪器固有的缺陷而导致的检验错误。对疑难病例及形态学内容，必须以镜检结果为最终报告结果。

四、应用的局限性及注意事项

（一）应用的局限性

如同尿液干化学检查和自动化分析仪器一样，尿液有形成分检测的自动化设备也有一定的局限性，特别是形态学检验的内容比较复杂，所以该类仪器仍然是一种过筛性检验设备。各医院在使用时应对仪器的性能进行系统性评价，应该建立适宜的参考范围，通过实验确定适宜的筛检规则，尽量降低假阳性，避免出现假阴性。当仪器出现报警信息，触发复检规则或临床有需求时，应采用作为金标准的显微镜检查法予以确认。

采用不同原理的仪器都有各自的不足，需要对其进行了解和评价。如计数错误和干扰（结晶、细菌、真菌、黏液丝）等对细胞或管型判断的干扰；数字影像拍摄不清晰导致的识别错误，有形成分过多、形态变化复杂、形态不典型造成的识别或计数错误；某些少见罕见的有形成分因数据库中未有相应的判别标准而导致识别错误等。因此在审核报告时对这些问题应予以关注，采用数字图像识别的设备需要在屏幕上对形态学图片进行审核。

国内尿液分析领域的专家在 2016 ~ 2017 年间经过四次讨论，对尿液有形成分的检查问题进行了研讨，并推荐了以下条款说明，依据不同原理仪器制定复检规则和审核原则。

（1）流式尿液有形成分分析仪（非图像法原理）　①干化学法潜血（红细胞）、粒细胞酯酶（白细胞）、蛋白质结果均为阴性，有形成分分析仪测定尿红细胞、白细胞、管型结果在参考范围之内，可以免除镜检，直接签发报告。②有形成分分析仪测红细胞、白细胞、管型，任一项或多项结果阳性，需经显微镜复检后签发报告。③尿干化学潜血（红细胞）、粒细胞酯酶测定结果与有形成分分析仪结果不符，需经显微镜复检、确认或修正后签发报告。④尿干化学分析结果蛋白质阳性，需经显微镜复检后签发报告。

（2）数字图像法尿液有形成分分析仪（图像法原理） ①干化学法潜血（红细胞）、粒细胞酯酶（白细胞）、蛋白质结果均为阴性，有形成分分析仪测定尿红细胞、白细胞、管型结果在参考范围之内，可以免除图像审核或镜检，直接签发报告。②有形成分分析仪测红细胞、白细胞、管型，任一项或多项结果阳性，需经图像审核后签发报告。③尿干化学潜血（红细胞）、粒细胞酯酶测定结果与有形成分分析仪结果不符，需经图像审核，必要时辅助以显微镜复检、确认或修正后签发报告。④尿干化学分析结果蛋白质阳性，需经图像审核，确认管型有无后签发报告。⑤图像审核不能满足鉴别要求时，需显微镜检查确认，必要时采用特殊显微镜或染色法确认。

（3）如果临床医师有要求镜检的标本（如肾病、泌尿系统疾病、使用免疫抑制剂、孕妇、糖尿病、应用某些治疗药物等），图像法原理的仪器应首先审核图像，必要时采用特殊鉴别方法予以复检和确认；使用非图像法原理的仪器，需显微镜法复检，必要时采用特殊鉴别方法予以复检和确认。

（二）质量管理

1. UF 系列 可通过校准物，质控物可对仪器进行有效的质量管理。仪器备有专用的校准品，可用于激光光路的调整和校正，这需要专业工程师进行操作。质控物：UF - CHECK 为一种特殊的胶乳微粒构成，可以提供 WBC、RBC、CAST、EC、BACT 参数的靶值和浮动范围，还可以提供包括前向散射光、荧光强度、电导率等多项系统参数的质控范围，每日质控测定完毕后，其质控数据可自动绘制成 L - J 质控图。该质控物是一种专用于 UF 系列仪器的质控物，在其他原理的仪器上不能使用。

2. iQ - 200 通过三种配套的物质对仪器进行质量管理，仪器具有焦点校准和质量控制功能。厂家提供的焦点校准品（iQ Focus）是用于仪器鞘流和焦点的调整，应于每日开机后进行焦点校准；而阴性和阳性质控物（iQ Negative，and iQ Positive control samples）可用于仪器测定的日常质控测定。按照操作规程，每日均应进行焦点校准和质控操作程序，当达到厂家设定的要求后方可进行日常标本的测定。该仪器的质控物和校准物都是专用的，不可在其他原理的仪器上应用。

3. UriSed 为数字图像分析系统，一般通过调整镜头对焦方式来达到系统校正的目的。仪器同样具有质量控制程序，可以选择适当的阴性或阳性质控物对仪器进行日常质控管理。例如仪器配套第三方质控品：Quantimetrix 的 quanTscopics；Quantimetrix edip and spin；hycor KOVA LIQUA - TROL；Biorad liquichek（伯乐）等都可以用在该设备的日常质控工作中。

4. 其他品牌的数字图像法仪器 目前一些品牌的设备已经研发生产了相应配套的室内质控品，建议尽量选择适宜配套的质控品进行室内质量控制管理，或者购买第三方室内质控品。仪器一般具有室内质控程序，用户可以按照相应的规则进行设置并进行日常质控工作。

目前各种原理的尿液有形成分分析仪，尚未有适宜的室间质评计划和工作开展。必要时实验室可建立室内和室间比对的 SOP 和比对标准，采用室内同检测系统仪器及与其他实验室比对的方式进行评估。

（三）系统评价

当新的仪器安装完毕后，在使用前为验证其性能是否符合用户的需求或达到出厂设计要求，一般需要对其各种性能进行评价。目前尚未有明确的有关尿液有形成分分析仪评价要求出现，但是可以参照血细胞分析仪评价程序进行，因为这两种仪器均属于颗粒计数分析仪器，有许多相似的评价内容可以参照使用。目前可用于评价的有形成分有红细胞、白细胞、上皮细胞等。也可以参考相关的中华人民共和国医药行业标准进行仪器评价。

1. 精密度　可进行批内、批间精密度评价，最好能够选择高、低不同浓度的标本测定10次后统计均值和CV%。可以用人血稀释处理后替代。可使用血细胞分析仪对其进行定量计数，也可采用血细胞计数板精确计数定量。一般情况下低浓度标本的精密度可能变异度略大。仪器精密度应符合厂家给出的要求，数字图像原理的仪器其精密度范围至少应符合如下行业标准的要求，见表6-3。

表6-3　数字图像原理的尿液有形成分分析仪精密度要求

	细胞数量（个/微升）	CV（%）
低浓度	50	25
高浓度	200	15

2. 线性　应对仪器的可报告范围内的线性进行评价。可选择定量的高浓度标本，用等渗稀释液稀释成不同的浓度，然后测定，得到线性范围。

3. 携带污染率　用于评价高浓度标本是否对低浓度标本测定产生影响的评价指标。首先选择含有较多细胞的尿液样本或质控品，测定三次，再立即选择一阴性尿液标本，测定三次。用公式计算来获得到携带污染率指标，一般情况下应<1%。

4. 检出限　对细胞的最低检出要求是5个/微升。

5. 与镜检的符合率　数字图像原理的仪器至少应能自动识别以下三种有形成分，其单项结果与镜检的符合率应达到如下行业标准的要求，见表6-4。

表6-4　数字图像原理尿液有形成分分析仪单项检测结果与镜检符合率

有形成分名称	与镜检的符合率（%）
红细胞	70
白细胞	80
管型	50

6. 假阴性率　还应对仪器与参考方法在测定同一组样本结果的符合率进行评价，判断其在各种成分的识别和计数上的假阴性和假阳性率，其中假阴性率应<3%。

7. 相关性　与其他方法的比对实验，例如与其他类型的仪器比对，或与标准的显微镜定量计数法的比对实验，获得每项测定参数的相关系数，斜率和截距和回归公式等。

（四）维护和保养

各型号仪器都应按照设计要求进行日常维护和保养，使用者应遵循厂商推荐的方法建立自己的维护保养程序，并严格执行。

UF系列仪器可通过厂家提供的CELLCLEAN专用清洗剂对仪器进行清洗，一般是在每日操作完毕后，关机前执行Shutdown程序时应用此清洗剂。清洗剂吸入后可完成对取样针、管路和flowcell等重要系统的自动清洗。如果在仪器运行过程中，出现进样或管路故障时，也可执行清洗程序。

UriSed系统无须任何特殊清洗液。仪器设计清洗是在运行时用蒸馏水自动清洗取样针。

每天工作结束后需执行仪器自带清洗程序，可用2%的次氯酸钠清洗取样针和废液管路。仪器的清洗和维护非常简便，有简单的月保养程序和工程师执行的定期系统保养内容。

影像型仪器的保养和维护也非常重要，同样需要使用厂家提供的清洗液对取样针、管路、flowcell和光学计数板进行清洗。仪器每日应用完毕后必须进行清洗，运行过程中出现管路或计数板污染或故障也需通过清洗程序排除，因为标本中的蛋白质和有形成分易于黏附于系统的管路和计数板上，会对检测结果造成干扰。光学计数板应保持通畅和清洁、无颗粒物、透光性能良好、无灰尘侵入，保证所拍摄的图片背景清晰、无杂物干扰。应用显微镜镜头观察和拍摄图像的系统，其显微镜镜头的清洁也很重要，同时显微镜的机械和电子调节系统应保持运动调节自如，保持显微镜光源系统的清洁和干净。对使用一次性计数板的仪器，每日工作完毕后应及时清理废弃板盒。

扫码“练一练”

各种原理的自动化仪器设备，其维护和保养程序非常重要，是保障设备正常工作的前提，因此一定按照相关的要求与步骤进行维护与保养，并将其列入实验室设备管理的SOP中。

（张时民）

第七章　生化分析仪

教学目标与要求

掌握　普通生化分析仪和干式生化分析仪的工作原理；单波长及双波长的测定原理；生化分析仪主要性能评价的指标内容和方法。

熟悉　常见的生化分析仪种类；生化分析仪加样系统、清洗系统、温育系统、检测系统及计算机系统的基本结构和工作特点；生化分析仪实验参数的设置，正确选择测定方法、波长、分析时间及校准方法；自动生化分析仪器的使用和维护注意事项。

了解　生化分析仪的常用分析方法；与生化分析仪配套的外围设备水处理机的一般特点。

第一节　生化分析仪概述

扫码“学一学”

扫码“看一看”

生化是生物化学（biochemistry）的简称，而临床所称的生化实际上是临床化学（clinical chemistry）的简称。生化分析仪，顾名思义是采用化学分析方法对临床标本进行检测的仪器，其检测的范围十分广泛，有小分子的无机元素，如临床上经常测定的钾、钠、氯、钙离子等；有小分子的有机物质，如葡萄糖、尿素、肌酐等；有大分子物质，如蛋白质等。因此生化分析仪是临床诊断常用的重要检测仪器之一（图7－1）。它是通过对血液和其他体液的分析测定各种生化指标，如肝功能、肾功能、心肌酶、葡萄糖、胰腺功能等，同时结合其他临床资料进行综合分析，来帮助临床医生进行疾病的诊断及鉴别诊断，监测临床治疗效果。

一、生化分析仪的发展史

生化分析仪器的发展十分迅速，仪器和分析方法的更新速度较快，它的发展大大促进了临床化学的发展。因此，从生化分析仪器发展的历史就可以看到检验医学的发展足迹（表7－1）。

表7－1　生化分析仪的发展简史

年代	代表性设备及简介
1957年	由美国医师Skeggs等设计，Technicon公司生产出第一台单通道、连续流动式自动分析仪（continuous flow analyzer），它是生化自动分析仪的先驱，是当时主要的自动生化分析仪
1960年	自动稀释器诞生，生化分析仪器发展的初级阶段
1964年	由Skeggs设计，美国Technicon公司生产出了连续多通道自动分析仪（sequential multiple analyzer，SMA）系列，一份样本可同时测定不同的项目
70年代中期	连续流动式自动化分析仪SMAC，由电子计算机控制，分析速度快

续表

年代	代表性设备及简介
20世纪80年代	分立式（discrete）、离心式（centrifuge）、干化学（多层涂膜技术，multilayer film – slide technology）式等类型逐渐取代连续流动式
80年代后期至90年代初期	固相酶、离子特异电极和多层膜片的"干化学"试剂系统，开创了即时检验（床旁检验）仪器开发的新纪元
1995年	模块式分析系统（modular analysis system），管理方便，分析效率高
21世纪	高检测速度、高度自动化、多功能组合的大型生化分析仪器以及流水线广泛使用，如贝克曼、日立、罗氏、西门子等，标志着检验医学发展的新高度

全自动生化分析仪见图7－1。

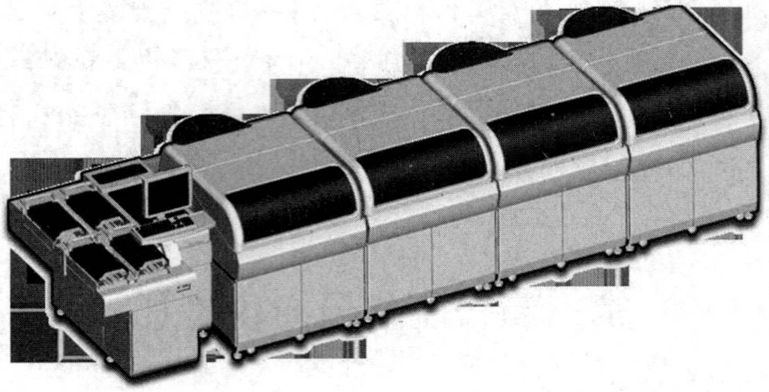

图7－1　全自动生化分析仪外观

如今人们对健康的关注意识更加强烈，日益倍增的检验项目和检验标本的数量与有限的医疗服务资源之间的矛盾是亟须解决的问题。使实验室流程简单化、自动化是解决该问题的最好方法。

目前国内大部分实验室已应用了自动化系统（laboratory automation system，LAS），它具有缩短TAT、保持TATs的一致性、减轻工作负担使人员结构更好的分配以及更好的保证检验人员的安全等优点。它的基本组成包括：①标本传送系统（conveyor system）或传送带（conveyor belt），负责标本转运的移动机器人（mobile robot）；②标本处理（sample handling）系列，如标本的自动识别、离心、揭盖、分装；③自动分析仪（automated analyzer）；④分析测试过程控制（process control）软件包括分析控制软件（process control software）和结果处理的实验室信息系统（laboratory information system，LIS）；⑤标本的储存单元，可实现大容量标本的存储、标本的获取以及标本的在线复查。

可以预测在不久的将来，绝大部分检验项目将采用非损伤性生物传感器的检测方法。样品、试剂和信息的传送将进一步用计算机控制的最佳自动传递方式进行。检测项目、样品数量、病人与样品核对等样品前处理阶段均用电子信息的方法控制，而且可根据病情需要确定发报告的时限。试剂和质控品的配制，都将由机器人以现配现用的方式即时配制，从而实现全实验室自动化（total laboratory automation，TLA）。由此，可节省大量的人力，检验科的专业人员将致力于计算机所不能完成的工作和新项目的开发上。

二、生化分析仪的种类

目前已很难对繁多的不同功能的生化分析仪进行分类，因为任何分类都可能以偏概全，一般可按以下分类：

1. 根据仪器自动化程度　根据仪器自动化程度的高低分为全自动和半自动两大类。

（1）半自动生化分析仪　多半还要靠手工完成样品及反应混合体递送，或是人工观测及计算结果，一部分操作则可由仪器自动完成，特点是体积小，结构简单，灵活性大，价格便宜。

（2）全自动生化分析仪　从加样到加试剂、去干扰物、混合、保温反应、自动监测、数据处理及实验后的清洗等，全过程完全由仪器自动完成，由于分析中没有手工操作步骤，故主观误差很小，且由于该类仪器一般都具有自动报告异常情况、自动校正自身工作状态的功能，因此系统误差也较小，给使用者带来很大方便。

2. 按反应装置的结构　按反应装置的结构分为连续流动式、分立式和离心式三类。

（1）连续流动式　在微机控制下，通过比例泵将标本和试剂注入连续的管道系统中，由透析器使反应管道中的大分子物质（如蛋白质）与小分子物质（如葡萄糖、尿素等）分离后，样品与试剂被混合并加热到一定温度，反应混合液由光度计检测、信号被放大并经运算处理，最后将结果显示并打印出来。由于不同含量的标本通过同一管道，前一标本不可避免会影响后一个标本的结果，这就是所谓的携带污染，这已成为制约此系统应用的一个重要因素。这常见于第一代生化分析仪，在大型仪器上较少使用。

（2）离心式　先将样品和试剂分别置于转盘相应的凹槽内，当离心机开动后，受离心力的作用，试剂和样品相互混合发生反应，经适当的时间后，各样品最后流入转盘外圈的比色凹槽内，通过比色计检测。在整个分析过程中，不同样本的分析几乎是同时完成的，又称为“同步分析”，因此它的分析效率较高。

（3）分立式　目前临床实验室所用的大部分分析仪都属于此类。其特点是模拟手工操作的方式设计仪器并编制程序，以机械臂代替手工，按照程序依次有序的操作，完成项目检测及数据分析。工作流程大致为：加样探针从待测标本管中吸入样品，加入各自的比色杯中，试剂探针按一定的时间要求自动地从试剂盘吸取试剂，也加入该比色杯中。经搅拌棒混匀后，在一定的条件下反应，反应后将反应液吸入流动比色器中进行比色测定，或者直接将反应杯作为比色器中进行比色测定。有微机进行数据处理、结果分析，最后将结果显示并打印出来。

3. 按同时可测定项目　按同时可测定项目分为单通道和多通道两类，单通道每次只能检验一个项目，但项目可更换；多通道可同时测定多个项目。

4. 按仪器复杂的程度　按仪器复杂的程度及功能分为小型、中型和大型三类。小型一般为单通道，中型为单通道（可更换几十个项目）或多通道，常同时可测 2～10 个项目，有些仪器测定项目不能任意选择，有些可任意选择，大型均为多通道，仪器可同时测 10 个以上项目，分析项目可自由选择。

5. 按分析系统开放程度　按分析系统试剂是否开放，分为封闭系统和开放系统。

6. 按反应方式　按反应方式分为液体和干式生化自动分析仪。所谓干式是把样品（血清、血浆或全血及其他体液）直接加到滤纸片上，以样品作溶剂，使反应片上试剂溶解，试剂与样品中待测成分发生反应，在载体上出现可检测信号，测定该信号的反射光强度，得到待测物结果。干片式完全革除了液体试剂，均为一次性使用，故成本较贵，但非常环保，存在很大的发展空间。干化学分析仪目前多用于急诊和床旁检验。

7. 根据各仪器之间的配置关系　根据各仪器之间的配置关系分类可分为单一普通生化

分析仪和附加式或组合式分析仪。附加式分析仪就是把具有特殊功能的分立式任一分析仪附加在一起，节省了控制系统、显示系统和结果处理系统，把一台仪器变成一个实验室；组合式分析仪就是把功能相同或功能不同的各种大型生化分析仪组合在一起，用同一计算机控制，共同处理标识样品，测定后共同显示和处理结果，使测定统一化，方便管理。

扫码“学一学”

第二节　生化分析仪的基本结构及工作原理

一、普通生化分析仪的基本结构及工作原理

（一）加样系统

加样系统一般包括样本装载和输送装置、试剂仓、样本取样单元、试剂取样单元、探针系统和搅拌混匀装置等。

扫码“看一看”

1. 样本装置和输送装置　进样系统一般可分为三种。

（1）样本盘　即放置样品的转盘，有单圈或内外多圈，单独安置或与试剂转盘或反应盘相套合，运行中与样品分配臂配合转动，有的采用更换样品盘，分工作和待命区，其中放置多个弧形样本架作为转载台，仪器在测定中自动放置更换，均对样品盘上放置的样品杯或试管的高度、直径和深度有一定的要求，有的需要专用的样品杯，有的直接用采血试管（图7－2）。

（2）传运带或轨道式进样　即样本架（图7－3）不连续，常10个为一架，靠步进马达驱动传送带，将样本架依次装载，再单架逐管横移至固定位置，由采样针采样。

（3）链式进样　试管固定排列在循环的传送链条上，水平移到采样位置。

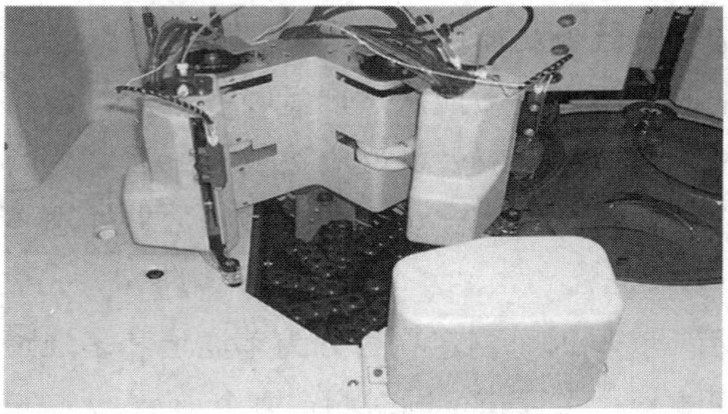

图7－2　自动生化仪的样品转盘区域

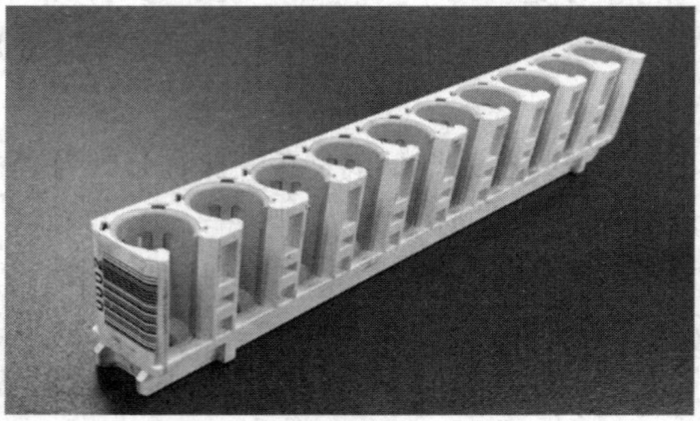

图7－3　自动生化仪的样品架

2. 试剂仓　主要是用来储存试剂的，多数仪器将试剂仓设为冷藏室（图7－4），配备有单独的电源，将温度保持在2～8℃以提高在线试剂的稳定期。试剂仓与反应转盘相连（图7－5），当主机电源关掉后，试剂仓仍能正常冷藏保温。

从结构上来看试剂仓有单试剂仓和双试剂仓之分。不同型号的仪器试剂仓储存不同试剂的种类多少不同，一般可有20～60种。工作速度较快的，一般配备有大容量试剂盒可供选择。冷藏仓的冷藏温度为2～8℃，效果比冰箱要差，试剂开盖后的稳定性也不一样，因此试剂作用过程中需注意其稳定性，对使用量较少的试剂尽量选用小容量的试剂盒。试剂盒的位置须预先设定，使用过程中放置在固定位置；有条形码装置的仪器可放置在任意位置，自动识别。

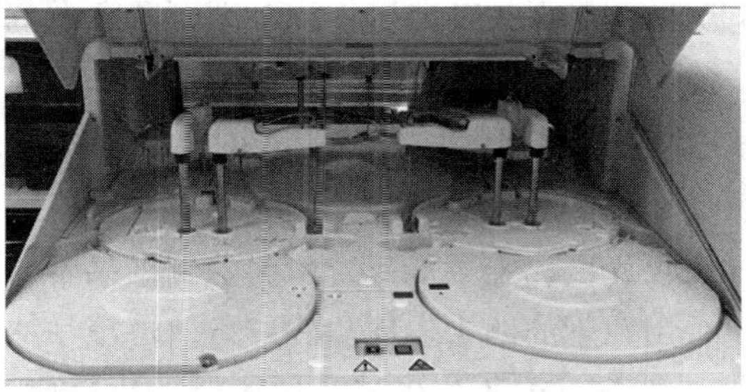

图7－4　试剂冷藏仓（试剂仓与反应转盘相连）

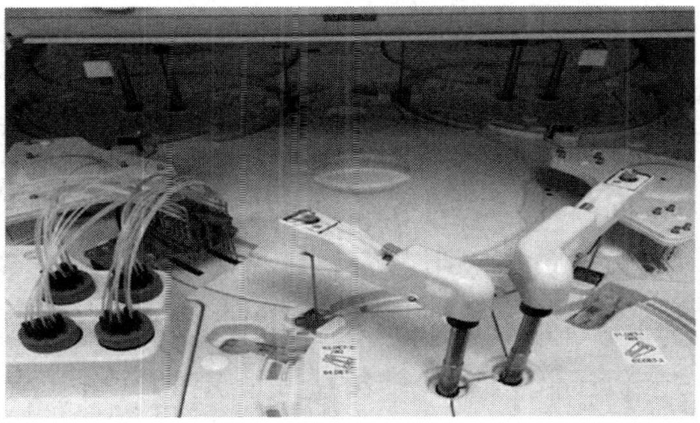

图7－5　反应转盘区域（试剂仓与反应转盘相连）

3. 样本取样单元　由取样臂、采样针、采样注射器、步进电机（或油压泵、机械螺旋传动泵）组成。采样针和采样注射器是一个密封的系统，内充去离子水形成水柱。加样量由步进电机精确控制，通过推进或缩回活塞，使密封系统内的水柱上下移动来达到吸取样本和将样本注入反应杯的目的。目前有的全自动生化分析仪每个步进可达0.1μl（即最低加样量）。为了防止样本间的交叉污染，采样针在吸取新的样本时，先吸入一定量的空气，使样本和密封系统内的水隔离，同时吸取比实际需要更多的量，待一个样本加完所有的测试项目后，采样针内空气柱和剩余样本被采样注射器内的水柱冲出，然后清洗采样针内外后方进行下一样本的吸取。

4. 试剂取样单元　试剂取样单元的结构组成与样本取样单元基本相同。试剂冷藏室试剂臂中有加温装置。双试剂仓则有两套试剂取样单元。

试剂采样针通过指令吸取液体试剂。为防止交叉污染，试剂针吸取试剂的量也比实际需要量大，注入反应杯时，则剩余一定量的试剂，在加另一部分试剂时被弃去。

5. 探针系统　是控制采样针动作的结构，实际上包含在样本和试剂取样单元中，由于其原理独特，因此在这里单独进行介绍。

探针包括样本针或试剂针，通过密封的活塞进行工作，具有气密性好，加样精度高的特点。目前试剂探针的最低加样量可达1μl，样本最低加样量为0.1μl。最低加样量是评价分析仪器基本性能的重要指标之一。

现在分析仪多使用智能化的探针系统，具有液面感应功能，可保证探针的感应装置到达液面时自动缓慢下降并开始吸样，下降高度则是根据需要吸样量计算得出。目前最新的智能化探针系统还具有防堵塞功能，即能自动探测血样或试剂中纤维蛋白或其他杂物堵塞探针的现象，并可通过探针内压感受器对堵塞物进行处理。当探针堵塞时，会移动到冲洗池，探针内含有强压水流向下冲，以排除异物；通过探针阻塞系统报警，可跳过当前样品，进行下一样品的测定。同时防碰撞保护功能可使探针遇到各方向的高力度的碰撞后自动停止，以保护探针。

6. 搅拌混匀装置 是指在样品与试剂加入反应杯中后将其迅速混合均匀的装置，其目的是更好更快地测定其反应体系的吸光度变化。混匀的方式有机械振动和搅拌。前者常引起反应液外溢和起泡，导致吸光度测定不准确，引起检测结果不精确。目前先进的自动分析仪采用新的搅拌系统。采用独创的四头双回旋式双重清洗搅拌棒，搅拌棒表面采用不黏涂层，不黏异物，无携带污染。采用的分步回旋技术较之传统技术具有更快速、更高效、更干净、更彻底的特点，使测试更精确，搅拌棒也无须维护保养。

（二）清洗系统

目前的自动生化分析仪器多采用新的冲洗系统，即激流式单向冲洗和多步骤冲洗。样品、试剂探针的冲洗采用全新的“激流”（瀑布）式单向冲洗池，水流为从上到下的单向冲洗，将探针携带的污物冲向排水口，冲洗干净彻底，提高了测试的准确性，更好地防止了交叉污染。清洗系统一般包括负压吸引装置、清洗管路系统、废液排出装置。

1. 负压吸引装置 清洗系统清洗液的吸入和排出依赖于仪器内部的真空负压泵的正常工作。真空负压泵通过一个负压阀将空气排出造成一定的负压，清洗系统清洗液依赖负压定量吸入到比色杯，清洗完毕后尽可能地抽吸干净。

2. 清洗管路系统 仪器的管路都由优质塑料软管制成。大型生化分析仪器的比色杯清洗系统一般都有两套，同时工作以提高效率，包括浓废液、清洗液以及空白用清水均由塑料管吸入或排出。纯水机内的纯水通过一个粗管进入生化仪，然后分流到样本和试剂探针注射器、样本和试剂探针及搅拌棒冲洗池、比色杯清洗系统等；另外，酸性或碱性清洗液通过管路吸入到比色杯中；冲洗池和比色杯清洗后的废水通过管路流到生化分析仪器外。

3. 试剂探针的清洗 如果一个项目的测定与另一个或几个项目的测定试剂有交叉影响，可将有影响的项目登记到试剂探针清洗项的选框中，然后设定所需的探针清洗液（水、酸性清洗液、碱性清洗液或特殊清洗液）。生化分析仪器分析时自动回避有影响的分析项目，利用无影响的检测项目穿插在有影响的项目之间。在确定无法回避的情况下，在两个有影响的项目之间清洗试剂探针，以此提高分析的准确性，但这样处理会降低分析速度。

4. 反应杯的清洗 当试剂间的影响涉及反应杯时，可登记有影响的试剂名称及所需的清洗液。

先进的生化分析仪多采用温水按步骤自动冲洗反应杯，使用更新的抽干技术，每次冲洗后遗留水量少于1μl，然后进行风干，使反应杯冲洗更干净、彻底，防止项目间的交叉污染。为了不影响测定速度，反应杯实行分组清洗，即测定与冲洗同步进行，随时准备好测定使用的反应杯。

5. 样品探针的清洗 设置此项后，探针在吸取样品前快速清洗，可根据不同的检测项目选用合适的清洗液。清洗液分为酸性和碱性两种。自动生化分析仪一般都配备两个清洗液通道，还在仪器内部安装清洗液储液箱。清洗液用于反应杯的清洗，通过管道吸入，再和水按一定比例稀释后加入反应杯，停留一定时间再通过清洗装置吸走。

（三）温浴系统

分析仪一般设有30℃和37℃两种温度（以固定37℃多见）。温度对测定影响很大，尤其是酶类的测定，因此要求温度波动范围控制在±0.1℃。

1. 水浴式恒温 即在比色杯周围充盈有水。水浴式恒温装置可以将反应温度控制在37.0℃±0.1℃的水平，测定期间恒温水浴不断循环流动，通过恒温水的导电性保持恒定的水浴量，通过温控装置保持水温恒定水平。水浴恒温的优点是温度均匀稳定；缺点是升温缓慢，开机预热时间长，因水质（微生物、矿物质沉积等）影响测定，因此要定期换水和反应杯。为了加热均匀和防止变质，往往要设置电机循环转动和添加防腐剂。水浴槽内也容易沉淀积土，需要定期手工清洗，一般每月清洗1次。

2. 空气浴恒温 即在比色杯与加热器之间隔有空气。恒温系统突破性地采用氟利昂为反应槽恒温。反应杯放置在内部密封有氟利昂的金属环上，机内专设一块温度控制电路板，控制反应恒温，使反应盘内的温度始终保持在目标温度的±0.1℃温差范围内。优点是升温迅速，恒温可靠，无须保养；缺点是温度易受外界环境影响。

3. 恒温－循环间接加热法 这是新近发展起来的最先进的恒温方式，集干式空气浴和水浴的优点于一身，在反应杯周围循环流动一种无味、无污染、不变质、不蒸发的恒温液。恒温液为热容量高、蓄热量强、无腐蚀的液体，使恒温均匀稳定。反应杯与恒温液间有1mm的空气狭缝，恒温液通过加热狭缝的空气达到恒温。这种技术既有水浴恒温温度稳定、均匀的优点，又具有空气浴升温迅速、无须维护保养的优点。

（四）检测系统

分析仪的检测系统由光学系统、分光装置、比色杯和信号检测系统4部分组成。由光源发出的光（复合光），透过比色杯进入仪器的入射狭缝，由光学准镜准直成平行光，再通过分光装置色散成不同波长的单色光，不同波长离开分光装置的角度不同，由聚焦反射镜成像于出射狭缝，再由检测器接收光信号转换成电信号进行检测。

1. 光学系统 包括从光源到信号接收的全部路径。

（1）光源 自动生化分析仪的光源多采用卤素灯和闪烁氙灯。理想的光源应在整个所需要的波长范围内具有均匀的发光强度，它的光谱应该包括所用的波长范围内所有的光，光的强度应该足够大，并且在整个光谱区口，其强度不应随波长的改变有明显的变化。

1）卤素灯 一般是卤素钨丝灯，是在灯泡内加入适量的卤化物而制成的。其灯壁多采用石英式高硅氧玻璃，卤素灯有比较强的发光效率和较长的寿命。主要原因是卤素灯中，钨蒸气在靠近灯壁的低温区与卤素相结合，生成了挥发性的卤化钨气体。由于有卤钨循环及钨再生，大大减少了钨在灯泡内壁的沉积，不但延长了灯泡的寿命，还提高了灯泡的性能。其寿命在1000～5000小时以上。卤素灯的工作电压为12～36V。目前多数分析仪采用这种光源，工作波长范围325～800nm。

2）高压闪烁氙灯　高压闪烁氙灯有专门的一块电路板为其提供120～1500V的高压触发脉冲，它不用灯丝，内部充有惰性气体——氙气，灯内的正、负极在高压脉冲触发下短弧放电，使灯发出在可见光波段内能量比较均匀的光。氙光源灯的最大特点是低波长的能量高，可检测部分需紫外光检测的项目，一次闪烁发出的能量比较均匀。但氙灯的价格较为昂贵。少数分析仪使用这种光源，工作波长范围是285～750nm，24小时待机，可工作数年。

（2）分光方式　可分为前分光和后分光。传统分光普遍采用前分光技术，现代自动生化分析仪普遍采用后分光技术。前分光指的是根据不同波长需要，先将光源灯用滤光片、棱镜或光栅分光，取得单色光之后再照射到比色杯，再通过光电池或光电管作为检测器，测定样品对单色光的吸光度（图7－6）。后分光技术是将一束白光（混合光）先照射到比色杯上，通过后再经分光装置分光，被各个波长同时接收，用检测器检测任何波长的光吸收量（图7－7）。后分光技术主要是针对光栅分光的。

后分光技术较之前分光技术具有以下优点：①同时选用双波长进行测定，大大降低了噪声；②光路中无可动部分，无须移动仪器的任何部件；③通过双波长或多波长测定可有效地抑制浑浊、溶血、黄疸对结果的影响；④双波长或多波长可有效地补偿电压波动的影响。

总之，后分光技术能使测定结果更加准确、稳定、可靠，大大优于前分光技术。

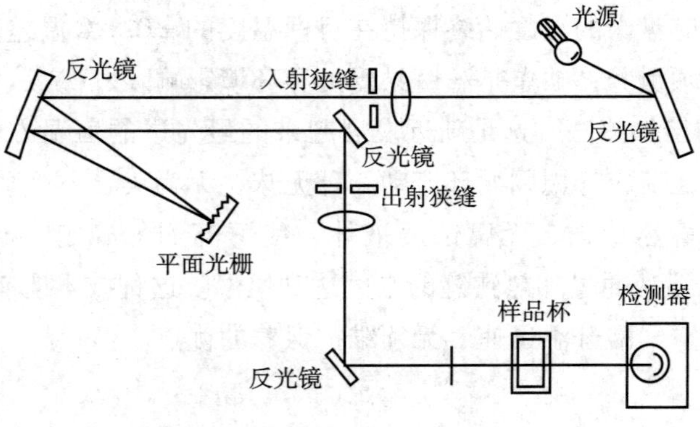

图7－6　前分光生化分析仪测光原理

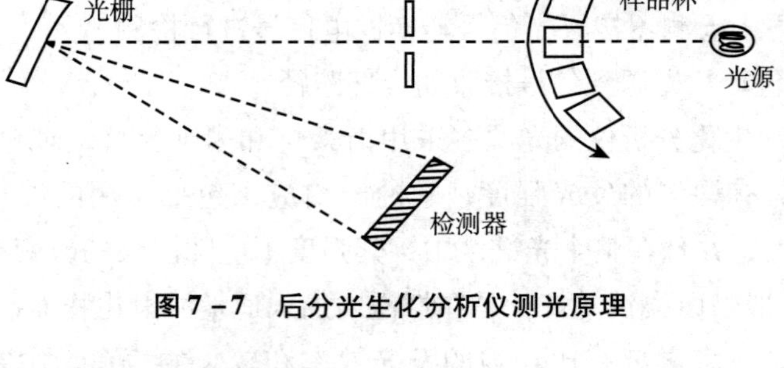

图7－7　后分光生化分析仪测光原理

2. 分光装置　分光装置包括干涉滤光片和光栅两种。

（1）滤光片式分光装置　光学干涉滤光片是建立在光学薄膜干涉原理上的精密光学滤

光器件。光学干涉滤光片有插入式和可旋转的圆盘式两种。插入式是将需用的滤光片插入滤片槽内，一般用于半自动生化分析仪；可旋转圆盘式是将仪器所配备的滤光片安装于一圆盘中，使用时旋转圆盘定位所需滤光片即可。干涉滤光片的优点是价格便宜，但使用时间久了容易受潮霉变，引起波长偏差，影响检测结果的准确性，尤其是340nm的滤光片受影响最大。由于酶测定多采用340nm，因此使用干涉滤光片对酶测定影响最大。干涉滤光片在全自动生化分析仪中使用较少，但在半自动生化分析仪中应用普遍。

（2）光栅式分光装置　光栅是衍射光栅的简称，它是利用光的衍射原理进行分光的。光栅分光的原理如图7-8所示，光栅就起到将入射的自然光或复色光分解成一系列光谱纯度高的不同波长的单色光的作用。

光栅可分为全息反射式光栅和蚀刻式凹面光栅两种。全息反射式光栅是由激光干涉条纹光刻而成的，是在玻璃上覆盖一层金属膜，有一定程度的相差，而且金属膜容易被腐蚀。新近发展起来的无相差蚀刻式凹面光栅是将所选波长固定地刻制在凹面玻璃上，1mm可以蚀刻4000~10000条线，波长精确，半宽度小，使检测线性提高，而且有耐磨损、抗腐蚀、无相差等优点，最多可以同时采用固定的12种波长，好于传统的全息反射式光栅。既可色散，也能够聚光，检测吸光度线性范围达0~3.2；光栅使用寿命长，无须任何保养，结合后分光技术大大降低了因多次反射和折射所产生的杂散光的干扰；降低了光学部件出现的故障，并使体积缩小，提高了测定精度。

光栅分光较干涉滤光片有明显的优点，特别是采用340mm波长测定酶类结果更加稳定可靠。光栅广泛应用于全自动生化分析仪。近年来一些半自动生化分析仪也逐渐使用光栅作为分光器。

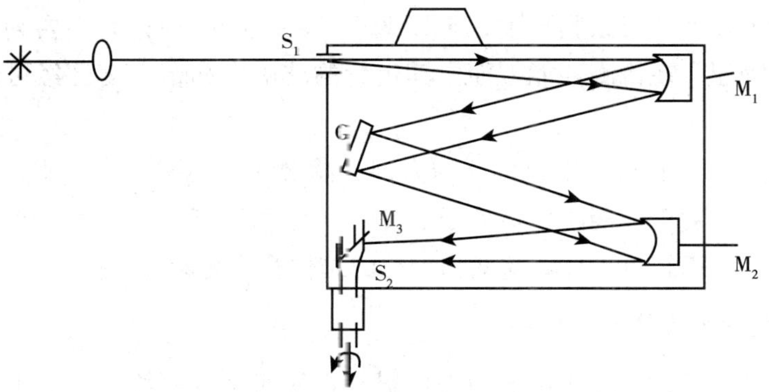

图7-8　光栅分光原理示意图

3. 比色杯　是标本与试剂混合进行化学反应的场所，也称反应杯，一般都采用塑料比色杯和硬质玻璃比色杯或石英杯。目前的自动生化分析仪都使用硬质玻璃比色杯或石英杯，具有透光性好、容易清洁、不易磨损、使用时间长、成本低廉的优点。

4. 信号检测器　是光电信号转换装置，其作用是接收从分光装置射出的光信号并转换成电信号进行测量。

既往光度分析的检测器采用光电管和光电倍增管。光电管是一个真空或充有少量惰性气体的二极管。光电倍增管（photo multiplier tube，PMT）是灵敏度极高，响应速度极快的光探测器。光电管、光电倍增管通常易受其他电磁波的干扰而影响测试结果。现代大型的自动生化分析仪多采用光信号数字直接转换技术，大大减少了来自其他仪器、电机或电源等的噪声对信号的干扰，提高了检测的精度和可靠性，并保证了超微量检测时数据的稳定性。数字信号由光导纤维传导，无衰减和干扰。

（五）计算机控制系统

计算机是自动生化分析仪器的“大脑”，是仪器的主要部件。分析仪器自动化程度的高低、精密度、准确性良好与否，差错多少及每小时检测次数等均与计算机的设计有关。自动生化分析仪器在计算机的控制下具有以下功能：通过条形码识读系统自动识别样品架及样品编号，识别试剂及校准品的种类、批号和失效期，有的还可识别校验校准曲线等信息；根据计算机的操作指令自动完成吸加样品和试剂、样品和试剂的反应、恒温调控、吸光度的检测、清洗、数据处理、结果打印、质量控制等。

自动化分析仪的数据分析都通过仪器中微处理机与 LIS 进行联网管理。结果一经审核确认就可以发送到医院信息系统（hospital information system，HIS）中，临床医生在医生工作站就可以直接看到结果，快速方便。

二、干式生化分析仪的基本结构及工作原理

与普通的全自动生化分析仪一样，干式生化分析仪的主要结构包括：样品加载系统、干片试剂加载系统、孵育反应系统、检测系统和计算机系统。与传统的“湿化学”全自动生化分析仪相比，干式生化分析仪最主要的结构特点表现在干片试剂和检测器两个部分，现在介绍如下。

干式生化分析仪干片最主要的功能就是携带试剂和提供反应场所，所以最简单的干片就是包含支持层和试剂层的二层结构，在此基础上增加样本过滤层后即为三层结构的干片，其中，最完善的干片为多层涂膜技术，它以 Kubelka - Munk 理论为主要的分析原理，由于具有完善的功能分层，在检测性能方面，其定量的准确度和精密度已经可以与常规湿化学媲美。

在检测系统方面，干式生化分析仪的大部分检测项目（蛋白类、代谢产物、酶类等）均采用反射光度法，对于钾离子、钠离子、氯离子等基于离子选择电极法的检测项目，则采用差示电位法。下面将重点介绍这两种干片的结构及检测原理。

（一）基于反射光度法的多层膜

固相化学涉及的反射光度法主要为漫反射，它的两个主要特点是：①因显色反应发生在“固相”，固相载体本身对透射光和反射光均有明显的散射作用，因而不服从 Lamber - Beer 定律，此时适用 Kubelka - Munk 理论。②如固相反应膜的上下界面之间存在多重内反射，则需对 Kubelka - Munk 理论加以修正，各厂家根据自身产品的多层膜系统的特点，选用修正后的公式用于计算。

应用涂层技术制作的多层膜干片一般包括 5 层，从上至下依次为：渗透扩散层、反射层、辅助试剂层、试剂层和支持层。图 7 - 9 显示了基于反射光度法的多层膜的干片结构及检测示意图。①样品扩散层：由高密度多孔聚合物组成，其特点是能够快速吸附液体样品并使之迅速、均匀地渗透，并阻止细胞、结晶和其他小颗粒物质透过，也可以根据分析项目的需要而设计，让蛋白质等大分子物质滞留。事实上，经过样品扩散层的过滤后，进入以下各层参与反应的基本上是无蛋白滤液。②反射层：也称为光漫射层，为白色不透明层，下侧涂布反射系数大于 95% 的物质，如 TiO_2、$BaSO_4$ 等，可有效隔离样品扩散层中有色干

扰物质，使反射光度不受影响，这是其抗干扰的能力强的物质基础；同时这些具有高反射系数的光反射物质也给下面各层提供反射背景，使入射光能最大限度地反射回去，以减少因光吸收而引起的测定误差。③辅助试剂层：主要作用是去除血清中的内源性干扰物，从而使检测结果更加准确。如在辅助试剂层固定维生素C氧化酶，用来消除血清中维生素C对H_2O_2的还原作用。④试剂层：又称为反应层，由亲水性多聚物构成，该层固定了项目检测所需的部分或全部试剂，使待测物质通过物理化学反应或生物酶促反应发生改变，产生可与显色物结合的化合物，再与特定的指示系统进行定量显色。在试剂层中，不同的分析干片的试剂成分各异。⑤支持层：为透明的塑料基片，主要起支持作用，并允许入射光和反射光完全透过。

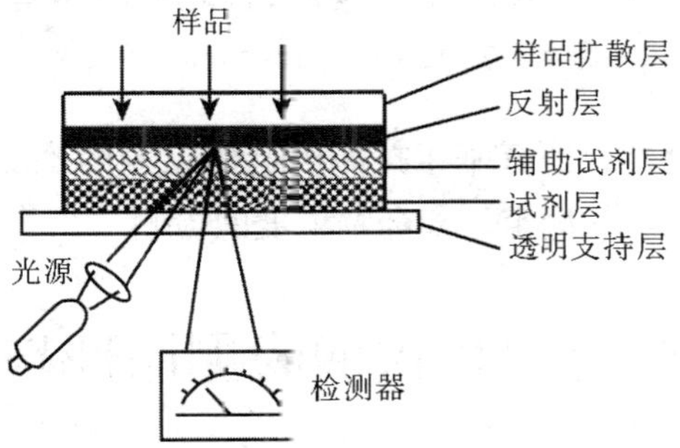

图7-9　基于反射光度法的多层膜干片结构与检测示意图

以上基本结构是干化学多层膜试剂载体最常见的类型，除外钾离子、钠离子、氯离子等需用电极法测定的项目，如葡萄糖、尿素等检测干片均由上述多层膜构成，但会根据各项目的具体特点做针对性的改动。

（二）基于差示电位法的多层膜

K^+、Na^+、Cl^-等无机离子测定采用差示电位法的多层膜干片结构，如图7-10所示。

与前述干片不同的是，其包含两个离子选择电极，每个电极均由5层组成，从上至下依次为离子选择膜、参比层、氯化银层、银层和支持层，两个电极以盐桥相连。两个离子选择电极分别为样品电极和参比电极。测定时在样品电极侧加入待检样本，参比电极侧加入已知浓度的配套参比液，这样在两个电极间就会出现电位差，电位计用来测量两个电极间的电位差，由于参比液中的离子浓度是已知的，所以可以通过电位差计算出待测组分的浓度。图7-11显示的是盛装干片的弹夹和反应前后的干片实物图。

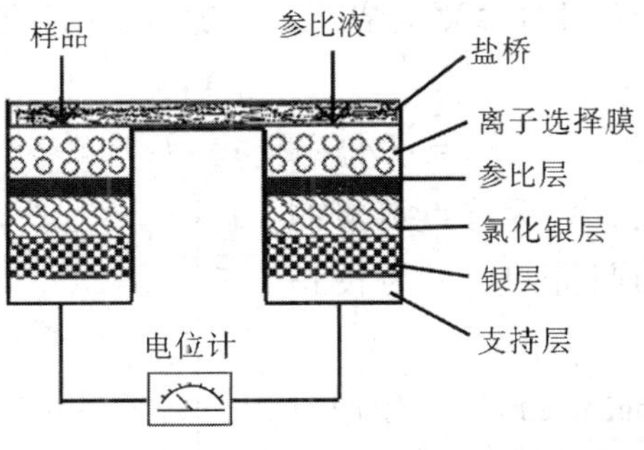

图7-10　基于差示电位法的多层膜结构示意图

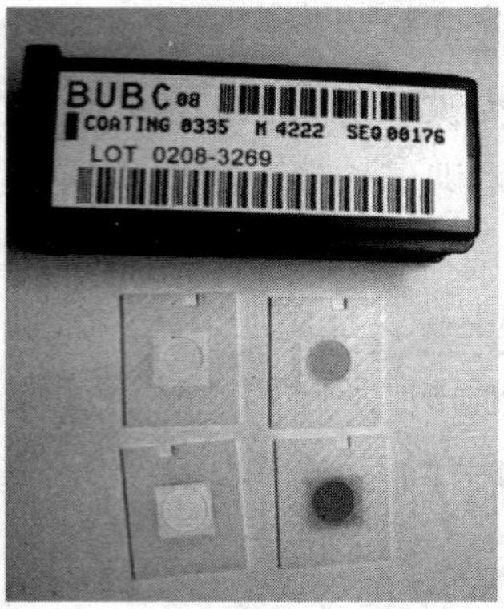

图 7－11　盛装干片的弹夹及反应前后的干片实物图

（左侧为反应前的干片，右侧为反应后的干片）

除前述两种多层膜系统外，还有基于抗原、抗体反应的多层膜干片，它基于竞争免疫反应原理，主要用于半抗原等的测定，如药物浓度的检测。

第三节　生化分析仪的检测原理与性能评价

扫码“学一学”

生化分析的最基本原理是对化学反应溶液进行光学比色或比浊，通过计算反应始点和终点吸光度的变化或监测反应全过程的吸光度变化速率对待测物进行定量分析，在溶液化学反应定量测定中，朗伯－比尔定律则是生化分析仪器测定原理的基础。

一、生化分析的常用方法

生化分析常用的分析方法包括终点法、固定时间法和连续监测法。随着科学技术的发展，自动生化分析仪器的出现，使得这些方法得到了扩展。

（一）终点法

扫码“看一看”

又称为比例终点法，是通过检测终点时光度的改变大小来求出被测物含量，是最常用的分析方法，目前主要用于葡萄糖、总蛋白、白蛋白、Ca^{2+}、Mg^{2+}、P^{3+}和甘油三酯等项目的测定。有一点终点法、两点终点法及免疫比浊法。

1. 一点终点法（one point end）　当样品和试剂充分混合后，在一定的温度下，经过一定时间的反应，通过比色系统测得反应平衡后特定的波长下，一定时间的吸光度值，读取的吸光度值为微机系统处理并计算测定结果。一点终点法原理见图 7－12。

计算公式：

$$c = (A_m - A_b) \times k$$

式中，c 为待测物浓度；A_m 为终点读点的吸光度；A_b 为试剂空白的吸光度；k 为校正系数。

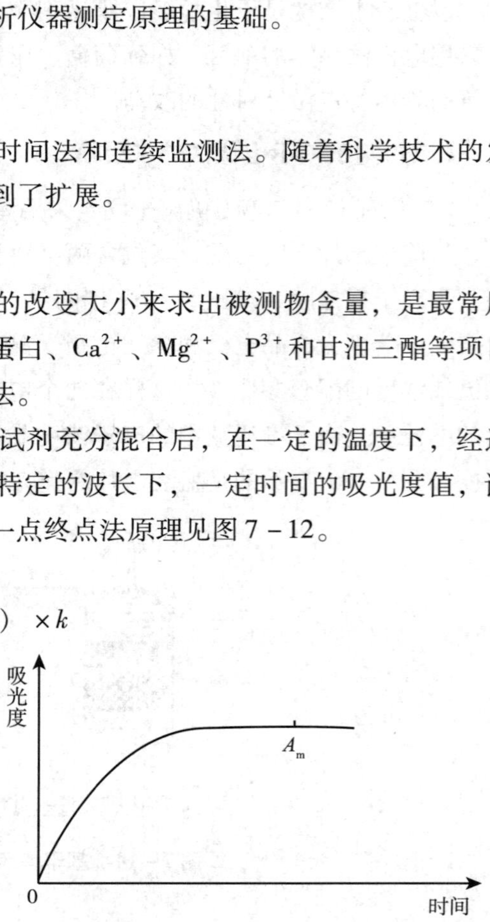

图 7－12　一点终点法原理示意图

2. 两点终点法（two point end）　使用单试剂时，试剂与样本充分混合后在最初时间读取吸光度值，一定时间后，第二次读取吸光度值，利用两次吸光度的差值来求得待测物含量或活性；使用双试剂时，样本先与不和样本发生反应的试剂 1 充分混合，在一定的温度下，经过一定时间的反应，在特定的波长下，读取吸光度值，然后追加启动反应试剂即试剂 2（R2），在反应达到平衡时，第二次读取吸光度值（两点终点法原理见图 7－13）。

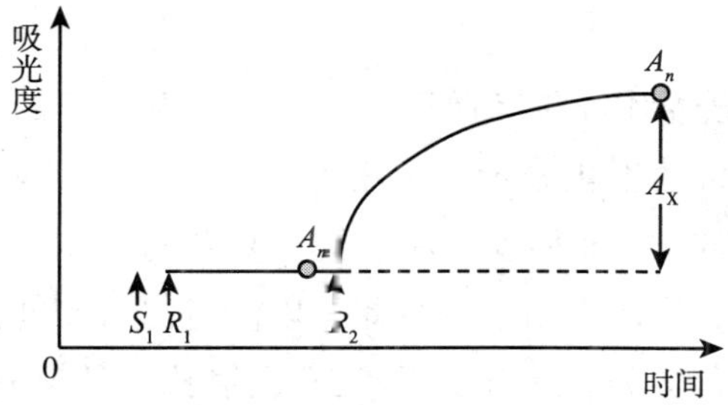

图 7－13　两点终点法原理示意图

计算公式：

$$c = (A_n - k_0 \times A_m) \times k$$

式中，c 为待测物浓度；A_n为终点吸光度；k_0为体积校正因子；A_m为加启动试剂的吸光度；k 为矫正系数。

$$k_0 = (S_v + R_1) / (S_v + R_1 + R_2)$$

式中，S_v为样本体积；R_1为试剂 1 的体积；R_2为试剂 2 的体积。

（二）固定时间法

指在时间－吸光度曲线上，选择两个测光点，这两点既非反应初吸光度，亦非终点吸光度，利用这两点吸光度差值计算结果，如苦味酸法测肌酐。

（三）连续监测法

根据反应速度与待测物的浓度成正比，连续选取时间－吸光度曲线中线性期的吸光度值，并以此线性期的单位吸光度变化值（ΔA/min）计算结果。该方法一般用于酶活性的测定，如 ALT、AST、LDH、ALP、GGT、AMY 和 CK 等。

1. 两点速率法（two point rate）　在反应过程中，适当地选择两个点，通过测定两点间（A_1，A_2）的单位时间内吸光度的变化，即 $\Delta A = (A_2 - A_1) / \Delta t$，来求出待测物含量或活性的方法。两点速率法的原理示意图如图 7－14 所示。

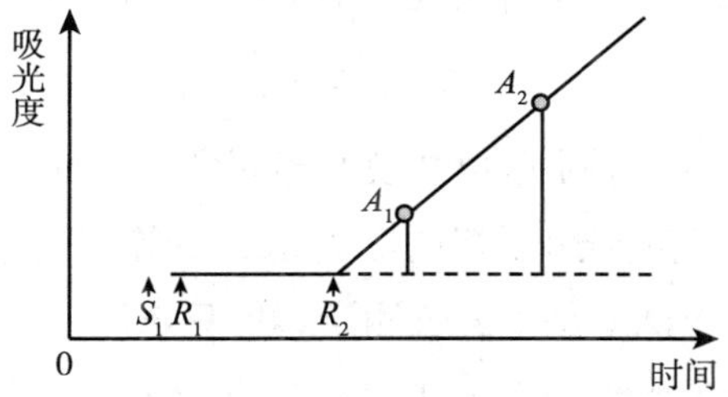

图 7－14　两点速率法原理示意图

2. 速率 A（rate A）法　又称最小二乘法，是通过测定两点间每分钟的吸光度，用最小平方二乘法求出每分钟的反应吸光度的变化，以求得待测物含量或活性的方法。它是全自动生化分析仪最常用的测定酶活性的方法。

吸光度的计算：$A = \Delta A_{n,m}$，根据酶促反应的特点，在零级反应期间，反应速率已达到最大值，单位时间内产物的生成量与底物的消耗量维持不变，即单位时间内吸光度的变化值不发生改变。因此，测定两点间吸光度以求出每分钟的反应吸光度的变化，吸光度的变化与酶活性成正比。

（四）比浊法

免疫比浊法又可分为透射比浊法和散射比浊法。后者由于需要特殊的散射浊度计，适用于特种蛋白分析仪，全自动生化分析仪常用透射比浊法，其测定原理是，抗原（血清）与其相应抗体在液相中相遇，立即形成抗原－抗体复合物，并形成一定浊度，浊度的高低与样品中抗原（血清）的含量成正相关，由此可以测定出待测物的浓度，也是一种终点比色法。目前，在全自动生化分析仪上常采用免疫透射比浊法来进行特种蛋白如载脂蛋白 APO－A_1、APO－B、Lp（a）、CRP、PA、TRF、β_2－微球蛋白和补体 C3、C4 等的测定。

二、生化分析的光学原理

生化分析的最基本原理是对化学反应溶液进行光学比色或比浊，通过计算反应始点和终点吸光度变化或监测反应全过程的吸光度变化速率对待测物进行定量测定。分光光度法是自动生化分析仪工作的基础，即凡是在溶液里进行反应并通过反应颜色的改变进行定量测定的仪器分析方法都采用朗伯－比尔（Lambert－Beer）定律的原理。朗伯－比尔（Lambert－Beer）定律又称为光的吸收定律，即当入射光强度一定时，溶液的吸光度 A 与溶液的浓度 C、液层的厚度 L 成正比，即 $A=K\times C\times L$。这个定律是比色、分光、吸收光谱分析溶液浓度及含量的理论基础。其中 $K=A/(CL)$，表示有色溶液在单位浓度和单位厚度时的吸光度。在入射光波长、溶液的种类和温度一定的条件下，K 为定值。吸光度 A 与透射比 T 成负对数关系，表达式如下：

$$A=\lg(I_0/I_t)=-\lg(I_t/I_0)=-\lg T$$

三、生化分析的测定原理

生化分析测定的工作原理就是基于原来的分光光度法，根据化学反应的颜色变化或浊度变化，选择一定的波长，然后根据选定波长条件下吸光度的变化进行定量。波长可选择单波长和双波长，现在一般都选用双波长进行分析测定。全自动生化分析仪对吸光度变化的监测是贯穿整个反应过程的，全部测试过程都是自动完成的。

（一）单波长测定原理

当用手工进行比色测定时，都使用单波长进行测定。比如，双缩脲终点法测定总蛋白，选定波长 540nm，在反应前后测定测定管的吸光度，计算反应前后吸光度的差值，与标准曲线比较可得出总蛋白含量。这就是单波长测定，即只选用一个波长。

单波长测定主要在手工法测定和部分半自动生化分析仪中使用，由于有许多缺点不利于测定，后来生化仪中大都使用双波长测定。

（二）双波长测定原理

双波长指的是在整个反应过程监控中，主、副波长同时监测，全过程每点主波长吸光度值都同时减去同点的副波长吸光度值。这是全自动生化分析仪参数设计中常用的方法。由于全自动生化分析仪普遍采用后分光技术，透镜对来自光源的混合光聚集，首先通过比色杯，然后用光栅进行后分光。分光后的各波长由 8～16 个固定检测器同时接收，对其中的两个波长的信息用两个前置放大器放大并进行对数放大，求出其吸光度差。双波长的特点是通过求得两个波长的吸光度差，可以有效地扣除样本脂血、溶血、黄疸带来的干扰，并将噪声降到最低限度，因为仪器噪声对主、副波长的干扰是同步的。

双波长分析法应用的原则：干扰因素对主、副波长的影响接近，不影响测定的灵敏度。具体来讲可遵循以下原则。

（1）主波长取吸收峰对应的波长，副波长取其吸收光谱曲线的波谷对应的波长，使得主、副波长吸光度之差最大，提高检测灵敏度。

（2）主波长取吸收峰对应的波长，副波长取等吸收点对应的波长。所谓等吸收点，是指待测物不同浓度的吸收光谱曲线的交汇点，该点对应波长的吸光度与浓度无关。

（3）反应中显色产物的吸收峰对应的波长为主波长，试剂空白的吸收峰对应的波长为副波长。

（三）自动生化分析仪器的工作原理

所谓自动生化分析仪就是把生化分析中的取样、加试剂、去干扰物、混合、保温反应、检测、结果计算和显示以及清洗等步骤进行自动化的仪器，实现自动化的关键在于采用了微机控制系统。自动生化分析仪也是基于光电比色法的原理进行工作的，所以可以粗略的看成是光电比色计或分光光度计加微机两部分组成的。

四、生化分析仪实验参数的设置

扫码“看一看”

全自动生化分析仪器的参数设置包括样品与试剂量、试剂的选择、测定方法的选择、波长的选择、校正方法和分析时间的选择等。

（一）样品量与试剂量

通常，生化分析仪器都设置有样品最小用量及样品加试剂的最小体积，多数试剂生产商在试剂说明书上标出样品与试剂的比例，在实际应用中务必要考虑这些因素。在不影响结果的准确度、精密度的前提下，可适当调整样品和试剂的用量。

样品与试剂的比例（SV/RV），也可表示为样品体积分数，即样品体积与反应液总体积的比值（SV/TV），是方法学的基本参数，在其他参数不变时，直接影响结果的计算，一般情况下应以试剂说明为准，不宜轻易改动。使用双试剂时要兼顾 R_1、R_2 和样品三者的比例，尤其不宜改动试剂间的比例。R_2 要考虑仪器规定的加液最小体积，试剂瓶死腔体积导致试剂浪费的经济问题等。

（二）试剂的选择

自动生化分析的检测试剂经历了自配试剂、多种试剂单独配制、干粉试剂和液体试剂（包括单一试剂和双试剂）四个发展阶段。液体双试剂因其具有抗干扰能力强，可提高实际测定的准确性，稳定性能优良，再加之目前大多数全自动生化分析仪都具备双试剂检测功能，液体双试剂使用较为广泛。双试剂的组成可分为液体双试剂和干粉双试剂，由试剂 1（R_1）和试剂 2（R_2）组成。通常 R_1 含有可与样品中干扰物质发生反应的必要成分，R_2 试剂作为反应的启动剂，含有与被测物质发生反应的必要成分。所选择的生化试剂盒应通过国家药品监督管理部门的批准，除了对试剂盒选用方法有所了解外，还应检查其实验参数是否符合本实验室生化分析仪的实验参数要求。应对试剂盒的使用方法及性能指标（正确度、精密度、线性范围等）进行考察和检测，并经实际应用。

（三）测定方法的选择

测定方法的选择首先应考虑方法的准确性和精密度，再就是可根据仪器性能、实验室条件、需要进行选择。一般可选择一点终点法、两点终点法、两点速率法、速率 A 法等。对于一种新的实验方法，通常选择高、中、低三种浓度样本与标准品，观察其反应进程曲线。若均在 5 分钟之内呈直线，可采用速率 A 法测定；如反应进程曲线不呈直线，而且需 5 ~ 10 分钟，甚至更长的时间才能到达终点，可采用两点速率法测定；如反应曲线在 2 ~ 3 分钟，甚至更短的时间即达到终点，则以采用终点法为宜。要知道同一项目可用不同的方法测定，同一项目、相同试剂也可用不同的方法进行测定。

（四）波长的选择

波长的正确选择有利于提高测定的灵敏度和减少测定误差。光度学方法有单波长和双波长之分，有的仪器可用三波长、多波长以及两波长比率等；有的仪器可作导数光谱分析。单波长测定易受样品溶血、黄疸、脂浊等因素干扰。双波长分析就是选择主波长同时选择副波长，在计算时用主波长的吸光度减去副波长的吸光度。

双波长的优点：①消除噪声干扰；②减少杂散光影响；③减少样品本身光吸收的干扰。当样品中存在非化学反应的干扰物如三酰甘油、血红蛋白、胆红素等时，会产生非特异性的光吸收，双波长方式可以部分消除这类光吸收干扰。

测定波长选择有三个主要条件：①待测物质在该波长下合适的光吸收；②其吸收峰宜较宽而钝，而不是处于尖峰或陡肩；③一般不选光谱中的末端吸收峰，换句话说，该吸收峰处的吸光度随波长变化较小。

（五）分析时间的选择

分析时间主要包括反应时间、监测时间（读数点）和读数间隔时间、延迟时间。根据反应类型、仪器和试剂状况，应遵循有利于抗干扰、有足够灵敏度以及准确度的原则适当调配延迟时间和读数时间的长短。

1. 反应时间 指仪器的一个分析周期中，试剂和样品混合到最末一点测定的时间。反应时间的长短与方法学选择、试剂组成密切相关。目前多数自动生化分析仪设置有多个反应时间可选须预先选定，多数仪器设定在 10 分钟左右。

2. 监测时间 指该时间内的测定读数要用于结果计算。它的设置与加样点、加试剂点、监测时间（读数点）、读数间隔时间及试剂样品比例等有关，要结合方法学，兼顾权衡。读数时间最理想的应选择在反应中 ΔA 同步变化区。反应监测时间还要考虑延迟时间的长短、测定物质的浓度范围，若监测时间过长则容易发生底物耗尽，使得测定结果偏低。

3. 延迟时间 指试剂与样品混合后到监测开始之间的时间，常用于速率 A 法。正确选择延迟时间的长短，有利于准确测定，减少试验误差。动态测定是以监测显色速率定量的，延迟时间的选择应根据显色反应快慢、温度平衡状态及反应启动时间确定，对于用双试剂测定的项目，延迟时间一般设置在加入 R_1 与 R_2 之间的时间段内，对某些初期有非特异性显色的反应可通过延迟时间的适当延长来排除。

（六）校准方法的选择

应根据实验方法的原理和要求，选择校准方法。如在速率法测定酶活力时，由于酶活力与指示物的摩尔吸光系数有关，在综合考虑仪器、试剂等因数的情况下，可选择 K 因数法校准。在采用免疫透射比浊测定 C-反应蛋白时，标准曲线上吸光度是随着浓度的增加而收敛的，可选择 Logit-log 法。

五、生化分析仪的性能评价

性能指标是评价仪器的主要依据。自动生化分析仪近几年发展迅速，仪器的结构和性能不断完善，功能和技术指标不断更新改进，自动化程度越来越高，检测速度越来越快，检测结果的精密度和准确度也越来越高。

1. 检测速度　是指在测定方法相同的情况下的分析速度，一般来说，检测速度越快越好。检测速度本身虽然与仪器的检测性能无关，但是速度快的仪器在功能配置上要好一些，自动化程度要高些。目前大多数自动生化分析仪的分析速度从 200～3000 测试/小时不等。

2. 测定方法及可测定项目的种类　与仪器的设计原理和结构有关，是一个综合性指标。近年来新推出的一些自动生化分析仪，除了注明有终点法、速率法外，还注明有比浊法、比色法、离子选择法法、酶学电极法、免疫去等。测定方法多意味着测定项目范围会更加广泛，为将来开展或开发新项目提供备用条件。

3. 反应体积　是试剂用量与标本用量的总和，反应体积越小，所用试剂和标本量就越少。但是，反应体积不是越小越好，如果仪器自动取样精度达不到相应的要求，势必影响到检测的准确度和重复性，使检验质量降低。

4. 仪器的校准　①运行环境的检测：包括电源、零地电压、环境温度、环境湿度、供水水质、进水压力等；②仪器状态的检测：包括反应盘的温度、试剂仓的温等；③仪器组件工作状态：包括电脑组件、打印机、样品处理系统、反应盘系统、样品针组件、试剂针组件、电源组件、水电路组件、比色杯洗站组件等；④校准的具体内容：包括杂散光、吸光度的线性范围、吸光度的准确性、吸光度的稳定性、吸光度的重复性、温度的准确度和波动度、样品携带污染率、加样的准确性、加样的重复性、临床项目的批内精密度等。

5. 比对实验　对于一台的仪器进行评价还可以采取比对实验，即用相同品牌和批号的试剂对同一样品在同一时间分别在两台仪器上进行检测，比对仪器应是已经在实验室广泛使用并被认为“好”的成熟仪器，两者之间的相对偏差小于允许误差的 1/2。说明与比对仪器的一致性越好。

第四节　自动生化分析仪应用的注意事项

扫码“学一学”

自动生化分析仪的自动化程度越来越高，但若使用、维护、保养不当，同样也可使检验结果受到一定的影响，正确操作使用和日常维护对测量结果的准确性和重复性是十分重要的。定标物质、反应试剂、操作者的操作方法，对定标结果、测试结果都有影响。

一、自动生化分析仪的校准

生化分析仪测定结果的可靠性是由其精密度、准确性及可比性所决定的，生化分析仪测试出来的标本结果是随着标准的设置不同而变化的。在原卫生部临床检验中心拟定的“临床实验室室内质控工作指南”中明确提出“对测定标本的仪器按一定要求进行校准，校准要选择合适的校准品；如果可能，校准品应能溯源到参考方法和参考物质；对不同的分析项目要根据其特性确立各自的校准频率”。这说明校准仪器是室内质控的重要部分，强调了校准工作的必要性和重要性。

（一）校准方法

选择合适的校准品，包括校准品数目、类型和浓度；确定校准的频度；必须要有校准计划，每次校准必须有详情的记录和分析，每次校准记录必须保存备查；不要将校准品与质控品混为一谈，应采用经过计量部门校准过的、在有效期内的标准溶液，以保证校准的准确性。自动生化分析仪的校准方法有以下几种。

1. linear 单点校准 需要设置一个标准品（浓度必须大于0），以原点和标准品的连线为校准曲线（横坐标为浓度，纵坐标为吸光度），单点校准需设置空白标准0点。

2. logistic - log4p 校准 标准品的数量至少为4个，其中第一个标准品的浓度为0，标准品的浓度必须按从低到高的顺序排列，适用于随着浓度的增加需吸光度偏移的实验项目的标准曲线。

3. spline 校准 此标准方法需要提供2～6个标准品，其中第一个标准品的浓度必须为0，标准品的浓度按从低到高的顺序排列。

（二）校准计算方法

1. *K* 因数法 是应用最广泛的校准方法，又称标准法或一点线性法。当物质的浓度和吸光度成比例变化时，符合朗伯 - 比尔定律，可选用该法。该方法适用各种酶活性的测定。*K* 因数法原理示意如图 7 - 15 所示。标准曲线公式为：

$$C_x = K\ (A - \mathrm{STD}_1)\ + C_1$$

式中，STD_1为标准液 1 的吸光度；C_1为标准液 1 的浓度；C_x为样品的浓度。

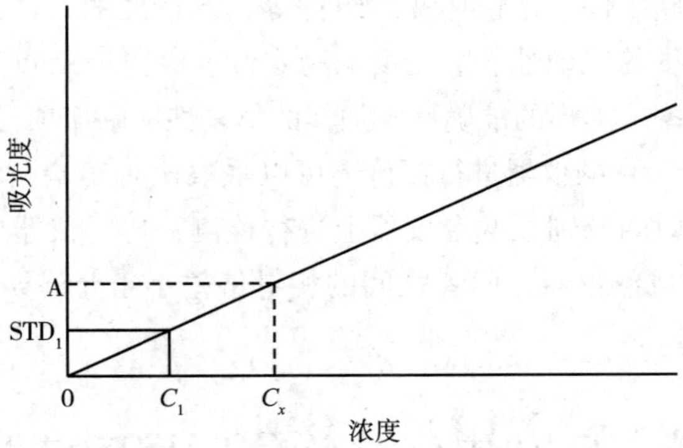

图 7 - 15　*K* 因数法原理示意图

常用 *K* 值有以下几种。①理论 *K* 值：根据理论摩尔消光系数（ε）来计算。K = ［反应总体积/（样本体积 × 摩尔消光系数 × 比色杯光径）］ $\times 10^6$。②实测 *K* 值：根据仪器的实际状态实际测得的值。③厂家给的 *K* 值：厂家生产试剂盒说明书上提供的 *K* 值。④校准 *K* 值：通过高质量校准物直接校准得到的 *K* 值。

在实际工作中，实测 *K* 值与理论 *K* 值有明显的差别，这种差别不仅存在于不同仪器测定同一样品时，也存在于同一仪器不同试剂测定同一样品时。实测 *K* 值法采用和实际测量完全相同的参数和条件，可校正仪器波长误差、温控误差、加样误差、比色杯光径改变及磨损带来的误差。因此，实测 *K* 值更有应用价值。理论 *K* 值只供计算实测 *K* 值时参考，不应直接校准。采用实测 K 值法的前提条件，一是有高质量的标准品与试剂盒；二是仪器有良好的精密度。若实验条件允许，最好是使用校准 K 值，但校准 K 值应有其溯源性。K 因数法适用的分析方法有一点终点法、两点终点法、两点速率法、多点速率法。

2. 两点线性法　测定两个不同浓度的标准液的吸光度值（STD_1，STD_2），以已知的标准液浓度值为横坐标，以测得的对应的吸光度值为纵坐标制作标准曲线。标准曲线成直线形，通常标准液的浓度可选择正常范围内的值和高值。线性两点法原理如图 7－16 所示。标准曲线公式为：

$$C_x = K(A - STD_1\text{两次测定的平均值}) + C_1 \quad K = (C_2 - C_1)/(STD_2 - STD_1)$$

式中，STD_1 为标准液 1 的吸光度；STD_2 为标准液 2 的吸光度；C_1 为标准液 1 的浓度；C_2 为标准液 2 的浓度；C_x 为样品的浓度。

适用的分析方法有一点终点法、两点终点法、两点速率法、多点速率法。

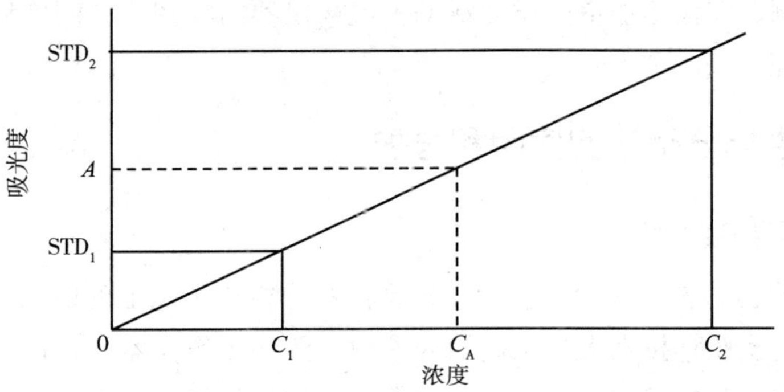

图 7－16　两点线性法原理示意图

3. 非线性法　又称非直线性校准法，它是通过测定包括试剂空白在内的 2～6 个不同浓度的标准液，以标准液浓度值为横坐标，以测得对应的吸光度值为纵坐标，绘制成标准曲线，全自动生化分析仪会自动根据所测值采用 Logit－log Expontial Spline 进行拟合并绘制成标准曲线，适用于随着浓度的增加吸光度偏移、收敛、分散的项目。图 7－17 为非线性的标准曲线，适用的分析项目为免疫项目、CPR、ASO、RF、药物等。

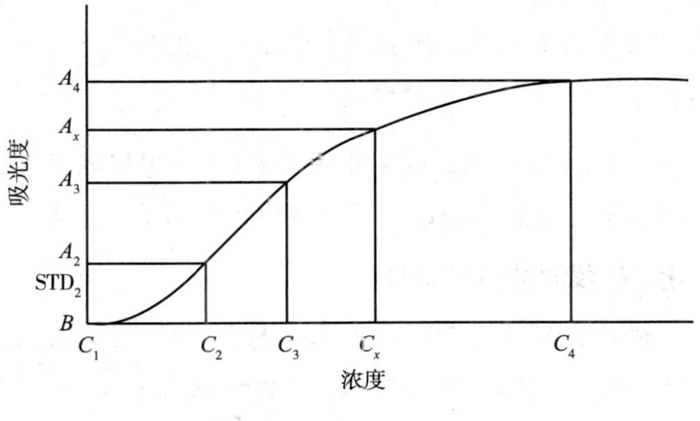

图 7－17　非线性法的标准曲线

（二）校准

校准是一个测试和调整仪器、试剂或检测系统，以提供反应和所测物质之间的已知关系的过程。仪器的校准是保证检测结果准确性的前提，可分为定期校准和必要时校准。定期校准是根据各自仪器的性能特点制定校准周期，周期一到，不论仪器工作状态如何都将重新校准；必要时校准是指仪器在放置位置改变、更换不同批次或品牌试剂、检测结果不准确时，有必要对仪器进行校准。工作中有以下情况发生时需要进行校准。

（1）改变试剂的种类或者更换批号。如果实验室能说明改变试剂批号并不影响结果的范围，则可以不进行校准。

（2）仪器系统进行一次大的预防性维护或者更换了重要部件，这些都有可能影响检验性能。

（3）质控反映出异常的趋势或偏移，或者超出了实验室规定的接受限，采取一般性纠正措施后，不能识别和纠正问题时。

每次校准都应做好记录，建立校准登记制度。校准记录包括日期、校准方法、校准结果、校准物名称和规格、实施效果、执行人等。除了注意以上几点外还要注意规范化操作，搞好室内质量控制，积极参加室间质评活动，这样仪器的精密度及测定结果的可靠性、准确性才能有所保证。

二、自动生化分析仪的使用和维护

（一）检测项目参数设置

1. 分析项目参数设置 参数的正确设置是仪器分析质量保证的前提，一台性能良好的自动分析仪，只有实验室技术人员正确输入参数，熟练操作仪器，合理使用试剂盒才能保证实验质量。少数试剂封闭型仪器的项目参数已经预先设置，对于试剂开放型仪器，在安装完成后首先要进行项目参数的设置，包括项目分析参数和试剂参数的设置。分析参数包括分析方法、波长、样本量、试剂量、温度、延迟时间、测量时间、反应方向、吸光度极限、吸液量、标准点、标准浓度、试剂空白、样品空白、*K* 值、线性检查、结果单位、分析范围、参考值等。

2. 试剂参数的设置 在仪器菜单中，选定试剂位置，选择项目名称，设定试剂类型，对于有配套带扫描条码试剂的仪器，则不需要这么麻烦，直接扫描后放入试剂仓任意位置。

参数的设置一般应根据仪器的特点及试剂说明书进行设置。在仪器参数设置完成后就可以进行试剂的性能验证和室内质控及待测样本检测分析的步骤。

（二）基本操作流程

基本操作流程如下：①设置通道；②编制分析参数；③装载试剂；④校准；⑤质控；⑥任务单下达；⑦样品装载；⑧样品分析；⑨结果复核；⑩结果报告。

（三）全自动生化分析仪的维护与保养

全自动生化分析仪器的自动化程度高，工作效率也很高，但这都是建立在仪器的正常运行的基础上的。只有做好仪器的维护与保养，才能使仪器有良好的工作状态、获得可靠的检测结果。仪器说明书上均有各种保养的内容和方法。对于不同品牌和不同型号的仪器，因为结构的细微差别，内容也有所不同，但基本原则和维护周期都一样，主要内容是进行清洗和易损部件的保护或更换以及一些性能的检查，如反应杯的清洗和更换、光源的检查或更换、过滤网的清洗等。

各厂家的不同型号仪器的保养内容也都是大同小异的，具体维护和保养周期及内容见

表7－2。

表7－2　维修保养周期及内容

周期	保养内容
每日	除尘，清洗流路、样针、试剂喷嘴、搅拌棒、反应杯，清洗喷嘴，真空瓶内废液去除，吸光度检查，清洗试剂切换阀、清洗剂吸入过滤网、真空用SV过滤器等
每周	清洁探针（外部）、清洁样品杯、试剂探针清洁，杯空白测定，清洗流路、清洗槽等
每月	清洗供、排水过滤器，清洗孵育池、试剂冷藏室、样品盘槽和散热器过滤网，校正灯和感测器
每季度	清洁风扇和软件驱动器，更换吸样器密封垫，更换注射器活塞
每半年	若是卤素灯则更换光源灯，更换电极头及感测器
每年	更换仪器水箱的水，维修站年检，仪器进行全面保养

（四）全自动生化分析仪故障的排除

仪器发生故障时，一般会在电脑屏幕上提示故障信息编号报警，但有的仪器或者有的故障没有报警，则需要操作人员主动发现。下面介绍比较常见的故障及排除方法。

1. 反应杯故障　它是最常出现故障的部位，报警信息为杯空白超限。一般是由于杯脏污，可按前面周保养介绍的内容进行排除；若不见效，则考虑更换反应杯组。当反应杯有划痕时，则不能再用。

2. 样本针故障　可能出现的故障为阻塞、针尖挂水滴。阻塞导致的结果是样本测定结果均在0值上下或为极低值，这是由于血清质量不好，血液中纤维蛋白丝黏附造成的。排除方法是：关掉电源，卸下针臂盖，断开液面感受器的连线，卸下针，将针内疏通即可。针尖挂水滴也会导致加样量偏少，或者同一标本多次加样时试管内液体越来越多，其原因是由于注射器密封垫圈磨损导致气密性下降，将其更换即可排除。

3. 试剂针故障　液面感应器故障。在试剂量充足的情况下，仪器仍报警提示“更换试剂”。主要原因是针臂上软管老化漏水导致感应器失灵。此时卸下针臂盖更换软管即可。

4. 清洗装置故障　容易出现的故障是浓废液管或喷嘴的阻塞。排除方法是：直接用较粗的钢丝捅开并清洗干净即可；喷嘴方块下面的十字凹槽若被脏物填充，可用小毛刷刷洗干净。预防的有效办法是每天做好保养。

5. 通信线路故障　偶尔出现通信中断，数据不能传输到中文报告电脑。可能是因为受到周围电磁场的干扰或仪器进行其他无关操作造成的，一般进行手工传输即可。若传输不成功则需重启中文报告电脑。如果中文报告电脑连接到医院局域网，当网线断开不能连接到医院数据库时，打不开数据接收器，也不能实现通信。

6. 真空泵故障　负压过低或者进水。前者会导致仪器停机，一般是因为橡胶皮塞漏气，塞紧皮塞或将漏气的皮塞换掉即可。真空泵进水，一般是因为浓废液管不通畅，废液流入真空泵。检查浓废液出口是否阻塞，若阻塞疏通即可；当出口处无阻塞时，边执行机械检查边用吸耳球抽吸，可以使管路通畅。

7. 储水箱故障　若水箱空，则仪器报警“储水箱水位过低”，检修纯水机即可。若水箱水位正常，仪器也以同样原因报警，则一般是进水口过滤网被生长的细菌等杂物堵死了，清除之后即可恢复正常。

8. 试剂盘故障　试剂盘不能探测起始或停止位置，或不能停在指定位置。解决办法是：先执行机械检查，若不能恢复则属于试剂盘下边位置探测器的故障。打开仪器面板，找到探测器，用棉签蘸乙醇擦拭探测器内侧，目的是除去灰尘，一般可恢复正常。若彻底除尘后还出现相同故障，则需要更换探测器。样品盘也可出现同样的故障，处理方法相同。

附：水处理机

自动生化分析仪离不开水（干化学分析仪除外），因为仪器管道和加样探针的冲洗，试剂、质控品、标准品的配置，特殊标本的稀释，缓冲液的配置及比色杯的冲洗等均需要水，水的纯度是保证分析结果的基本条件之一。以往各实验室大多使用蒸馏水、双蒸水，前者不太符合目前生化检验用水的标准，而后者虽然符合生化检验用水标准，但制备工艺复杂，成本高、产量低、很难满足大型生化自动分析仪的用水要求。随着检验技术的发展，标本和试剂的消耗量越来越少，分析系统内部液路设计越来越精密，使得检验过程对检验用水在数量、质量上要求越来越敏感。为满足检验医学发展需要，人们研制出自动水处理机，也称纯水机。纯水机是一种小型高效制备纯水的设备，属于生化分析仪的外围配套装置，通常与生化分析仪同时安装。

下面主要从水中污染物的分类、纯水的一般性定义、纯水机一般结构和制备纯水流程等方面作阐述，并了解如何加强对纯水机的日常维护。

一、水中污染物的分类及实验室纯水的定义

水中的污染物分为电解质、有机物、颗粒物质、微生物和气体等 5 种，每种污染物都会对不同的检测项目、不同检测原理的分析仪器造成特别的影响。电解质具有导电性，所以可以用测量水的电阻率（MΩ · cm）或导电率（μS/cm）的方法来反映此类杂质的相对含量；一般通过 SDI（silt density index）仪来检测水中的颗粒物质；可用培养法或膜过滤法测定水中的细菌及微生物含量；可用气相色谱及液相色谱和化学法测定水中的溶解气体含量。

纯水是对电解质杂质含量（常以电阻率表征）和非电解质杂质（如微粒、有机物、细菌和溶解气体等）含量均有要求的水。通常将实验室用纯水分为三级，Ⅰ级水为试剂级超纯水，主要用于有严格要求的分析试验，包括对颗粒有要求的试验，如高压液相色谱分析用水。Ⅱ级水为分析级用水，主要用于无机痕量分析等试验，如原子吸收光谱分析用水。Ⅲ级水为普通实验用水，用于一般化学分析试验，具体技术参数详见附表参考中华人民共和国国家标准 GB/T 6682—2008《分析实验室用水规格和试验方法》。

附表　分析实验室用水的水质规格

名称	Ⅰ	Ⅱ	Ⅲ
pH 范围（25℃）	—	—	5.0～7.5
电导率（mS/m，25℃）	≤0.01	≤0.10	≤0.50
可氧化物含量（以 O 计算）（mg/L）	—	≤0.08	≤0.40
吸光度（254nm，1cm 光程）	≤0.001	≤0.01	—
蒸发残渣（105℃ ±2℃）（mg/L）	—	≤1.0	≤2.0
可溶性硅（以 SiO_2 计）（mg/L）	≤0.01	≤0.02	—

注 1：由于一级水、二级水的纯度下，难以测定其真实的 pH，因此一级水、二级水的 pH 范围不作规定。

注 2：由于在一级水的纯度下，难以测定可氧化物质和蒸发残渣，对其限量不做规定，可用其他条件和制备方法来保证一级水的质量。根据中华人民共和国卫生行业标准 WS/T 574—2018《临床实验室试剂用纯化水》的相关规定，试

剂用纯化水的要求：①电阻率应≥10MΩ·cm，或者电导率≤0. 1us/cm（25℃）；②总有机碳 TOC＜500ng/g（ppb）；③微生物总数＜10CFU/ml；④直径 0. 22 以上的微粒数量＜1 个（不可检出）。对于以上要求应定期监测，对于电导仪需定期校准，校准频率应不低于一年，总有机碳的检测应每年一次，细菌总数的监测每月一次，微粒总数的检测应每季度一次。

二、纯水机的一般结构及其制水原理

纯水机的控制系统采用单片机控制，操作简单，其主要部件有高压泵、反渗透膜、电磁阀、调节阀、预处理滤芯（PP 滤芯）、活性炭滤芯和离子交换柱等。制水的原理及过程大致分为以下几个步骤。

1. 预处理 管道自来水进入纯水机，通过砂芯滤板和纤维柱滤除机械杂质，如铁锈和其他悬浮物等。再经过活性炭滤芯去掉水中的胶体、大分子有机物、余氯、异味等。活性炭是广谱吸附剂，可吸附气体成分（如水中的游离氯等）、吸附细菌和某些过渡金属等。

2. 反渗透 经过预处理的水，由高压泵进入反渗透膜，在高压泵压力的作用下，由于反渗透膜的半通透性，水中各种离子、细菌、病毒、残余有机物、胶体被截留，通过浓水排放，去除率达 99% 以上；透过反渗透膜的淡水，其导电率大大降低，但仍达不到仪器分析用水的要求，还需要进一步去离子。

3. 混床树脂去离子 已知混合离子交换床是除去水中离子的决定性手段。反渗透出来的淡水进入多级串联的混床树脂滤芯，由于深层离子交换反应的进行，彻底去除水中的阴、阳离子，得到电阻率 MΩ·cm（25℃）＞10 的超纯水。借助于多级混床获得超纯水也并不困难，但水的 TOC 指标主要来自树脂床。因此，要选择高质量的、化学稳定性特别好，不分解，不含低聚物、单体和添加剂等的树脂。

4. 膜过滤 为了满足分析仪器颗粒度的要求，避免混床树脂滤芯在运行过程中，树脂颗粒破碎进入生化分析仪管道，在混床树脂滤芯之后，增设了微孔过滤器以滤除纯水中的有形成分。采用 0. 2μm 滤膜过滤用来去除水中所有大于 0. 22μm 的颗粒物（包括细菌）。

5. 纯水的储存 经过上述各步骤处理后生产出来的水就是超纯水了，可以满足各种仪器分析、高纯分析、痕量分析等实验要求，接近或达到实验室Ⅰ级水的要求。纯水由于非常的纯，非常容易吸收空气中的污染物，导致水质迅速下降，最明显的是刚生产出来的纯水电阻率＞10MΩ·cm，只要放置在空气中 1 分钟，即下降到 3～4MΩ·cm，原因就是迅速吸收了空气中的 CO_2，而导致电阻率下降。同样，空气中存在悬浮的颗粒、有机物、微生物等各种污染物。纯水的生产达到质量标准，不等于使用就达到标准，因为空气的污染会改变纯水的质量指标，使其质量迅速下降，多数情况很多实验室是需要储存过夜的，则问题更为严重。除了和空气接触以外，水箱中的水流动性差，死角多，容易成为死水而长菌，水箱本身的材质无论是金属还是塑料，都会有溶出和释放，内部不够光滑的制作还易成为细菌生长的温床。所以，纯水的储存是影响纯水质量的重要环节，一定需要经过设计的系统来支持。

终端水箱里的纯水通过密封管道进入生化分析仪，一般生化分析仪有抽吸泵，当水箱水位低于仪器限定的水位时，抽吸泵工作维持仪器正常用水。

三、纯水机的日常维护

纯水机的使用寿命与水质、日常维护有着紧密的联系。水质差、日常不注重清洗维护会缩短纯水器的使用期。在纯水器的水箱及反渗透膜表面极易产生菌膜，菌膜会使纯水器的运转出现故障，如造成滤膜阻塞、内压升高、系统漏水、增压泵损坏；菌膜也造成离子交换树脂无法正常工作；菌膜还会阻塞反渗透膜，使反渗透膜无法正常工作。防治菌膜的方法有定期消毒反渗透膜；定期清洗水箱；及时更换耗材。不管用水量大小，凡是浸泡在水中的耗材都不可避免地形成菌膜，使用中要根据情况及时更换纯水器的耗材，这样才可避免菌膜的产生并使纯水器达到最佳状态，保持实验结果在低污染背景下的高一致性。使用过程中当超纯水水质不好时，即电阻率小于1MΩ · cm（25℃）时则需要更换滤芯。滤芯使用寿命根据水质的好坏、用水量的大小不同而不同。

四、实验室整体供水系统

扫码“练一练”

纯水在临床实验室应用非常广泛。与拥有多台小型的纯水设备相比，选择一套质量合格、能够保证品质和稳定性，满足整个实验室或主要工作区需求的整体纯水设备，是一个现实的选择。和单台的供水系统相比，中央纯水系统最明显的优势是整个系统比较经济，节省硬件成本。

（谢　风　王晶莹）

第八章　血气和电解质分析仪

教学目标与要求

掌握　血气分析仪和离子选择法电解质分析仪工作原理和结构；血气分析仪校准维护及电解质分析仪的性能评价。

熟悉　血气分析仪性能参数；血气和电解质分析仪临床应用注意事项。

了解　血气分析仪生理学基础及电位形成机制；火焰光度法电解质分析仪原理、结构及影响因素。

血气分析和电解质测定是评价机体呼吸功能、血液酸碱平衡及电解质紊乱的重要指标，对临床综合分析机体平衡紊乱的原因及代谢失调的影响程度意义重大。随着传感技术和微电子技术的进步，血气分析及电解质检测技术日臻完善，检测仪器向着功能多样化、自动化、智能化及人性化的方向发展，是临床检验诊断中不可缺少的设备之一。

第一节　血气分析仪

血气分析仪是通过对人体血液及呼出气体酸碱度（pH）、二氧化碳分压（partial pressure of carbon dioxide，PCO_2）、氧分压（partial pressure of oxygen，PO_2）等进行定量测定，分析、评价人体血液酸碱平衡和输氧状态的仪器。广泛应用于昏迷、休克、严重外伤等重症病人的抢救，是肺心病、肺气肿、糖尿病、呕吐、腹泻、中毒等疾病诊断和疗效观察的必备设备。

扫码“学一学”

扫码“看一看”

一、血气分析仪概述

血气分析仪的发展已有60多年的历史。其发展大致经历了如下阶段（表8－1）。

表8－1　血气分析仪的发展简史

年代	代表性设备及简介
1954年	丹麦哥本哈根传染病院Poul Astrup博士首先研发成功E50101型pH平衡仪，并于1954年与雷杜（Radiometer）公司的技术人员合作研制了世界上第一台血液酸碱平衡仪（Astrup型）。早期的血气分析仪复杂笨重，手工操作，程序繁琐
1957年	Siggard－Andersen改进毛细管气敏电极，开始广泛使用pH敏感的玻璃膜电极。同时，Servinghaus发明出直接测量PCO_2的气敏电极，Lark发明了氧分压（PO_2）测量电极，使血气测量技术进一步完善
20世纪70~80年代	计算机和电子技术广泛应用，血气分析进入全自动时代。仪器定标、进样、清洗、故障检测以及电极状态和报警，实现了自动化。由于采用了集成电路，仪器结构更加简捷紧凑，工作菜单日趋简单，测量和计算的参数不断增多。同时，样本用量减少，电极的使用寿命和稳定性也有了极大提高
20世纪90年代	微电子、集成电路制造和信息技术进一步渗透到血气分析领域，软件功能更加强大，界面操作更为人性化，且血气与电解质等分析结合在一起，出现了血气电解质分析仪。为满足临床需要，用于床旁检验（POCT）的小型仪器应运而生，使血气分析仪开辟了便携式、免维护、易操作的另一发展方向

近年来随着 pH、PO_2 和 PCO_2 电极的不断改进，新型传感器及电子信息技术的不断完善，出现了带有光化学和光纤维传感器的血气分析仪，血气分析仪也正朝着分析自动化，功能多样化，使用方便化，安全无创化的方向发展。同时，通过采用智能化质量管理，对血气分析仪进行质量控制与评估，实现了对血气分析全过程的实时监控。未来的血气分析仪将与心导管技术及肺功能测定联合应用，使其能够像心电图或脑电图那样，将敏感电极元件及光导纤维控针置于人体不同部位，便可连续自动测出血液中的 pH、PO_2 和 PCO_2 值。

二、血气分析仪的结构及原理

（一）血气分析生理学基础

1. 血液中的气体分压　动脉血氧分压（PO_2）和二氧化碳分压（PCO_2）分别是指溶解在动脉血浆中的氧气和二氧化碳所产生的张力。根据 Dalton 和 Henry 定律，气体分压强 = 混合气体总压强 × 该气体容积百分比。一定温度下某种气体在血液中的溶解量与其分压呈正比。

2. 氧的运输及氧解离曲线　血液把从大气吸入的 O_2 运送到组织，同时又把组织代谢排放的 CO_2 通过肺部排出体外，在 O_2 和 CO_2 的运输过程中，均有赖于血红蛋白（Hemoglobin，Hb）载体对 O_2 和 CO_2 亲和力。血浆中 PO_2 的改变会直接影响 O_2 与 Hb 结合（图 8－1）。

Hb 与 O_2 的结合和解离受多种因素影响，若以 PO_2 值为横坐标，血氧饱和度为纵坐标作图，求得血液中 Hb 的氧离解曲线，称为氧解离曲线（oxygen dissociation curve，ODC）。影响解离曲线的主要因素有：①温度。当温度降低时，Hb 与 O_2 结合更牢固，氧解离曲线左移；当温度升高时，Hb 与 O_2 亲和力降低，氧解离曲线右移，促进 O_2 的释放。②pH 和 PCO_2。血液 pH 降低或 PCO_2 升高，Hb 与 O_2 的亲和力降低，氧解离曲线右移，释放 O_2 增加；反之曲线左移，这种因酸度改变而影响 Hb 携带 O_2 能力的现象称为波尔效应（Bohr effect）。波尔效应的机制与 pH 改变时 Hb 的构象发生变化有关。③2,3－DPG 浓度。2,3－DPG 是红细胞糖酵解的产物，其浓度高低直接导致 Hb 的构象变化，从而影响 Hb 与 O_2 的亲和力。缺氧可导致体内糖酵解作用加强，红细胞内产生的 2,3－DPG 增加，有利于释放更多的 O_2 供组织利用。④其他因素。如碳氧 Hb（carboxyhemoglobin，COHb）、高铁 Hb（methemoglobin，metHb）等血红蛋白存在可影响 Hb 与 O_2 的亲和力。

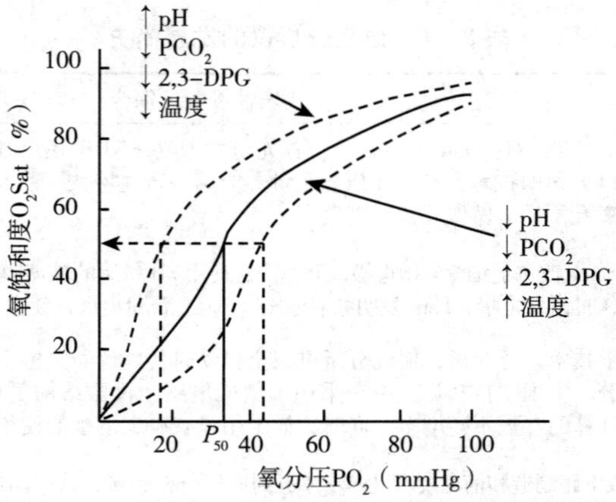

图 8－1　血红蛋白氧解离曲线

3. 血液二氧化碳和酸碱度　正常人血液中 H^+ 浓度增高（pH 降低）或 CO_2 分压增高时，Hb 与氧亲和力降低，反之，则增高。当血液流经组织时，因组织细胞的 pH 比血液低，而 PCO_2 较血液高，有利于 HbO_2 释放 O_2，同时又促进了 Hb 和 H^+、CO_2 的结合。当血液流经肺时，肺泡的 PO_2 高，HbO_2 的生成促使 Hb 释放 H^+ 和 CO_2，同时 CO_2 呼出有利于 HbO_2 的形成。

（二）离子选择电极及电位形成机制

离子选择性电极分析的基本原理是利用膜电势进行测定。膜电势是一种相间电势，即不同两相接触，发生带电粒子的转移，待达到平衡后，两相间的电势差。离子选择电极主要由三部分组成：电极膜、内充液和电极（图 8－2）。

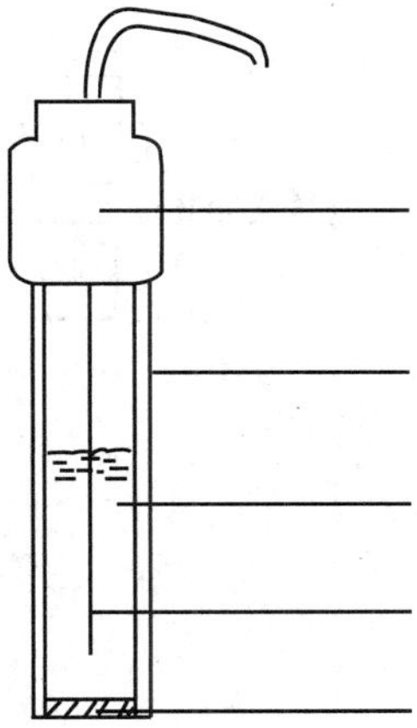

图 8－2　电极结构示意图

电极膜可以是固体的也可以是液体的。内充液是含有待测离子的电解质溶液，浓度稳定且已知。根据电极膜类型不同，离子电极一般分为玻璃电极、固体膜电极和液体膜电极。无论何种类型的膜，其膜电势不能单独直接测定出来，但可以通过测定电化学电池（原电池）的电动势计算出来。

血气分析测定中，电极膜电位与待测溶液中的离子活度相关。如图 8－3 所示，膜的一侧溶液为已知离子活度的标准溶液，而膜另一侧的溶液中离子的活度为未知的，膜电势将随未知离子活度的不同而改变，所以只要测定出其电动势就可计算出该膜的膜电位，在一定离子浓度范围内，其膜电位与膜两侧离子活度关系符合能斯特方程，从而求出溶液中离子活度。

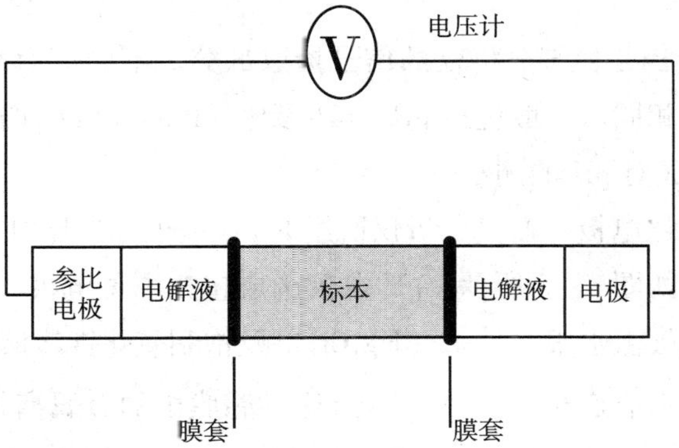

图 8－3　膜电位形成示意图

（三）血气分析仪的结构及原理

目前常用的血气分析仪多是基于电化学原理设计，采用离子选择性电极法。主要由特异性的电极分别测出 O_2、CO_2 和 pH 三个数据，并推算出一系列参数。血气分析仪生产厂家及型号众多，自动化程度也不尽相同，但其结构组成基本一致，一般包括电极（pH、PO_2、PCO_2）、进样室、CO_2 空气混合器、放大器元件、数字运算显示屏和打印等部件。

1. 血气分析仪工作原理　如图 8－4 所示，测定样本时，被测血液通过管路系统被抽吸进入样本检测室。检测室的管壁上开有四个孔，分别与 pH、pH 参比、PO_2 和 PCO_2 四种电极的感测头紧密相连。其中，pH 和 pH 参比电极共同组成对 pH 的测量系统。血液中的 pH、PO_2 和 PCO_2 同时被四种电极所感测。电极将它们分别转化为各自的电信号，经进一步的放大、模数转换、微机处理及运算后，再将计算结果传送到显示器及实验室信息系统。由于电极对温度非常敏感，检测室应始终保持恒温状态。检测完毕的样本在泵的作用下被冲洗液排出。

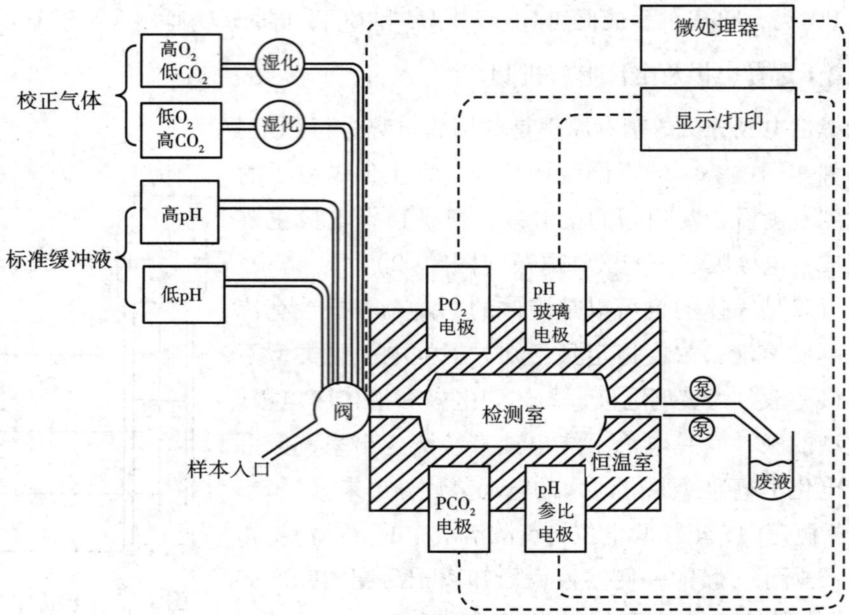

图 8 - 4　血气分析仪工作原理示意图

2. 血气分析仪的结构　血气分析仪的结构大体可分为电极系统、管路系统和电路系统三部分。

（1）电极系统　电极是血气分析仪的信号拾取部分。不同厂商生产的血气分析仪，结构类似，工作原理基本相同。一般包括 pH、pH 参比、PCO_2和 PO_2四种电极，其中 pH 电极和 pH 参比电极共同完成对 pH 的测量。

1）pH 电极及其参比电极　血气分析仪所用的 pH 电极和参比电极，以玻璃电极和甘汞电极应用最广，其结构如图 8 - 5 所示。pH 电极构成包括测量电极、内部缓冲液、pH 敏感玻璃膜及导线，参比电极由水银、甘汞（Hg_2Cl_2）及饱和氯化钾溶液组成。

当待测样本进入样本通道时，其中 H^+与 pH 敏感膜中的金属离子进行交换，膜两侧产生电位差，其变化与样本中的 H^+活度之间存在函数关系。通过参比电极提供的标准参考电压，即可得出样本产生的膜电位。标准液产生的膜电位用于仪器的定标，而待测标本产生的膜电位则用于计算血液中的 pH。

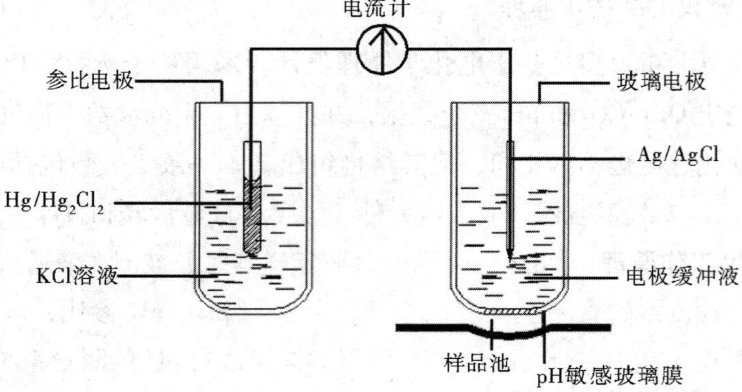

图 8 - 5　pH 电极示意图

2）PCO_2电极　是一种气敏电极。在电极的前端有一层半透膜，只允许CO_2通过，电极膜的材料多用有机高分子化合物制成。PCO_2电极结构组成包括 pH 敏感的玻璃电极、参比电极（Ag/AgCl）及电极缓冲液（图 8－6）。

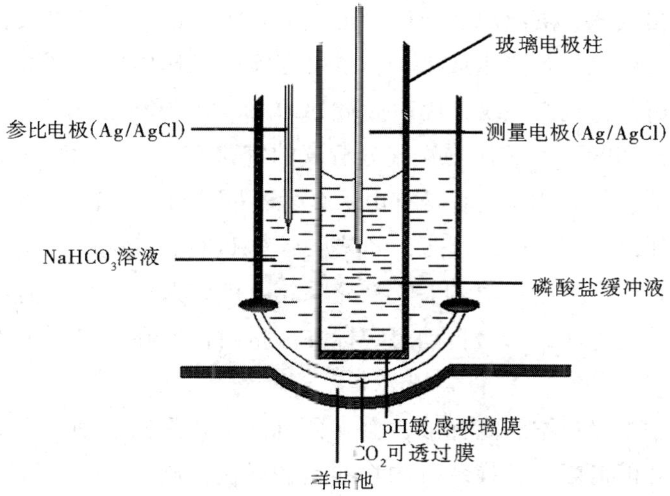

图 8－6　PCO_2电极示意图

玻璃电极和参比电极被浸泡在一个内部充满溶液的外套中，血液中的CO_2通过半透膜后，产生下述反应：$CO_2 + H_2O \rightarrow H_2CO_3 \rightarrow H^+ + HCO_3^-$。改变了电极套内的酸碱度，电极套中 pH 的变化与所测得的样本中的PCO_2成负对数关系，即 $pH = -\log PCO_2$。对所测得的 pH 通过换算可求出PCO_2的含量。

3）PO_2电极　也是一种气敏电极。电极前端为一允许氧分子通过的透气膜，常用的是 Clark PO_2电极。电极壳内由一个铂丝（Pt）阴极和一个银－氯化银（Ag/AgCl）阳极浸在电解溶液中。内充电介质溶液由含 KCl 的磷酸盐缓冲液组成，其中磷酸盐缓冲液可稳定电极液的 pH，KCl 可增加电极液的导电性，并参与离子的导电（图 8－7）。

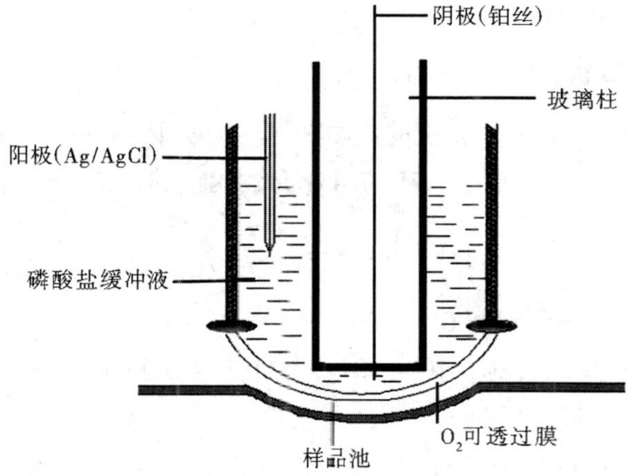

图 8－7　PO_2电极示意图

氧的测量是基于电解氧的原理而实现的。当溶解在血液中的O_2接触到半透膜时，透过膜到达 Pt 阴极表面，O_2不断被还原，产生一系列氧化、还原反应，导致阴阳极之间产生电流。此电解电流的大小与 PO_2 成正比，据此可测定样本中氧的含量。

（2）管路系统　一般的血气分析仪均装有一套比较复杂的管路系统以及配合管路工作的泵体和电磁阀。血气分析仪的管路系统的作用是在微机的控制下，为完成自动定标、自动测量、自动冲洗等功能而设置的。

管路系统通常由气瓶、溶液瓶、连接管道、电磁阀、正负压泵以及转换装置等部分组成。该系统是血气分析仪的重要组成部分，也是在实际工作中易出现故障的环节，所以应注意对该系统的了解。①气路系统：用来提供 PCO_2 和 PO_2 电极定标时所用的两种气体。每种气体中含有不同比例的 O_2 和 CO_2。血气分析仪的气路系统分为两种类型，即压缩气瓶供气方式和气体混合器供气方式。前者是有由两个含不同浓度 O_2 和 CO_2 的压缩气瓶供气，气体在配气站精确按比例配好后装入气瓶，经减压后对 PCO_2 和 PO_2 电极进行定标；后者是用仪器本身的气体混合气产生定标气的。②液路系统：液路系统至少含有两种功能，一是提供电极系统定标用的缓冲液；二是自动将定标和测量时停留在测量毛细管中的缓冲液或血液冲洗干净。

为了向测量室中抽吸样本和定标液，血气分析仪一般采用蠕动泵来吸液。而电磁阀的功能是用来控制流体的通断。转换装置的功能是在微机控制下，让不同的流体按预先设置好的程序进入测量室。它的一边接有各种气体和液体管道，另一边是流体的出口。在微机控制下，某一时刻只有一个流体出口与测量毛细管的进入口相接。

（3）电路系统　血气分析仪依赖完整的电路系统对仪器测量信号进行放大和模数转换，对仪器实施有效温控，显示和打印结果，通过键盘或条码系统输入指令，目前由计算机控制完成自动分析。

三、血气分析仪的性能参数及校准维护

血气分析主要检测项目包括动脉血的 pH、PCO_2 和 PO_2 等直接测定值和一系列通过计算获得的参数。氧状态的测定还包括各类血红蛋白含量和相对百分数。根据测量和计算出的参数可以了解人体血液的酸碱平衡情况和输氧状态，从而为病因的分析和治疗方案提供科学的依据。

（一）反映机体酸碱状态的主要指标

1. pH　血液 pH，即血浆中 H^+ 浓度的负对数值。根据 Hendersen－Hasselbalch 方程（H－H 方程）计算而得，正常为 7.35～7.45。pH＞7.45 为碱中毒，pH＜7.35 为酸中毒。

$$pH = pKa + \log \frac{[HCO_3^-]}{[H_2CO_3]}$$

2. 氧分压　PO_2 是指物理溶解在血液中的 O_2 所产生的张力，是机体缺氧的敏感指标。参考范围为 10.64～13.3kPa（80～100mmHg），低于 7.31kPa（55mmHg）提示呼吸衰竭，低于 4kPa（30mmHg）可危及生命。

3. 二氧化碳分压　PCO_2 是指物理溶解在血液中的 CO_2 所产生的张力，是判断呼吸性酸碱失衡的重要指标。动脉血测定时参考范围 4.67～6.00kPa（35～45mmHg），平均 5.33kPa（40mmHg），静脉血 5.19～6.92kPa（39～52mmHg），平均 6.00kPa（45mmHg）。

4. 实际碳酸氢盐　实际碳酸氢盐（actual bicarbonate，AB）指血浆中 HCO_3^- 的实际含量，即未接触空气的血液在 37℃时分离的血浆中 HCO_3^- 的含量，受呼吸代谢双重影响。正

常动脉血为 21～25mmol/L，平均为 24mmol/L。

5. 标准碳酸氢盐　标准碳酸氢盐（standard bicarbonate，SB）指在隔绝空气，37℃时 PCO_2 为 40mmHg 和 Hb 完全氧合的条件下所测得的 HCO_3^- 的含量，不受呼吸因素的影响，基本反映体内储量的多少，比 AB 更为准确。正常动脉血为 21～25mmol/L，平均为 24mmol/L。

6. 二氧化碳总量　二氧化碳总量（total carbon dioxide，TCO_2）指血浆中各种形式存在的 CO_2 的总含量，其中大部分（95%）是 HCO_3^- 结合形式，少量是物理溶解的 CO_2（5%），还有极少量以碳酸、蛋白氨基甲酸酯及 CO_3^{2-} 等形式存在。正常动脉血为 23.0～27.0mmol/L，平均为 25.2mmol/L，静脉血为 23～29mmol/L，平均 26.4mmol/L。

7. 剩余碱　剩余碱（base excess，BE）指全血或血浆在标准条件（37℃，PCO_2 40mmHg）下，Hb 充分氧合，将 1L 全血 pH 调整到 7.40 所需强酸或强碱的量。反映总的缓冲碱的变化，较 SB 更全面，只反映代谢变化，不受呼吸因素影响。正常为 ±2.3mmol/L。

8. 缓冲碱　缓冲碱（buffer base，BB）指全血中具有缓冲作用的阴离子总和，包括 HCO_3^-、Hb、血浆蛋白及少量的有机酸盐和无机磷酸盐。反映机体在酸碱紊乱时总的缓冲能力。

9. 氧饱和度　氧饱和度（oxygen saturation，SO_2）指血液在一定的 PO_2 下，氧合血红蛋白（HbO_2）占全部 Hb 的百分比。与 PO_2 和 Hb 氧解离曲线直接相关。可表示为：

$$SO_2 = \frac{HbO_2}{Hb + HbO_2} \times 100\% = \frac{\text{氧含量}}{\text{氧容量}} \times 100\%$$

由于并非全部血红蛋白均发生氧合，且存在高铁血红蛋白、碳氧血红蛋白等异常血红蛋白配体，所以正常值为 95%～97%。

10. 乳酸　是葡萄糖代谢的中间产物，当机体代谢所需的能量无法通过有氧呼吸得以满足，组织无法获得足够的氧或者无法足够快地处理氧的情况下乳酸的浓度会上升。乳酸升高会引起呼吸增强、虚弱、疲劳、恍惚甚至昏迷。

正常参考范围为 0.5～1.8mmol/L；乳酸 > 2.5mmol/L，需要进行紧急救治；> 4.0mmol/L，病人死亡率会大大升高。临床医生通过监测乳酸来评估治疗效果，乳酸水平降低说明组织氧供得到改善。同时用于临床氧缺乏以及组织灌注缺乏等病症的检测。

现代血气分析仪除了上述参数测定外，还具有附加测定电解质、代谢物及血氧系统功能。可检测血液中 Na^+、K^+、Cl^-、Ca^{2+} 等离子浓度及葡萄糖、红细胞压积、血红蛋白总量、一氧化碳血红蛋白等指标，并可报告对酸碱平衡具有提示性的报告分析图。

（二）血气分析的床旁检验

床旁检验（point－of－care testing，POCT）或称即时检验，是指在病人医疗现场进行的实时医学检验。目前适用于现场抢救的血气分析、电解质测定等已广泛应用于 POCT，使其在医疗现场取得快速检验信息。对临床及时作出治疗决定，尤其在急、重症病人的救治和确保大手术顺利进行方面发挥着独特作用。

对于血气分析技术，POCT 显示出其独特的优越性，提高了诊断和治疗的效率。现代 POCT 血气分析仪不断进步，显现出一些独特的技术特点。

（1）采用传统的气液双重定标法，利用内置定标气和定标液进行有效定标，保证了测定结果的准确性。

（2）采用专利微型平板感应技术，将各种电极集成为一平板电极，具有面积小、免维护、可靠性高、无须气体钢瓶进行校正等特点。

（3）一体化分析包设计，将所有的电极、定标气、定标液、废液包等都设计包含在一个可抛弃型的分析包内，当分析包使用完毕后这些元件也随之抛弃，中间无须更换任何元件，因此无须维护措施，做到了真正意义上的免维护，减少了操作者的工作量和维护所带来的不便。同时这种包含了废液池在内的抛弃型分析包设计也大大降低了血液样本对操作者的生物危害性。

但 POCT 血气分析仪临床应用中尚需不断完善。目前 POCT 血气分析一般由非检验专业人员在 ICU、手术室、病人床边不同环境执行测试，质量控制体系不完善，人员培训欠规范，检验结果难以保证。因此，POCT 的质量管理体系显得尤为重要。为此 NCCLS 针对血气分析的 POCT 制订了“EP18”质量管理体系，该体系综合了各方面的因素，由实验室技术人员、管理人员、仪器制造商共同协作实现对错误的管理。随着计算机和微电极技术不断创新，质量控制和管理体系的进一步完善，相信在不久的将来 POCT 血气分析仪会有飞跃式的发展，成为临床检验中不可缺少的重要部分。

（三）血气分析仪的校准及维护

血气分析方法是一种相对测量方法。理论上，直接测定膜电位可以求出血样中相关物质的浓度（或活度），但事实上并非如此理想。尽管随着计算机技术及智能化的设计应用，使血气分析仪实现了校准与内部质量控制的自动化，但各测量电极对相关物质的响应性随时都有不同程度的变化。因此，在实际工作中必须经常对电极的传感性能进行监控。通常要用标准的液体或气体来确定 pH、PCO_2和 PO_2电极的工作曲线。确定电极系统工作曲线的过程叫作定标或校准（Calibration）。亦即血气分析测定中常见的所谓“两点标化”和“一点校正”。

“两点标化”是指用两种浓度不同的标准液或标准气体，分别测量其电位。如 pH 系统使用 7.383 和 6.840 左右的两种标准缓冲液来进行定标。氧和二氧化碳系统用两种混合气体来进行定标（分别为混合气中含 5% 的 CO_2和 20% 的 O_2以及含 10% 的 CO_2，不含 O_2）。其目的在于确定测量电极的实际斜率，从而建立测量电位与被测物质浓度间的数学关系。

“一点校正”是更频繁地测量某一个标准液的电位，其目的是监控电极测量性能的稳定性，并且用于实际血样测量中相应物质的计算。

血气分析仪测定时，需要对电极进行两点定标建立工作曲线后方可进行。测量过程中，仪器还能自动对电极进行一点定标，随时检查电极偏离工作曲线的情况，一旦发现问题，仪器便停止测量工作，要求重新定标，以保证所测数据的正确性。

血气分析仪的日常维护保养对保证检验结果的准确性至关重要。自动血气分析仪应具备在每次标本检测完成后自动清洗测量室及管道的功能，如果不能自动清洗，则应严格按照技术手册进行手工操作。尤其是血样中的纤维丝和微小凝块最易堵塞毛细管测量室及管道。

为保持血气分析仪始终处于稳定的工作状态，仪器最好 24 小时运转。同时，要严格执行对传感电极的日常保养和更换。若长时间不开机，应将电极卸下，用它们各自的电极液浸泡存放以延长电极寿命。如 PO_2电极在工作中铂阴极表面会有 Ag 沉积，用小毛刷从中央向外周试刷可除去积聚的 Ag，对保持 PO_2电极的灵敏度十分有利。

电极膜性能对检测结果影响很大，膜缺陷（如装配太松或有小漏洞）以及电极内电解质组成的改变均可引起误差。pH 电极的玻璃膜可因血液蛋白质的黏附而出现异常。使用时需注意，切勿用纯水冲洗，以免免疫球蛋白从纯水中沉淀析出而黏附于电极玻璃膜表面使其灵敏度降低。使用中如果发现电极反应迟钝，测定结果漂移，可用 0.1% 胃蛋白酶盐酸溶液浸泡，然后用 pH 7.383 标准缓冲液冲洗，必要时更换电极。

四、血气分析仪应用注意事项

血气分析测定结果准确与否直接关系临床上对相关病情的判断及救治。高质量的检测结果不仅需要性能优良仪器，更有赖于高素质的操作技术人员。影响血气分析测定结果的因素较多，包括从仪器安装、校正、操作人员的培训，器材准备，标本采集，检测分析到报告发出的每一个流程。为保证测定结果的准确性，必须对其进行严格的质量监控。

1. 仪器应用前病人准备　对于非卧床病人，在取样前至少安静休息 3～5 分钟，使其处于平衡状态。若是进行辅助呼吸的病人，则应停止辅助呼吸 20 分钟后再采血；若病人进行氧气吸入时，最好在停止给氧 30 分钟后再采血，否则应注明给氧浓度；若是体外循环病人，应在血液得到混匀后再采血。在采血前必须向病人进行解释，以提高血气分析结果的准确性。

2. 正确的标本采集　正确的标本采集非常关键，也是保证血气分析测定结果准确的前提。血气分析仪的标本主要以动脉全血为主，因为动脉全血能真实反映血液的氧合作用和酸碱状态，并且从主动脉到末梢循环中的血液都是均匀的。采血常以桡动脉、肱动脉、股动脉为主。一般来说，桡动脉采血较为方便和便捷，但穿刺时病人疼痛感较为明显；股动脉较粗容易操作，但有时可穿刺到股静脉。

取样后要认真混匀，将注射器放在手心中慢慢滚动 1 分钟，并上下翻转至少 3 次充分混合，动作轻柔，避免溶血。由于血气分析是测定血液中气体，因此在采血过程中必须防止外界空气进入。抽血时必须做到：①抽血针筒不漏气；②抽血时应让血液自动进入注射器，切勿用力拉针蕊，以免空气沿针筒壁进入；③针头拔出后立刻将针头刺入橡皮塞内，注意针头不要穿通橡皮塞。最好使用血气分析专用采集器，亦可用专用螺旋头封堵。

3. 标本的储存　为了避免血样凝结影响测定及堵塞电极测定通道，血样样本必须采取抗凝措施。目前，多用肝素（锂或钠盐）生理盐水溶液作抗凝剂。使用液体肝素抗凝剂浓度为 500～1000U/ml 为宜，含量过低，抗凝剂体积过大，易造成稀释误差；若含量过高也易引起误差。使用肝素液的具体方法可为：用注射器抽取少量（<0.5ml）肝素液，再将注射器竖放，把筒芯向下拉到适当位置（约 2ml 刻度处），使肝素均匀分布于毛细玻管周边壁上，将多余的肝素液推出，采集血样在 1～2ml 之间，并搓动注射器立即混匀，将针头尖部内残血或空气排出，用橡皮封口。做好使用血气分析专用采集器，防止标本与空气接触。

4. 标本的运输　血样抽取后应立即送检分析，当血液离开人体后，血样中的生物活性细胞仍继续耗氧并产生 CO_2，从而导致 PO_2 下降，PCO_2 上升及 pH 下降的趋向。此种代谢活动虽可因低温而降低，但并不充分，故应尽量减少取样与测定时间间隔。如采取的血样能在 30 分钟内完成，不必低温放置。如因故不能及时检测，可将血样针管放入冰袋中保存至进行分析，最长不宜超过 2 小时。

5. 质控物的使用及频度　室内质控对血气分析质量保证意义重大。血气分析的质控物使用时，需在室温平衡，再用力振摇 2～3 分钟后使用，以便气相与液相获得重新平衡。至于室内质控执行的水平和频度，要求至少一个质控水平，每8小时完成一次。而多数实验室采取对pH、PCO_2、PO_2三个水平质控监测，并且在仪器出现漂移、仪器维修或电极保养后、血气分析用气体和试剂批号调换后及故障修复后随时监测。并将每天的质控记录在案，并以质控图的形式表示，失控者应具有完整的失控原因分析及改进措施记录。

6. 血气分析仪的比对 随着血气分析仪的广泛使用，有些实验室或同一医院不同科室间同时使用两台或更多的血气分析仪。为避免因仪器不同而致检验结果差异较大的情况，应对不同仪器的检验结果进行对比检测，并酌情进行适当的调校。

7. 加强与临床沟通交流 由于血气分析检测影响因素较多，常会导致分析结果与临床情况不符的现象。因此，在做好室内质控和室间质评的同时，必须加强实验室与临床的联系沟通，使血气分析这一重要检测手段更好地服务于临床。

第二节 电解质分析仪

扫码“学一学”

电解质是指在溶液中能解离成带电离子而具有导电性能的一类物质。临床应用中，主要指体液化学分析中最常测定的Na^+、K^+、Ca^{2+}、Mg^{2+}、Cl^-、HCO_3^-以及无机磷等。人体内电解质的紊乱，可引起各器官、脏器生理功能失调，特别对心脏和神经系统影响最大，严重时可危及生命。电解质分析仪用来测量血液和其他体液标本中电解质的含量，是临床化学实验室检测的主要工具之一。

一、电解质分析仪概述

扫码“看一看”

离子测定很早便应用于临床。由于实验室技术及设备制造技术等方面的限制，早期检测电解质的操作繁琐，人为因素多，测定结果不尽人意。

20世纪初，德国F·哈伯等人研制成世界上第一种玻璃膜性质的离子选择电极（ion selective electrode，ISE）-pH电极，开启了离子选择分析技术在临床的应用。以后相继用卤化银薄片试制了卤素离子电极，发明了高选择性的氟离子电极、钙离子电极和钾电极。60年代末，离子选择性电极的商品已有20种左右，随着离子选择电极的不断发明和完善，这一分析技术也逐渐发展成为电化学分析法中一个独立的分支学科。

20世纪80年代以来，随着电化学传感器和自动分析技术的发展，基于离子选择电极的电解质分析仪已广泛应用于临床电解质测定，其向着更加自动化、智能化和人性化发展。其临床应用不仅局限于离子的测定，还可用于诸如葡萄糖、尿素、乳酸等代谢物的测定。

二、电解质分析仪分类及原理

电解质测定的方法有原子吸收光谱法、滴定法、火焰光度法（flame emission spectrophotometry，FES）、离子选择电极法及原子吸收分光光度法（atomic absorption spectrophotometry，AAS）等。原子吸收光谱法及分光光度法相关章节中已有详细阐述，不再赘述。火焰光度法尽管目前不作为临床常规方法，但美国临床实验室标准化协会（Clinical and Laboratory Standards Institute，CLSI）规定火焰光度法依然是钾、钠检测的参考方法。本节仅就电解质测定的火焰光度计和离子选择电极分析仪作简要介绍。

（一）火焰光度法

火焰光度法是用火焰作为激发光源，使被测元素的原子激发，用光电检测系统来测量被激发元素所发射的特征辐射强度，从而进行元素定量分析的方法。含有钠、钾的标本和助燃气进入雾化室雾化后喷入火焰，在高温作用下，钠、钾原子获得能量被激发成为激发态。不稳定的激发态原子又迅速释放出能量回到基态，发射出各种元素特有波长的辐射光谱。钠、钾的辐射波长分别为589nm和766nm，这些金属元素发射的特异光谱经各自相应波长滤色片过滤后照射在光电池或光电管上产生电流。经放大器在电流表上显示。发射光谱强度直接与钠、钾浓度呈正比。

1. 火焰光度计的结构　火焰光度分析所使用的仪器称为火焰光度计，由光源（雾化燃烧系统）、光学系统（单色器）和检测系统三部分组成（图8－8）。

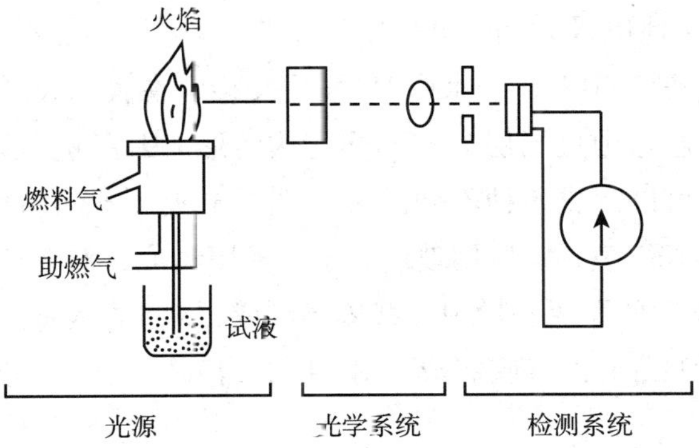

图8－8　火焰光度计结构示意图

（1）光源　由燃气、助燃气及其调节器、喷雾器、燃烧器等部分组成。燃气和助燃气调节器主要作用是提供恒定的燃气及助燃气的流量，确保获得稳定的火焰及稳定的试验溶液吸入速度。化合物在火焰热能的作用下经历蒸发、干燥、熔化、解离、激发等复杂过程，变为气态，同时产生原子发射光谱。适用于碱金属测定的火焰为乙炔、煤气、液化石油气－空气火焰。

（2）光学系统　一般由凹面反射镜、光阑、透射聚光镜和单色器组成。单色器选择只能使被测元素所发射的某一谱线附近波长范围的光。

（3）检测系统　一般用光电管或光电倍增管，经放大器放大，由检流计、记录仪或显示器记录读数。

2. 定量测定方法

（1）内标法　是在稀释液标本中加入浓度恒定的锂或铯，同时测定钠、钾和锂（铯）的浓度。根据钠、钾和锂（铯）的电信号作为定量参数进行钠、钾含量的计算。

（2）外标法　用不同浓度的钠、钾标准液制成标准曲线，然后对血液或其他体液标本进行测定，并从标准曲线上查得钠、钾的浓度。

内标法标本稀释度大，钠、钾测定与标准元素锂（铯）的测定同时进行，可减少由于雾化速度、火焰温度波动所引起的误差，其准确性和精密度均较外标法好。

3. 火焰光度法测定影响因素

（1）激发情况的稳定性　根据火焰光度计要求，保持燃气压力在合理范围，并保持喷雾器清洁。气体压力和喷雾情况的改变会严重影响火焰的稳定，导致误差产生。在测定过程中，如激发情况发生变化，应及时校正压缩空气及燃料气体的压力。

（2）检测器的稳定性　光电池连续长时间使用后会发生“疲劳”现象，应停止测定一段时间，待其恢复效能后再用。滤光片在潮湿的环境中易长霉菌，应注意及时清洁。

（3）有机溶剂、无机酸以及金属元素间的相互干扰　必须使标准溶液与待测溶液有几乎相同的组成。在标准溶液及试样中加入本身易电离的金属如铯和锂，可以消除阳离子的干扰；避免使用磷酸、硫酸、草酸，同时加入释放剂以减少阴离子的干扰。

（二）离子选择电极法

能斯特方程是离子选择电极工作应用的基础。离子选择电极是膜电极，其核心部件是电极的感应膜。按构造可分为固体膜电极、液膜电极等。

1. 离子选择性电极的构造与性能　离子选择电极膜对离子特异性选择是由膜内部本身的晶体结构决定的。以pH电极为例，其化学组成为：SiO 72%，Na_2O 22%，CaO 6%。与水接触时，Na_2SiO_3晶体骨架中Na^+与水中H^+发生交换，在膜的表层形成0.05μm左右的水化层。由于离子在水化层与中央干层分布不同，从而形成跨膜电位。由于制作工艺、化学组分及成分比例不同，可以制成多种不同的离子选择电极。不同的离子选择电极对不同离子产生选择性响应。如Na^+敏感电极用玻璃离子交换膜制成，对Na^+具有高度选择性响应；K^+敏感电极用含缬氨霉素的聚氯乙烯中性载体膜制成，对K^+具有高度选择响应性；Cl^-敏感电极则由聚氯乙烯的四价胺的液膜制成，对Cl^-具有高度选择响应性等（图8－9）。

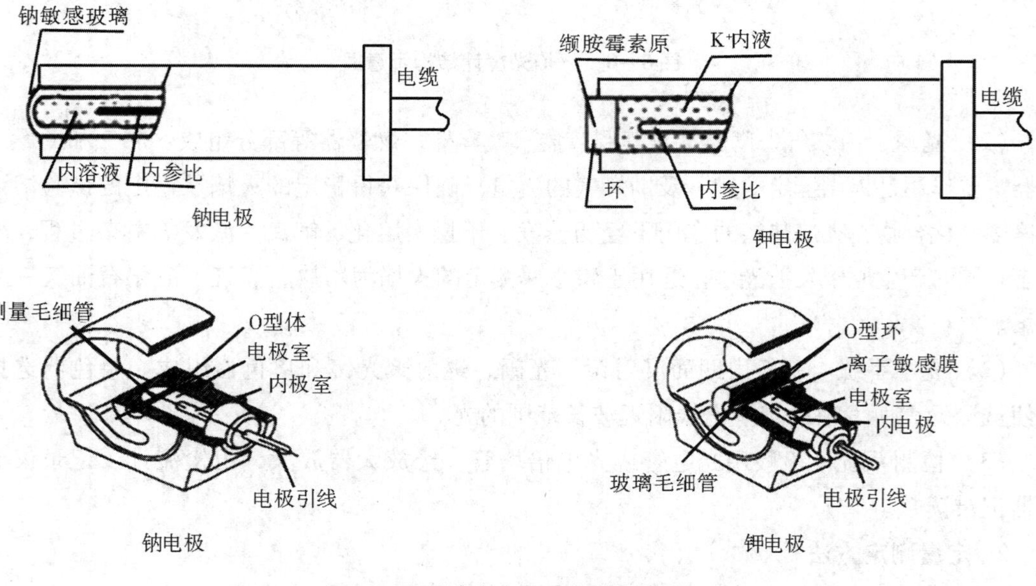

图8－9　钠电极和钾电极的示意图

离子选择电极的方法分为直接法和间接法。间接法是将样本用专用稀释液进行稀释后检测；直接法不需任何稀释将样本直接进行检测。

2. 离子选择电解质分析仪结构　一般由进样传送系统、电极系统和电路系统等部件组成。

（1）进样传送系统　由采样针、驱动电机、泵、阀、管道等组成，用于控制样品、内参液和缓冲稀释液等的吸取和传送。

（2）电极系统　是电解质分析仪的核心部件，电极按一定的排列程序放置在流动室部件中，样本或经稀释后的样本在流经流动室时，各种电极即可对相应的离子进行电位测定。

（3）电路系统　由测量电路将离子选择电极产生的微弱电信号经放大后，进一步转换为数字信号，显示或打印结果。

3. 离子选择电极测定基本原理　离子选择电极（ISE）是一种电化学传感器，其结构中有一个对特定离子具有选择性响应的敏感膜，将离子活度转换成电位信号，在一定范围内，其电位与溶液中特定离子活度的对数呈线性关系，通过与已知离子浓度的溶液比较可求得未知溶液的离子活度，按其测定过程又分为直接测定法和间接测定法，目前大部分采用间接测定法，由于间接测定法将待测样本稀释后测定，所测离子活度更接近离子浓度。在“血气分析仪”一节中离子选择电极的原理已有介绍。

4. 干式生化的离子选择电极法　干式生化的离子选择电极法测定无机离子，采用一次性干片电极，同样是基于能斯特方程。它是采用多层涂膜技术将电极膜材料、试剂涂布在Ag/AgCl基体上，制成一次性电极干片。并采用示差电位法将参比电极与指示电极设计在同一干片上。两者均由离子选择敏感膜、参比层、氯化银层和银层组成，并以盐桥相连。测定时取血清和参比液分别加入该并列而又分开的电极构成的加样槽内，即可测定此两者的活度，并可由其示差电位的相应值计算待测离子的活度。由于多层膜的使用是一次性的，故它有ISE的优点，而无在通常条件下电极老化和蛋白质干扰等缺点。由于无液体管道和电磁阀，不需要上、下水，免电极维护，无须更换电极膜，降低了对操作人员的生物危害性（图8－10）。

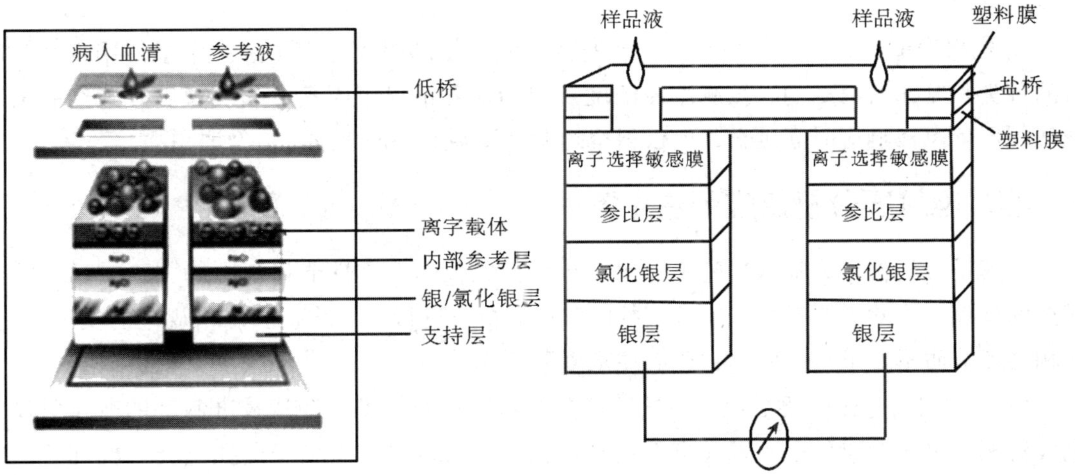

图8－10　干片及干式电解质分析仪检测原理示意图

三、电解质分析仪性能评价

原子吸收分光光度法由于设备昂贵，操作繁琐，很少用于临床电解质的测定。

火焰分光光度法作为Na^+、K^+测定的参考方法，结果准确度高、重复性较好。该法的缺点是使用燃气，具有安全隐患。操作费时，速度慢，效率低，因而临床应用中逐渐被其他方法所代替。

离子选择电极具有测定速度快、准确度好、线性范围较宽、精密度高、生物安全等优点，从而在临床实验室得以广泛应用。随着电极工艺的进步，新型液膜电极和长寿命电极的发展，以及计算机和信息系统的应用，电解质分析仪向着更加自动化、智能化、信息化和人性化方向发展。

电解质分析仪作为一种精密仪器，类型众多，选择及使用过程中除了对仪器的精密度、准确度、分析测定范围、临床可报告范围及参考区间进行性能评价和验证外，还应对电极性能进行评价，主要内容如下。

1. 电极的选择性 指某一种离子选择电极对待测离子和其他共存离子的选择程度的差异，常用选择系数表示。理想的离子选择电极只对特定的一种离子产生电位响应，但实际上其他离子也能在电极膜上进行不同程度的交换，产生一定的离子响应，该干扰愈小愈好。

2. 电极响应范围和检测下限 在电极线性响应区内响应范围越宽越好，目前一般电极的响应范围在4～7个数量级之间。检测下限指离子选择电极能够有效检测被测离子的最低浓度，目前多数商品电极的检测下限为（10^{-7}～10^{-5}）mol/L。影响检测下限的主要因素包括电极膜活性物质在溶液中的溶解度、测试方法和溶液的组成、电极的预处理及搅拌速度等。

3. 电极斜率 在线性响应范围内，当待测离子活度变化一个数量级时所引起的电极电位变化值（mV），称为该电极对所给定离子的斜率。在实际应用时，由于电极性能变化，电极的斜率会偏离理论值。若电极斜率过小，将使测量误差增大。一般认为实测的电极斜率达到理论值的90%以上属于质量较好，小于70%则认为电极不合格。

4. 电极响应时间和稳定性 电极响应时间指电极浸入溶液后获得稳定电位（±1mV）所需的时间。影响电极响应时间和稳定性的因素包括电极膜本身结构、性质、溶解度、厚度、光洁度等；待测液的浓度；被测离子到达电极表面的速度；共存离子的种类、浓度及环境温度等。

5. 电极寿命 指电极保持其符合能斯特方程功能的时间。离子选择电极使用寿命与电极的种类、制作材料结构、被测溶液浓度及应用保养情况等因素密切相关。电极经一段时间使用后其电极响应时间延长，电极斜率降低，逐渐老化而失效，应及时更换。

四、电解质分析仪应用注意事项

电解质分析仪作为临床检验工作中一种重要的仪器，其性能指标准确与否直接影响到疾病的诊疗，因此需要对临床实验室的电解质分析仪进行日常维护和严格规范的质量控制。除相关章节质量要求外，应用中还应注意以下事项。

（1）使用前电极需要活化，并按厂家要求定期进行校准。通过校准斜率的变化可反映电极对相应离子响应效率。现代自动化分析仪，多数可以查看离子选择电极对校准液的响应电压值和校准斜率。由于环境变化及试剂批间差等因素的影响，上述数值在一定范围内变化。电极老化引起响应电压和斜率异常时必须进行更换，但吸样装置、试剂等问题也会引起响应电压和斜率的异常，需要与电极老化相鉴别。

（2）临床使用过程中，蛋白质容易沉积在敏感膜上，或膜被污染，或盐桥被离子竞争或与选择性离子反应等，都会改变对选择性离子的响应。特别是使用分离胶试管时，如果分离胶质量欠佳，随温度升高，会有胶体油滴游离在分离的血清中，导致检测时黏附沉积在电极表面，影响电极的敏感性。因此要对电极进行周期性的维护。

（3）温度因影响离子的活度而影响测定结果。环境温度应控制在18～30℃，工作时波动小于±2℃，部分仪器内设置了允许温度范围，当温度超过允许范围时仪器自动停止检测。湿度控制在45%～85%，湿度过高可能引起仪器部件的生锈发霉等情况，降低使用寿命或导致仪器工作异常，而湿度过低则可能导致静电增加。

（4）注意仪器的接地与屏蔽及避免电磁干扰，如果开机后仪器电位读数不停变动或抖动，可能原因之一是仪器接地不良或受周围电磁干扰影响。

（5）目前临床常用电解质测定方法有湿化学法、离子选择电极法、干化学法等，由于各方法学原理不同，相应的检测限、参考区间及线性范围等不尽相同，如果同一实验室使用不同方法检测电解质浓度，应按要求定期进行方法学的比对。

（张　义　王丽丽）

扫码“练一练”

第九章　电泳分析仪

教学目标与要求

掌握　电泳技术的基本原理和影响因素。

熟悉　各类电泳仪的性能特点和毛细管电泳仪的基本原理及其创新点；各种电泳仪的基本构造。

了解　电泳仪在临床医学检验中应用的项目及其重要的临床意义。

第一节　电泳分析仪概述

扫码“学一学”

分散介质中带电粒子在电场作用下，带负电荷的粒子向电场的正极移动，带正电荷的粒子向电场的负极移动的现象称其为电泳（electrophoresis），主要用于蛋白质和核酸的分离、鉴定及定量等分析测定。先进的电泳分析仪和电泳技术的不断发展，使它在生物化学实验技术中占重要地位，并在生物学、分子生物学和医学领域内不断完善，已成为临床检验和蛋白质分析研究中不可缺少的设备和技术（表9－1）。

表9－1　电泳分析仪发展简史

年代	代表性设备及简介
1939年	Arne Tiselius教授发明了最早期的界面电泳（boundary electrophore－sis），开创了电泳技术的新纪元
1950年	采用手工操作，开展区带电泳（zone electrophoresis）固相支持介质醋酸纤维素薄膜为主
1960年	广泛应用以琼脂糖凝胶作为固相支持介质的区带电泳，分离效果及灵敏度大为改善。但此时期的电泳扫描仪均为可见光系统
1981年	Jorgenson和Lukacs等使用细微毛细管及内径为75μm的熔融石英作CZE，在30kV电压下每米毛细管的效率高达4×105的理论塔板数，这一开创性的成果成为毛细管电泳发展历史上的一个里程碑
1989年	Beckman公司P/ACE高效毛细管电泳仪诞生，并将第一台科研型P/ACE 2000推向市场
1990年	Pharmacia LKB公司推出了双向电泳系统及快速水平电泳系统，继后各专业电泳公司纷纷推出干式半自动电泳分析系统，如法国Sebia、美国Helena、日本常光、意大利英特雷勃等
1994年	临床型全自动电泳分析系统，具代表性产品有法国Sebia公司的HYDRASYS系列和美国Helena公司的SPIFE系列
1997年	Beckman/coulter公司P/ACE MDQ系列产品出现
2001年	Sebia公司推出第一台临床型多通道全自动毛细管电泳仪
2009年	Beckman/coulter公司PA8000 Plus药物分析系统，鞘液的高灵敏度CE－MS接口产品出现
2010年	Sebia公司推出具有穿帽功能的第二代全自动高效毛细管电泳仪Capillarys 2 Flex Piercing，将最新科技融合到电泳技术之中，是一台多功能毛细管电泳仪。这是电泳分析发展历史上的又一个新的里程碑

扫码“学一学”

第二节　电泳分析仪的基本原理及影响因素

一、电泳技术的基本原理

不同性质的质点，由于带电性质及电量不同，在一定电场强度下移动的方向和速度亦不同。蛋白质分子为两性电解质，在特定的 pH 溶液中所带正电荷数恰好等于负电荷数，即分子的净电荷等于零，此时蛋白质在电场中不再移动，溶液的这一 pH，称为该蛋白质的等电点（isoelectric point，pI）。若溶液呈酸性，即 pH < pI，则蛋白质质点带正电荷，它就向电场的负极移动。若溶液呈碱性，即 pH > pI，则质点带负电荷，就向正极移动。

带电质点在电场中的移动速度，用迁移率（或称泳动度，mobility）μ 表示，它的定义是带电质点在单位电场强度（E，V/cm）下的泳动速度（v，cm/s，其中 s 为时间）。质点在某电场强度下的电泳速度 v，应是迁移率 μ 和电场强度 E 的乘积，即取决于 μ 及电位差 V。质点所带电荷量越多（介质的 pH 离等电点越远），质点的直径越小或越接近球形，则它在电场中的泳动速度越快，迁移率亦越大。

二、电泳条件及其对电泳迁移率的影响因素

1. 电场强度　对颗粒的运动速度起着十分重要的作用。电场强度越高，带电颗粒的泳动速度越快；反之，则越慢。根据电场强度大小，又将电泳分为常压电泳和高压电泳。前者电场强度为 2～10V/cm，后者为 90～200V/cm。用高压电泳分离样品需要的时间比常压电泳短。

2. 溶液的 pH　溶液 pH 决定带电颗粒的解离程度，也即决定其带静电荷的量。对蛋白质而言，溶液的 pH 离其等电点越远，则其带静电荷越大，泳动速度越快；反之，则越慢。

3. 溶液的离子强度　溶液的离子强度在 0.02～0.2 之间时，电泳较合适。若离子强度过高，则会降低颗粒的泳动度。若离子强度过低，则缓冲能力差，往往会因溶液 pH 变化而影响泳动度的速率。

4. 电渗　当支持物不是绝对惰性物质时，常常会有一些离子基团吸附溶液中的正离子，使靠近支持物的溶液相对带电，在电场作用下，此溶液层会向负极移动。反之，若支持物的离子基团吸附溶液中的负离子，则溶液层会向正极移动。溶液的泳动现象称为电渗。因此，当颗粒的泳动方向与电渗方向一致时，则加快移动颗粒的泳动速度；当颗粒的泳动方向与电渗方向相反时，则降低颗粒的泳动速度。

5. 焦耳热　在电泳过程中，电流强度与释放出热量（Q）之间的关系可列成如下：

$$Q = I^2Rt$$

式中，R 为电阻；t 为电泳时间；I 为电流强度。

公式表明，电泳过程中释放出的热量与电流强度的平方成正比，当电场强度或电极缓冲液中离子强度增高时，电流强度会随着增大。这不仅降低分辨率，而且在严重时会烧断滤纸或熔化琼脂糖凝胶支持物。

扫码“学一学”

第三节 电泳分析仪的结构及性能特点

一、手工电泳分析装置

临床实验室最早应用的电泳仪均为手工电泳分析仪，其基本结构如下。

1. 电源 电泳仪电源的要求可根据分析目的不同分为稳流、稳压或稳功率 3 种。手工电泳分析仪采用稳流和常压电流。

2. 电泳槽 多由生产厂商为配合某一型号的电泳仪而专门设计，一般有 3 个导电槽。两侧 2 个分别注入缓冲液，并各自连接电源的正、负极；中间槽常不注入缓冲液，只放置电泳支持物介质与两侧 2 个电泳槽内的缓冲液接触而工作（图 9-1）。圆盘电泳槽（图 9-2）主要用于管状凝胶电泳。

3. 电泳条带的分析装备 电泳分离后每一片段结果以百分率报告，假如已知总含量，还可以报告计算所得到的定量结果。可将电泳片段洗脱后，用分光光度计测定洗脱液，也可用其他分析装备直接对电泳结果进行扫描分析。

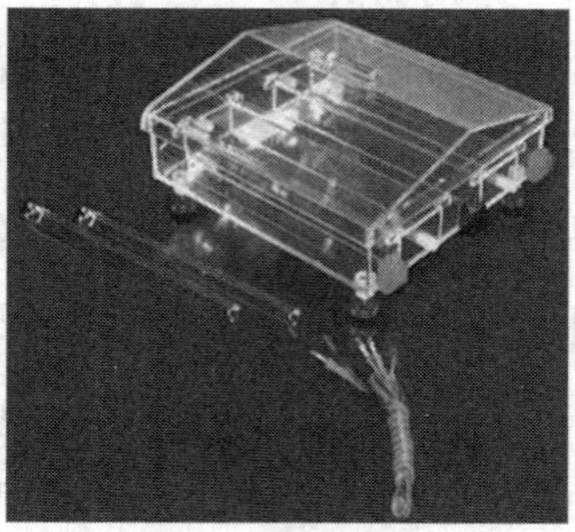

图 9-1 水平手工电泳系统

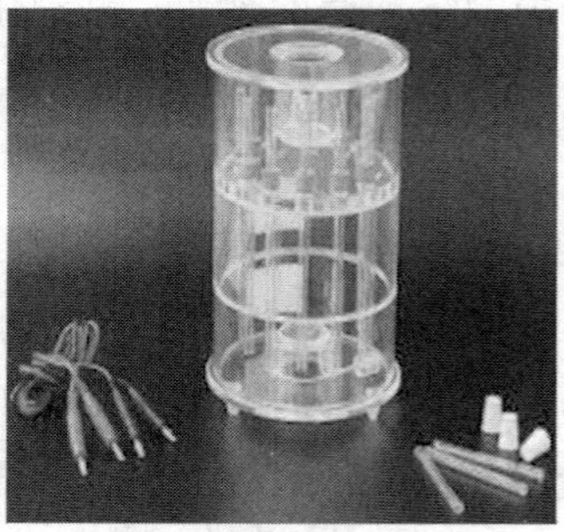

图 9-2 圆盘手工电泳槽

胶管尺寸：9mm×120mm；具有冷却装置，有效保证电泳效果；主要用于管状凝胶电泳

二、半自动电泳分析仪

各种电泳仪相继问世，生产半自动电泳分析仪的厂家，均备有配套试剂盒供血清或体液内各种蛋白质的分析。

（一）基本结构

1. 电泳整流器 电泳时供给一定电流和电压，并可根据试验要求做调整。调节器可调节电泳时的电压和时间，使电泳迁移长度标准化，并使电泳自动停止。电泳完毕具有及时报警功能，当电流短路或超负荷时具有保护功能。

2. 电泳槽 有机玻璃制成水平式电泳槽，是为 HYDRA 电泳凝胶片专用。无须滤纸搭桥，将胶片倒置放上后，即可进行电泳。

3. 烘箱 是对电泳后的凝胶片孵育后快速处理胶片的一种装置，根据电泳不同的介质，在可选的 3 个温度条件（39℃、51℃、80℃）下进行烘干。具有较强的加热吹风喷射系统，使该箱温度快速上升并十分均匀，致使烘干时间大大减少。

4. 染色缸 5 只容器用于染色、脱色和固定。

5. 扫描仪 由计算机控制的电泳仪器所配备的光密度扫描仪可以分析约 20 种不同的电

泳条带。还设计有打印装置和统计功能，结果可储存和传输。

（二）性能特点

应用半自动电泳分析仪（图 9 - 3）需采用专用试剂盒进行血、尿样本的电泳，每次仅能完成 1 张胶片的蛋白质分离，点样后手工将胶片倒置放置于电泳槽上，电泳完毕后由手工操作染色、脱色和烘干，是一种非常简单、实用的分离、鉴定技术。

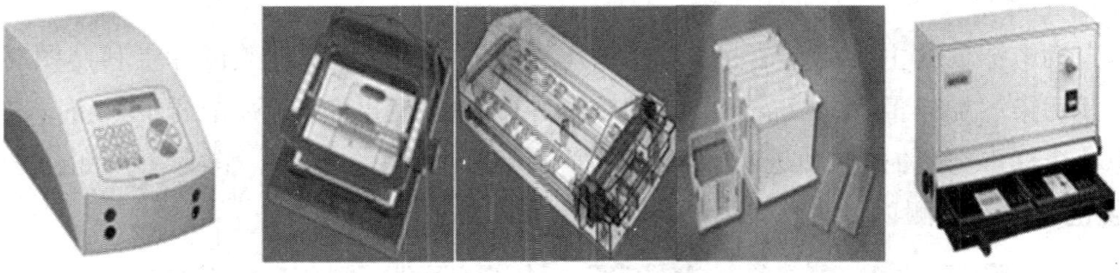

电源装置　加样架　电泳槽　染脱色装置　烘干装置

图 9 - 3　K20 型半自动电泳系统

三、全自动电泳分析仪

于 1993 年半干式无须缓冲液的全自动电泳分析系统问世，统一了实验条件，简化了传统电泳的操作步骤。

（一）基本结构

基本结构见图 9 - 4。

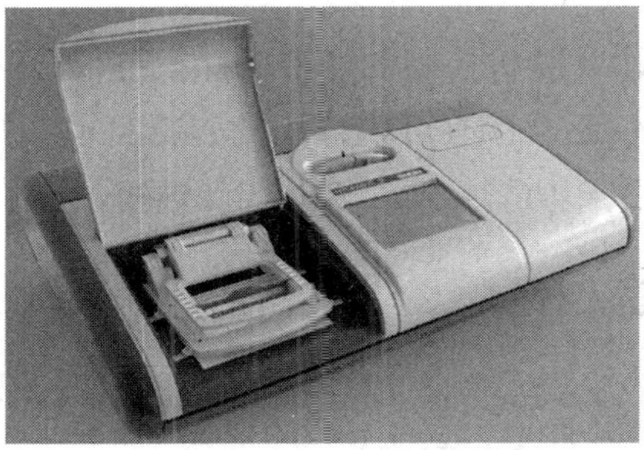

图 9 - 4　全自动电泳仪

1. 稳压电泳仪　具有多种功能，对电泳过程中不同阶段进行处理，如点样、迁移、孵育、染色、脱色和烘干等功能；可自动调节电压、电流强度和电功率，还附有一小型强度交换器系统以调节温度。显示屏上具有数十种试验项目供使用者选择和人机对话，染色部分可管理数种不同的染色反应，每一试验项目均由报警系统自动控制。

2. 段层扫描仪　是近几年来发展起来的一种高新技术，有很强的光学和电子系统以精确测量吸光度（A）值，可聚集由多条斑点提供的微量信息，获得简捷快速的图形。其特点如下：① 高分辨率，可达 150μm；② 线性由 6 个 OD 值组成，不同检测项目有各自的数量单位；③附有鼠标、键盘和彩色屏幕，人机对话；④数十项测试程序。

扫码“看一看”

（二）性能特点

采用半干式无须添加缓冲液，以琼脂糖薄层凝胶为支持物的全自动快速水平电泳分析系统，根据检测项目选择程序。在一块胶上也可同时分析数十个样品，可在相同条件下与标准比较，胶薄而富有弹性，电泳时间大大缩短，胶干后不会发生干裂，便于保存。尤其采用与免疫技术相结合的原理，大大拓展了电泳的应用范围。电泳分离的条带清晰、分辨率高、重复性好。为临床实验诊断和蛋白及基因的研究提供了强有力的分析工具。

全自动电泳仪的主要特点是：以琼脂糖作为介质；一次性加样获国际专利（图 9－5），避免交叉污染，加样量少，仅需 10μl 且加样均匀；电泳速度快，162 个样本/小时；扫描速度达 100 个样本/分钟；自动进行点样、孵育、染色、脱色、干燥，具有 40 个电泳程序和 11 个脱色程序；检测项目达二十余种，可满足临床需求。

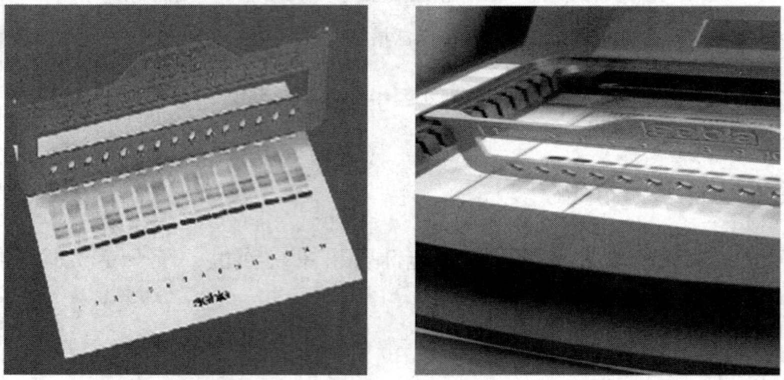

图 9－5　电泳仪加样梳

先进的自动电泳仪配备由计算机控制的光密度计扫描仪，可以分析约 30 余种不同的电泳条带。先进的光密度扫描仪还设计有可供选用的包括自动扫描在内的多种扫描方式和打印装置，并具有质量控制和统计功能，结果可储存和传输。

四、高效毛细管电泳仪

扫码“看一看”

高效毛细管电泳（high performance capillary electrophoresis，HPCE）是在传统电泳基础上继现代高效液相色谱技术之后发展起来的一种新型高效分离技术，是将最新科技融合到自身技术中，为临床医学提供了准确、高效的检测需求，是一台多功能毛细管电泳仪。

（一）高效毛细管电泳仪的基本原理

高效毛细管电泳是一种在空芯的、微小内径的毛细管（内径 10～200μm）中进行的大、小分子的高效分离技术。毛细管两端分别浸入缓冲液中，又在两缓冲液中分别插入连有高压电源的电极，该电压使分析样品沿毛细管迁移，根据被分离物之间电荷和体积的不同，各种分子在高电压下被分离。在自由区带毛细管电泳中，电泳的移动（带电荷分子朝相反极性的电极方向移动）和电渗流（在毛细管内壁上的电荷和应用的势能而引起的电解质移动）导致了分离（图 9－6）。

检测可使用 UV 直接通过毛细管上的小窗口进行检测，也可选择激光诱发荧光、二极管阵列、电化学和质谱检测器检测。样品进样方式是应用气压或电压将样品压入毛细管中完成。

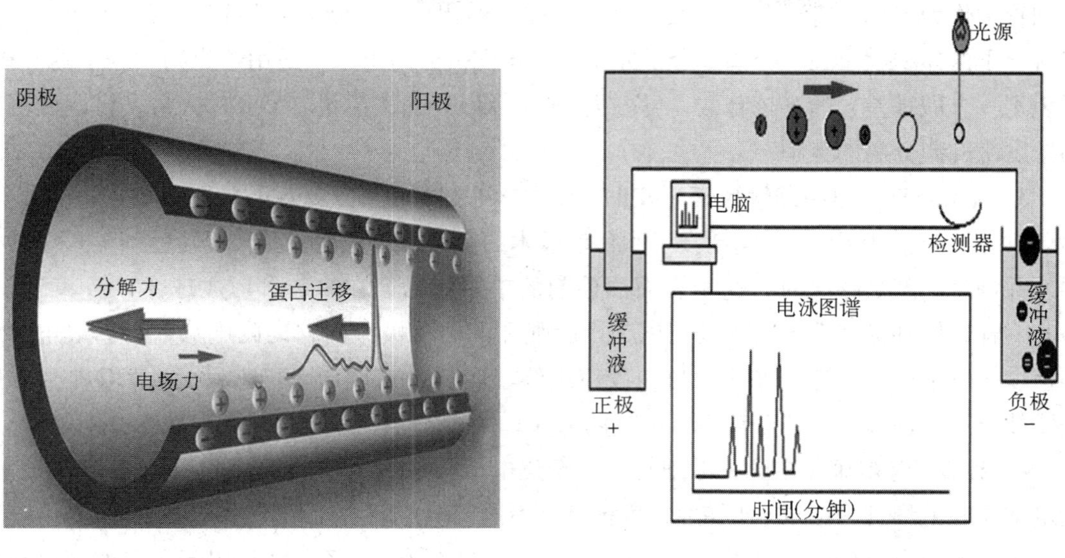

图 9-6　高效毛细管电泳原理图

（二）高效毛细管电泳仪的技术规格

全自动毛细管电泳分析仪（图 9-7）采用液相电泳技术，多根石英毛细管同时电泳，提供了一个高速的检测频率（150 个/时），并具有高分辨率读码器完成全自动条码识别系统。还具有样品试管架和样品管条码检测器完成全自动进样功能（图 9-8）。利用 Peltier 效应器将电泳全部过程控制在特定的温度下（图 9-9）。利用光纤进行光波传送与接受，由紫外光直接检测。

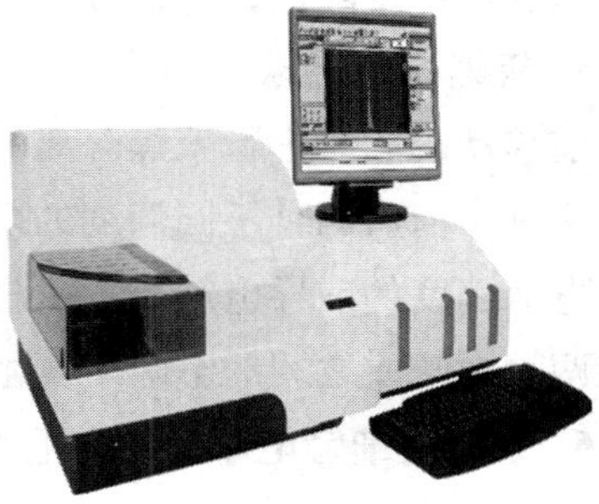

图 9-7　全自动毛细管电泳分析仪

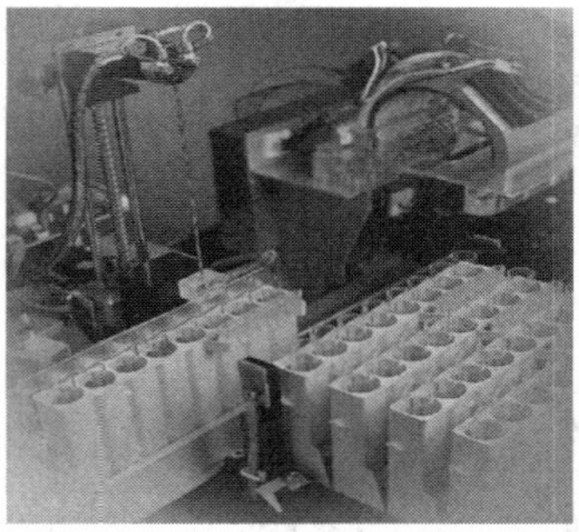

图 9-8　样品试管通道和条形码识别器

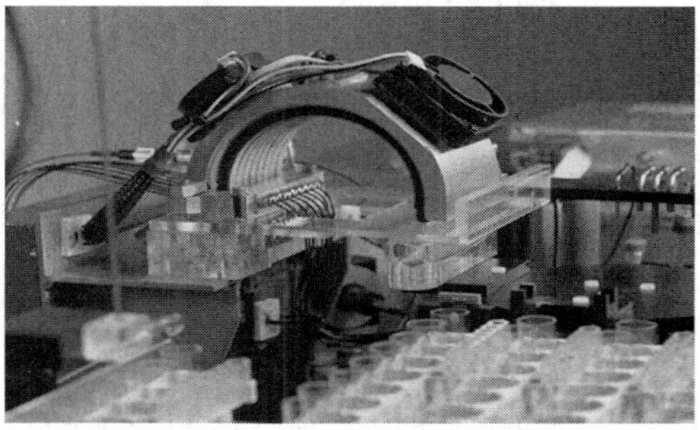

图 9-9　Peltier 毛细管电泳元效应器和光纤

（三）高效毛细管电泳仪的分离模式

1. 毛细管区带电泳　毛细管区带电泳（capillary zone electrophoresis，CZE）也称为自由溶液毛细管电泳。其分离机制是基于各被分离物质的净电荷与质量之间比值的差异，不同离子按照各自表面电荷密度的差异，以不同的速度在电解质中移动而导致分离，是目前应用最广的一种分离模式，适用于蛋白质、氨基酸、多肽类和离子的分析。

2. 毛细管凝胶电泳 毛细管凝胶电泳（capillary gel electrophoresis，CGE）是凝胶移到毛细管中作为支撑物进行分离的区带电泳。被分离物在通过装入毛细管内的凝胶时，按照各自分子的体积大小逐一分离，分子体积大的首先被分离出来，适用于生物大分子的分析，可识别一个碱基差异的寡核苷酸，可分离 DNA 片段，如微卫星（STR）分析，可改变凝胶的浓度来控制分离的范围。

3. 胶束电动力学毛细管色谱 胶束电动力学毛细管色谱（micellar electrokinetic capillary chromatography，MECC）是电泳技术和色谱技术的交叉，当把离子型表面活性剂加入缓冲液中，并当其浓度足够大时，这种表面活性剂的单体就结合在一起，形成球体（胶束）。和 CZE 一样，缓冲液在管壁处形成正电，产生强烈的向负极方向移动的电渗流。一般电渗流的速度 > 胶束向正极迁移速度，迫使胶束最终以较低的速度向负极移动。MECC 是目前唯一既能分离中性离子又能分离带电组分的 HPCE 模式。

4. 毛细管等电聚焦电泳 毛细管等电聚焦电泳（capillary isoelectric focusing，IEF）。两性电解质在毛细管内形成 pH 梯度，各种具有不同等电点的多肽和蛋白质按照这一梯度迁移到其不同的等电点位置并停下，由此产生一条非常窄的聚焦区带，利用等电点的细微差异进行分离，将不同的蛋白质聚焦在不同的位置上后，阴极的缓冲液换成盐类，再加上高压，使末端引起梯度降低，让组分一个个通过检测器。

5. 等速聚焦电泳 等速聚焦电泳（isotachophoresis，ITP）是在被分离组分与电解质一起向前移动的同时进行聚焦分离的电泳方法。与 IEF 一样，ITP 在毛细管中的电渗流为零，缓冲系统由前后两种不同淌度的电解质组成。分离时毛细管内首先导入具有比被分离各组分高电泳淌度的前导电解质，进样后再导入尾随电解质。在强电场的作用下，各被分离组分在两种电解质之间的空隙中发生聚焦分离。

6. 亲和毛细管电泳 亲和毛细管电泳（affinity capillary electrophoresis，ACE）在电泳过程中具有生物专一性亲和力，即受体（receptor）和配体（ligand）相互间发生的特异性亲和作用，形成了受体和配体的复合物。对受体和配体在发生亲和作用前后的电泳图谱变化，可获得有关受体和配体亲和力大小结构变化和作用产物等方面的信息。

第四节 电泳技术的临床应用

扫码“学一学”

一、血清蛋白电泳

新鲜血清经电泳后可精确地描绘出病人蛋白质的全貌，有助于临床对许多疾病判断的参考，各种病理现象所显现的图像的描述，一般常见的是白蛋白降低，某个球蛋白区域升高，提示不同的临床意义。如急性炎症时，可见 α_1、α_2 区百分率升高；肾病综合征、慢性肾小球肾炎时呈现白蛋白下降，α_2 - 球蛋白升高，β - 球蛋白也升高；缺铁性贫血时可由于转铁蛋白的升高而呈现 β 区带增高；而慢性肝病或肝硬化呈现白蛋白显著降低，γ - 球蛋白升高 2 ~ 3 倍，显示免疫球蛋白多克隆（polyclonal）增高，甚至可见 β - γ 融合的桥连现象。还可在 γ 区呈现细而密的寡克隆（oligoclonal）区带，对 HCV、HIV 感染后引起的免疫球蛋白亚型的升高和器官移植后的排异反应均有一定参考作用。此外，由单一克隆浆细胞异常增殖所产生的均一而致密的免疫球蛋白称 M 蛋白（monoclonal protein，MP），可在电泳区带的 $\alpha_2-\gamma$ 区呈现深染且高度集中的单克隆蛋白增生的区带，称其为 M 蛋白区带，扫描后形成高而狭窄的单株峰，血清蛋白电泳是其首选的实验诊断方法（图 9－10、图 9－11）。

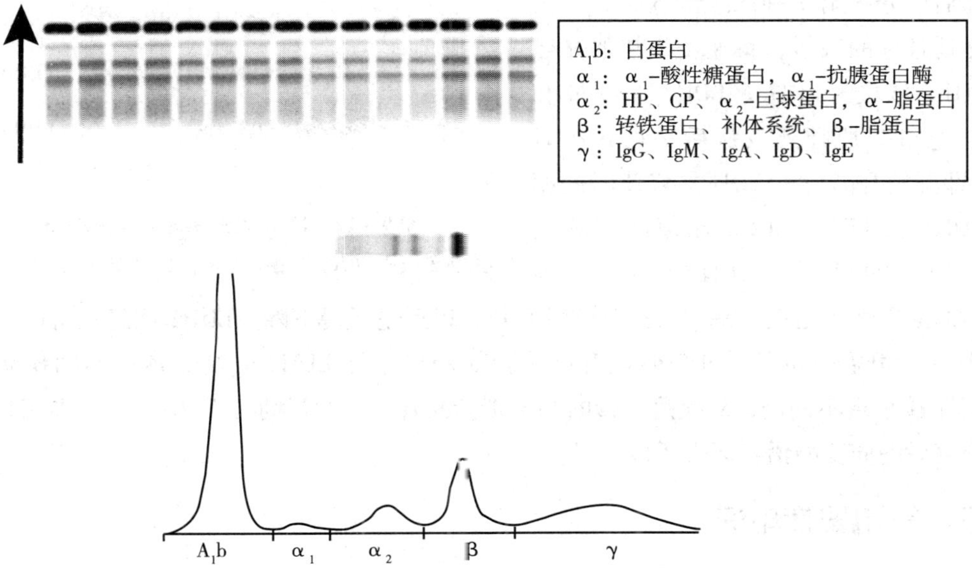

图 9－10　正常血清蛋白电泳图谱

上图：箭头表示电泳方向，上图右侧表示各条带的主要组分；HP：触珠蛋白；CP：铜蓝蛋白；

下图：光密度扫描后电泳图谱

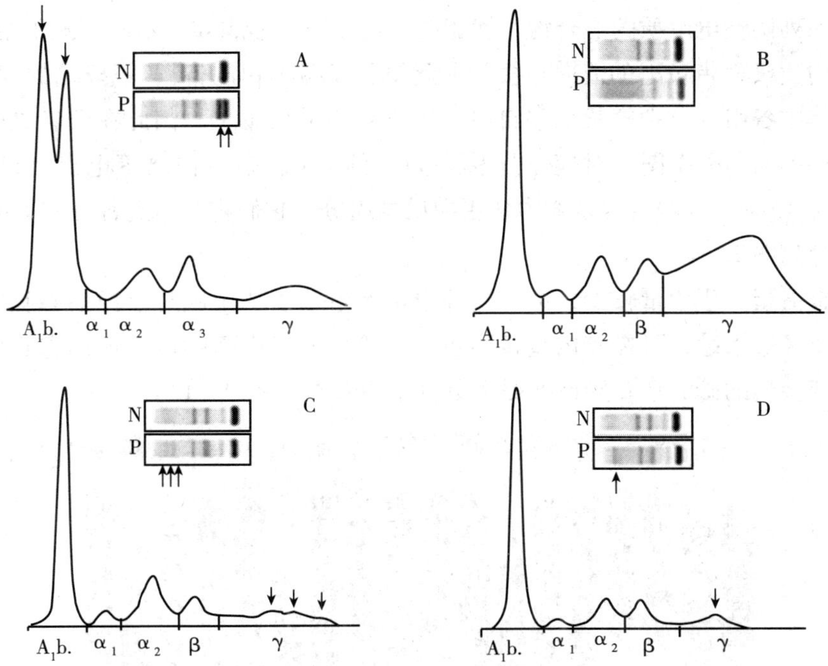

图 9－11　几种常见异常血清蛋白图谱

A：双白蛋白血清电泳图；B：慢性肝病或肝硬化常见的 $\beta-\gamma$ 融合的桥连现象；

C：免疫球蛋白寡克隆增生型；D：M 蛋白单株峰血清型（IgA 型）；N：正常对照血清；P：病人血清

二、同工酶电泳

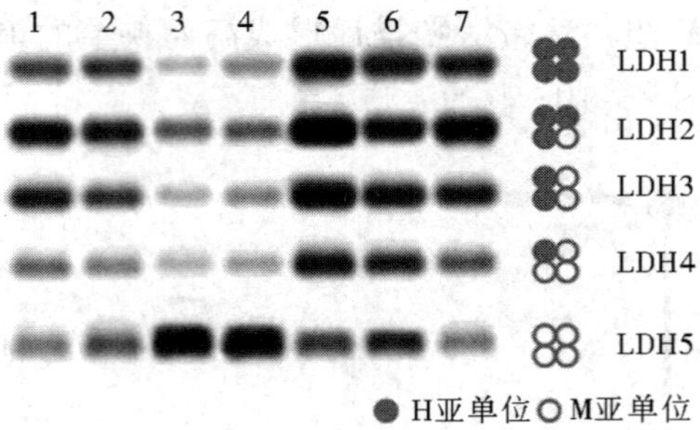

图9-12　LDH同工酶区带电泳图谱

左：7份血清LDH同工酶电泳图；右：LDH同工酶示意图

以血清乳酸脱氢酶同工酶（lactate dehydrogenase isoenzymes，iso-LDH）为例。经电泳后可分离出5种同工酶区带，根据其电泳迁移率的快慢，将速度最快的命名为LDH1，依次为LDH2、LDH3、LDH4和LDH5。急性心肌梗死发病后平均6小时LDH1即开始升高，总LDH的峰值时间稍后，LDH1和LDH1/LDH2比值的高峰出现在发病后24小时，LDH1/LDH2≥1为心肌损伤的阳性决定性水平，其持续的时间长，以后呈缓慢下降，LDH1回复正常的时间较总LDH晚。肝癌时可见LDH5明显升高；肺部疾患可见LDH3升高。各种不同疾病血清LDH同工酶呈现不同谱，对疾病的诊断和鉴别诊断有一定的帮助（图9-12）。采用扫描对电泳分离后的同工酶谱各区带予以定量。

三、等电聚焦电泳

等电聚焦电泳（isoelectric focusing）是一种利用具有pH梯度的电泳介质来分离不同等电点（pI）的蛋白质技术，其分辨率较不连续性聚丙烯酰胺凝胶电泳更高，特别适合于分离分子量相同而电荷不同的两性大分子。

在电泳管中建立稳定的pH梯度是等电聚焦电泳的关键。如果在正负极间引入等电点彼此接近的一系列两性电解质的混合物，就能在电场作用下形成pH梯度。施加电压后，其中带正电的流向负极而带负电的流向正极，因此使负极端的pH升高，正极端的pH降低，两性电解质载体中各组分分别停留在和自身等电点对应的位置上，因此在两者之间形成一个梯度。用迁移率对pH作图，对应于迁移率为0的pH就是蛋白质等电点（pI），可达到0.01pH单位，特别适合测定混合物中各蛋白质的组分，它们将分布到各自pI的部位，从而得到清晰的分离图谱。

由于脑脊液蛋白质含量较少，可采用等电聚焦电泳法测定脑脊液内的寡克隆蛋白，且脑脊液不需要经过浓缩，可在胶内直接染色，可检测源于中枢鞘内合成的寡克隆蛋白，为中枢神经系统疾病的诊断和鉴别诊断提供更可靠的依据（图9-13）。

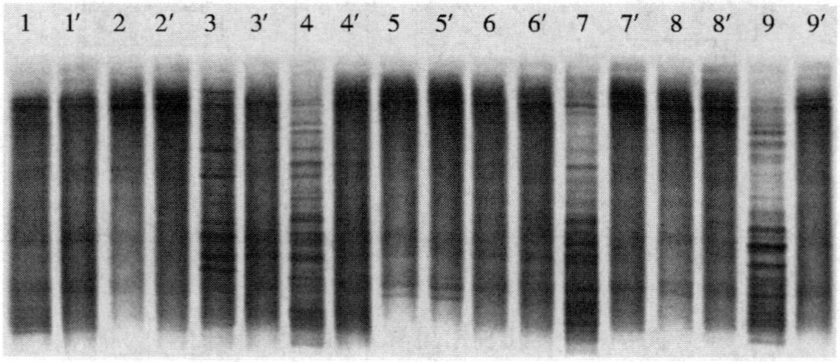

图9-13　脑脊液等电聚焦电泳

四、聚丙烯酰胺凝胶电泳

聚丙烯酰胺凝胶电泳（polyacrylamide gel electrophoresis，PAGE）是由丙烯酰胺单体（acr）和交联剂甲叉双丙烯酰胺（bis）在催化剂过硫酸铵或核黄素作用下聚合交联而成的三维网状结构凝胶。聚丙烯酰胺凝胶的优点是兼有电泳支持体及分子筛的功能，大大提高了分离能力，是目前分辨能力最高的支持体，使待测物的泳动速率完全取决于分子量。

在凝胶电泳系统中使用一定浓度的十二烷基硫酸钠（sodium dodecyl sulfate，SDS）称SDS－PAGE电泳。SDS是一种阴离子表面活性剂，能和蛋白质分子的疏水部分结合，将蛋白质分子内的氢键及二硫键断裂，解离成单独的亚基，亚基与SDS充分结合形成带负电荷的亚基－SDS胶束。蛋白质由此负载了大量负电荷，不同泳动速率仅反映了各蛋白质亚基分子量的差别。这样就能根据标准蛋白质已知分子量的对数和电泳迁移距离所得的标准曲线，查出被测蛋白质的分子量。

以SDS－PAGE非浓缩尿蛋白电泳为例。SDS与尿蛋白结合成一个带阴电荷的蛋白质－SDS分子团，使尿液中的蛋白质完全依据分子量大小来予以分离，以尿蛋白中成分最多的Alb（约90kDa）为界限，比Alb分子量小的轻链双聚体（50kDa）、α_1－微球蛋白（33kDa）、游离轻链（25kDa）、视黄醇结合蛋白（RBP，21kDa）、溶菌酶（15kDa）和β_2－微球蛋白（12kDa）和比Alb分子量大的转铁蛋白（96kDa）、IgG（160kDa）、IgA（165kDa）、结合珠蛋白、α_2－巨球蛋白和IgM均分子量大于165kDa，它们分别在Alb的两侧（图9－14）。尿蛋白电泳后呈现出中、高分子量蛋白区带主要反映肾小球病变，呈现出低分子量蛋白区带，可见于肾小管病变及溢出性蛋白尿；混合性蛋白尿则可见到大、中、小各种分子量区带，显示肾小球及肾小管均受累及（图9－15）。扫描仪可对电泳后尿液中蛋白质剖象进行扫描，求出百分比，以显示肾小球或肾小管损伤程度。通过光电扫描定量分析，其电泳图谱及扫描图形可作为资料永载，利于分析比较。

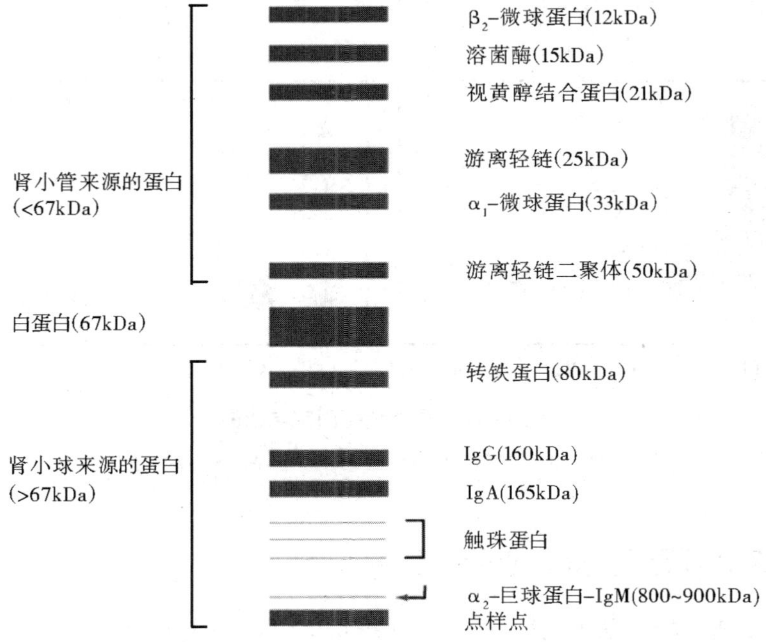

图9－14　非浓缩尿蛋白电泳示意图

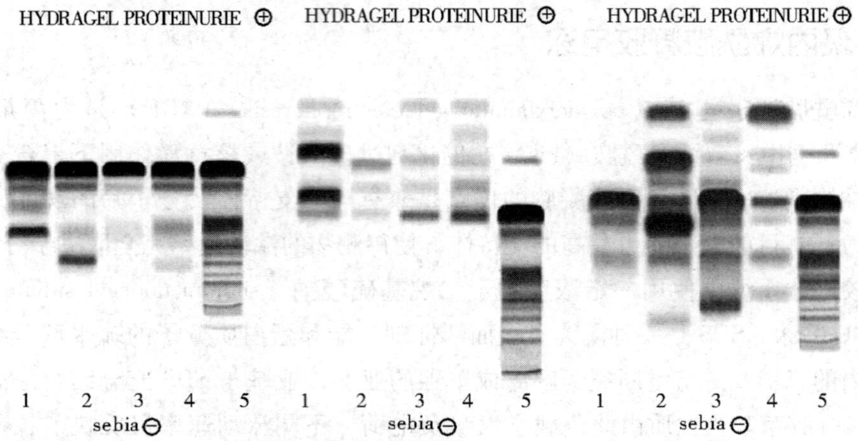

图 9-15 临床常见尿蛋白电泳图谱

左：肾小球性蛋白尿；中：肾小管性蛋白尿；右：混合型蛋白尿

五、免疫固定电泳

免疫固定电泳（immunofixation electrophoresis，IFE）包括琼脂糖凝胶蛋白电泳和固相内免疫沉淀两个过程的操作。

标本于琼脂糖凝胶介质上经电泳分离后，应用蛋白质固定剂、各型免疫球蛋白及其轻链抗血清，通常选用抗 IgG、A、M 和 κ、λ 轻链抗血清，加于凝胶表面的泳道上，参考泳道则加固定剂，用于区带对照。经孵育让固定剂和抗血清在凝胶内渗透并扩散后，若有对应的抗原存在，则在适当位置形成抗原 - 抗体复合物并沉淀下来。电泳凝胶在洗脱液中漂洗，以除去未结合的蛋白质，仅保留贮存在凝胶内的抗原 - 抗体复合物。经染色后蛋白质电泳参考泳道和抗原、抗体沉淀区带被氨基黑着色，根据电泳移动距离分离出单克隆组分，并可对各类免疫球蛋白及其轻链进行分型。常用于血清 M 蛋白的分型与鉴定实验（图 9-16）。

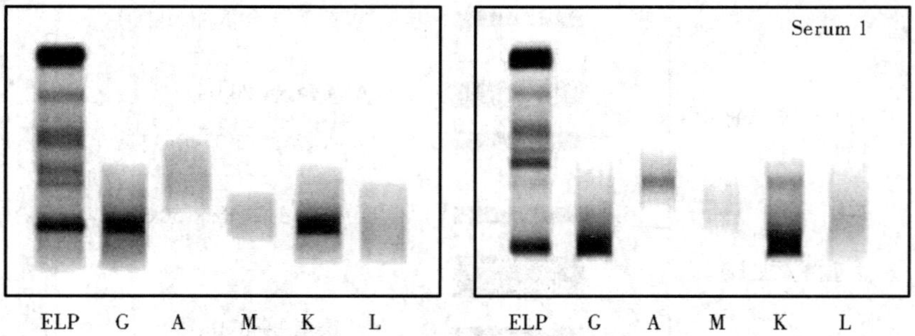

图 9-16 血清免疫固定电泳图

左：IgG-κ 型 M 蛋白；右：双 M 蛋白（IgG-κ、IgA-κ）

六、高效毛细管电泳仪的临床应用

1. 血清蛋白质分析 采用毛细管电泳（caplillary electrophoresis，CE）分离血清蛋白获得了满意的效果，并能准确计算各蛋白质的相对浓度（图 9-17），避免了凝胶电泳法染色、脱色过程中多种影响因素造成的误差，HPCE 法的结果重复性好，分辨率更高，可信度强，便于贮存和检索。

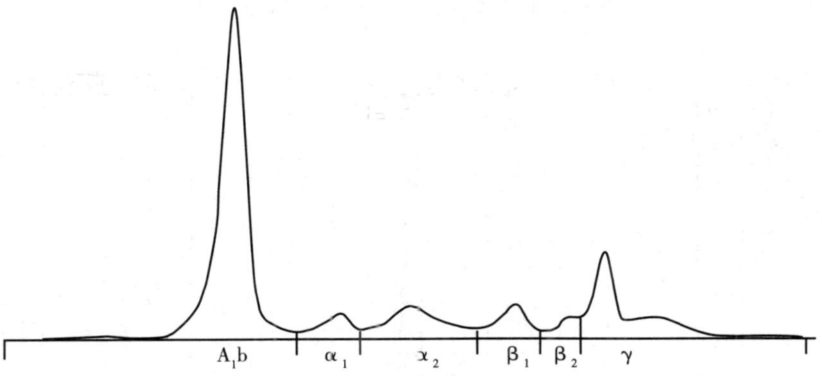

图 9－17　血清蛋白电泳图谱

2. 免疫分型　用特异的抗同型免疫球蛋白（IgG、IgA、IgM、Kappa、Lambda）抗体与血清样品一起孵育，在孵育前与孵育后分别进行 CE 检测。通过用特异性抗体消除一个对应的免疫球蛋白峰来指示是哪种单克隆成分，借此，对免疫球蛋白的型、亚型和轻链型予以鉴定和分类（图 9－18）。

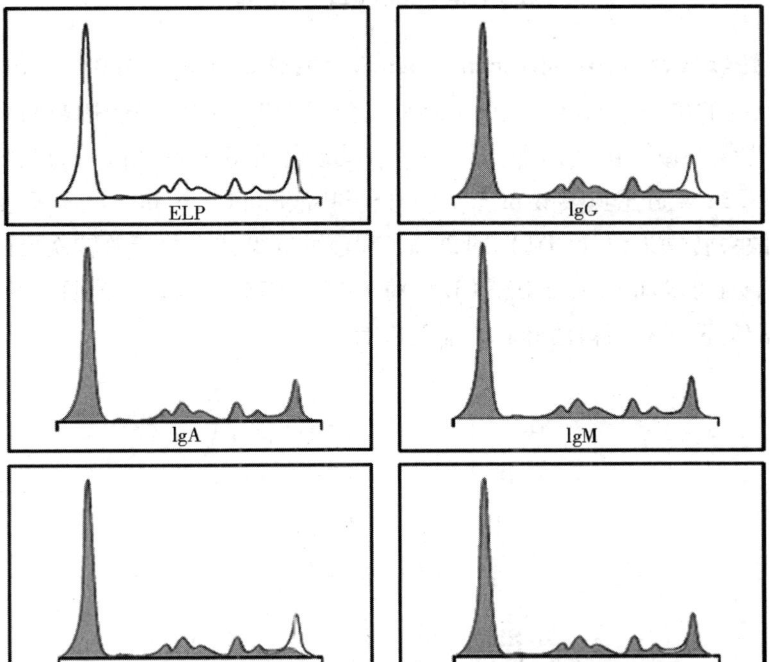

图 9－18　血清免疫分型电泳图谱，提示为 IgG－κ 型

3. 血红蛋白成分的分析　用等电聚焦毛细管电泳（CIEF）和区带电泳（CZE）可分离出十几种 Hb 变异链。对胎儿红细胞处理后，分离其血红蛋白，可分离出 α、β 和 γ 球蛋白链。如用近似中性缓冲液能分离出 HbA_2、HbA_1、S、C、F 链和 C 几种球蛋白链（图 9－19）。如采用更低 pH（3.2）的缓冲液，虽然分析时间延长，但变异体的分辨效果更佳。显然 CE 技术对鉴别诊断血红蛋白病起重要作用。

4. 新生儿血红蛋白（Hb）分析 CE 能分离几种糖蛋白的糖基构型，可鉴别血红蛋白和其他变异体，用于新生儿地贫和血红蛋白病的诊断与鉴别诊断。

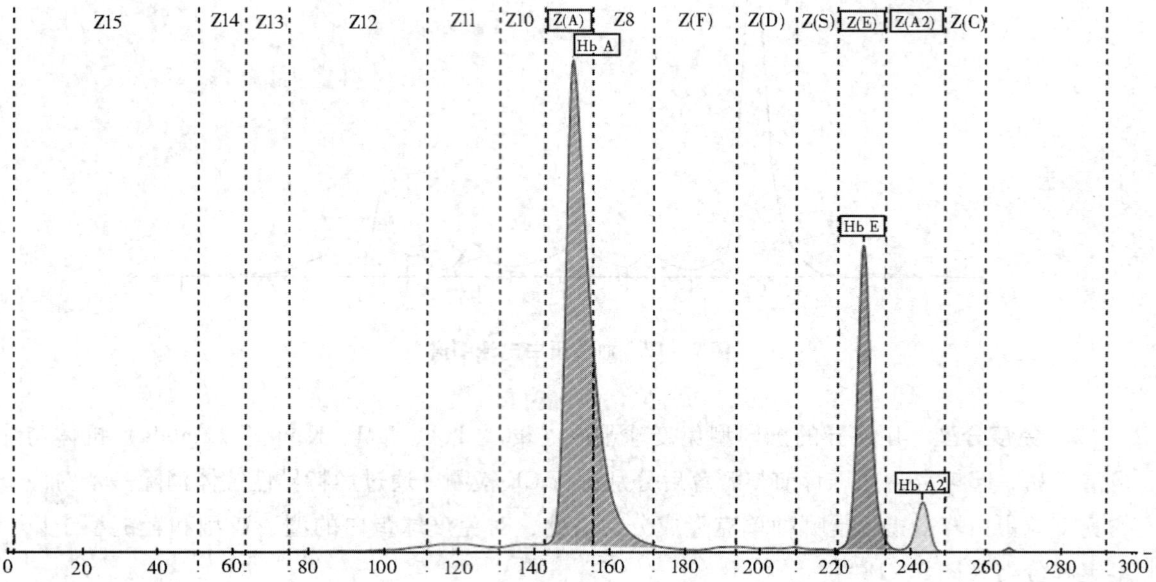

图 9－19　血红蛋白电泳图谱

5. 糖缺失转铁蛋白（carbohydrate－deficient transferrin，CDT） 转铁蛋白是含有 699 个氨基酸碱基的单一多肽链组成的糖蛋白，位于 413 和 611 处分别携带两个 N 连接的糖水键。在 N 末端结构域是由唾液酸为终端和按其近似的等电点（pI）为其等电聚焦点。5 分子唾液酸 pI 5.2；4 分子唾液酸 pI 5.4；3 分子唾液酸 pI 5.6 和 2 分子唾液酸 pI 5.9。正常情况下，糖缺失转铁蛋白（CDT）即 2 分子唾液酸同型体占血清总转铁蛋白少于 1%，然而在乙醇高耗量时可增加 10～15 倍，CE 可将 CDT 清晰分离并计算出百分率（图 9－20），用于检出高乙醇耗量者和酒精性肝病的辅助诊断。

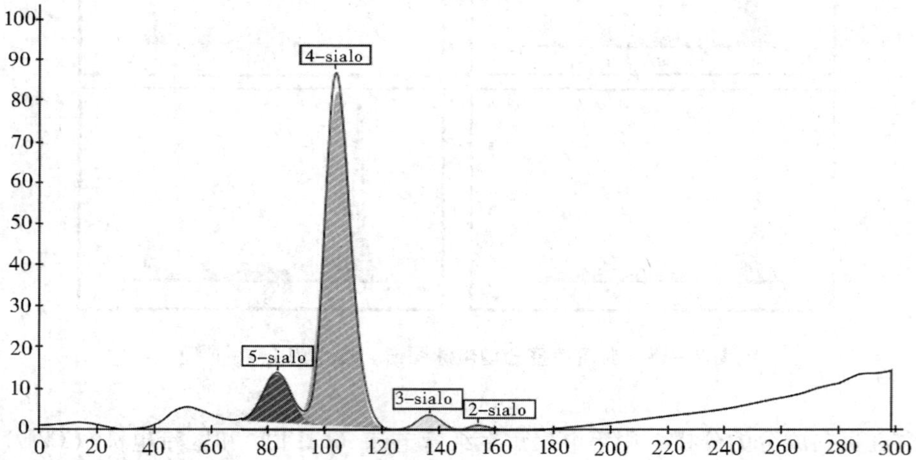

图 9－20　CDT 电泳图谱

6. 糖化血红蛋白电泳 糖化血红蛋白电泳（HbA_1c）已被许多国家和 WHO 公认为糖尿病诊断和长期血糖监控的金标准。于 2011 年开始，市场上出现了毛细管电泳检测 HbA_1c

技术，它比其他所用的 HbA_1c 检测方法具有更好的分离效果，在使用碱性缓冲液条件下，正常和异常（或变异体）血红蛋白按下列顺序检测出来，从阴极到阳极依次为 A2、C、E、S、D、F、A0、其他血红蛋白以及 HbA_1c（图 9－21），同时它对 HbA_2 的定量检测可用于 β 地中海贫血的筛查。尤其是能够分离出各种血红蛋白变异体，从而排除血红蛋白变异体对 HbA_1c 检测结果的影响。因此，毛细管电泳开创了 HbA_1c 新一代检测技术。

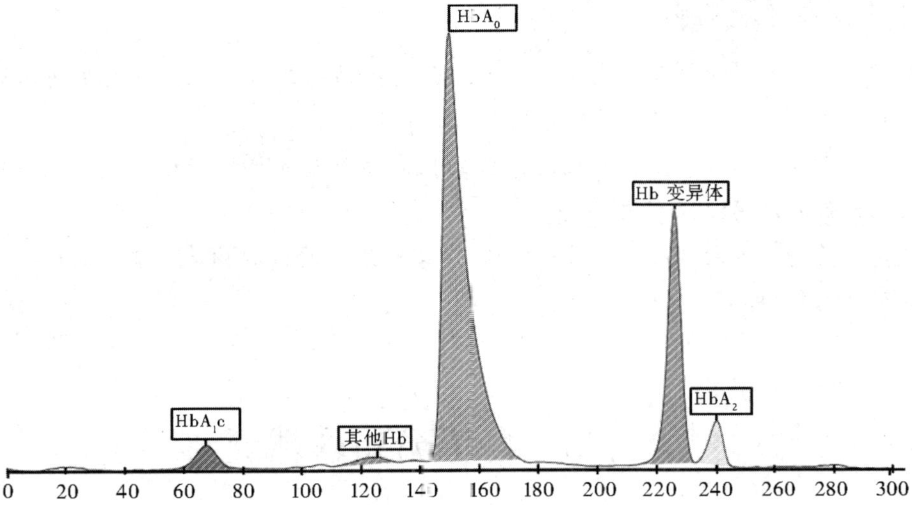

图 9－21　糖化血红蛋白电泳图谱

随着国际、国内科技发展的日新月异和检验医学发展的突飞猛进，电泳技术也在不断发展和更新，其在临床医学和分子生物学领域中有着极其广泛的应用价值，相信随着该技术的不断发展必将越来越受到大家的青睐。

扫码“练一练”

（沈　霞）

第十章 色谱分析仪

教学目标与要求

掌握 气相色谱仪、高效液相色谱仪的仪器构造与工作原理；色谱法基本概念及原理；色谱分析仪定性和定量输出参数。

熟悉 气相色谱仪、高效液相色谱仪的性能参数及其评价指标；气相色谱仪、高效液相色谱仪的应用注意事项。

了解 色谱技术的起源和发展；色谱/质谱联用仪的仪器构造、工作原理、性能参数和使用注意事项。

扫码“学一学”

第一节 色谱分析仪概述

一、色谱技术的起源和发展

色谱（chromatography）法是近几十年来发展迅速的一类分析实验室新型技术，主要用于复杂的多组分混合物的分离和定性、定量分析。随着材料科学、电子技术的不断发展以及计算机技术的不断发展与应用，各类色谱仪器在性能、结构和技术参数等方面都有了极大的提高，已成为临床检验及其相关学科常用的实验室分析仪器（表 10－1）。

表 10－1 色谱分析技术和仪器发展简史

年代	代表性技术及其设备发展简介
19 世纪中叶	Runge 在纸上分离盐溶液
1869 年	Goppalsroeder 在长纸条上分析染料和动植物色素，产生了纸色谱法的雏形
1903 年	俄国植物学家 Tsweet 首先利用色谱分离及分析技术，将植物色素的石油醚提取液倒入装有碳酸钙的试管中，再加石油醚洗脱，结果使色素得到分离而在试管中呈现出不同的颜色谱带，由此提出“色谱”术语
1931 年	Kuhn、Lederer 等人利用吸附色谱技术成功地从蛋黄的“黄体素”中分离出两种胡萝卜素成分。Winterstein 开始将这种分离技术应用于无色物质的分离后，诞生了薄层色谱法
1952 年	Martin、Synge 以及 James 等学者首次建立了气相色谱法（gas chromatography，GC），并成功分析了脂肪酸、脂胺等混合物，对气－液色谱法的理论和实践作了精辟的论述，把色谱法由分离技术提高到分离与“在线”分析的新水平，为色谱法成为现代分离－分析技术方法奠定了基础
1954 年	Ray 把热导检测器应用于气相色谱仪，进一步扩大了气相色谱法的应用范围
1956 年	Van Deemter 等人总结了前人的研究成果，提出气相色谱的速率理论，奠定了气相色谱法的理论基础。同年，Golay 发明了一种分离效能极高的毛细管色谱柱，标志着全新的毛细管柱气相色谱法的诞生。此后，Mc William 发明了氢焰离子化检测器，Lovelock 研制出氩离子化和电子捕获检测器，使色谱柱的分离效能和检测器的高灵敏度得以有机结合
1965 年	Giddings 总结与发展了早期色谱理论，对近代液相色谱动力学理论作出了重要贡献

续表

年代	代表性技术及其设备发展简介
1966 年	Green（1966）、Scott（1967）、Snyder（1967）和 Kirkland（1968）等学者以杰出的研究工作，在经典柱色谱的理论与实践基础上，引入气相色谱法塔板理论和先进的实验技术，研究成功了高效液相色谱（high performance liquid chromatography，HPLC）技术
1970 年起	随着高效固定相的研制，使高效液相色谱柱的柱效得到不断提高。20 世纪 80 年代初，出现了二极管阵列检测器，使高效液相色谱与光谱联用的技术进入到能同时获得定性、定量信息的新阶段。80 年代末以来出现和发展的 HPLC－MS 等联用技术，为解决 HPLC 技术定性差的弱点提供了更多成功的方法

20 世纪末至 21 世纪初以来，随着高效毛细管色谱、UPLC（超高效液相色谱）、UPC（超高效合相色谱）等新的分离模式的出现，色谱仪器功能的完善和固相微萃取技术等样品预处理方法的引入，使 HPLC 法在医学（临床检验诊断学）、药学、环境卫生等领域的应用日益普遍，成为生命科学研究领域不可或缺的主导分离、分析技术。

在临床检验诊断学领域，液相色谱及其联用技术已经广泛应用于以下专业方向。①治疗药物监测：国内外已有标准化色谱方法测定数十种具有个体化差异的药物的血药浓度，如免疫抑制剂环孢霉素 A 和他克莫司，多种精神治疗药物，多种抗癫痫药物，以及筛查测定全血中的大麻素或混合尿液中的常规与新型毒品。②新生儿遗传代谢疾病筛查：如采用液相色谱串联质谱（LC－MS/MS）技术，一次实验对一滴血片即可以检测 40 多种指标，实现对多达 40 多种遗传性代谢疾病进行筛查；此外还可针对佝偻病、骨质疏松症和骨软化症分析血清中 25－羟基维生素 D 水平，进行新生儿先天性肾上腺皮质增生症的筛查等。③全谱氨基酸检测：如使用 LC－MS/MS 方法分析生物样品中的全谱氨基酸；为临床预测心脑血管疾病而常规检测分析血浆中高半胱氨酸浓度等。④体内活性激素类检测：如使用在线 SPE 自动样品前处理的 LC－MS/MS 系统，检测血浆中三种肾上腺素类激素，以辅助诊断多种神经内分泌系统肿瘤，测定血浆中低浓度雌激素、醛固酮、睾酮和二氢睾酮等，以辅助诊断多种代谢性疾病。⑤体内微量元素测定：除体内微量元素的常规监测外，还可采用高效液相色谱－电感耦合等离子体质谱（HPLC－ICP－MS）联用技术对染砷后 Chang 肝细胞中的砷代谢产物进行分析。⑥体内的活性多肽和蛋白：如满足临床对糖尿病治疗效果的鉴别诊断，开展体内胰岛素、胰高血糖素和糖化血红蛋白等活性物质的检测。

从 Tsweet 提出“色谱”术语到气相色谱法的创立，应是现代色谱法的第一个里程碑。色谱－光谱联用技术、高效液相色谱法及毛细管电泳法可分别视为色谱法的第二、第三和第四个里程碑，而色谱－质谱联用特别是高效液相色谱－质谱联用技术近年来飞速的发展，必将成为现代色谱法更加辉煌的第五个里程碑。

二、色谱法基本概念及原理

1. 色谱法　是一种物理分离技术，也称为色层法、层析法等。其分离原理是利用混合物中各个组分在互不相溶的两相之间的分配系数差异，通过一定时间的差速迁移而得到分离，然后再对各组分进行定性、定量测定的一种方法。具有高分辨率、高灵敏度、样品用量少、结果准确等优点，是分析低分子和高分子量大分子混合组分的有效方法。

2. 色谱分离中的两相　是指系统具有一个大体表面积的固定相（stationary phase）（可以是固体或以某种方式固定在固体上的液体）和一个能携带待分离混合物流过固定相的流

动相（mobile phase）（可以是气体或液体或超临界状态的气液体）。在体积相同的情况下，尽量增加固定相的表面积，利于被测组分与之充分接触，以提高分离效率。

3. 基本原理 色谱技术利用样品中待分离的被测组分在两相中分配的差异而实现分离。这个过程可以形象地看作是固定相对样品中各组分随流动相移动所产生的流动阻力不同而造成其流动速度不同，阻力小的组分跑得快，阻力大的组分跑得慢。经过一段时间差速迁移后，各组分得以分离。以吸附色谱为例，由于固定相多为一些固体吸附剂，流动相携带着被测组分通过固定相时，固定相会对各被测组分产生不同的吸附作用。同时，流动相的流动动力又会将吸附在固定相上的各组分洗脱下来。在两相的吸附和洗脱的相对运动过程中，混合物各组分在两相中的吸附/分配可反复进行几千次到百万次，吸附的差异就会被显著地放大，最终产生各组分的差速迁移而分离。使用液体固定相时，样品各组分在两相间分配的差异主要是分配系数的差异，同样会导致样品各组分的差速迁移而分离。由此可见，色谱分离的两要素是互不相溶的两相（流动相及固定相）以及样品（混合物）各组分在两相中分配的差异，这是决定色谱分离的基础。

三、色谱法的分类及特点

色谱法有多种分类方法，按两相的状态可分为经典柱层析法（column chromatography）、纸层析法（paper chromatography）、薄层色谱法（thin - layer chromatography，TLC）、气相色谱法（gas chromatography，GC）、液相色谱法（liquid chromatography，LC）等。按分离机制分类有吸附色谱法（absorption chromatography）、分配色谱法（partition chromatography）、离子交换色谱法（ion exchange chromatography；IEC）、空间排阻色谱法（steric exclusion chromatography，SEC）、亲和色谱法（affinity chromatography）、化学键合相色谱法（chemical bonded phase chromatography；BPC）、毛细管电色谱法（capillary electro - chromatography；CEC）等。本章将对其中常用的气相色谱仪和高效液相色谱仪及其联用技术作介绍。

色谱法具有应用范围广、样品用量少、高选择性、高效能、高速度以及高灵敏度等优点。

（1）应用范围广 是指色谱法可用于几乎所有化合物的分离和分析，包括有机物、无机物、低分子量或高分子量化合物，对有生物活性的生物大分子也能分离和测定。

（2）样品用量少 是指色谱法用极少的样品就能完成一次分离及分析，进而可以实现微量分析和痕量分析。

（3）高选择性 是指色谱法对性质极为相近的物质，如放射性核素、同分异构体、立体异构体等物质，通过选择适当的固定相及流动相，选取适当的分离条件即可实现分离及分析。

（4）高效能 是指色谱法能够分析分配系数极为接近的组分，从而可分离并分析极为复杂的多组分混合物。例如，一根毛细管柱一次可分析轻油中的150个组分。

（5）高灵敏度 是指色谱法能分析含量极微的物质，如气相色谱可检出 $10^{-11} \sim 10^{-12}$g 的化合物，色谱与质谱联用技术能满足更低的检测灵敏度。

（6）分析速度 也较快，通常只需几分钟就可完成一个样品的分析工作，这在UPLC - MS/MS（超高效液相色谱 - 串联质谱）联用法中表现得尤为突出。特别是微机和全自动进样技术应用于色谱仪后，增强了仪器的自动化程度与数据自动处理功能，分析速度和效率大大提高。

四、色谱分析仪的定性和定量输出参数

1. 色谱图　色谱图（chromatogram）是表明被色谱柱分离的物质流过检测器时，其含量与洗脱时间之间关系的图谱，如图 10－1 所示。

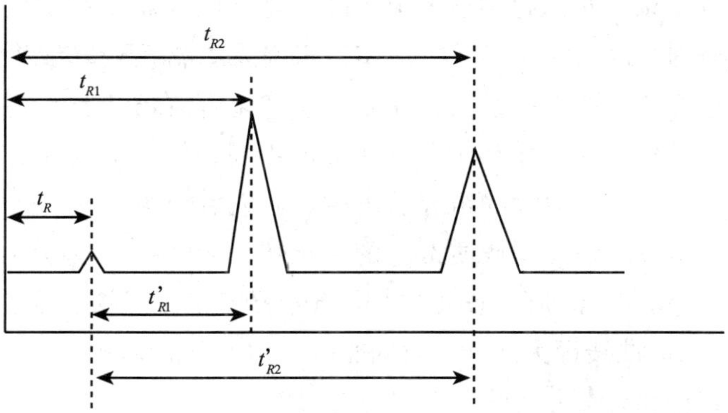

图 10－1　色谱流出曲线

2. 基线　基线（baseline）是色谱图中与时间轴平行的记录线，它表明纯流动相流过检测器时所产生的稳定响应。一般情况下为零，也可通过仪器调整在适当的位置。通过对基线的观察与分析，既可以了解所选择的流动相是否在检测器中形成了干扰信号，又可以了解仪器工作过程中的某些异常情况，如柱温过高造成固定相的“流失”等。判断基线稳定与否的标准是基线的稳定性，即基线与时间轴平行或漂移的程度。

3. 色谱峰　当混合物中被分离出的各组分进入检测器时，检测器记录的色谱流出曲线（指色谱图中被检测器随时间绘出的响应信号曲线）就会偏离基线，其输出信号随流入组分的浓度或质量的变化出现对称的峰形，即为色谱峰（chromatographic peak）。色谱峰所覆盖的面积称为峰面积（peak area），用符号 A（area）表示，色谱峰响应值最高点至峰底的垂直距离，称为峰高（peak height），用符号 H（height）表示，它们是色谱定量分析的重要参数。

4. 保留时间　从进样开始到出现色谱峰最大值所需的时间为保留时间（retention time）。常用 t_R表示，如图 10－1 中所示的 t_{R1}、t_{R2}等，单位为分钟。与保留时间有关的其他参数，如保留体积、校正保留时间等，统称保留参数，作为定性、定量分析时的依据。

5. 死时间　死时间（dead time）是指惰性物质组分从注入色谱柱到出现该色谱峰的最高点所需时间，单位为分钟，如图 10－1 中所示的 t_R。死体积（dead volume）指色谱柱内流动相的体积，在实际分析中包括从进样系统到检测器的体积。

扫码“学一学”

第二节　气相色谱仪

以气体作为流动相的气相色谱法（gas chromatography，GC）可按多种方式分类，按固定相状态可分为气－固色谱法（gas－solid chromatography，GSC）和气－液色谱法（gas－liquid chromatography，GLC）；按色谱柱可分为填充柱色谱法和毛细管柱色谱法；按分离机制可分为吸附色谱法和分配色谱法。

一、仪器构造与工作原理

气相色谱仪示意图如图10－2所示。其色谱分析流程为，首先由载气瓶1提供具有一定压力的载气，经压力调节器2减压后，再经净化器3脱水及净化，由稳压阀调至适当的流量（转子流量计6记录）进入色谱柱8中，再经检测器11流出色谱仪。柱恒温箱9和检测器恒温箱12分别控制分离和检测条件的稳定。待流量、温度及基线稳定后，用微量注射器将样品溶液通过进样器7注入色谱仪，样品迅速气化后被载气带入色谱柱进行分离。被测组分依据在气相（载气）和固定相中分配系数的不同，依次被载气携带出色谱柱。分配系数小的组分先流出，分配系数大的组分后出柱。分离后的各组分由载气带入检测器，不同类型的检测器将各组分的浓度（或质量）的变化转变成电压（或电流）的变化，这种随时间变化的讯号由记录器13记录下来。由于电讯号强度正比于物质浓度（或质量），所记录的电压（电流）－时间曲线即为浓度－时间曲线，称为色谱流出曲线。这种用气相色谱流出曲线的信息进行定性和定量分析的技术即是气相色谱法。

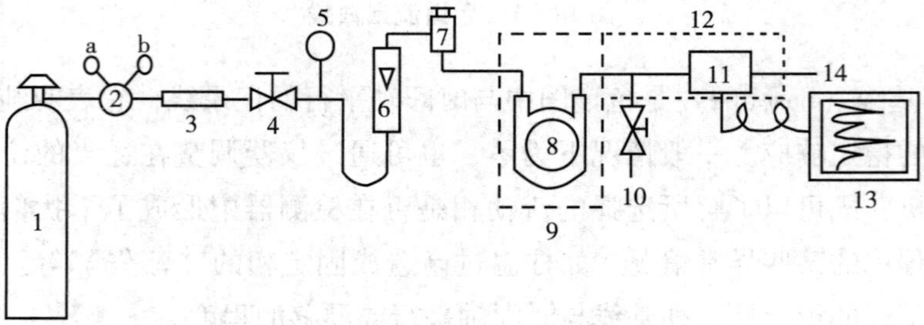

图10－2　气相色谱仪示意图

1. 载气瓶；2. 压力调节器（a. 瓶压；b. 输出压）；3. 净化器；4. 稳压阀；5. 柱前压力表；6. 转子流量计；7. 进样器；8. 色谱柱；9. 色谱柱恒温箱；10. 柱后分流阀；11. 检测器；12. 检测器恒温箱；13. 记录器；14. 尾气出口

（一）载气（流动相）

通常使用的载气是氮气，亦有氢气、氩气、氦气等。载气的流速会影响被测组分的保留时间，也影响多组分之间的分离，载气流速越高，分析速度越快，但是分离度越差。

（二）进样室

样品常用微量注射器穿过硅橡胶隔膜引入进样室。气相色谱的进样量大小和时间的长短，对色谱柱的分离效率有较大影响，同时影响定量分析的重现性和准确性。一般气体样品进样量为0.1～1ml，液体样品进样量为0.1～4μl。进样室的温度一般等于或高于柱温，以便使注入的样品瞬间气化。实际应用时常利用进样室的高温进行某些组分的快速烷基化或热裂解反应。自动进样装置能将样品自动引入到进样口中。自动进样能提供更好的分析重现性，并能更好地进行时间优化。

（三）色谱柱

色谱柱由柱管和管内的固定相组成，在气相色谱中起分离作用。柱管材料通常为玻璃、不锈钢或特氟隆塑料制成。与金属柱相比，玻璃柱相对惰性，可减少对被测组分的热催化分解和吸附，又比特氟隆柱能在更高温度下使用。按柱内径的粗细，气相色谱柱分为填充柱和毛细管柱两类。

1. 填充色谱柱　柱内装填液态固定相（气－液色谱，gas－liquide chromatography，GLC）或固态固定相（气－固色谱，gas－solid chromatography，GSC），前者较为常用。

（1）GLC　是将固定液涂渍在载体（担体）上作为固定相装入柱内。固定液是一些高沸点的有机化合物，常用的是聚硅氧烷类（如甲基硅氧烷中的 SE－30，苯基硅氧烷中的 OV－17、OV－225）和聚醇类（如聚乙二醇中的 PEG－20M）。常用的载体为硅藻土型，如白色硅藻土类（如上试 101、102，国外的 Gas Chrom Q、Chromosorb G、Chromosorb W）。目前 GLC 的商品色谱柱很多，实际应用时可根据需要订购。GLC 的固定液在室温下为液态或固态，但在测定温度下呈液态，当被测样品由载气携带入柱后，气化的组分即在载气（气相）和载体上的固定液（液相）之间进行分配，终因差速迁移而达到分离，故又称为气－液分配色谱。

（2）GSC　是将吸附剂、分子筛、高分子多孔微球以及化学键合相等直接装入柱内，用于测定挥发性强的组分。

2. 毛细管色谱柱　柱内径很小，通常为十分之一毫米的数量级，长度一般在 25～60m。可分为开口毛细管柱和填充毛细管柱两类，前者最为常用。

（四）检测器

气相色谱法使用的检测器有多种，现将主要应用于体内样品测定的氢火焰离子化检测器（hydrogen flame ionization detector，FID）、氮－磷检测器（nitrogen phosphorus detector，NPD）、电子捕获检测器（electron capture detector，ECD）和质谱检测器（mass spectrometer detector，MSD）作如下介绍。

1. 氢火焰离子化检测器（FID）　FID 是生物体液成分分析中应用最广泛的检测器之一，其构造示意图见图 10－3。除 H_2O、NH_3、CS_2、CO_2及其他无机物和惰性气体外，凡是氢－空气火焰中能电离的有机化合物都对 FID 有响应，是非选择性的“万能”检测器。

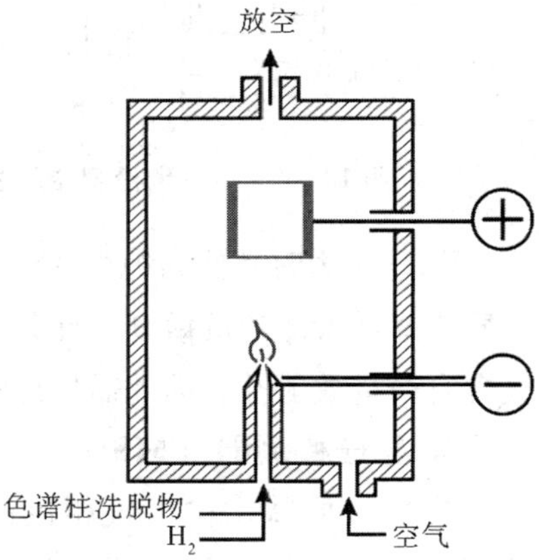

图 10－3　氢焰离子化检测器示意图

FID 的有效检测浓度在 100ng/ml 以上，最低检出量可达 1ng。由于该检测器对任何瞬间流出色谱柱的有机分子均有响应，在色谱图上会出现较多而大的内源性杂质峰和溶剂峰，产生干扰被测组分测定的信号。所以用 FID 测定生物样品时，一般需经过萃取、纯化等预处理步骤除去大部分杂质后再分析，同时要选择合适的色谱条件，使被测组分与代谢物和干扰杂质得到较好分离。

2. 氮－磷检测器（NPD）　NPD 又称为碱焰离子化检测器（Alkali flame ionization detector，AFID），同 FID 相同，也是利用有机分子通过氢－空气焰时产生化学电离而进行检测，不同之处在于火焰处设置有加热的碱金属盐，如卤化钠、卤化铯、卤化铷等晶体。这些碱金属盐增加了检测器对某种特定元素的灵敏度，如专门对氮、硫、磷等元素敏感，大大增加了含这些元素的有机分子的灵敏度。NPD 的结构示意图见图 10－4。

NPD 对含氮或含磷有机物的检测灵敏度可达 10^{-12}g 水平。与 FID 比较，对含氮或含磷的有机物的检验灵敏度分别高 50 和 500 倍，并且具有较宽的浓度线性范围。

NPD 不仅具有检出微量的含氮、磷元素有机物的特性，而且用不含氮元素的溶液溶解萃取后的生物样品残渣进样时，不会产生溶剂峰，可避免溶剂峰对被测组分的干扰，有利于组分检测。

3. 电子捕获检测器（ECD） ECD 的结构示意图见图 10－5。该检测器内部设有β射线放射源（常用^{3}H或^{63}Ni），放射源的作用是与载气分子发生作用能产生慢电子而形成基流（即色谱图上的基线），当载气携带含有强电负性元素（或基团）的分子进入检测器时，这些组分分子能捕获慢电子而变成负离子，生成的负离子能与受放射离子轰击产生的正离子复合，从而使检测器基电流下降，形成色谱峰。有机分子结构中对 ECD 敏感的强电负性元素主要是卤素，强电负性基团主要有—$CONH_2$，—CN，—ONO，—NO_2及共轭双键等。

基于上述检测原理，ECD 对含有电负性原子或官能团的有机化合物特别敏感，因此被广泛用于含卤素和硝基的有机物的检测。对于一些不含有卤素的化合物，还可同含卤素的试剂反应，生成含卤素的衍生物后再测定。

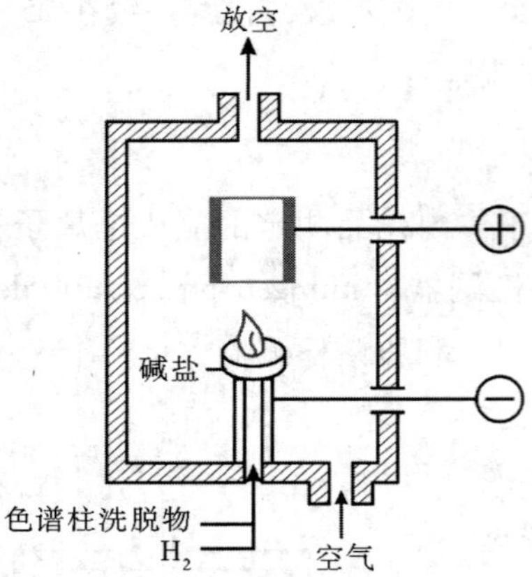

图 10－4 氮－磷检测器示意图

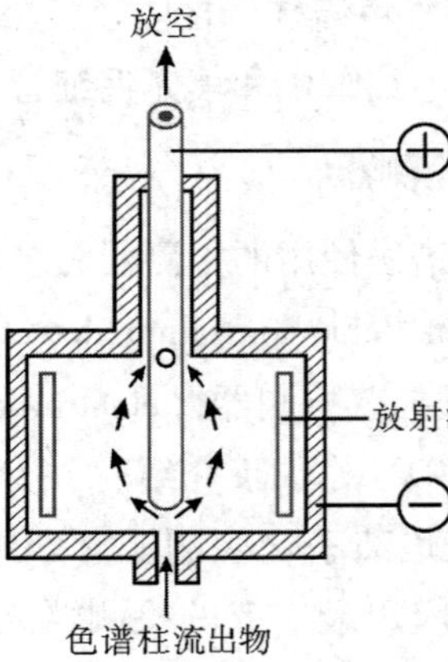

图 10－5 电子捕获检测器示意图

ECD 使用时需要高纯度氮气（99.99%）作载气，否则载气中 O_2、H_2O 及其他电负性杂质会降低检测的灵敏度。此外，价格较 FID 昂贵，^{3}H 放射源有一定使用寿命，排出的尾气含有微量放射性，因此需导出室外。

4. 质谱检测器（MSD） 质谱检测器的应用，通常指的是气相色谱－质谱联用技术。在气－质联用中，气相色谱以其高分辨能力将被测组分分离开，质谱则作为高灵敏度和高选择性的检测器发挥定性和定量作用。因此，气－质联用具有可获得复杂混合物中各成分的质谱、可鉴别生物样品中内源性化合物、可定量测定生物体液中药物和其他有机化合物等优点。

二、气相色谱仪性能参数及其评价

气相色谱仪性能参数及其评价见表 10－2。

表 10-2　气相色谱仪性能参数及其评价

仪器部件	功能和性能指标
色谱性能	①保留时间重现性：<0.008% 或 <0.0008 分钟 ②峰面积重现性：≤1% RSD ③压力控制精度：0.001psi
柱温箱	①操作温度范围：高于环境温度 4~450℃ ②温度设定值精度：1℃ ③程序升温：支持 20 阶柱箱升温梯度，21 个恒温平台，可梯度降温 ④最大升温速度：120℃/min ⑤柱箱冷却降温（22℃室温）：从 450℃到 50℃需要 3.5 分钟 ⑥环境温度敏感度：环境温度变化 1℃，柱箱温度变化 <0.01℃
电子气路控制	①压力精度：0.001psi ②载气和补偿气：可配置 He、H_2、N_2、Ar/CH_4 等 ③压力/流量程序控制：3 阶 ④EPC 控制所有气路；进样口或检测器流量或压力参数可电子控制
进样口	①分流/不分流进样口有控制分流比的流量传感器 ②EPC 压力设定：0~100psi ③压力精度：0.001psi ④流量范围：对于氮气，(0~200) ml/min；对于氢气或氦气，(0~1250) ml/min ⑤分流比：可达 7500:1，避免色谱柱超载 ⑥最高使用温度：400℃
检测器	火焰离子化检测器（FID）： ①最低检测限：<1.8pg C/s ②压力控制精度：0.001psi ③最高温度：450°C ④线性动态范围：>107 ⑤数据采集速率：500Hz ⑥流量：Air：(0~800) ml/min；H_2：(0~100) ml/min；N_2：(0~100) ml/min ⑦流量精度：±3ml/min 微电子捕获检测器（μ-ECD）： ①电子压力/流量控制 ②安装阳极吹扫，防止污染 ③最高温度：400°C ④补偿气：氮气或氩气 ⑤放射源：<15 mCi ^{63}Ni ⑥最小检测限：<6fg lindane/ml ⑦动态范围：5×10^4 ⑧数据采集速率：50Hz ⑨流量精度：±3ml/min
自动进样器	①进样体积：0.1~50.0μl 范围 ②自动进样针可以自行调节进样深度 ③可实行快速进样，进样速度 0.1s ④装配大于 60 个样品的样品盘，加热柱温箱的位置大于 10 个 ⑤温控范围：40~230℃ ⑥可以关闭加热区，允许在室温条件下分析生物或具极端热敏感性的分析物

三、气相色谱仪应用注意事项

（1）仪器应有良好的接地，使用 UPS 稳压电源，避免外部电器的干扰及突然断电对仪器产生损害。

（2）使用高纯载气、纯净的氢气和压缩空气，尽量不用氧气代替空气。

（3）确保载气、氢气、空气的流量和比例适当、匹配，一般指导流速依次为载气 30ml/min，氢气 30ml/min，空气 300ml/min 针对不同的仪器特点，可上下做适当调整。

（4）经常进行试漏检查（包括进样垫），确保整个流路系统不漏气。

（5）若气源压力过低（如不足10～15个大气压），气体流量不稳，应及时更换新的气体钢瓶。

（6）对新填充的色谱柱，一定要老化充分，避免固定液流失，产生噪声以OV－101、OV－17、OV－225等试剂级固定液，老化时间不应该少于24小时；对SE－30，QF－1工业级的固定液因纯度低，老化不应该少于48小时。

（7）进样器要经常用溶剂（如丙酮）清洗，试验结束后立即清洗干净，以免被样品中的高沸点物质污染。

（8）尽量用磨口玻璃瓶作试剂容器，避免使用橡皮塞，因其可能造成样品污染如果使用橡皮塞，要包一层聚乙烯膜，以保护橡皮塞不被溶剂溶解。

（9）避免超负荷进样，对不经稀释直接进样的液态样品，进样体积可先试0.1μl（约100μg），再做适当调整。

（10）尽量采用惰性好的玻璃柱（如硼硅玻璃、熔融石英玻璃柱），以减少或避免金属催化分解和吸附现象。

（11）保持检测器的清洁、畅通。为此，检测器温度可设得高一些，并用乙醇、丙酮和专用金属丝经常清洗和疏通。

（12）保持气化室的惰性和清洁，防止样品吸附和分解。每周应检查一次玻璃衬管，如污染，应清洗烘干后再使用。

（13）定期检查柱头和填塞的玻璃棉是否污染。至少应每月拆下柱子检查一次，如污染应擦净柱内壁，更换1～2cm填料，塞上新的经硅烷化处理的玻璃棉，老化2小时，再投入使用。

（14）每次做完试验，应用适量的溶剂（如丙酮）等冲洗一下色谱柱和检测器。

扫码“学一学”

第三节　高效液相色谱仪

高效液相色谱法（high performance liquid chromatography，HPLC）以经典液相色谱为基础，用微粒型填料作固定相，在线连接高压输液泵和多种高灵敏度检测器，具有分离效能高、分析速度快、检测灵敏等特点。

一、仪器构造与工作原理

高效液相色谱仪的分析流程示意图如图10－6所示：流动相贮瓶中的流动相经过滤器被输液泵吸入，经压力和流量计后导入进样阀。被测样品由进样器注入进样阀，被流动相携带通过色谱柱，在色谱柱上按不同的色谱原理（如吸附作用、分配原理、离子交换及凝胶排阻等）产生差速迁移后进入检测器。检测器将被测组分的响应信号转变成电信号，被微机采集进行数据处理，记录成色谱图。对于制备型色谱仪，可使用馏分收集器从检测器流路出口获得制备的组分样品。对于多组分复杂待测样品，可采用双高压输液泵或四元低压输液泵进行梯度洗脱操作，使样品中的各组分均得到最佳分离。具有自动进样器的HPLC方块示意图见图10－7，其中输液泵、进样器、色谱柱和检测器是仪器的关键部件。

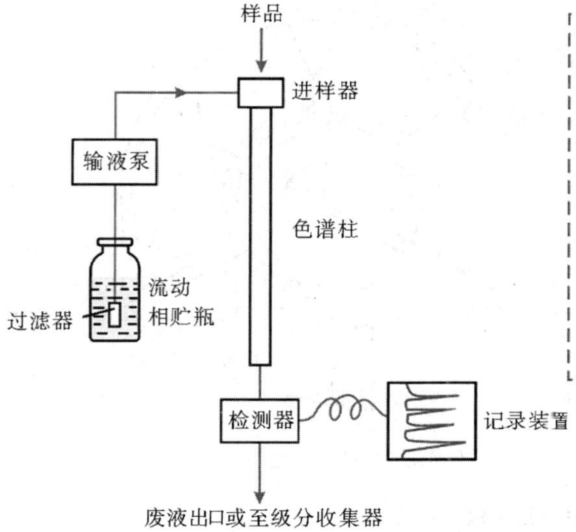

图 10 -6　高效液相色谱仪示意图

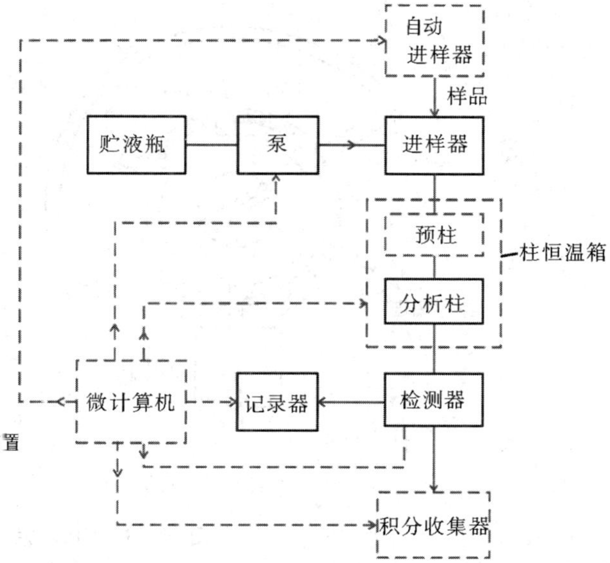

图 10 -7　高效液相色谱仪方块图

（一）输液泵

由于 HPLC 色谱柱填料的特性，必须借助高压才能让流动相通过色谱柱，输液泵即发挥高压输送流动相的作用。目前多数 HPLC 仪采用柱塞往复泵，如图 10 -8 所示。柱塞向前运动，流动相溶剂输出，流向色谱柱；柱塞向后运动，将流动相溶剂吸入缸体；如此往复运动，使流动相不间断地被输送通过色谱柱。柱塞往复泵具有体积小，循环快，流量相对恒定，泵中保留的溶剂很少，容易清洗及更换流动相等特点，泵压可达到 $400kg/cm^2$。HPLC 仪对输液泵的要求是低脉动，流量恒定。为克服柱塞往复泵仍有脉动的弱点，设计上多采用双泵并联式或串联式补偿法来消除脉动性，其流量精密度（RSD）可保持在 0.1% ~0.3%。

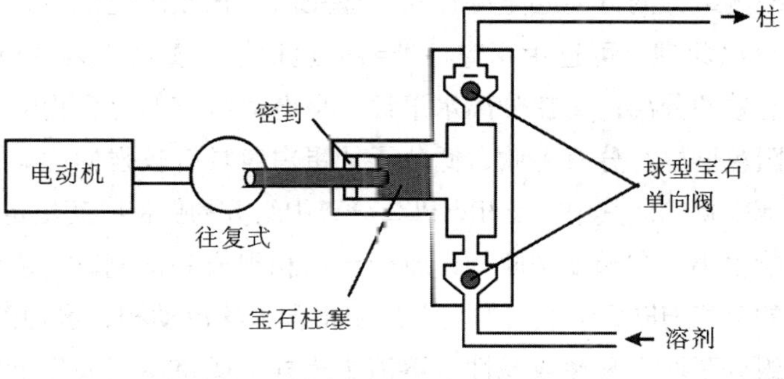

图 10 -8　柱塞往复泵示意图

（二）进样器

经典的手动进样器为六通进样阀，如图 10 -9 示意在状态 a 位，贮样管保持常压，用微量注射器可自如地将样品注入贮样管。此后转动六通阀手柄至状态 b，高压流路与贮样管连通，样品即被流动相携带入色谱柱。一般色谱仪配有各种体积规格的贮样管，可按需要更换。用六通阀进样具有进样量准确、重复性好及在线带压进样等优点。

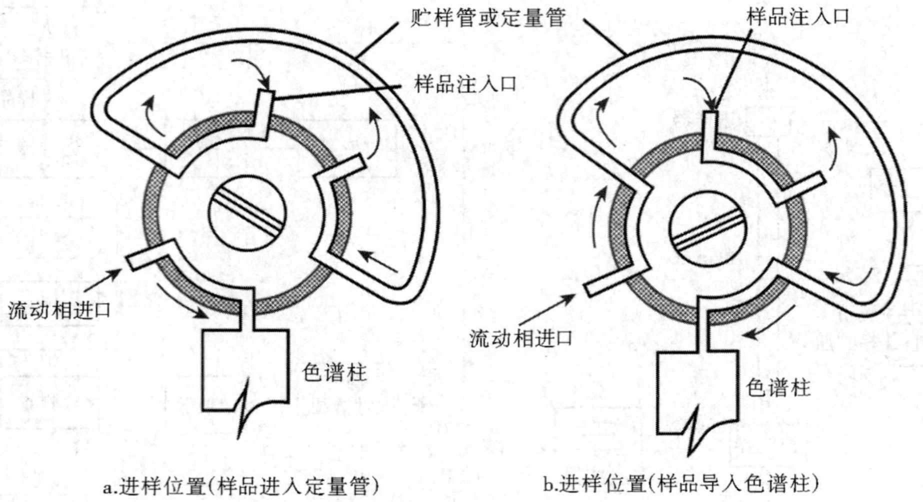

图 10-9　HPLC 六通进样阀示意图

目前 HPLC 仪多配置自动进样器。自动进样器在微计算机的程序控制下，可自动进行取样、进样、清洗取样等系列操作。分析人员只需将待测样品溶液装入贮样瓶，按进样表编辑顺序放入样品架即可。自动进样器具有进样体积准确、进样重现性好、连续批量进样和随机反复进样等优点，大大提高了 HPLC 仪的分析效率。

（三）色谱柱

色谱柱是 HPLC 分离系统的核心部分，选择正确的色谱柱类型及设置合适的色谱条件是分析成败的关键。

1. 色谱柱和固定相填料　色谱柱由柱管与固定相（柱填料）组成，采用匀浆高压装柱，柱管为不锈钢，内壁要求极高的光洁度，使死体积最小。色谱柱按用途分为分析型柱和制备型柱。分析型柱长为 5～30cm，内径 2～6mm；制备型柱长为 20～40cm，内径 20～40mm。色谱柱中的柱填料对被测组分的分离起重要作用，应用时根据吸附色谱、离子交换色谱、凝胶色谱及分配色谱等分离原理，可选用相应柱填料的色谱柱：①对于某些极性差别小的组分，硅胶吸附柱仍然能有效地分离；②在分离水溶性、呈电离状态的化合物时，可选用离子交换色谱柱；③凝胶排阻色谱柱在分离多肽、低分子量蛋白时具有较强的优势；④分配色谱可供选择的化学键合相范围宽广，其中在反相 HPLC 分离中组分的保留时间恒定，痕量水分对反相键合相柱的性能影响很小；在梯度洗脱中，改变流动相组成和比例时，色谱柱平衡较快。化学键合相为固定相的反相 HPLC 最突出的优点是使用含水的流动相，这种溶剂系统价廉易得，可将体液样品中的组分萃取入酸性或碱性水溶液中进样，或将体液去除蛋白后直接进样，因此方法简便、快速。

2. 预柱（保护柱）　分析体内生物样品时，为延长色谱分析柱的使用寿命，保持柱效，常在分析柱前连接一根与分析柱填料相同的短柱，其作用是吸附流动相和生物样品进样液中残留的极微小颗粒杂质。

（四）检测器

当色谱柱分离后的样品各组分随流动相流入检测器，其浓度或物理量的变化即由检测器连续地转换成电信号，在记录器给出色谱图及相关定性、定量信息。检测器的性能指标可用基线噪声和漂移、灵敏度范围、检测指标精度等来评价。目前常用的检测器有紫外、荧光、电化学检测器。

1. 紫外检测器　紫外检测器（ultraviolet detector，UV）是与 HPLC 色谱系统联用的最常见光谱检测器，适用于分子结构中含有 π－π 共轭和 n－π 共轭的被测组分的检测。检测原理服从 Lambert－Beer 定律，即被测溶液的吸光度与吸光物质的浓度和流通比色池的光径成正比。

常用紫外检测器有固定波长、可调波长和二极管阵列紫外检测器三种类型：①固定波长检测器的检测波长为 254nm，由低压汞灯发射，光源强度大，灵敏度高。大多数芳香族、芳杂环、稠芳环类以及芳香氨基酸、核酸等在 254nm 处都有吸收。一般摩尔吸收系数越大，检测灵敏度越高。②可变波长检测器波长范围（190～700nm）宽，能选择特征吸收波长测定被测组分，灵敏度和特异性均显著提高，是目前 HPLC 仪配置最多的检测器。③光电二极管阵列检测器（photodiode array detector，PDAD）是近代发展起来的新型检测器，可在 1 秒内完成一次从 200nm 到 800nm 波长范围的连续扫描并将结果贮存于计算机，因此在得到色谱峰的同时还可获得色谱峰上每一检测点的全波长扫描紫外光谱信息图。图 10－10 显示二极管阵列检测器获得的样品色谱图（C－t 曲线）及每个色谱组分的吸收光谱（A－λ 曲线），其中的色谱图用于定量分析；而通过三维图谱分析色谱峰上各点的光谱图是否相同，可定性鉴别此色谱峰是否包埋有杂质，或将其与标准品的紫外光谱图比较，加以确认。二极管阵列检测器大大丰富了紫外检测器的定性功能，应用范围日益广泛。

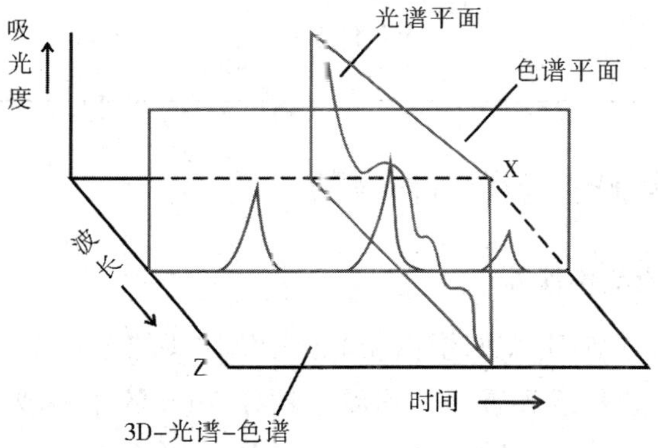

图 10－10　二极管阵列检测器 3D－光谱－色谱示意图

2. 荧光检测器　荧光检测器（fluorophotometric detector，FD）多为具有流通池的荧光分光光度计。由于仪器可将被测组分的激发波长（λ_{ex}）和荧光发射波长（λ_{em}）设置到最佳波长，其灵敏度可检测 10^{-10}g/ml 的组分，选择性和灵敏度均高于紫外检测器。荧光检测器只适用于能发荧光或通过衍生能产生荧光的物质，主要用于氨基酸、多环芳烃、维生素、甾体化合物和酶等的检测。对于那些无荧光的化合物，可利用柱前或柱后衍生化的方法生成有荧光的衍生物，可以扩大荧光检测器的适用范围。

3. 电化学检测器　电化学检测器（electrochemical detector，ECD）是将电化学中的氧化还原反应应用于洗脱液中痕量电活性组分的测定仪器，其检测限可达 10^{-12}g/ml，色谱仪配置最多的是安培检测器。其原理是在参比电极（Ag/AgCl）和工作电极（玻碳）之间施加一恒定电压，当流动相携带的组分在检测池发生氧化还原反应时，连续测量通过的电流，并记录对时间的函数关系。氧化电压或还原电压及其检测的可能性，取决于被测样品组分的氧化或还原电位，故所用的流动相必须具有一定电导率，通常加入水溶性可电离的缓冲盐与有机溶剂组成混合液。电化学检测器既具有较宽的线性测定范围和高的灵敏度，又可用于色谱行为相似而电化学性质不同的化合物的测定，具有很好的专属性。

二、高效液相色谱仪性能参数及其评价

高效液相色谱仪性能参数及其评价见表10－3。

表10－3　高效液相色谱仪性能参数及其评价

仪器部件	功能和性能指标
四元梯度泵系统	①独立控制的线性双柱塞驱动装置，双压力传感器反馈回路，无脉动 ②压力范围：（0～5000）psi ③流量范围：（0.001～10）ml/min，以0.001ml/min为增量 ④流量精密度：0.075% RSD ⑤流速准确度：±1.0% ⑥梯度洗脱准确度：±0.5%，应不随反压变化 ⑦梯度洗脱曲线模式：线性、步进、凸线和凹线等11种梯度曲线
恒温色谱柱箱系统	①温度设定范围：室温～60℃，以1℃作为步距调温 ②温度控制精密度：±0.1℃ ③柱容量：至少三根柱以上
自动进样器	①进样精密度：< 0.5% ②样品进样交叉污染度：<0.1% ③样品池容量：全套不同规格的样品架组合，高通量进样 ④进样准确度：±1μl ⑤进样体积范围：（0.1～1800）μl ⑥进样线性度：>0.999

三、高效液相色谱仪应用注意事项

（一）色谱柱使用的维护保养

（1）尽量去除大分子杂质（如蛋白质），避免柱头堵塞引起柱压升高。推荐串联使用预保护柱流动相，配置前或配置后，均需用粒径5μm的水相或有机相的滤膜过滤，既可以除去机械颗粒杂质，又能去除水相和有机相混合时产生的气泡，达到流动相脱气的目的。

（2）避免柱压力和温度的急剧变化及任何机械震动，这些因素都会改变柱床的状态而影响分离性能。一般情况下色谱柱不能反冲。

（3）选择适宜的流动相，控制流动相的pH在色谱柱的适用范围内（如反相键合相柱一般需在pH 2～8，特殊柱可在pH 1～11范围），以避免损坏柱床。

（4）使用含无机盐缓冲液的流动相后，清洗色谱柱时要使用能互溶的溶剂，以免无机盐析出。一般先用蒸馏水冲洗，再用甲醇或90%甲醇冲洗至柱压降低并至恒定。

（5）若长期使用后，柱效降低时，可参照柱说明书，依次用不同极性的溶剂对色谱柱进行再生洗脱，以提高柱效。

（6）使用后需长期存放的色谱柱，应按说明书冲洗保养溶剂后，密闭柱头后保存。

（二）输液泵使用的维护保养

（1）流速升降时应循序渐进，避免骤升骤降。

（2）防止任何固体微粒进入泵体，输液泵的滤器应经常清洗和更换使用含无机盐的缓冲液后，不能保持在泵体内过夜；更换流动相或清洗时要用蒸馏水或互溶的溶剂预冲洗，以免无机盐析出晶体划伤或磨损柱塞杆。密封圈、缸体和单向阀推荐联机适时使用输液泵的柱塞杆清洗装置。

（3）不要持续保持输液泵的工作压力，长时间在压力高限范围操作，可导致免密封圈变形，引起漏液。泵工作时要留意储液瓶内的流动相被用完，避免空泵运转。

（4）流动相配制时由于有机相和水相混合而产生气泡，需要脱气以避免气泡进入液路系统造成流量不恒定。脱气通常采用离线超声脱气和在线惰性气体脱气两种方式。流动相还需过滤除去颗粒性杂质后方能使用，以免损伤密封垫圈。用滤膜过滤时也有去除流动相中气泡的作用。

（5）定期监测输液泵流量精度。

（三）检测器使用的维护保养

（1）仪器应配置稳压不间断电源设施。

（2）避免流通池污染，可降低基线噪声。漂移流通池出口反压不宜过高。

（3）使用与检测波长匹配的色谱纯溶剂配制流动相，避免杂质干扰测定，降低基线噪声。

（4）正确操作开、关机程序。

第四节　色谱－质谱联用仪

扫码“学一学”

质谱分析（mass spectrometry，MS）是将化合物电离转变成离子和裂解为碎片离子，按其质荷比（m/z）不同进行分析测定，来完成成分和结构分析的分析技术。质谱分析法与其他分析技术相比，具有应用范围广、灵敏度高、样品用量少、分析速度快的特点，它主要用于测定分子量、鉴别化合物、推测未知物的结构、多组分的定性与定量分析。

一、质谱仪构造及其工作原理

质谱仪按其功能可分为三部分：离子源、质量分析器和离子检测器。图 10－11 为单聚焦磁质谱仪的示意图，可以帮助理解质谱仪的工作原理：样品通过导入系统进入离子源，被电离成离子和碎片离子，由质量分析器分离后按质荷比大小依次抵达检测器，信号经放大、记录得到质谱。

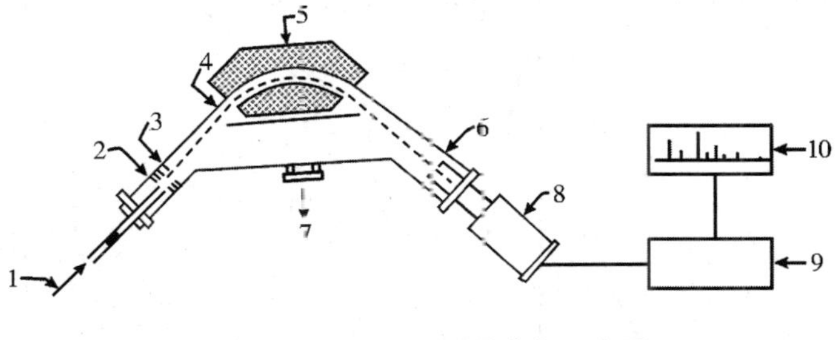

图 10－11　单聚焦磁质谱仪示意图

1. 样品导入；2. 电离区；3. 离子加速区；4. 质样分析管；5. 磁场；6. 检测器；7. 接真空系统；8. 前置放大器；9. 放大器；10. 记录仪

二、气相色谱-质谱联用仪

自1957年Holmes等首次实现气相色谱和质谱联用以后，它集气相色谱的高分离效能与质谱法的高选择性、高灵敏度及丰富的结构信息于一体成为强有力的研究工具。

（一）仪器构造与工作原理

气相色谱-质谱联用仪（GC-MS）一般由色谱单元、接口、质谱单元和数据处理系统组成（图10-12）。

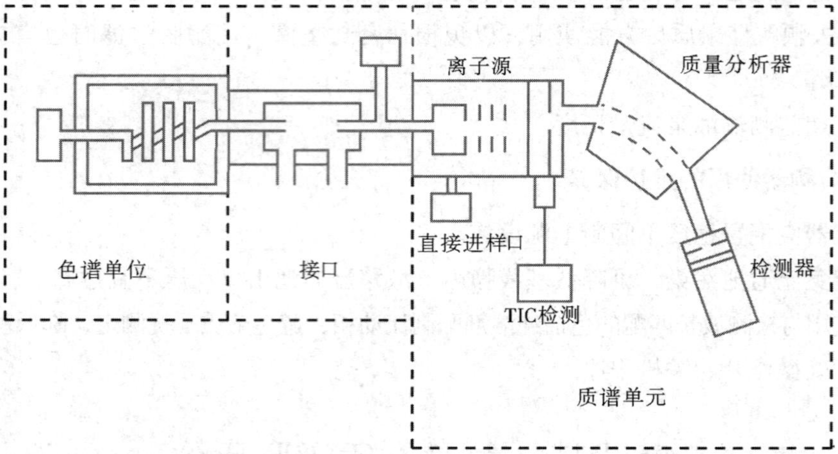

图10-12　气相色谱-单聚焦质谱仪联用示意图

气相色谱仪分离样品中各组分，起样品制备的作用；接口将气相色谱流出的各组分变成质谱仪可检测的形式，起着两者之间适配器的作用；质谱仪对接口依次引入的各组分进行分析，成为气相色谱仪高灵敏、高选择性检测器；计算机系统控制气相色谱、接口和质谱仪的操作，进行数据采集和处理，是GC-MS的中央控制单元。

（二）质谱仪性能参数及其评价

1. 质量范围（mass range）　指质谱仪所能测量的离子质荷比范围，采用原子质量单位（amu）来度量商品化的四极杆质谱仪质量范围一般为10～1000amu；磁质谱仪从几十到几千amu。

2. 分辨率（resolution）　一般用10%分辨率（R）来表示，即相邻两离子峰间谷高小于峰高的10%，作为基本分开的标志，图10-13所示低分辨率质谱仪只能给出整数amu质谱峰的质量；高分辨率质谱仪却能给出达10^{-5}amu精确的质量数，这对鉴别结构组成有相当重要的意义。

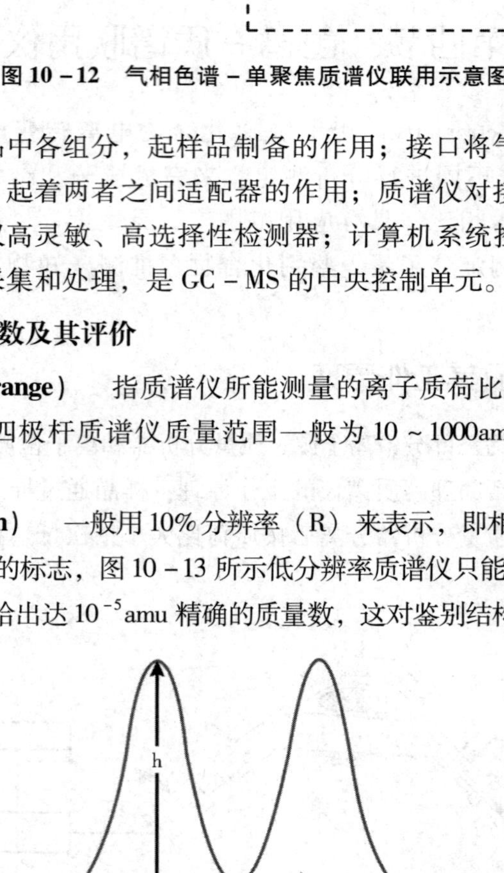

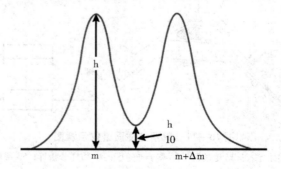

图10-13　质谱分辨率示意图

3. 灵敏度（sensitivity） 用一定量的某样品在一定条件下，产生该样品分子离子峰的信噪比（S/N）来表示。常用硬脂酸甲酯或六氯苯来测定 GC－MS 的灵敏度。

4. 质谱仪的硬件与软件性能 质谱仪的硬件主要指接口、离子源的种类、真空泵的效率及计算机的功能等，其中数据处理和分析软件的性能也是重要的评价指标。

气相色谱仪性能参数及其评价见气相色谱仪章节。

（三）气相色谱/质谱联用仪应用注意事项

1. 联机检测对质谱仪的要求 ①质谱仪的灵敏度应与色谱系统匹配；②质谱仪真空系统的抽气速度能适应进入质谱仪的载气流量，即真空度不能严重下降；③分辨率应满足分析的要求；④扫描速度应与色谱峰流出速度相适应，使用毛细管色谱柱时尤其重要；⑤质谱系统不应有任何记忆效应；⑥离子源是否清洁是影响色谱仪工作状态的重要因素。

2. 联机检测对气相色谱的要求 ①色谱柱的选择：简单组分选内径 2mm 的填充柱，复杂组分且样品量少时，选适宜的毛细管柱；②用固定液不得有足以干扰质谱检测的严重流失；③载气要求化学惰性，一般不用氮气作载气。在不影响分离效能的前提下，尽量使用较低的载气流量和线速；④接口温度应略低于柱温，接口整体应保持恒温均匀；⑤离子源防止污染：色谱柱活化时不连接质谱仪；尽量减少进样量和注入高浓度样品；防止引入高沸点组分。

三、高效液相色谱－质谱联用仪

高效液相色谱－质谱（HPLC－MS）联用技术已发展成为体内药物分析、药物及代谢物的药代动力学研究、生物标志物检测和结构研究的强有力分析工具之一。

（一）仪器构造与工作原理

HPLC－MS 联用仪的基本组成包括 HPLC 单元、接口装置与离子源、质量分析器其中 HPLC 和质量分析器与本节前述无本质区别，由于质量分析器必须要求真空状态下工作，故连接 HPLC 与质量分析器的接口和离子源即成为联用技术的关键部件。

1. 接口装置与离子化技术 近年来，在大气压下进行化学电离的大气压离子化（atmosphere pressure ionization，API）真空接口广泛成功地用于商品化的 HPLC－MS 仪，并得到持续地优化。该技术使样品的离子化在处于大气压条件下的离子化室中完成，主要有两种操作模式：①电喷雾离子化（electrospray ionization，ESI）；②大气压化学离子化（atmospheric pressure chemical ionization，APCI）。

（1）APCI 原理 APCI 技术在大气压条件下采用电晕放电方式使流动相离子化，然后流动相作为化学离子反应气使样品离子化（图 10－14）。样品分子的离子化通过质子化（$A + BH^+ \longrightarrow AH^+ + B$）或电荷转移（$A + B^+ \longrightarrow A^+ + B$）来实现。此外，还可通过去质子（样品为酸）、电子捕获（卤素、芳香化合物）及形成加合物（如 $M + NH^+$、$M + Ac^-$ 等）方式来完成离子化过程。

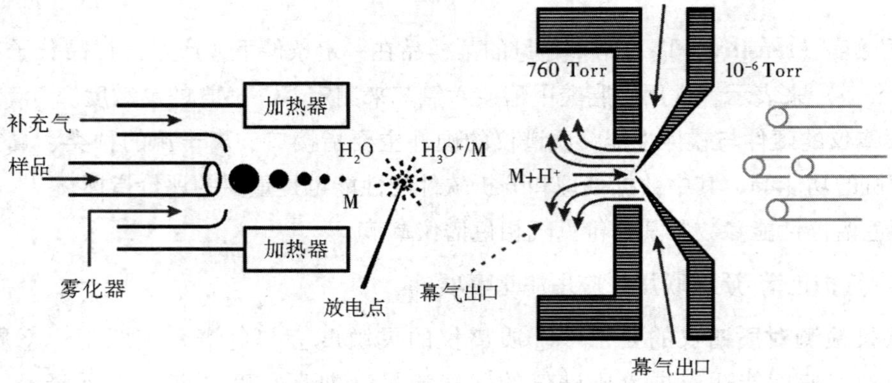

图 10-14　电晕放电的 APCI 离子源

（2）ESI 原理　ESI 是一种使用强静电场的电离技术，其原理如图 10-15 所示。内衬弹性石英管的不锈钢毛细管（内径 0.1~0.15mm）被加以 3~5kV 的正电压，与相距约 1cm 接地的反电极形成强静电场。被分析的样品溶液从毛细管流出时，在电场作用下形成高度带电荷的雾状小液滴；在向质量分析器移动的过程中，液滴因溶剂的挥发逐渐缩小，其表面上的电荷密度不断增大，当电荷之间的排斥力足以克服表面张力时，液滴发生裂分；经过这样反复的溶剂挥发-液滴裂分过程，最后产生单个带电荷离子进入质谱仪而被检测。

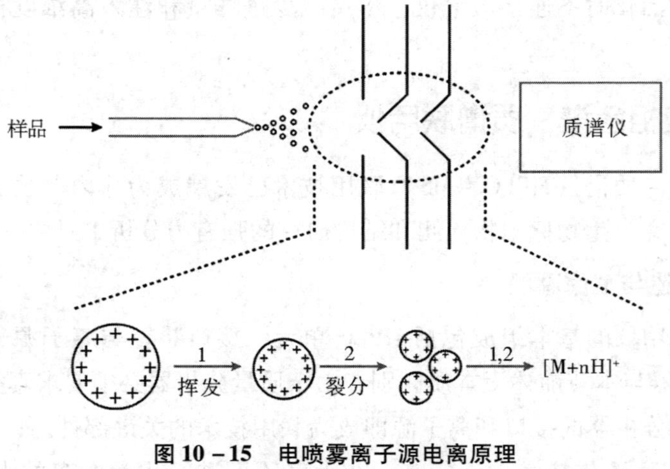

图 10-15　电喷雾离子源电离原理

ESI 条件温和，通常形成准分子离子，提供分子量信息。这些离子一般为 MH^+、$M+K^+$、$M+Na^+$ 和 $M+NH_4^+$；在负离子质谱中为 $(M-H)^-$ 等；对于生物大分子常生成多电荷离子。

2. 色谱-串联质谱（LC-MS/MS）　质谱-质谱联用（MS/MS）技术由二级以上质谱仪串联组成，是实现分离和鉴别融为一体的分析方法。三重四极杆（triple quadrupoles）串联质谱是目前最常用的 MS/MS 仪（图 10-16）。

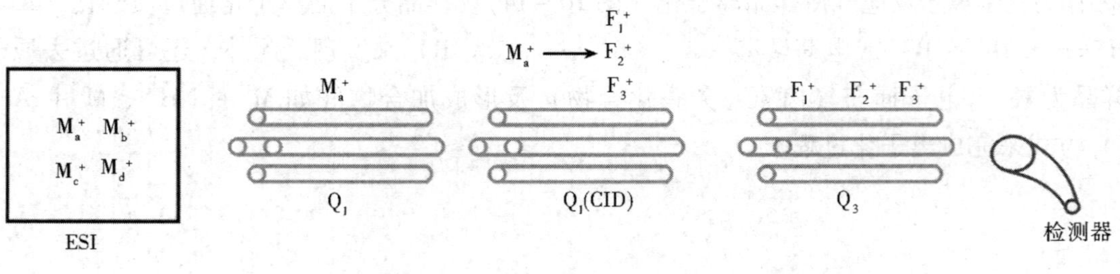

图 10-16　三重四极杆串联质谱仪原理

其原理是，首先特定质荷比（m/z）的母离子（parent ion）用前级质谱 Q_1 分离出来，导入碰撞室 Q_2，与惰性气体分子碰撞而裂解，即经过碰撞诱导解离（collision induced dissociation，CID）过程，生成产物离子 F_1^+、F_2^-、F_3^+ 等，然后被后级质谱 Q_3 分离测定其质谱，以获得结构信息。串联质谱特别适用于痕量组分的分离和鉴定。

当 HPLC 与 MS/MS 联用，即成为生物体液样品中痕量复杂混合物定性和定量分析的强有力手段。如利用 MS/MS 的技术特点，分别选择特征质荷比（m/z）的母离子，以及由其产生的特征质荷比（m/z）的产物离子，组成离子对进行多反应监测（muttiple beaction monitor，MRM），分析的选择性大大增强，多组分混合物即使未被 HPLC 有效分离也不相互干扰测定，分析时间甚至可在 2～3 分钟内完成，分析效率显著提高。

（二）串联质谱仪性能参数及其评价

1. 离子源和进样系统　尽量配置电喷雾源（ESI）、大气压化学离子源（APCI）、ESCI 复合源。

2. 真空系统　带有分子泵的差动抽气真空系统和前级机械泵，并有停电故障自动保护。

3. 光电倍增检测器　要保证使用寿命 10 年，光电倍增器应密封在真空玻璃内，满足长期大量脏样品定量分析时数据的可靠性和重复性。

4. 质量范围　一级质谱（MS1）和二级质谱（MS2）均应≥3000amu。

5. 分辨率　≥2.5M。

6. 质量数稳定性　用基准品 PEG1000 测试，应达到（1004.622±0.05）Da，平均标准偏差≤0.05Da。

7. 电喷雾灵敏度　采用正离子模式，用 5pg 利血平标准样品，检测质荷比（m/z）为 609 和 195 的质子，信噪比应≥500∶1（p/p）。

8. 正、负离子采集切换速率　＜20ms。

9. 多反应离子监测（MRM）扫描时间　＜10ms，MRM 一次可定量数≥50。

10. 扫描速率　5000amu/s。

11. 质谱进样方式　自动、手动、注射泵三种方式。

12. 软件控制系统　包括仪器控制、数据处理等软件，仪器安装验收时必须测试合格。

色谱仪性能参数及其评价参见高效液相色谱仪。

（三）高效液相色谱/质谱联用仪应用注意事项

1. 对高效液相色谱单元的技术要求

（1）流动相流速应低于 1ml/min，或采用分流技术进入接口和离子化室。

（2）LC 常用的磷酸盐、硼酸盐、醋酸盐等非挥发性盐与 HPLC－MS 不相匹配，应用醋酸铵、甲酸铵、醋酸、三氟乙酸、甲酸等挥发性缓冲液替代。

（3）在不影响 HPLC 分离的前提下，流动相的挥发性、缓冲液浓度应尽量低。

（4）当流动相使用挥发性酸、碱，如甲酸、乙酸、三氟乙酸和氨水时，应保持 pH 始终一致，以免影响组分离子的重现性；禁用含卤素的无机酸，如 HCl 调节流动相的 pH。

（5）流动相应含合适比例的有机相，以利于 ESI 和 APCI 离子源充分去除流动相溶剂。

2. 对质谱单元的技术要求

（1）保持离子化室的洁净，定期清洗气帘板（curtain plate），避免污染对离子化重现性的影响。

（2）在操作和待机状态均保持气帘气（curtain gas）的稳定流速和流量，防止杂质进入质量分析器，造成污染。

（3）定期更换预真空抽气的机械泵的润滑油。

（4）维持仪器操作室的室温在 15～20℃范围，以保持分子涡轮真空泵的温度 <40℃。

四、液相色谱（离子色谱）–电感耦合等离子体质谱联用仪

电感耦合等离子体质谱（ICP–MS）是 20 世纪 80 年代发展起来的新的分析测试技术。它以独特的接口技术将 ICP 的高温（7000K）电离特性与四极杆质谱仪的灵敏、快速扫描的优点相结合，从而形成一种新型的元素和放射性核素分析技术，可分析几乎地球上所有元素。随着仪器技术的发展，ICP–MS 从最初的四极杆型质谱仪已发展到如飞行时间等离子体质谱仪（ICP–TOFMS），扇形磁场等离子体质谱仪（ICP–SFMS）等类型的等离子体质谱技术，各种技术设备百花齐放。ICP–MS 技术的分析能力不仅可以取代传统的无机分析技术，如电感耦合等离子体光谱技术、石墨炉原子吸收技术等，进行定性、半定量、定量分析及放射性核素比值的准确测量，还可以与其他技术，如 HPLC、GC 联用进行元素的形态、分布特性等的分析，已被广泛地应用于食品科学、卫生防疫、生物科技、医药卫生、环境科学、石油和核材料分析等领域。

（一）仪器构造与工作原理

液相色谱（离子色谱）–电感耦合等离子体质谱联用仪的液相色谱仪构造和原理与本章前述一致。而电感耦合等离子体质谱仪（ICP–MS）本质上是一台质谱仪，由 ICP 系统、质谱仪系统、ICP 和质谱仪之间的接口以及数据处理系统构成。其中 ICP 系统即是离子源，主要由进样系统、高频发生系统、接口部分（主要有取样锥和截取锥）组成。质谱仪部分主要由真空泵，离子透镜，碰撞/反应池，四极杆质量分析器，以及检测器组成（图 10–17）。

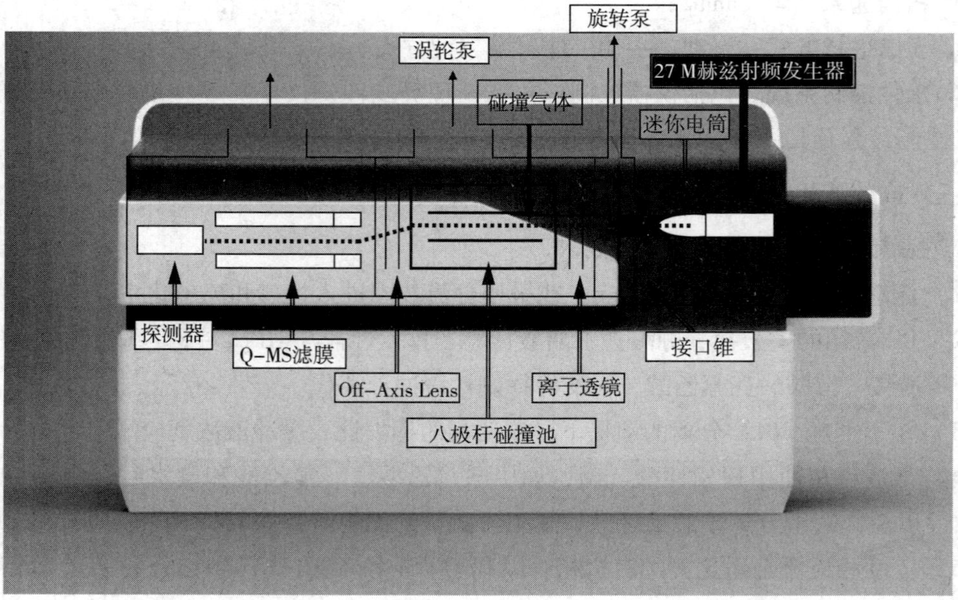

图 10–17　电感耦合等离子体质谱仪（ICP–MS）结构和原理

ICP－MS同传统的元素分析仪器一样，需要把样品溶解成液体，液体样品经由ICP－MS的蠕动泵泵入管路，于雾化器处在载气的作用下雾化成气溶胶，再经雾化室由载气带入到高温的等离子炬中。在等离子炬约10000K高温的作用下，样品迅速被干燥、解离、原子化和离子化，所形成的离子大部分为单电荷离子，只有极少量双电荷离子。在高温常压下，所形成的原子和离子经由锥孔进入到质谱系统的第一级真空中，大部分中性原子和光子被挡在第一级真空处，离子在离子聚焦透镜的作用下聚焦成离子束而进入到四极杆质量分析器，四极杆质量分析器上加载了高频变化的交流电和直流电，并形成特殊的四极场，只有特定质荷比的离子能通过四极杆到达检测器一端，通过电子倍增器检测到达的离子产生的电子脉冲，而电子脉冲的大小与样品中到达检测器离子元素的浓度相关，从而实现特定元素的定量和定性分析。

1. ICP系统

（1）进样组件　主要是通过蠕动泵将液体样品泵入到管路中，在雾化器和载气的作用下变成气溶胶，其中大颗粒的液滴由于重力作用在雾化室内沉积变为废液排走，小颗粒被载气带入到等离子炬中，随后被干燥、解离、原子化和离子化。

（2）高频发生系统　其作用主要是结合石英炬管将氩气形成等离子体，并提供稳定的能量来源。

（3）ICP系统和质谱仪之间的接口　一般由采样锥和截取锥组成，为离子传输的通道，并将大部分中性粒子和光子拦截，一般ICP－MS的锥孔大小约为1mm，不同厂家生产的仪器其大小有所差别。

2. 质谱仪系统

（1）真空泵　一般的ICP－MS有三级真空，第一真空位于采样锥和截取锥之间，其真空度要求不是很高，压力在1.5Torr即可，一般通过一个机械真空泵来维持真空度而后面第二级真空（离子透镜处）要求达到10^{-3}～10^{-4}Torr，第三级真空（四极杆质量分析器处）则更要达到10^{-6}Torr，这两级真空需要在涡轮分子泵的工作下才能维持如此之高的真空度。

（2）离子透镜　所谓的离子透镜并不是真正的光学玻璃透镜，本质上是一组中心有孔的带静电的金属板，其作用是将进入的离子束聚焦，类似于光学透镜的聚光作用，离子透镜在聚焦离子束的同时还能进一步去除中性粒子和光子。

（3）碰撞/反应池　由于多原子离子等干扰会影响测定结果的准确性，20世纪90年代ICP－MS发展了碰撞/反应池技术。该技术主要通过碰撞气与多原子离子碰撞，经过与碰撞气多次碰撞之后，干扰物多原子离子的动能显著下降，后续通过动能歧视效应实现目标离子和干扰物多原子离子的分离。而反应池技术则在池内通入反应气，使得干扰物与反应气发生反应生成新的物质，显著改变其质荷比，从而实现去除干扰的目的。实践表明，碰撞/反应池技术对去除干扰效果显著，各家主流仪器厂家高端型号均具有此类技术。

（4）四极杆质量分析器　与前述四极杆质量分析器的原理相似。四极杆质量分析器是ICP－MS的核心器件，四极杆质量分析器的灵敏度和分辨率直接影响整个ICP－MS的分析性能。

（5）检测器和数据处理系统　ICP－MS的检测器为电子倍增器，离子最终打在电子倍增管检测器上，在检测器上产生电子脉冲，其电信号被数据处理系统记录，由电信号变为数字信号输出到软件界面。

（二）LC（IS）– ICP – MS 联用仪的性能参数及其应用范围

1. 能测试所有元素 相对于 ICP – OES 只能测试大多数金属和部分非金属元素来说，ICP – MS大大扩展了 ICP 仪器的测试范围，能力更加全面。

2. 灵敏度高 仪器的检出限能达到 ppt 级别，显著高于传统的高灵敏度石墨炉技术 ppb 级别检出限，可以方便地实现超痕量元素的分析。

3. 多含量元素同时分析 在同一工作条件下，ICP – MS 可以方便地实现常量元素，痕量元素以及超痕量元素同时分析，有助于提高工作效率。

4. 动态范围宽 随着 ICP – MS 技术的发展，大部分 ICP – MS 的动态范围可以实现 10^8 的宽动态范围，部分仪器可以实现 10^9 超宽动态范围。

5. 方便的联用技术 随着 ICP – MS 技术的发展，与 ICP – MS 联用的技术越来越成熟，与液相色谱（离子色谱）联用的 LC（IC）– ICP – MS 技术可以方便地实现不同形态元素的分析，如砷元素由于不同价态的 As^{3+}，As^{5+} 以及各种有机砷的毒性有所不同，可以通过 LC（IC）– ICP – MS 技术准确测试不同形态的砷。除此之外，还有与气相色谱仪联用的 GC – ICP – MS，与毛细管电泳联用的 CE – ICP – MS 等联用技术。

6. 其他 可以分析放射性核素。

扫码“练一练”

（黄　盛）

第十一章 原子光谱分析仪

教学目标与要求

掌握 测定微量元素的两种主要的分析方法：原子吸收光谱法和原子发射光谱法的基本原理。受激原子在10^{-10}～10^{-8}s后返回基态或较低激发态时，以电磁波（光）的形式把多余能量辐射出去，称为原子发射光谱。元素空心灯能辐射的共振线谱线，被同一元素的原子蒸气吸收，使光强度减弱，吸光度和元素含量成反比，称为原子吸收光谱。

熟悉 原子吸收光谱法和原子发射光谱法的仪器结构和计算方法。

了解 等离子体发射光谱法用于溶液样分析，原子吸收光谱法中，石墨炉原子化法适合微量试样分析。

光谱法是利用光的特性检测物质的手段进行，利用元素在单个原子条件下，可以发射或吸收特定波长的原子发射光谱分析（atomic emission spectrometry，AES）或原子吸收光谱分析（atomic absorption spectrometry，AAS）。这些方法用于分析和检测各类元素，目前广泛应用于医药、食品、生化、环境、农业、地质学、冶金、石化等多个领域，作为例子的检测项目及检测方法见表11－1。

表11－1 国内环境空气和废气中重金属检测项目及检测方法

监测项目	监测分类	检测方法	方法依据
铅	环境空气	火焰原子吸收光谱法	GB/T 15264—1994
		石墨炉原子吸收光谱法	HJ 539—2015
		火焰原子吸收光谱法	空气和废气监测分析方法（第四版增补版）
砷		原子吸收光谱法	
镍		原子吸收光谱法	
铜、锌、锰		原子吸收光谱法	
铅	污染源废气	火焰原子吸收光谱法	HJ 685—2014
铅及其化合物		火焰原子吸收光谱法	空气和废气监测分析方法（第四版增补版）
镉		石墨炉原子吸收光谱法	HJ/T 64.1—2001
镉及其化合物		火焰原子吸收光谱法	HJ/T 64.2—2001
		石墨炉原子吸收光谱法	空气和废气监测分析方法（第四版增补版）
镍	污染源废气	火焰原子吸收光谱法	HJ/T 63.1—2001
		火焰原子吸收光谱法	空气和废气监测分析方法（第四版增补版）
镍及其化合物		石墨炉原子吸收光谱法	

扫码“学一学”

第一节　原子发射光谱法

一、发展历史

1762 年德国矿物学家马格拉夫首次观察到钠盐或钾盐可使酒精灯产生黄色或紫色的火焰，并提出可据此鉴定和区分两者。1854 年奥尔特（D. Alter）认为，每一种元素有其特定的光谱，可以利用这一特性检测某种元素。世界公认的光谱分析仪是 1859 年基尔霍夫和本生合作的成果，他们以本生灯为光源，共同设计制造了第一台以光谱分析为目的的分光镜。他们预言用此法可能检测出自然界中存在的各种元素。1860 年他们对某些矿泉水的火焰光谱中未知蓝色光谱进行研究，发现了铯。此后 30 多年里科学家利用元素光谱发现了铷、镓、铟、铊、氦等新元素。20 世纪 20 年代后洛马金（B. A. Ломакии）提出，反应样品中元素含量 C 与谱线辐射强度 I 之间的经验公式 $I = aC^b$，奠定了光谱定量分析的基础。a 是与光源类型、光源条件、样品组分、结构等因素有关的常数，b 是自吸收系数。开始用摄谱法进行发射光谱的定量分析。长期以来，原子发射光谱分析不断发展，特别是随着光谱技术的发展产生的发射光谱分析方法，如等离子体发射光谱分析。

二、基本原理

原子由一个原子核（内有中子和质子）和核周围一定数目的电子构成，电子按一定的轨道绕原子核旋转。每个电子具有不同的能量，原子处于完全游离状态时，具有最低的能态的原子，称作基态（*Eo*）。在热能、电能或光能的作用下，处于基态或低能态的原子被激发跃迁较高的能态，此时原子为激发态（*Eq*）。受激原子很不稳定，一般在 $10^{-10} \sim 10^{-8}$s 之后就要返回基态或较低激发态（*Ep*）。此时，原子释放出能量，以电磁波的形式辐射出去，成为原子发射光谱。

原子从基态激发到激发态，称为共振激发，完成这种激发所需的能量，称为共振激发能。当原子从激发态跃迁至基态称为共振跃迁，这种跃迁所发射的谱线称为共振发射线，与此过程相反的谱线称为共振吸收线。例如镁共振线 2852nm，其相应的激发能为 7. 64eV。

每一个元素都有许多强度不同的光谱线（在不同的激发条件下有不同的分析灵敏度）。用原子发射光谱法测定时，一般选用灵敏线，但当被测元素含量较高时，也可采用次灵敏线。

为了获得被测元素的原子蒸气，在大多数况下必须通过高温将以分子状态存在的样品原子化。

三、原子发射光谱仪结构

原子发射光谱仪结构见图 11－1。

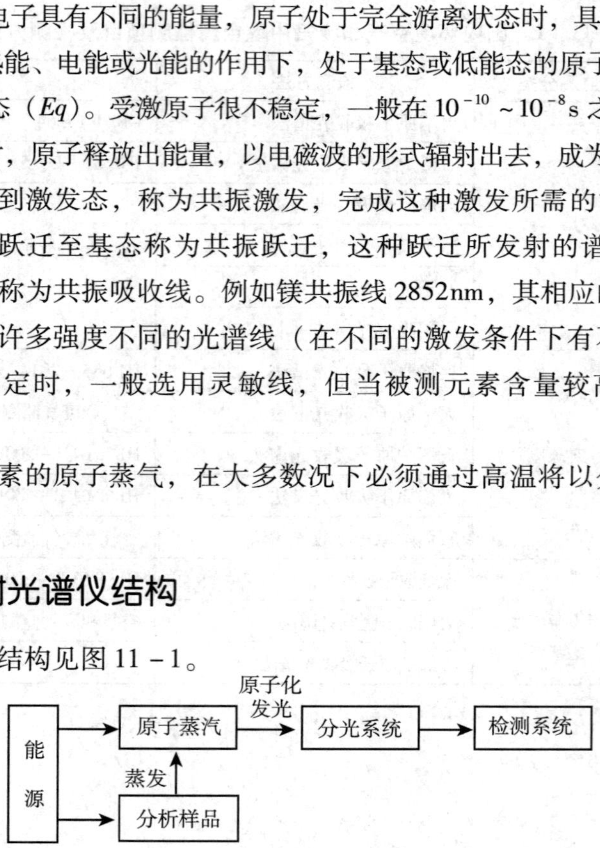

图 11－1　原子发射光谱仪框架图

原子发射光谱仪由激发光源和光谱仪两部分组成。

1. 激发光源　激发光源的作用是提供使试样中被测元素原子化和原子激发发光所需要的能量，足够的能量使试样蒸发、原子化、激发，产生光谱。对激发光源的要求是：灵敏度高，稳定性好，光谱背景小，结构简单，操作安全。目前常用的光源有直流电弧、交流电弧、高压火花，有人将其统称为经典光源。20 世纪 70 年代开发了电感耦合等离子体炬焰（inductively coupled piasma torch，ICP）等。

原子发射光谱法的主要优点：①检出能力好，无论何种方法，多数元素以溶液表示的检出限为 0.1～100ng/ml，以固体表示的检出限可达 0.1～10μg/g；②选择性较好，许多化学性质极相近而难以分别分析的元素如铌、钽、锆、稀土元素等，其光谱性质有较大的差异；③仪器设备操作简便和运转费用较低；④分析速度快，一份试样可进行多元素分析，多个试样连续分析，具有良好的同时多元素分析能力，特别适合一种或多种未知元素的定性、定量测定；⑤试样消耗少（毫克级）。适用于微量和痕量无机组分分析。因此这些方法现在仍是广泛用于环境样品、生物组织及生物制品的最有效的元素分析方法之一。

电感耦合等离子体（ICP）炬焰是当前使用较多的激发光源。ICP 光源是 20 世纪 60 年代研制的新型光源，由于它的性能优异，70 年代迅速发展并获广泛的应用。所谓等离子体是指电离了的但在宏观上呈电中性的物质，对于部分电离的气体，只要满足宏观上呈电中性这一条件，也称为等离子体。这些等离子体的力学性质与普通气体相同，但由于带电粒子的存在，其电磁学性质却与普通中性气体相差甚远。

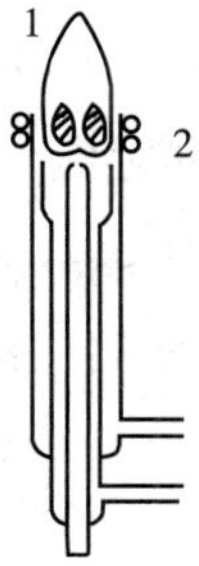

图 11－2　离子体（ICP）焰炬示意图

1. 等离子体焰炬；2. 高频感应线圈

ICP 光源是高频电流产生的类似火焰的激发光源，主要由高频发生器、等离子体炬管和雾化器三部分组成（图 11－2）。

ICP 的工作温度比较高，在等离子体放电区达 10000K，且又在惰性气体条件下，原子化条件极为良好，有利于难熔化合物的分解和元素的激发，对大多数元素都有很高的分析灵敏度。它的局限性是对非金属测定灵敏度低，仪器价格较贵，维持费用也较高。

2. 光谱仪　光谱仪的作用是将光源发射的电磁辐射色散后，得到按波长顺序排列的光谱，并对不同波长的辐射进行检测与记录。目前常用的光谱仪有棱镜摄谱仪、光栅摄谱仪和光电直读光谱仪。

（1）棱镜摄谱仪　棱镜摄谱仪主要由照明系统、准直系统、色散系统及聚焦系统四部分组成。摄谱仪的记录方法为照相法，需用感光板来接收与记录所发出的光谱，感光板所记录的光谱可长期保存。

（2）光栅摄谱仪　应用具有闪耀特性的阶梯光栅作为色散元件，利用光的衍射现象进行分光。在同一谱级线色散率基本上均匀。

（3）光电直读光谱仪　是利用光电测量方法直接测定光谱线强度的光谱仪。

如图 11－3 所示，光源的光谱辐射经入射狭缝投射到凹面光栅上，经色散后不同波长的光分别聚焦在预先排定的、排在罗兰圆（曲面半径为 R 的凹面反射光栅，其中心点与直径为 R 的圆相切，则不同波长的光都成像在这个圆上，称为罗兰圆）上不同的出射狭缝上，然后由反射镜反射至各自对应的光电倍增管上，一个出射狭缝和一个光电倍增管构成一个光的通道可检测一条谱线。多道仪器可根据需要设置多个通道（20～70 个）进行多元素测定。这种光谱仪可同时测定几十种元素，分析速度快。

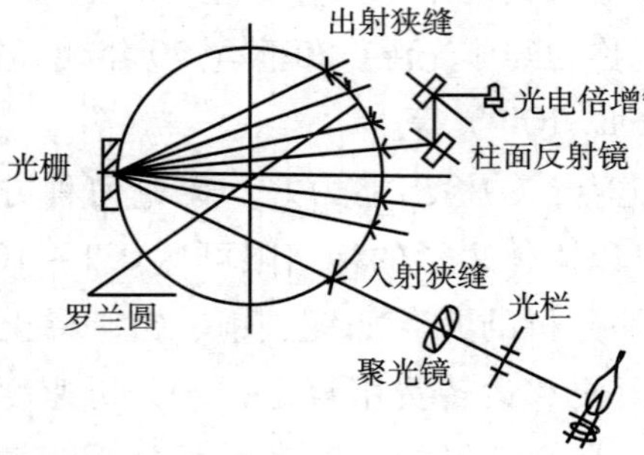

图 11－3　Pachen－Runge 型多道光电直读光谱仪

四、测定技术和质量控制

原子发射光谱中，样品待测元素的浓度越高，分析线强度越强，浓度和分析线强度成正比。

（一）直接测定法

测定标样系列的分析线或分析线对（内样法）的强度，绘制浓度－谱线强度曲线。在校准曲线上求出样品中被测元素的浓度（图 11－4）。

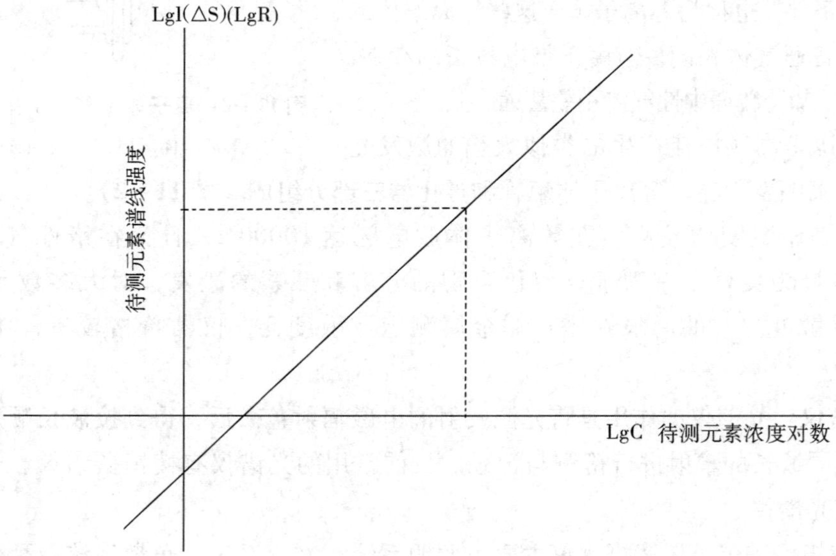

图 11－4　原子发射的标准曲线

通常在实验开始和终末要进行标准溶液分析，对时间较长的实验，在实验过程中还要定期分析。试剂空白一般在每个试液或标准液之间进行检测，以检查基线的稳定性。每次分析都应重新绘制校准曲线。

（二）检测注意事项

由于原子发射光谱法测定检测限极低，溶液样品中可达 μg/mL 甚至 ng/mL，空气、器皿、试剂甚至空白都可能成为污染源。所以仪器最好按放在净化室或相对封闭的环境里，所有应用的水一定要去离子水，所用的器皿应在硝酸中浸泡 1 周以上，再用去离子水冲刷，烘干后才能应用。一定要求做空白对照。

生物样本必须消解成溶液后才能应用。所用试剂应为超级纯，至少是优级纯。

标准溶液的配制：制备待测元素的标准溶液，先配制浓度为 500μg/ml 或 1000μg/ml 的母液，然后按需要逐级稀释。一般而言，浓度≤1μg/ml 的系列标准溶液，应于使用的当天配制。

取空白，按拟定的操作规程各进行独立的 11 次以上分析，计算方法的精度。①精密度：一个分析方法的精密度以相对标准偏差（变异系数，CV）表示，其值求的方法是，在将一试样作独立的 11 次以上的测定。计算标准偏差 SD 和相对标准偏差 CV%。②检测限：检测限定义为能以 95% 的置信度检出的溶液中欲测元素的最小浓度（或量）。也就是说，假使对一个浓度接近空白值的溶液进行了至少 10 次测定，算出这些结果的标准偏差，检测限就是相当于能给出 2 倍于此标准偏差的读数浓度（或量）。

第二节　原子吸收光谱法

一、发展历史

扫码“学一学”

扫码“看一看”

1860 年基尔霍夫（G. R. kirehhoff）证实了发自钠蒸气的光通过比该蒸气温度低的钠蒸气时，会引起钠发射谱线的被吸收现象，这是最早的原子吸收光谱的概念。1902 年伍德森（R. Woodson）首先利用汞弧灯发射的 253.7nm 谱线可以被汞蒸气所吸收的现象，测定了空气中的汞。直到 1955 年，澳大利亚物理学家沃尔什（A. Walsh）博士设计制造了简单的仪器，利用原子吸收原理进行多种痕量金属元素的分析获得成功，他被公认为原子吸收光谱法的创建人之一。1960 年沃尔什和他的同事们设计和制造了最简单的原子吸收光谱仪。这种仪器虽然比其他大型光谱仪器的问世时间晚得多，但是，它却以比其他大型光谱仪器快得多的速度发展。目前原子吸收光谱仪已经成为一种使用面很广、需要量很大的产品。原子吸收光谱法也已经成为光谱分析中一个相当重要的组成部分。

20 世纪 50 年代初，空心阴极灯光源研制成功后，对原子吸收光谱法的建立起了极大的促进作用。直到今天，空心阴极灯仍然是最广泛应用的光源。这是一种利用辉光放电的特殊气体放电管，常以金属钛、钽为阳极，用含有待测元素的金属材料制成空心圆柱形阴极，两极间施加调制的电压，使辉光放电保持在阴极管内，阴极物质溅射出来的原子与其他粒子（充入的惰性气体原子或离子）碰撞而受激发光。此种条件可辐射足够强的、纯净、光谱宽度小和特定的谱线。

为使分析试样转化为相应的原子蒸气，必须有专门的原子化装置，目前常采用火焰原子化和电热原子化两种方式。前者将试样溶液随载气喷入高温化学火焰燃烧器，利用火焰的高温使试样原子化；后者是利用电加热由不同的材料（加石墨、钨、石英等）制作的炉、管、丝或片状原子化器，将试样置于原子化器内加热蒸发和原子化。火焰原子化具有操作简单、迅速、适用范围广等优点；缺点是试样为载气和燃气稀释，因此效率低，火焰化学干扰和试样消耗较大。1959 年前苏联物理学家利沃夫首先将原子发射光谱法中石墨炉蒸发法的原理用于原子吸收光谱法中，开创了非火焰原子化方式。随后 10 年里各种类型的电热原子化装置相继出现，其中石墨炉是最早应用的一种，它具有绝对灵敏度高（10^{-12} ~ 10^{-14}g），试样量少（微升级），固、液均可直接测定等优点；缺点是速度较慢、费用较高等。经过长期的摸索，在大大改进了空心阴极灯和从火焰原子化器发展至石墨炉原子化器后，逐渐形成目前广泛使用的、定型的、商品化的原子吸收光谱仪。

二、基本原理

当光源发射的某一波长的光通过待测元素原子蒸气时，基态原子将选择性地吸收其同种元素所发射的共振谱线。基态原子的浓度越大，吸收的光量越多，使入射光减弱越多。共振谱线因吸收减弱的程度称吸光度 *A*，与被测元素的含量成正比。

1. 共振线 基态原子从基态跃迁至激发态（能量最低的激发态）的谱线称为共振吸收线，简称共振线。在 AAS 分析中就是利用处于基态的待测原子蒸汽对从光源发射的共振发射线的吸收来进行分析的。

2. 基态原子数与总原子数的关系 待测元素在进行原子化时，一部分原子同时吸收了较多的能量而处于激发态，据热力学原理，当在一定温度下处于热力学平衡时，激发态原子数与基态原子数之比服从 Boltzmann 分配定律，从中可以看出：实际工作中，当 T 小于 3000K，且波长小于 600nm 时，基态原子数对 T 的变化迟钝，或者说温度对 AAS 分析的影响不大。

3. 原子吸收定量原理 以频率为ν的光通过原子蒸汽，其中一部分光被吸收，使该入射光的光强降低，当使用一种能发射很窄的半宽度谱线的锐线光源做原子吸收测量时，测得的吸光度与原子蒸气中待测元素的基态原子数成线性关系。

通过测定基态原子的吸光度，即可求得试样中待测元素的含量，这就是原子吸收光谱法的定量基础。与分光光度法的基本原理相似，原子吸收与原子浓度的关系也符合朗伯－比尔（Lambert－Beer）定律，谱线强度因吸收而减弱的程度称吸光度，与被测元素的含量成正比，对照已知浓度的标准系列制作的校准曲线进行定量分析。

三、仪器结构

原子吸收光谱仪主要由四部分组成。①光源：发射待测元素的锐线光源；②原子化器：产生待分析试样的原子蒸气；③分光系统：分出共振线波长（单色光）；④检测系统：包括检测器、放大器和读数装置（图 11－5、图 11－6）。

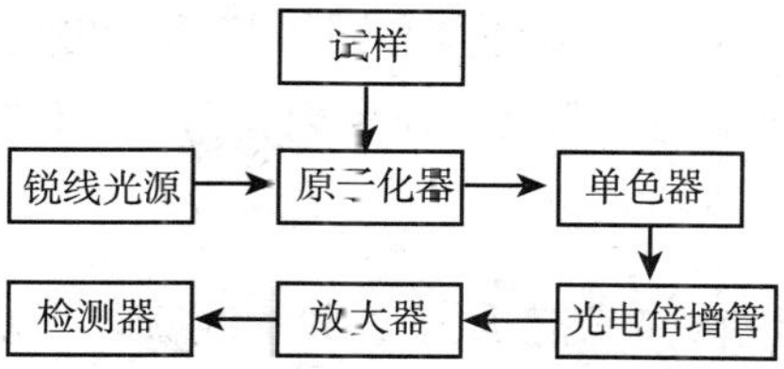

图 11－5　原子吸收光谱仪框图

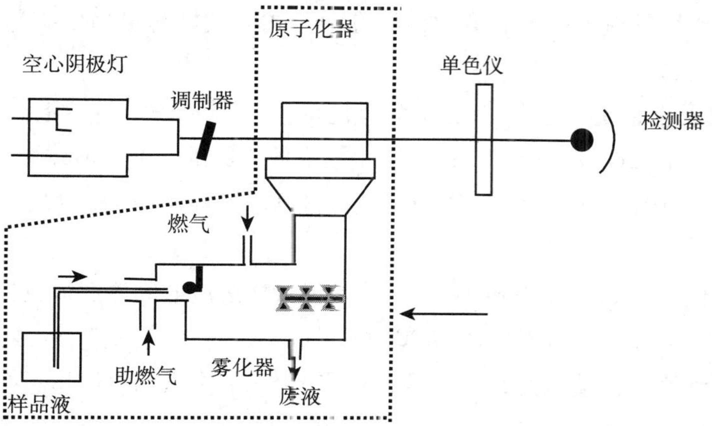

图 11－6　原子吸收仪器结构示意图

（一）光源

应用于原子吸收光谱分析的光源，必须能发射出谱线物理宽度不大于吸收线宽度并且强大而稳定的锐线光源。目前应用最普遍的是空心阴极灯，它主要由一个钨棒和一个空心圆柱形阴极组成，阴极内含有或衬有待测元素的金属或合金，两电极密封于充有低压惰性气体（氖或氩）的玻璃管中（带有石英窗）。灯与电源连接后，电子从阴极流向阳极，使充入的惰性气体的原子电离，生成的气体离子又去轰击空心阴极内壁，使原子从阴极发生阴极溅射，辐射出阴极元素的共振线。

商品化的空心阴极灯有三类：①单元素空心阴极灯，阴极由纯金属制成，是原子吸收最常用的光源；②多元素空心阴极灯，阴极内有几种元素的合金，能发射多种元素的共振线，用一个灯能完成多种元素的测定；③高强度空心阴极灯，装有辅助电极，能提高共振线的强度，适用于原子荧光光谱分析的光源。空心阴极灯（HCL）的结构如图 11－7 所示。

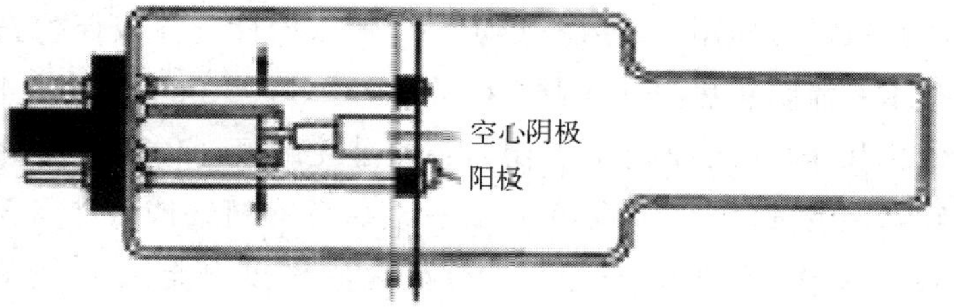

图 11－7　空心阴极灯（HCL）的结构示意图

当正负电极间施加适当电压（通常 300～500V）时，便开始放电，这时电子将从空心阴极内壁射向阳极，在途中与载气原子碰撞而使之电离，放出二次电子。带正电荷的载气离子在电场作用下，获得足够的动能，就向阴极内壁猛烈轰击，使阴极表面的金属原子溅射出来。溅射出来的金属原子大量聚集在空心阴极灯内，再受到高速飞行电子、碰撞而被激发，于是阴极内的辉光中便出现了阴极物质和内充惰性气体的光谱。

（二）原子化器

由于原子吸收光谱分析是建立在基态原子对共振线吸收的基础上，所以样品的原子化是原子吸收光谱分析的一个关键问题。元素测定的灵敏度在很大程度上取决于原子化的效率。原子化可分为两大类：火焰原子化和非火焰原子化，后者包括电热原子化和化学还原原子化。

原子化器的作用是提供一定的能量，使各种形式的试样解离出气态基态原子，并使原子光谱灯的辐射光通过。

（1）火焰原子化系统（预混合型和全消耗型）　包括喷雾器、混合室、燃烧器和火焰，特点是稳定、重现性好、应用广；原子化效率低，灵敏度低、液体进样。

（2）非火焰原子化系统　非火焰原子化指火焰以外其他原子化系统，常用的是石墨炉原子化器。

石墨炉原子化器（graphite furnace，GF）是将试样溶液或固体试样放在石墨管中，在外加低电压、大电流条件下，石墨管产生 2000～3000K 高温，使试样蒸发、原子化，通过测定试样的吸收达到测定含量的目的。石墨炉原子化器的结构见图 11－8。特点是绝对灵敏度高；适于难熔元素（惰性氛围）；原子化效率高，检出限低（0.01～1pg）、样品用量少；基质效应及化学干扰大、重现性差。

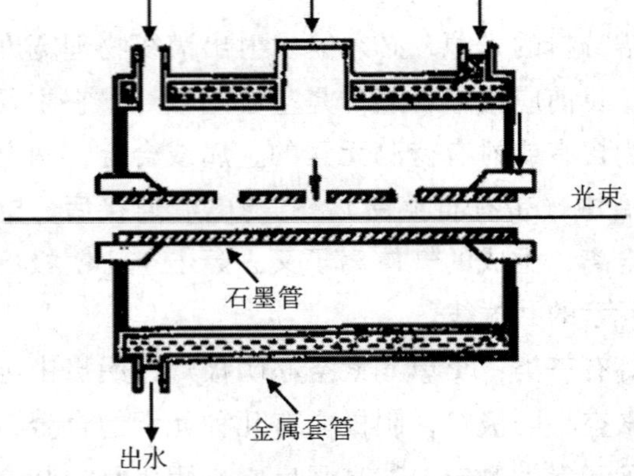

图 11－8　石墨炉原子化器结构示意图

石墨管中间小孔供加试样用，放入石墨炉中，通入惰性气体以保护石墨管高温下不被氧化，外层用冷却水环流防止热向外辐射。在 10～25V，400～500A 的大电流下，试样经历干燥、灰化、原子化和净化四步程序后升温，干燥是在低温（105K）下蒸发去除试样中的溶剂；灰化是在较高温度（350～1200K）下进一步去除有机物或低沸点无机物；原子化温度随被测元素而异（2400～3000K）；净化的作用是将温度升至最大允许值，以去除残余物，消除由此产生的记忆效应。石墨炉的升温程序由微机控制自动进行。

石墨炉原子化法最大的优点是注入的试样几乎可以完全原子化，能得到较好的原子化效率，当试样含量很低或只能提供很少量的试样时，使用这种方法是很合适的。它的缺点是，共存化合物的干扰比火焰法大，测量的重现性比火焰法差。

（三）分光系统

吸收光谱和发射光谱不同，进入分光系统的只是有限的谱线，因而多采用单光束光学系统。虽然单光束型原子吸收仪不能消除光源波动所引起的基线漂移，但只要使光源预热10～30分钟，并在测量过程中注意校正零点，即能补偿基线漂移所致的误差。

单光束分光系统是平面对称式光栅单色仪（Cherny－Turner式）光线经入射狭缝，投射到凹面反射镜，被准直后以平行光束射向衍射光栅，被衍射光栅分光。分光后的平行光束又被反射到凹面反射镜，选定波长的光会被聚到出口狭缝，然后照射检测器。改变衍射光栅的角度，即能选择不同的波长。

（四）检测系统

从元素灯发出的原子光谱线，被待测元素的基态原子吸收后，经单色仪分选出基态原子的共振线送入光电倍增管，将光信号转变为电信号，经前置放大和主放大后（交流放大），进入解调器进行同步检波，得到一个和输入信号成正比的直流信号。再将此信号进行对数转换，标尺扩展，然后由读数器读数记录。原子吸收光谱分析具有如下特点。

（1）灵敏度高　多数元素的检出能力与发射光谱法相当。对于那些易电离、易挥发或难电离易挥发元素（如Zn和Cd等）的测定尤为有利，火焰原子吸收光谱法的灵敏度为10^{-6}g/ml级，非火焰原子吸收光谱法的绝对灵敏度在10^{-9}～10^{-14}g/ml之间。

（2）特异性好　原子的谱线简单，光谱干扰较少，且易于克服。

（3）准确、快速、操作简便　吸收强度受原子化器的温度变化的影响比发射强度小，因而与发射光谱相比一般具有较高的精密度和准确度。火焰原子吸收光谱法的相对标准偏差一般可控制在3%以内，非火焰原子吸收光谱法一般可控制在1.5%以内。

（4）测定元素范围广　现在可测的元素已达73个。

（5）可进行微量试样测定　采用电热原子吸收光谱法，仅需试液5～100μl或固体0.05～30mg。

原子吸收法也存在一些局限性：由于大部分原子吸收光谱法使用单元素空心阴极灯，因而它不适用于样品的未知元素定性；它虽然在理论上能测定的元素很多，但目前经常有效用于实际分析的约为30个；方法虽有较好的选择性，但仍有干扰问题存在，然而，综合优缺点，原子吸收光谱法确实为一种有效、灵敏的元素检测手段。

四、定量分析方法

1. 分析方法评价

（1）特征灵敏度　特征灵敏度（S'）为产生1%吸收（$A=0.0044$）信号所对应的元素浓度。

$$S'=\frac{c_x\times0.0044}{A}\ (\mu g/cm)$$

特征灵敏度（对石墨炉原子吸收光谱法）：

$$S'=\frac{c_x\times0.0044}{A}m\ (pg\cdot ng)$$

（2）检测限　检测限（DL）是可测量到的最小信号x_{min}，以下式确定：

$$x_{min}=\bar{x}\pm K\sigma$$

$$DL=\frac{x_{min}-\bar{x}_0}{S}=\frac{K\sigma}{S}$$

式中，$K=2$，置信度为95.5%；$K=3$，置信度为99.7%。

可以看出，检出限不仅与灵敏度有关，而且还考虑到仪器噪声，因而检测限比S'具有更明确的意义，更能反映仪器的性能。只有同时具有高灵敏度和高稳定性时，才有低的检出限。

2. 分析条件的选择

（1）分析线 原子吸收光谱法中常选择待测元素的共振线作分析线，但As、Se、Hg的共振线在远紫外区，该区域火焰吸收强烈，不宜选用共振线作分析线。在选择分析线时，首先扫描空心阴极灯的发射光谱，然后喷入试样溶液，观察谱线的吸收和干扰情况，一般选用不受干扰且吸收最强的谱线作为分析线。常用元素分析线见表11－2。

表11－2 常用元素分析线

单位：nm

元素	分析线	元素	分析线	元素	分析线
Al	309.3	Ca	422.7	Cd	228.8
Cu	324.8	Fe	248.3	Hg	253.7
K	766.5	Mg	285.2	Na	589.0
Pb	283.3	Sn	224.6	Zn	213.9

（2）狭缝光谱宽度的选择 适宜狭缝宽度可由工具书查得。

（3）原子化条件的选择 对于火焰原子化法，火焰的种类和燃助比的选择是很重要的。当燃气和助燃气选择好后，可通过下述方法选择燃助比：固定助燃气流量，改变燃气流量，测量标准溶液在不同燃助比时的吸光度，绘制吸光度－燃助比关系曲线，以确定最佳燃助比。

对于石墨炉原子化器的使用。应注意干燥是一个低温去溶剂的过程，可在稍低于溶剂沸点的温度下进行。灰化是为了破坏和去除试样基体，故在保证试样无明显损失的前提下，将试样加热到尽可能高的温度。原子化阶段应选择最大吸收信号的最低温度。总之，根据试样的性质确定各阶段所选定的温度与加热时间。

3. 测量方法 常用的定量方法有标准曲线法和标准加入法。

（1）标准曲线法 同紫外可见标准曲线法。但由于燃气流量和喷雾效率的变化，单色器波长的漂移等因素可导致样品测试条件与标准曲线测定条件不同，所以，在测定未知样品时，应随时对标准曲线进行检查，每次实验都要重新制作标准曲线。

（2）标准加入法 在标准曲线法中，一般情况下要求标准溶液和未知溶液的组成保持一致。但在实际工作中不是总能做到的，采用标准加入法可以克服这个缺点。本法把未知试样溶液分成体积相同的若干份，留其中一份，其余分别加入不同量的标准样品，然后测定各溶液的吸光度，以吸光度为纵坐标，标准样品加入量为横坐标绘制标准曲线（图11－9）。由于未知样品中含待测组分，故直线不通过原点而是在吸光度高于原点的A_0处与纵轴相交，且直线外推法使工作曲线延长交横轴处于B点，则OB所对应的浓度C_x就是未知试样中待测组分浓度。标准加入法的优点是能够更好地消除样品中其他成分对测定的影响。

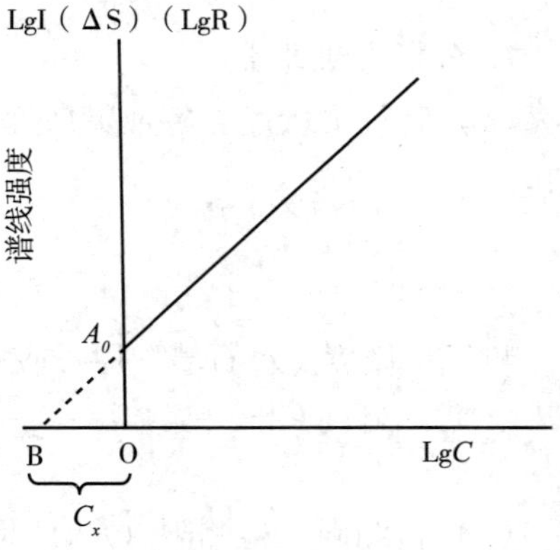

图11－9 标准加入法工作曲线

五、检测注意事项

（一）分析空白

分析测定时，空白值的大小直接影响测定结果的准确性。因此，必须把空白值降到可以控制的程度，尽量使用符合要求的水、器皿和试剂。

在原子吸收光谱分析中，水的纯度直接影响测定结果，通常采用去离子交换水和去离子重蒸馏水，用石墨炉或氢化原子化法进行痕量分析或超痕量分析时则要用高纯水。

无机酸是原子吸收光谱分析法常用的溶剂，例如盐酸、硝酸、硫酸和磷酸等。无机酸中常含有微量金属元素，使用前应严格检查。在日常分析中，一般选用优级纯酸，若条件允许，最好用超纯酸。对选用的试剂，以不玷污待测元素为原则。在实际工作中，如果在仪器灵敏度范围内检测不出待测元素的吸收信号，就可以认为所选用的试剂不玷污待测元素。对不符合纯度要求的试剂要进行提纯，提纯时要注意避免试剂被玷污。每批试剂在实验前必须先做空白试验，试剂的使用期不得超过半年。所用的实验器皿也会影响结果，应用一次性器材，重复使用者应用硝酸浸泡，用去离子交换水冲洗，烘干备用。

（二）标准溶液配制

标准溶液的组分要尽可能与样品溶液相似。溶液中总含盐量是影响雾化和原子化效率的主要因素之一，如果样品溶液中总含盐量在 1% 以上，就要在标准溶液中加入等量的相同盐类。用来配制标准溶液的试剂应当是纯度高、组分与化学式精确相符、性质稳定的基准物质。常用高纯度金属或相应的盐类配制标准溶液。当用原子吸收分析专用的标准储备溶液配制时，应尽量使用国家认证的标准物质，并在有效期内使用。

（三）样品制备

有效的取样是原子吸收分析中极为关键的一步。取出的样品应能代表样品整体的性质，应根据不同的样品种类及特性，采用相应的科学取样方法以确保检测数据的科学性和准确性。取样量要适当，若取样量太小，则不能保证方法的精密度和灵敏度，而取样量太大，则会增加工作量和试剂的消耗量。最适宜的样品溶液的浓度和取样量，一般按待测元素灵敏度的 25 ~ 120 倍进行估算。取出的样品要用洁净的容器盛装，防止玷污，并注意密封，防止变质。

（四）样品分析

进行样品分析时应注意以下几个方面。

（1）每个样品分析前必须绘制标准曲线，标准曲线的线性范围，待测元素的浓度应在此线性范围内。

（2）用加标回收率评价检测结果的准确性。加标测定结果时，测定结果的误差只取一位，测定加标量应尽量与样品中被测物的含量相近，加标后的结果有效数字的最后一位即为误差的对应位。测定值不得超过方法的检测上限，加标回收率一般要求在 85% ~105% 。

（3）在测定范围内常选择高、中、低三种不同浓定值中某个测定值比其他测定值明显偏大或偏小浓度的待测样品溶液或加标样品溶液，每种浓度取 6 次，这种明显偏离的测定值称为离群值或可疑数据。单个平行样品，连续 6 次重复测定，用变异系数来评价精密度，一般要求变异系数小于 10% 。

（五）干扰及其消除

原子吸收分析中通常遇到5种类型的干扰：化学干扰、物理干扰、电离干扰、光谱干扰和背景干扰，影响最后的测定结果。

1. 化学干扰 是原子吸收分析中经常遇到的、影响最大的干扰，产生的主要原因是待测元素形成了稳定或难熔化合物。在干扰中，待测元素与干扰阳离子形成难挥发的化合物。如Al、Si与碱土金属形成难溶混合晶体，从而相互干扰；Be、Cr、Fe、Mo、Si、Ti和稀土元素易与待测元素形成不易挥发的混合氧化物而使吸收降低。也有增大吸收的，如Mn、Fe、Co对A1、Ni、Cr的影响。

阴离子的干扰比阳离子更复杂。不同的阴离子与待测元素形成不同熔点、沸点的化合物影响原子化，如磷酸根和硫酸根离子会抑制碱土金属的吸收。随着阴离子的不同，其副作用的次序是$PO_4^{2-} > SO_4^{2-} > Cl^- > NO^{3-} > ClO_4^-$。

一般说来，采用高温火焰或增加火焰还原气氛，可消除或减轻某些化学干扰。实际工作中常用加入释放剂（又称抑制剂），加入保护络合剂，加入干扰缓冲剂，预先分离干扰物质和采用标准加入法等手段来消除化学干扰，提高元素的测定灵敏度。

2. 物理干扰 当溶质或溶剂的物理性质（黏度、表面张力等）发生变化时，喷雾效率或待测元素喷入火焰的速度就发生变化，因而影响吸收强度。溶液浓度过高（>10mg/ml）时，喷雾效率下降；有机溶剂使吸收强度增大。为防止物理干扰，可稀释试样溶液直至被溶解的盐类或酸的影响可以忽略，将试样和标准溶液中主要成分的浓度匹配，使其具有相同的基体组成十分重要。在主要成分无法匹配的情况下，可采用标准加入法。在使用有机溶剂时，标准和试样溶液必须以相同的溶剂配制。

3. 电离干扰 电离干扰发生在火焰温度高到足以使中性原子失去电子从而产生带正电的离子的情况。电离电位在6eV左右或低于6eV的元素，在火焰中易发生电离。虽然离子也具有吸收辐射的能力，但与原来原子吸收的波长不同。例如，钡的原子吸收在554nm共振线处最强，而钡离子则在455nm共振线上的吸收最强。由于电离作用，使火焰内中性原子数目减少，导致测定结果偏低，这种现象对碱金属和碱土金属特别显著。

为了克服电离干扰，一方面可适当控制火焰的温度，另一方面可向标准和试样溶液中加入大量易电离的元素，如Na、K、Rb、Cs（1~2mg/ml）。这些易电离元素在火焰中强烈电离，放出大量电子，从而抑制了待测元素基态原子的电离作用，使测定结果得到改善。

4. 光谱干扰 是由于光源、试样或仪器使某些不需要的辐射波被检测器所测到。在制作空心阴极灯时，已考虑了避免光源可能引起的光谱干扰。充填气体的发射谱线必须不与灯元素的谱线重合，多元素灯必须小心选择元素的组合，阴极金属要求较高的纯度，以避免发射杂质的谱线。

5. 背景干扰 背景干扰包括背景吸收和火焰发射。

（1）背景吸收 是一种非原子性吸收，包括光散射、分子吸收和火焰吸收。

光散射是由于浓的试样溶液在火焰中形成了高度分散的固体颗粒，它对入射光产生散射作用，使其中一部分不能进入单色器，造成假吸收，使测定结果偏高。

分子吸收是一种带光谱吸收。在低温火焰时，碱金属卤化物在大部分紫外区有吸收，若与被测元素吸收线重叠，就能发生分子吸收干扰；无火焰测定时，干扰更严重。采用高温火焰可使分子质点离解而减少干扰。被测溶液中的无机酸也可产生分子吸收，且随浓度增加而增强。硝酸、盐酸、高氯酸的分子吸收很小，因此宜采用其作介质，避免使用磷酸、硫酸。

（2）火焰发射　主要是分子带的发射，如 OH、CH、CN 等，强烈的发射背景会增加火焰的噪声和光电倍增管的噪声，使信噪比降低，使检出限升高。

（郭玮　虞倩）

扫码“练一练”

第十二章　酶免疫分析仪

教学目标与要求

掌握　酶免疫分析仪的工作原理、酶免疫分析技术的分类。

熟悉　ELISA 检测的方法学，测定结果的判定和质量管理。

了解　酶免疫分析仪的结构和分类，ELISA 测定常用的生物素 - 亲和素标记系统。

酶免疫测定技术是将酶的催化作用与抗原、抗体的免疫反应相结合的一种微量分析技术，也是非放射性核素标记免疫分析的代表性技术。随着单克隆抗体，生物素 - 亲和素放大系统等技术的应用，酶免疫分析更具高度的特异性和敏感性，能将反应信号放大数十万倍，已被广泛应用于医学和生物学的不同领域，成为当今临床免疫学检验应用最普遍的一种技术，如当今对于传染病标志物的定性检测，自身抗体、细胞因子、肿瘤标志物的定性和定量检测等仍以 ELISA 为主要的检测方法。由于酶免疫测定法测定具有操作简单、不需昂贵的设备，简单的酶标仪即可判读结果，试剂盒生产技术成熟且成本较低等优势、新的检验和科研指标多以 ELISA 方法为首选方法。

酶标记免疫分析技术也需要不断发展和完善，不断更新试剂生产技术，改良和研发新型标记物，加强技术环节的质量保证（如抗体改造、标记方法更新等），以及进一步实现检测分析自动化等。同时随着酶、荧光、化学发光、电化学发光等多种标记免疫分析技术的不断完善和发展，以及仪器自动化程度的不断提高，分子生物学等技术的发展，酶免疫分析技术也将朝着多样化、先进的方向发展，如将酶免疫技术与荧光技术或化学发光技术结合形成荧光酶免疫分析（fluorescence enzyme immunoassay，FEIA），化学发光酶免疫分析（chemiluminescent enzyme immunoassay，CLEIA），增强发光酶免疫分析（enhanced luminescent enzyme immunoassay，ELEIA），采用 PCR 技术的 PCR - EIA 分析等，大大提高了酶免疫分析的灵敏度，精确度，缩短了检测时间，使酶标记免疫分析技术成为临床免疫学检验的基本应用技术。

扫码“学一学”

第一节　酶免疫分析仪概述

一、历史

1966 年，美国的 Nakane 和 Pierce 以及法国的 Avrameas 和 Uriel 同时报道了以新的标记物——辣根过氧化物酶替代荧光素，定位组织中抗原的酶免疫组织化学技术（enzyme immunohistochemistry，EIH）。1971 年，Engvall 和 Perlmann 在酶免疫组织化学的基础上，又发展了一种酶标固相免疫测定技术，即酶联免疫吸附试验（enzyme - linked immunosorbent assay，ELISA），成为继荧光免疫、放射免疫分析技术之后的三大标记免疫分析技术之一。由于酶免疫测定技术（enzyme immunoassay，EIA）具有灵敏度高、操作简单易行、试剂有效期长、且对环境污染小等优点，在 20 世纪 70 年代至 90 年代，酶免疫分析技术逐渐成为标

扫码“看一看”

记免疫分析的常用方法，被用于血清及体液中激素、标志物和生物活性物质的测定，且在临床应用中逐步取代了放射免疫分析技术。20 世纪 70 年代中期，杂交瘤技术制备出单克隆抗体，进一步提高了酶免疫测定的灵敏度和特异性，双抗体夹心等酶免疫测定方法相继出现，酶免疫分析专用的测定仪器，即普通的酶标仪也研制开发成功。我国于 1981 年生产出第一台酶标仪（510 型酶标比色计）。最初的酶标仪是一种用于微孔板比色测定的光电比色计，经过改进和创新，效率和精密度不断提高。但在酶标读数仪问世前，甚至在问世后的 10 多年间，临床实验室曾经历过依靠肉眼观察有无显色，判读 ELISA 检验结果的年代，直至 20 世纪 90 年代，酶标仪才逐渐在医院和血站临床实验室广泛投入使用。至 90 年代后期，随着 ELISA 测定技术的应用和发展，国外陆续研发出具有各种各样功能的新型酶免疫分析仪，使酶免疫分析仪从单一的比色读板功能发展成为集多种功能为一体的全自动酶免疫分析仪，实现了一台机器可将 ELISA 实验从加样、孵育、洗涤、振荡、比色到定性或定量分析的各个步骤都根据用户事先设计的程序自动进行直至最后完成报告存储与打印。根据全自动酶免疫分析仪发展进程中所能达到的基本技术特征可将其分为三代产品。第一代全自动酶免分析仪，实现了单/双针加样系统与酶标板处理系统一体化，但多数微孔板的孵育位置少于 4 块板。第二代全自动酶免分析仪为非常任务和单一轨道，但由于不能同时处理 2 种过程（如洗板的同时不能加试剂等），因此，其工作任务表（或时间管理器 TMS）“堵车”现象仍无法避免，试验完成时间延长。第三代全自动酶免分析系统的基本特征是采用多任务、多通道，完全实现平行过程处理。

酶免疫分析仪按其性能分为普通酶标仪和全自动酶免疫分析仪。前者仅对 ELISA 实验结果进行比色，测量每一测试微孔的吸光度值；后者则是具有自动加样本、加试剂，自动控温温育，自动洗板和自动判读等功能的分析系统。

20 世纪末至 21 世纪初，在国内大医院和中心血站随着检验样品数量的增加，全自动酶免疫分析仪已成为工作的首选，使实验过程实现了标准化、规范化，提高了实验室的运行能力和检测的精确度、特异性和重复性，同时也避免了手工操作的误差，降低了操作人员的劳动强度，提高了操作人员的自身安全性。目前国产酶标仪的发展无论在硬件和软件上还都滞后于国外产品，故国内医院和血站实验室应用的酶免疫分析仪还是以进口仪器为主，仪器品牌和型号已多达数十种，且不断有新型仪器问世。

二、酶免疫分析技术的基本原理

（一）基本原理

酶免疫分析技术是将酶催化的放大作用与抗原抗体反应相结合的一种微量分析技术。酶标记抗体或抗原后，既不影响抗体或抗原的免疫反应特异性，也不改变酶本身的催化活性，在相应的反应底物参与下，标记的酶水解底物而呈色或使供氢体由无色的还原型转变为有色的氧化型，这种有色产物可以通过肉眼、光学显微镜或电子显微镜进行观察，也可以用分光光度计加以测定。呈色反应代表了反应体系中被标记的抗体（或抗原）的存在，从而证明存在相应的免疫学反应。EIA 是一种特异而敏感的检测技术，可以在细胞或亚细胞水平上示踪抗原或抗体所在部位，也可以在微克、甚至纳克级水平上对其进行半定量或定量测定。

（二）常用酶及底物

1. 常用酶　主要包括辣根过氧化物酶（horseradish peroxidase，HRP）、碱性磷酸酶（alkaline phosphatase，ALP）、β－半乳糖苷酶（β－galactosidase，β－Gal）以及葡萄糖氧化酶（GOD）、6－磷酸葡萄糖脱氢酶、苹果酸脱氢酶等其他酶。

2. 常用底物

（1）HRP 的底物　包括过氧化物和供氢体。过氧化物目前常用的有过氧化氢（H_2O_2）和过氧化氢尿素（$CH_6N_2O_3$）。HRP 的供氢体很多，多用无色的还原型染料，经反应生成有色的氧化型染料。在 ELISA 中常用的供氢体为邻苯二胺（ortho－phenylenediamine，OPD）、四甲基联苯胺（3，3，5，5－tetramethylbenzi－dine，TMB）和二氨基联苯胺（diamino－benzidine，DAB）。OPD 作为 ELISA 供氢体底物，灵敏度高，测定方便，但是配制成应用液后不稳定，常在数小时内自然产生黄色。TMB 无此缺点，经酶作用后由无色变蓝色，目测对比度鲜明，加酸终止酶反应后变黄色，易比色及定量测定。

（2）AP 的底物　常用的为对－硝基苯磷酸酯（*p*－nitrophenyl phosphate，PNP），其反应产物为黄色的对硝基酚，测定波长为 405nm。

（3）β－半乳糖苷酶底物　常用底物为 4－甲基伞形酮基－β－*D*－半乳糖苷（4－methylumbelliferone，4MU），其敏感性较 HRP 高 30～50 倍。

（4）GOD 的底物　常用底物为葡萄糖，供氢体为对硝基蓝四氮唑，反应产物为不溶性的蓝色沉淀。

（三）常用 ELISA 测定模式及反应原理

临床 ELISA 检验常根据测定对象（抗原或抗体）的不同，采用不同的测定模式。待测对象为大分子蛋白抗原时，常用双抗体夹心法；抗原为只有单个抗原决定簇的小分子时，则采用竞争抑制法；待测对象为抗体时，通常采用间接法、双抗原夹心法、竞争抑制法和捕获法等。

1. 双抗体夹心法及双抗原夹心法　双抗体夹心法适用于检测分子中含有至少两个以上抗原决定簇的大分子多价抗原，是检测抗原最常用的 ELISA。其基本工作原理是利用连接于固相载体上的抗体和酶标抗体分别与样品中被检测抗原分子上两个不同抗原决定簇结合，形成固相抗体－抗原－酶标抗体复合物，两种抗体的量相对于待检抗原是过量的，因此形成的复合物量与待检抗原的含量成正比。然后通过洗板将与固相结合的酶结合物、液相中游离的未结合酶结合物进行分离，再测定固相复合物中的酶催化底物生成的有色物质的量（OD 值），即可确定待测抗原含量，且两者的含量成正比。

双抗原夹心法测定抗体的原理类似于双抗体夹心法测定抗原，操作步骤亦基本相同，不同的是将纯化抗原包被于固相，加入待测样本和酶标抗原结合物后形成固相抗原－抗体－酶标抗原复合物，洗涤除去未结合的酶标抗原，固相复合物中的酶催化底物生成的有色物质的量与待测抗体的含量成正比。

2. 竞争抑制法　可用于大、小分子抗原及抗体的测定。某些药物以及激素分子因其只有一个抗原决定簇，则只能采用竞争抑制法检测。竞争抑制法检测抗原时的工作原理是待测样本中抗原和酶标抗原共同竞争结合固相载体上的特异性抗体，形成酶标抗原－抗体和非标记抗原－抗体两种复合物，待测样本中抗原含量越高，则形成的非标记抗原－抗体复合物越多，而酶标的抗原－抗体复合物则越少，加入酶底物后，显色强度与待测样本中小分子抗原含量成反比关系。

抗体的测定一般不采用竞争法。当抗原中杂质难以去除或抗原的结合特异性不稳定时，可采用该方法测定抗体。竞争抑制法检测抗体时，需将固相抗体包被于微孔板上，将纯化的抗原、酶标记抗体、待测样本同时加入微孔板中，若标本中无特异性抗体，固相抗体－

抗原－酶标抗体复合物使底物显色。待测标本中若存在特异性抗体，即与酶标抗体一起竞争结合抗原，使最终结合到固相上的固相抗体－抗原－酶标抗体复合物减少，酶活性减少50%以上便是抑制试验阳性，可判定待测标本中存在特异性抗体，如乙型肝炎病毒核心抗体（HBcAb）和乙型肝炎病毒e抗体（HBeAb）的测定。

3. 间接法　是测定抗体的最常用方法，属于非竞争结合试验，其原理是将抗原预先包被到固相载体上，加入样品后，待检抗体与固相抗原结合形成固相抗原－抗体复合物，洗涤后加入酶标抗人IgG抗体作为第二抗体与固相免疫复合物中的待检抗体结合，形成固相抗原－抗体－酶标二抗复合物，反应后再加入底物显色，显色程度与待检抗体含量成正比。该法所采用的酶标二抗可用以检测多种待检抗体，具有通用性。

4. 捕获法　亦称反向间接法，常用于血清中IgM类抗体的测定。其工作原理为：先将针对IgM的第二抗体（如羊抗人IgMμ链抗体）包被于固相载体，用以结合样品中所有IgM［特异和（或）非特异］，洗涤除去IgG等无关物质后，加入特异抗原与待检IgM结合；再加入抗原特异的酶标抗体，最后形成固相二抗－IgM－抗原－酶标抗体复合物，加酶底物显色后，即可对样品中待检IgM进行测定（如某公司生产的甲型肝炎病毒IgM抗体ELISA检测试剂盒）。也有试剂公司将IgM类抗体测定试剂盒的捕获法工作原理设计为：同样用包被固相的抗IgM的第二抗体捕获样品中所有IgM，洗涤后只加入一种酶标记的特异抗原试剂，使最后形成固相二抗－IgM－酶标特异抗原复合物，来对样品中待检IgM进行测定（如某公司生产的戊型肝炎病毒IgM抗体ELISA检测试剂盒）。

三、酶免疫分析技术的分类

根据检测对象的不同，酶免疫分析技术可分为两类：酶免疫组织化学技术和酶免疫测定技术，前者主要用于检测组织切片或细胞涂片中的抗原或抗体，后者用于定性或定量检测各种体液样本（如血清、脑脊液、尿液和胸腹水等）中可溶性抗原或抗体的存在。酶免疫测定技术根据抗原抗体反应后是否需要分离结合与游离的酶标记物，将酶免疫测定分为均相（homogenous）和异相（heterogenous）两种类型。前者不需要分离结合和游离的酶标记物而直接进行测定。后者需要对结合和游离的酶标记物进行分离后才能测定。

（一）均相酶免疫测定

测定对象为小分子抗原或半抗原，主要用于药物测定。均相酶免疫测定的测定模式为竞争抑制法，酶标记的是待测抗原，检测试剂中尚有针对待测抗原的抗体和酶的底物，与抗体结合的酶就失去活力，因此在反应中无须分离结合的酶与游离的酶即可进行测定。其反应过程与一般的生化测定无异，因此可直接用生化自动分析仪进行测定。因主要测定药物，也有专用的测定仪器。

（二）异相酶免疫测定

医学检验中常用的酶免疫测定均为异相酶免疫测定，需将结合的标记物与游离的标记物分离才能进行测定。若采用分离剂将结合和游离的酶标记物分离进行测定则称为液相异相酶免疫测定；若将一种反应物固定在固相载体上，当另一种反应物与之结合后，可通过洗涤、离心等方法与液相中的其他物质相分离，这类异相酶免疫测定称为固相酶免疫测定，即ELISA，且ELISA已成为固相酶免疫测定的通称。

扫码“学一学”

扫码“看一看”

第二节 普通酶标仪

一、工作原理、结构和分类

（一）基本原理和结构

普通酶标仪实际上就是一台变相的专用光电比色计或分光光度计，其基本工作原理与主要结构和光电比色计基本相同。光源灯发出的光波经过滤光片或单色器变成一束单色光，进入塑料微孔板中的待测标本，该单色光一部分被标本吸收，另一部分则透过标本照射到光电检测器上，光电检测器将不同待测标本的强弱不同的光信号转换成相应的电信号，电信号经前置放大，对数放大，模数转换等信号处理后送入微处理器进行数据处理和计算，最后由显示器和打印机显示结果。微处理机还通过控制电路控制机械驱动机构 x 方向和 y 方向的运动来移动微孔板，从而实现自动进样检测过程（图 12－1）。最初的一些酶标仪则是采用手工移动微孔板进行检测，没有 x、y 方向的机械驱动机构和控制电路，仪器的结构也更简单。但不同类型酶标仪的工作原理基本上是一致的，都是用比色法来分析抗原或抗体的含量。

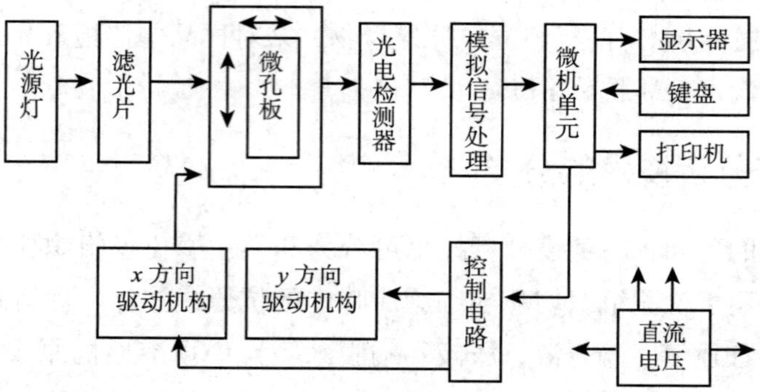

图 12－1　酶标仪工作原理示意图

普通酶标仪在使用滤光片作滤波装置时与普通比色计一样，滤光片即可放在微孔板的前面，也可放在微孔板的后面，其效果是相同的。图 12－2 显示目前常用的普通酶标仪光路系统图，光源灯发出的光经聚光镜、光栏后到达反射镜，经反射镜作 90°反射后垂直通过比色溶液，然后再经滤光片送到光电管。

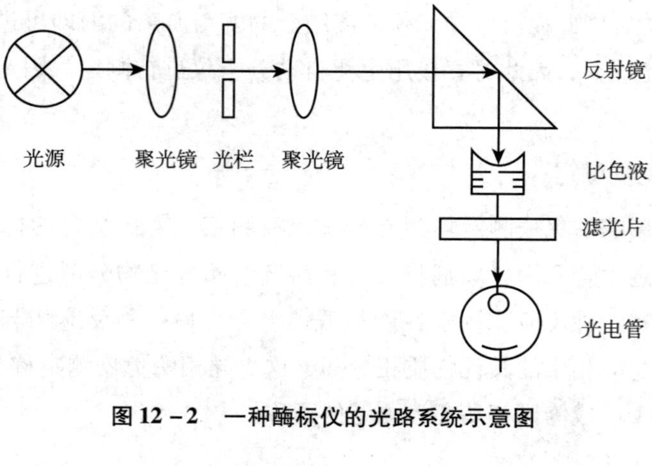

图 12－2　一种酶标仪的光路系统示意图

（二）酶标仪与普通光电比色计的区别

从酶标仪工作原理和光路图上可看出，它和普通的光电比色计有以下区别。

（1）盛装待测比色液的容器不再使用比色皿，而是使用塑料微孔板，微孔板常用透明的聚乙烯材料制成，对抗原抗体有较强的吸附作用，故用它作为固相载体。

（2）由于盛样本的塑料微孔板是多排多孔的，光线只能垂直穿过，因此酶免疫分析仪的光束都是垂直通过待测溶液和微孔板的，光束既可是从上到下，也可以是从下到上穿过比色液。

（3）酶免疫分析仪一般要求样品的体积在250μl 以下，一般光电比色计是无法测试的，因此酶免疫分析仪中的光电比色计是一种高级光度计式读数仪，具有检测方便、测量准确、高性能的特性；且测试样品数目多，测试速度快，稳定性好。

（4）酶免疫分析仪通常不仅用 A，有时也使用光密度 OD 来表示吸光度。

（三）分类

普通酶标仪有单通道和多通道两种类型。单通道又有自动型和手动型之分。自动型的仪器设有 x 和 y 两个方向的机械驱动机构，可将微孔板上的小孔一个个依次送入光束下面测试。手动型则靠手移动微孔板来进行测量。多通道酶标仪是在单通道仪器的基础上发展起来的，一般都是自动型，设有多个光束和多个光电检测器，如 8 个通道的仪器设有 8 条光束或 8 个光源，8 个检测器和 8 个放大器；12 个通道的仪器则设有 12 条光束或 12 个光源，12 个检测器和 12 个放大器。多通道酶标仪在机械驱动装置的作用下，样品按检测通道数（8 或 12 个）成排进行检测。多通道酶标仪的检测速度快，结构较复杂，价格也较高。普通酶标仪的结构简单，体积小，外观形状类同（图 12－3）。

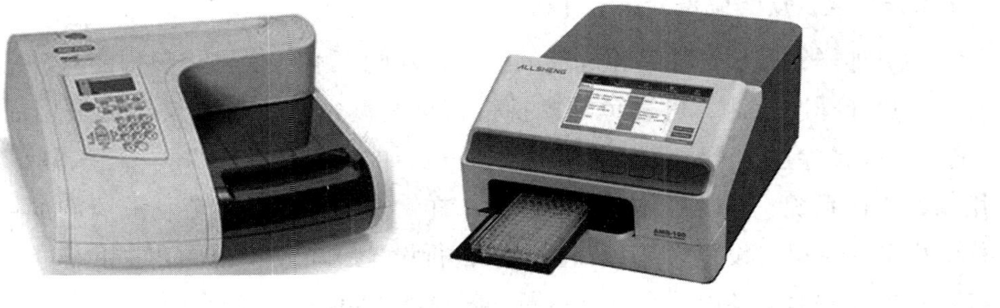

图 12－3　普通酶标检测仪

二、主要性能指标

酶标仪的主要性能指标包括标准波长、吸光度可测范围，线性度，读数的准确性，重复性，精确度和测读速度等。优良的酶标仪的读数一般可精确到 0.001OD，准确性为 ±1%，重复性达 0.5%。

1. 标准波长　不同厂家生产的酶标仪出厂时配置的标准滤光片的数目和波长不尽相同，常见的波长（nm）的配置组合有 405、450、490、655；405、450、492、630；405、450、490、630；405、450、492、550、620、690 和 340、405、450、620 等。

2. 吸光度（A）测量范围　不同型号的酶标仪吸光度（A）测量范围略有不同，一般分别为 0～2.5、0～3.0、0～3.2、0～3.5 和 0～4.0。

3. 重复性 不同机器的重复性不同，同一机器在不同的吸光度测量范围和不同测定波长下的重复性也不同，通常可达到0.5%。

4. 准确度 不同机器的准确度略有差异，同一仪器的准确度，随吸光度测量范围，以及选择单或双波长测定有所改变。通常准确度达到±1%~±2%。

5. 线性度 与测定波长和吸光度测量范围有关，如405nm，$A=0\sim3.0$，±2%。

6. 测量速度（96孔板） 不同机器的测量速度有所不同。选择单波长测定时5*s*、10*s*、25*s*、30*s*不等；选择双波长测定时6*s*、7*s*、8*s*、33*s*不等。

7. 其他功能 包括是否具有微孔板振动功能和紫外光测定功能等。

扫码“学一学”

扫码“看一看”

第三节 全自动酶免疫分析仪

全自动酶免疫分析仪绝大多数为多通道型进口设备。国内市场较常见的具有代表性的全自动酶免疫分析仪为全自动、开放式、连续进样、流水线式多批次酶免疫分析系统，适用于各级血站和医院进行血清学指标的ELISA测定分析。自20世纪末至21世纪初陆续有多家厂商生产的全自动酶免疫分析仪在全球上市，并进入中国市场，成为国内大医院的主要检验设备。近十年全自动酶免疫分析仪产品性能不断升级，从第一代已发展至新型第三代，功能逐步强大，操作更趋简便，检测速度快，并开发了先进的中文智能系统（图12－4）。机型包括全自动酶免疫分析一体机和由前处理（4~16通道全自动样本工作站）、后处理（第二代全自动酶免疫分析仪）、机械手（酶标板传递系统）三部分组成的连体机。

一、全自动酶免疫分析仪机型

（一）全自动酶免疫分析一体机

（1）加样针 负责样品和试剂的分配，不同厂家的仪器一般均能自动感应液面，检测凝块，边加样边检测，可避免加样携带污染和漏加样。有的仪器可采用固定加样针加样（有TEFLON涂层，<1ppm）和一次性Tip头加样两种加样方式，无携带污染。有的仪器采用双针加样系统，可以双针检测液面；加样针自动抬起时，流动式清洗加样针的外壁，加样针内部冲洗可以设置为50~2500μl。自行设置样本预稀释的比率和体积，并可进行多次稀释。加样注射器各由一个具有不同分度的步进阀控制，最小取样量可达2μl。加样针可自动装卸Tips头。可按用户要求进行准确、快速的稀释和加样处理，并可避免样品和试剂的浪费。将96个标本分配到微孔板只需4分多钟，试剂分配到96孔微孔板中只需30秒。加样时间为9分钟/96孔板；加试剂时间为2.5分钟/96孔板；仪器自动旋转试管并识别样品管条码，用户也可选择键盘录入方式定义样本。

（2）样品盘 独立的可以旋转的样品盘。样品容量有的仪器为240只直径12mm试管，144只直径16mm试管。有的可放置188个样品管和预稀释管、120个加样用Tips头、8个预稀释液、56个对照或标准品。当运行实验时，仪器根据实验要求自动识别样品管、预稀释管、加样头、预稀释液、对照或标准品等数量和位置。有的仪器多样可旋转式，可同时在线工作12项测试

（3）试剂架 试剂位因设备而异、可选试剂用Tips头/固定针加试剂，有的仪器为弹出抽屉式设计、方便用户更换试剂，可将整个试剂架移出，放冰箱保存。

（4）孵育器　可温育的板位，独立温控，温度控制范围，可否震荡式孵育等均因机器生产商和型号不同有差异。功能齐全可使反应更加充分，提高检测灵敏度。有的以其独有的加盖孵育，可人工设置，仪器也可根据试验自动加盖，以避免由于长时间孵育造成的液体蒸发，并可避光，使反应更精确。有的仪器每个温育室具有独立的振荡器和温加热器。

（5）条码机　有的仪器配置 POSID 条码扫描器，支持多达 22 种条码类型，支持条码长度最大 32 位，扫描试管、微孔板和试剂槽条码，自动识别试管架上有无试管，并可以在加样时自动跳过。同时识别 6 种不同类型试管；水平、垂直扫描，移动速度 400mm/s，在 50 秒内读取 96 个试管条码。

（6）洗板机　多数仪器为 8 针或 16 针洗板头，微板类型可选择平底形板、U 形底板；有的机器可存贮多种微孔板尺寸，洗板准确无误；注液量、注液速度和位置可调，注液精度一般 <4%；注液量自动检测，堵针自动报警；中心排液、两点排液，排液速度、位置、高度和时间可调，残液量 <2μl；有的机器具有震荡功能，频率幅度可调，瓶子都有液面感应，液瓶和废液瓶液量实时监测，自动报警。“交叉吸液”，可使吸液的残留体积 <2μl。

（7）酶标仪　光源一般为卤素灯或钨灯光源。光度检测器有的仪器为 8 个固态光电二极管或 8 通道光导纤维光路系统，也有的仪器采用单通道设计，还有的仪器采用 12 个测量通道，1 个参比通道。均可以使用单，双波长测定。分辨率 0.001OD，精确度 CV <3%。读板时间、波长范围、测量范围、分辨率、准确度、精密度、线性度和稳定性均优于普通酶标仪。振板功能的频率、幅度、时间可调。定性参数直观全面，定量数学模型多种。

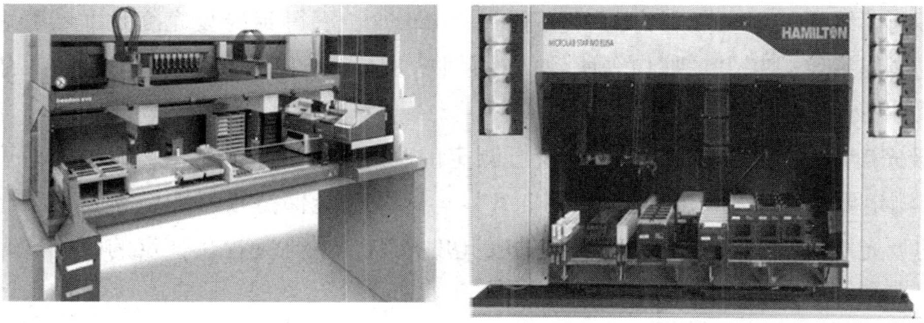

图 12－4　全自动酶免疫分析仪

（二）全自动酶免疫分析连体机

（1）前处理　多次分配功能，特别适宜多项目组合。具有永久性和使用一次性 Tip 头 2 种加样针功能，动态工作台面、连续工作系统；活性平行洗涤工作站（12/24/48 针），高速度、无污染；编程自动使用多规格加样头，高精密度、高质量。基本速度指标包括读条码、洗针、稀释液、质控品等 8 通道系统加样。

（2）后处理　核心特征为多任务、平行处理，特别适宜项目组合；具有 2 台传感洗板机，可靠的质量保证；20～30 块板孵育位置、连续工作系统；全条码管理，杜绝人为操作差错；自由编程、随时增加工作量；全过程控制 TCP，有利于医疗机构举证免责。连续处理，随时增加新工作菜单。

（3）机械手　三维机械手，实现前、后处理连接与传递。具 4 角度方位运动，按程序工作无差错、无噪声；具酶标板传感控制，“无翻版”；与哈美顿产品软件兼容，无缝连接；自由编程、全自动工作。前后处理系统，30 秒完成任意酶标板的转移传递。

（4）管理软件　独特的检验项目规划设定，支持从单次判定到多次重复实验的综合判定；全面的筛查结果汇总功能和实验室管理功能。

二、仪器的性能、维护、保养和校正

（一）性能选择

酶免疫分析仪在测定波长范围、吸光度范围、光学系统、检测速度、震板功能、温度控制、定性和定量测定软件功能等方面存在差异，全自动酶免疫分析系统还具有自动洗板、温育、加样等功能。

1. 测定波长　一般酶标仪的测定波长在 400～750nm 或 800nm 之间，完全可以满足 ELISA 的显色测定。常见的 ELISA 试剂盒所使用的标记用酶均为辣根过氧化物酶（HRP），底物通常为四甲基联苯胺（TMB）和邻苯二胺（OPD），两者在过氧化氢溶液的存在下，经 HRP 作用，分别氧化为联苯醌和 2,2′-二甲基氨基偶氮苯（DAB）。TMB 的氧化产物联苯醌在波长 450nm 处有最大消光系数，加入硫酸终止剂后，蓝色的阳离子根转变为黄色的联苯醌，可使产物稳定 90 分钟。DAB 产物用强酸终止反应后，最大吸收峰由 450nm 移至 492nm，故 450nm 和 492nm 两个波长是目前 ELISA 测定最常用的。除了这两个基本的滤光片外，考虑到双波长比色的需要，还应有 620nm 或 630nm 或 650nm 和 405nm 波长的滤光片，其他滤光片可根据自己的需要选择。双波长比色则为除了用对显色具有最大吸收的波长即 450nm 或 492nm 进行比色测定外，同时用对特异显色不敏感的波长如 630nm 进行测定，最后判读结果的吸光度则为两者之差。630nm 波长下得到的吸光度是非特异的，来自于板孔上诸如指纹、灰尘、脏物等所致的光吸收。因此，在 ELISA 比色测定中，最好使用双波长，且不必设空白孔。

2. 吸光度测定范围　早期的酶标仪可测定的吸光度一般在 0～2.5 之间，即可以满足 ELISA 的测定要求，现在基本上可达到 3.5 以上，并且能保持很好的精密度和线性。对于酶标仪的吸光度范围不必去刻意追求大的吸光度范围，主要应看在一定的吸光度范围内的线性和精密度。

3. 光学系统　通常为 8 或 12 通道，亦有单通道检测。除测定通道外，有的酶标仪还有一个参比通道，每次测定可进行自我校准。酶标仪的光学系统功能如何，均可通过酶标仪测定的吸光度范围、线性度、精密度和准确度等体现。测定的精密度与测定通道之间的均一性有直接关系。单通道可避免因通道不同所致的差异。

4. 检测速度　是指其完成比色测定所需要的时间。检测速度快，有利于提高检测的精密度，即避免由于测定过程中，因测定时间不同所致的各微孔间吸光度间的差异。目前市场上常见的酶标仪检测速度都非常快，通常在数秒钟内。

5. 震板功能　酶标仪的震板功能是指酶标仪在对 ELISA 板孔进行比色测定前对其进行振荡混匀，使板孔内颜色均一。目前市场上常见的酶标仪均有震板功能，所不同的是震板方式，有的可按上下、左右或旋转等方式及振荡幅度等任意调节。使用有震板功能的酶标仪，在进行 ELISA 测定显色反应完成加入终止剂后，可不必振荡混匀，直接放入酶标仪上测定即可。

（二）维护、保养和校正

操作人员应能对仪器进行一些简单的测试和清洁等维护工作，保持仪器处于良好的工作状态。即按照仪器的维护保养指南进行“日维护”“月维护”和定期维护。

1. 日常维护　仪器的类型不同日常维护的程序和内容也不同，普通酶免疫分析仪的日常维护比较简单，全自动酶免疫分析仪尚需对仪器的加样、洗板系统等进行维护，主要包括：①保持仪器工作环境和仪器表面的清洁，可用中性清洁剂和柔软的湿布擦拭仪器的外壳，清洁仪器内部样品盘和微孔板托架周围的泄漏物，及冰箱周围的冷凝水等；②检查加样系统的工作情况，执行清洁加样针程序，如加样针外壁有蛋白类物质沉积，需手工清洁加样针；③用蒸馏水清洁洗液管路及洗板机头等。

2. 月维护　需关闭仪器电源，拔下电源插头操作。①检查所有管路及电源线是否有磨损和破裂，如果破损则更换；②检查样品注射器与加样针间管路是否泄漏及破损，如果破损则更换；③检查微孔探测器是否有堵塞物，如有可用细钢丝贴着微孔底部轻轻将其除去；④检查支撑机械臂的轨道是否牢固，并检查机械臂及其轨道上是否有灰尘，如有可用干净的布将其擦净。

3. 定期维护和校正　重点是在光学部分，防止滤光片霉变，应定期检测校正，保持良好的工作性能。

（1）滤光片波长精度检查　将不同波长的滤光片从酶标仪上卸下，在波长精密度较高（波长精度 ±0. 3nm）的紫外 – 可见光分光光度计上的可见光区对每个滤光片进行扫描，其检测值与标定值之差为滤光片波长精度。一般酶标仪无 585nm 滤光片，可选用 550nm 或 630nm 滤光片。450nm 滤光片的检定选用普鲁兰溶液（校正波长为 630nm）。

（2）通道差与孔间差检测　通道差检测是取一只酶标板小孔杯（杯底须光滑，透明，无污染），以酶标板架作载体，将其（内含 200μl 甲基橙溶液，吸光度调至 0. 500A 左右）置于 8 个通道的相应位置，蒸馏水调零，于 490nm 处连续测三次，观察其不同通道的检测器测量结果的一致性，可用极差值来表示。孔间差的测量是选择同一厂家，同一批号酶标 2 板条（8 条共 96 孔）分别加入 200μl 甲基橙溶液（吸光度调至 0. 100A 左右）先后置于同一通道，蒸馏水调零，于 490nm 处检测，其误差大小用 ±1. 96s 衡量。

（3）零点飘移（稳定性观察）　取 8 只小孔杯分别置于 8 个通道的相应位置，均加入 200μl 蒸馏水并调零，于 490nm 处每隔 30 分钟测一次，观察各个通道 4 小时内吸光度的变化。

（4）精密度评价　每个通道 3 只小杯分别加入 200μl 高、中、低 3 种不同浓度的甲基橙溶液，蒸馏水调零，于 490nm 作双份平行测定，每日测 2 次（上、下午各一次），连续测定 20 天。分别计算其批内精密度、日内批精密度、日间精密度和总精密度及相应的 CV 值。

（5）线性测定　用电子天平精确称取甲基橙配制 5 个系列的溶液，于 490nm 平行测 8 次，取其均值。计算其回归方程，相关系数及标准估计误差 s，并用 ±1. 96s 表示样品测量的误差范围。双波长测定评价：取一份甲基橙溶液，分别加入 3 种不同浓度的溶液（测定波长为 490nm，校正波长为 585nm），先后于 8 个通道检测，每个通道测 3 次，比较各组之间是否具有统计学差异，以考察双波长消除干扰组分的效果。

医院检验科应定期对其所使用的酶免疫分析仪进行校准检定，主要检定指标包括波长准确度、吸光度准确性、吸光度重复性等。通常市级计量测试单位提供该项服务，并出具检定合格证书。

扫码“学一学”

扫码“看一看”

第四节 方法学评价

酶免疫测定（enzyme immunoassay，EIA）是以酶作为标记物的免疫检测方法。利用酶的高效催化作用提高检测的灵敏度。

一、ELISA 测定结果的表示方法和判定

ELISA 测定结果必须使用酶免疫分析仪测读，比色法判读可选择单波长或双波长，根据反应液颜色的不同选用不同波长的滤光片。以空白孔校零测定反应孔的吸光度值（*A* 值）。为能取得准确的测读结果，酶标仪应具混匀装置，且入射光必须对准反应孔底中央，酶标板移动位置应保持准确，测读结果必须具有良好的重复性。ELISA 测定常用下列几种方法表示结果。

1. 定性测定

（1）临界值法（cut－off value）　一般为阴性对照的平均 *A* 值加一个常数，作为阳性临界值。标本 *A* 值≥临界值，判断为阳性。如某公司生产的 HIV 抗体 ELISA 检测试剂，其临界值计算公式为阴性对照的平均 *A* 值＋0.12。

（2）*S/N* 值法　以样品 *A* 值（*S*）/阴性对照 *A* 值平均数（*N*）≥2.1 判断为阳性，否则为阴性。通常阴性对照 *A* 值低于 0.05 按 0.05 计算，高于 0.05 按实际值计算。

（3）*S/Co* 值法　目前国内外为了便于统一计算，常将 *S/N* 值改为 *S/Co* 值表示，*S* 为标本 *A* 值，*Co* 即 cut－off 值，*S/Co*≥1 为阳性。

（4）抑制率法　在竞争抑制法中结果可用抑制率表示，一般以抑制率≥50%为阳性。

$$\text{抑制率}（\%）=\frac{\text{阴性对照}A\text{值}-\text{标本}A\text{值}}{\text{阴性对照}A\text{值}}\times 100\%$$

2. 半定量测定　结果一般以滴度表示。将样品连续稀释后，进行 ELISA 检测，测定结果在阳性临界值以上的最高稀释度即为该标本的“滴度”。

3. 定量测定　即将试剂盒提供的系列标准品与待测样品在同一块反应板上进行 ELISA 测定，从标准品，对照和样品孔的吸光度值中减去空白孔吸光度的均值，以标准品吸光度值（复孔的均值）为 y 轴，以各标准物浓度为 x 轴做曲线。通过样品的光吸收值，即可在由标准品所确定的标准曲线上找到其所对应的浓度。标准曲线不能被用于低于或高于标准物中最低或最高吸光度值样品的计算。检测结果应写明小于最低或大于最高浓度值。定量测定结果用标准品的浓度单位（如 mg/L、ng/L、IU/ml 等）表示。标准曲线通常用酶免疫分析仪内置相应的回归分析模式获得，如折线回归（点对点）、线性回归、指数回归和对数回归等。此外，也可用相应软件中的 4 参数曲线完成计算。

二、ELISA 测定的质量管理

ELISA 检验方法是免疫学检验最基本的实验方法之一。因其灵敏度较高、特异性较好，在临床上得到了广泛的应用。但也因试剂市场混乱，操作不规范，带来很多质量问题，如一个病人在不同的医院采用 ELISA 法检测的“乙肝五项”化验结果可能不一致。在实际工作中，除了选择优良试剂外，检验操作中的各个环节对试验的检测效果影响均较大，如操作不当可能导致显色不全、花板等结果，所以检验人员必须严格按照标准操作步骤进行操作，

同步进行室内质量控制，并保证酶免疫分析仪检测系统的完整性和有效性，才能保证检测结果准确、可靠。为此，对酶免疫分析仪及可影响 ELISA 检测结果的辅助设备要定期进行校准。现在国内已有相当数量的单位拥有全自动酶免疫分析仪，这对于实现 ELISA 标准化检测、提高检验质量起到了重要作用。

1. ELISA 检验的室内质量控制（internal quality control，IQC）　IQC 为实验室工作人员采取一定的方法和程序，连续监测和控制本实验室 ELISA 检验工作的精密度，提高批内、批间样本检验的一致性，以确定实验室即时测定结果的可靠性和有效性的一项工作。

（1）IQC 方法　采用统计学质控的方法，以监控随机误差与系统误差的产生及分析误差产生的原因，并采取措施予以避免。在开展统计学质量控制前，应将可以产生误差的因素尽可能地加以控制，才能做好 IQC 和保证检验工作质量。

（2）质控品　质控品的种类包括内部质控品（internal）和外部质控品（external）。内部质控品为试剂盒的阴阳对照。外部质控品为非试剂盒的阴阳对照，可自制或购买。定性测定时除使用内部质控品外，外部质控品的阳性对照应选择弱阳性质控品，其吸光度值接近 cut－off 值，*S/Co* 值应处于 2～4 之间，另一个为阴性质控品。定量测定的室内质控品除阴性质控品外，还至少包括一个水平的定值质控品（如中值质控）。

外部质控品实验室自制方法：收集阳性血清（无明显溶血、黄疸、脂血和污染），传染性病毒阳性需经 56℃、10 小时灭活后使用，然后过滤去沉淀物，用正常人血清或 10% 小牛血清 PBS 溶液稀释，使其 *S/Co* 值为 3 左右，然后将血清分装小瓶（每日用量），加盖、贴签，－20℃冻存备用，通常一次配制的总量应满足本室 6 个月至 1 年的工作需求量。另外，实验室也可通过更简单的方法自制外部质控品，即将内部质控品阳性对照血清收集混合，用内部质控品阴性对照血清进行稀释后获得弱阳性外部质控品血清，如用此法配制抗 HIV 抗体检测用的外部质控品，既利用了试剂盒提供的剩余内部质控品，节约了购买外部质控品的成本，也保证了实验室的生物安全。

（3）测定频度　每台仪器每次检测病人样本时至少测定一次室内质控品，ELISA 测定每块板都要测定室内质控品。

（4）质控图绘制及质控判定规则　定性测定可采用弱阳性质控品的 *S/Co* 值作质控图。在仪器、试剂和实验操作者等均处于通常的实验室条件下，连续测定同种同批号外部质控品 20 批次以上，计算其 *S/Co* 平均值和 SD，确定质控限，一般以 $x \pm 2s$ 为警告限，$x \pm 3s$ 为失控限。弱阳性的质控品不能测定为阴性，阴性质控品不能测定为阳性。定量测定参照临床化学的绘制方法。

2. 比对实验　相同检验项目在不同的仪器或系统上进行检测时，要对检验结果的可比性进行比对。

（1）样本　每个项目应选择至少 5 份新鲜病人血清。

（2）结果判断　100% 合格。

（3）比对频度　每年至少一次。

（4）比对项目　在不同仪器或系统上测定的同一项目。

3. 系统的完整性和有效性　可通过室间质量评价结果进行评估。检测系统处于良好的功能状态是保证室间质量评价成绩合格的前提，故对酶免疫系统的酶标仪或全自动酶免分析系统、全自动加样系统、加样器、温箱（包括水浴箱）、温度计等对测定结果有影响的仪器或设备都需要制定维护、比对/校准程序，维护、比对/校准的频度应参照厂家要求进行，厂家没有规定的则每年至少进行一次。对于无法校准的仪器或设备，可用年维护记录来替代，但是必须有相应的实验数据。

三、ELISA 的临床应用

由于酶免疫分析技术具有高度的敏感性和特异性，酶免疫分析仪已广泛应用于临床医学实验室，已成为各级医院的检验科常用的检验诊断设备。特别是全自动酶免疫分析仪具有更快速、简便，且适用于大批量样品测定，易于进行质量控制的优势。

1. 病原体抗原及其抗体的检测　如各型肝炎病毒、艾滋病毒、巨细胞病毒、疱疹病毒、轮状病毒、流感病毒等血清学标志物；以及幽门螺杆菌、伤寒杆菌、布氏杆菌、结核杆菌等细菌感染和梅毒螺旋体、肺炎支原体、沙眼衣原体、寄生虫等感染的抗原或抗体血清学标志物检测。

2. 自身抗体的检测　如抗可提取性核抗原（extractable nuclear antigen，ENA）抗体组合、抗双链 DNA 抗体、抗环胍氨酸肽抗体（抗 CCP 抗体）、抗心磷脂抗体、抗肾小球基底膜抗体等。

3. 细胞因子、激素及其受体和肽类物质的检测　如干扰素、白细胞介素、肿瘤坏死因子、人免疫反应性生长激素（irGH）、促肾上腺皮质激素、雌激素受体、肥胖相关肽、心血管调节肽等。

4. 其他　如肿瘤标志物、心肌标志物、免疫球蛋白 IgD、IgE、补体和药物浓度等。

第五节　生物素-亲和素系统

扫码“学一学”

扫码“看一看”

生物素-亲和素系统（biotin-avidin-system，BAS）是 20 世纪 70 年代末发展起来的一种新型生物反应放大系统。随着各种生物素衍生物的问世，BAS 很快被广泛应用于医学各领域。近年大量研究证实，生物素-亲和素系统几乎可与目前研究成功的各种标记物结合，这种高亲和力的牢固结合及多级放大效应，使 BAS 免疫标记和有关示踪分析更加灵敏。它已成为目前广泛用于微量抗原、抗体定性、定量检测及定位观察研究的新技术，亦可制成亲和介质用于反应体系中反应物的分离、纯化。

一、生物素和亲和素的生物学特性

1. 生物素（biotin，B）　又称维生素 H，是水溶性维生素，广泛存在于动、植物组织中，常从含量较高的卵黄和肝组织中提取，分子量 244.31D。生物素分子有两个环状结构，其中一个环为咪唑酮环，是与亲和素结合的主要部位；另一个环为噻吩环，C2 上有一戊酸侧链，其末端羧基是结合抗体和其他生物大分子的唯一结构，经化学修饰后，生物素可成为带有多种活性基团的衍生物——活化生物素。用化学方法制成的衍生物，生物素-羟基琥珀亚胺酯（biotin-hydroxysuccinimide，BNHS）可与蛋白质、糖类和酶等多种类型的大小分子形成生物素化的产物。亲和素与生物素的结合，虽不属免疫反应，但特异性强，亲和力大，两者一经结合就极为稳定。由于 1 个亲和素分子有 4 个生物素分子的结合位置，可以连接更多的生物素化的分子，形成一种类似晶格的复合体。因此把亲和素和生物素与 ELISA 耦联起来，就可大提高 ELISA 的敏感度。生物素在人体内是不能单独起作用的，它需要与其他酶、氨基酸脂肪衍生物等结合来综合调控。

2. 亲和素（avidin，A）　主要包括卵白亲和素、链霉亲和素、卵黄亲和素及类亲和素等。后两种因其特异性亲和力低，研究不多，前两种目前已深入研究并得到广泛应用。亲和素又称卵白蛋白或抗生物素，分子量为58kD，在pH 9～13缓冲液中性质均稳定，耐热并耐多种蛋白水解酶的作用。天然亲合素为碱性蛋白，由4个相同的亚单位构成4聚体，可以和4个生物素分子亲密结合。通常，亲和素的活性单位是以亲和素结合生物素的量来表示的，即以能结合1Pg生物素所需要的亲和素量为1个亲合素活性单位。一般1pg亲和素约含13～15个活性单位。

链霉亲和素（Streptavidin，SA）是与亲和素（A）有类似生物学特性的一种蛋白质。是由链霉菌在培养过程中分泌的一种蛋白质产物，SA也可通过基因工程手段生产。SA分子量为65KD，由4条序列相同的肽链构成，每条SA肽链可以结合1个生物素分子。因此与A一样，每个SA分子也具有4个可与生物素分子结合位点，其结合常数与A相同，约为抗原抗体间的1万倍以上，是目前自然界中已发现的具有最强亲和力的物质，故目前使用更多的是链亲和素。

SA与A的结合常数虽然相同，但在实际应用中其检测灵敏度明显优于A，其原因是SA为略偏酸性的蛋白。SA的每条肽链含159个氨基酸残基，其中赖氨酸、精氨酸等碱性氨基酸的含量比一般亲和素少，反之含酸性氨基酸较多，其等电点为6.0，较A（pI＝10）为低，同时在结构中SA不含任何糖基，而A含糖可高达10%。A的高pI及高含糖结构导致在聚苯乙烯板和硝酸纤维素膜上结合时，易产生一定程度的非特异性结合，造成较高的显色背景，而SA较A在应用中明显克服了这一缺点。

二、生物素－亲和素系统检测的基本方法

BAS检测的基本方法可分为以下三大类。

（1）标记亲和素－生物素法（labeledavidinbiotin，LAB）　为标记亲和素连接生物素化大分子反应体系。即将亲和素与标记酶（HRP）结合，一个亲和素可结合多个HRP；将生物素与抗体（一抗或二抗）结合，一个抗体分子可连接多个生物素分子，抗体的活性不受影响。细胞的抗原（或通过一抗）先与生物素化的抗体结合，继而将酶标记亲和素结合在抗体的生物素上，如此多层放大提高了检测抗原的敏感性。

（2）桥接亲和素－生物素法（bridgedavidinbiotin，BAB）　以亲和素两端分别连接生物素化大分子反应体系和标记生物素，称为BAB法，或桥联亲和素－生物素法（BRAB），即先使抗原与生物素化的抗体结合，再以游离亲和素为“桥”将生物素化抗体与酶标记生物素链接，也可达到多层放大效果。

（3）亲和素－生物素－过氧化物酶复合物法（avidin－biotin－peroxidasecomplex，ABC）　此方法为前两种方法的改进，即先按一定比例将亲和素与酶标生物素（或称生物素化酶）结合，形成亲和素－生物素－过氧化物酶复合物（ABC复合物）。抗原先后与特异性一抗、生物素化二抗、ABC复合物（此ABC复合物不能饱和，即亲和素上的4个结合位点最多允许3个位点与生物素化酶结合，留1～2个位点与生物素化二抗结合）结合，最终形成巨大复合体。因该复合体网络了大量酶分子，从而提高了检测的灵敏度。

尽管方法很多，但在目前国内主要还是BAS－ELISA法，特别是其中的BA法和ABC法用得较多。结合了酶的亲和素分子与结合有特异性抗体的生物素分子产生反应，既起到了多级放大作用，又由于酶在遇到相应底物时的催化作用而呈色，达到检测未知抗原（或

抗体）分子的目的。至于其他标记材料（如荧光素、铁蛋白和血蓝蛋白等）的 BAS 检测系统，只要制备或得到了相应标记物，再根据 BAS 的基本原理及基本方法即可自行探索建立实验程序。

三、生物素－亲和素系统检测的优势

生物素与亲和素间的作用是目前已知强度最高的非共价作用，二者的结合稳定性好、专一性强，不受试剂浓度、pH 环境、抑或蛋白变性剂等有机溶剂的影响。正因为此技术有着高灵敏性、强特异性、高稳定性及广泛的普适性，使其被广泛应用于现代实验室检测技术中。目前，罗氏诊断、贝克曼库尔特、西门子等国际领先的诊断公司均使用了此技术。BAS 在实际应用中的优越性，主要表现在以下几个方面。

1. 灵敏度 生物素容易与蛋白质和核酸类等生物大分子结合，形成的生物素衍生物，不仅保持了大分子物质的原有生物活性，而且比活度高，具多价性。此外，每个亲和素分子有四个生物素结合部位，可同时以多价形式结合生物素化的大分子衍生物和标记物。因此，BAS 具有多级放大作用，使其在应用时可极大地提高检测方法的灵敏度。

2. 特异性 亲和素与生物素间的结合具有极高的亲和力，其反应呈高度专一性。因此，BAS 的多层次放大作用在提高灵敏度的同时，并不增加非特异性干扰。而且，BAS 结合特性不会因反应试剂的高度稀释而受影响，使其在实际应用中可最大限度地降低反应试剂的非特异作用。

3. 稳定性 亲和素结合生物素的亲和常数可为抗原－抗体反应的百万倍，两者结合形成复合物的解离常数很小，呈不可逆反应性；而且酸、碱、变性剂、蛋白溶解酶以及有机溶剂均不影响其结合。因此，BAS 在实际应用中，产物的稳定性高，从而可降低操作误差，提高测定的精确度。

4. 适用性 生物素和亲和素均可制成多种衍生物，不仅可与酶、荧光素和放射性核素等各类标记技术结合，用于检测体液、组织或细胞中的抗原－抗体、激素－受体和核酸系统以及其他多种生物学反应体系，而且也可制成亲和介质，用于分离提纯上述各反应体系中的反应物。此外，多种 BAS 的商品化试剂，为临床检测和科研工作提供了有利条件。

5. 其他 BAS 可依据具体实验方法要求制成多种通用性试剂（如生物素化第二抗体等）适用于不同的反应体系，而且都可高度稀释，用量很少，实验成本低；尤其是 BAS 与成本高昂的抗原特异性第一抗体偶联使用，可使后者的用量大幅度减少，节约实验费用。此外，由于生物素与亲和素的结合具高速、高效的特性，尽管 BAS 的反应层次较多，但所需的温育时间不长，实验往往只需数小时即可完成。

四、外源性生物素对检测结果的影响

由于生物素是一种水溶性 B 族维生素，机体缺乏生物素会主要导致皮肤、黏膜和神经系统的损害，因而目前市场上出现的多种复合维生素补充制剂及保健品中都添加了生物素成分，其中复合维生素补充剂是最常见的口服生物素来源，主要用于成人、儿童或者孕期的维生素补充，国内比较常见的如善存片、金施尔康、爱乐维等补充剂，但这些产品中生物素的含量都比较低（30～200mcg，1 000mcg＝1mg），此外近年市场上也有少量含高剂量生物素的产品，例如从国外带回或者海购专门的生物素补充剂，其单片剂量达到 5000 mcg（约相当 100 片普通复合维生素中生物素的含量），这些产品的说明中介绍主要用于辅助改善头发、指甲或皮肤的状况。另外也有文献报道极高剂量的生物素（100～300 mg/日，约4000片普通复合维生素含量）补充对于罕见病——多发性硬化症（MS）的疾病进展控制有辅助效果，随着含生物素保健品的应用，外源性补充生物素对采用以生物素－亲和素系统为生物反应放大技术的免疫学检测的干扰作用也日益受到关注。病人在服用生物素补充剂，尤其是高剂量的生物素制剂过程中若接受抽血检测激素、心肌标志物、肿瘤标志物等检验项目时，血液中的生物素可能会对诸多免疫学检验结果产生潜在的甚或严重的干扰，使检验结果出现不同程度的偏差，甚至出现完全与临床不符或不好解释的结果。为此，美国食品药品管理局（FDA）于2017年曾发布了一则安全信息建议书，明确提醒临床医生、实验室人员一定注意病人因高剂量补充外源性生物素（Biotin）保健品对实验室检测结果带来的影响。

五、生物素干扰检测结果的预防措施

使用生物素－链霉亲和素的免疫分析目前是激素等项目定量检测最常用方法，如何最小化生物素干扰是亟待解决的问题。事实上，由于正常情况下人体每天也会从食物中摄入少量生物素，各大体外诊断公司已经在产品设计之初考虑到了这一情况，强化了产品中对生物素的抗干扰技术，所以小剂量的生物素不会对检测产生影响。例如，在罗氏诊断的高敏肌钙蛋白T检测试剂盒说明书中能找到相关标识。但对外源性补充的生物素干扰尚需采取的预防措施，具体方法如下。

1. 临床医生在进行相关的激素检测前，应仔细询问病人是否服用生物素。由于实验室无法在第一时间发现这一问题，真正能够发现并对该问题加以预防还需依靠临床医生和病人，如果忽视或缺乏外源性生物素（Biotin）干扰实验室检测结果的认识和了解，可能会对疾病的判断和诊断产生影响。

2. 停止服用生物素，待体内生物素完全代谢后复测，但消除干扰的时间尚不明确，从数小时到数周不等。因此，虽然在测试之前停服几天生物素是一种可以使用的方法，但却并不一定能获得最为准确的结果。

3. 消耗样品中的生物素，有学者设计了一种样品预处理方法，加入一定剂量的链霉亲和素中和样本中的生物素，以减少检测误差。采用生物素中和后再进行检测虽然是一种可行的方法，但是对于一些急诊病例，需要短时间内获得结果以辅助临床诊断，仍然需要寻找更快速的排除生物素干扰的方法。

随着人们健康需求的增加，生物素作为营养补充剂的应用势必越来越广泛，生物素－链霉亲和素平台也以其优良的性能在临床检验工作中发挥重要作用。高效识别外源性生物素干扰及消除干扰的实用方法尚需临床和实验室共同努力进一步优化实验室方法，缩小生物素对检测方法的影响。

（孙桂荣）

扫码“练一练”

第十三章　化学发光和荧光免疫分析仪

教学目标与要求

掌握　化学发光免疫分析仪、电化学发光免疫分析仪、时间分辨免疫分析仪、荧光偏振光免疫分析仪和流式点阵发光免疫分析仪等各种化学发光和荧光免疫分析仪的仪器原理、仪器结构特点、仪器使用注意事项及维修保养等。

熟悉　不同检测原理的分析仪器使用不同的标记物，这些标记物的标记原理和特点；链霉亲和素－生物素、磁性微球固相载体等常见免疫检测技术的原理及其在全自动免疫分析仪中的应用。

了解　化学发光和荧光免疫分析仪的发展历史。

扫码“学一学”

第一节　化学发光和荧光免疫分析仪概述

化学发光免疫分析技术最早起源于发光信号在酶免分析中的应用。随着科学技术的发展，灵敏度高、特异性强、方法稳定快速、检测范围宽、操作简单且自动化程度高的化学发光免疫分析技术（chemiluminescence immunoassay，CLIA）进入了临床应用中。随后，电化学发光免疫分析技术（electrochemiluminescence immunoassay，ECLIA），时间分辨荧光免疫分析技术（time resolved fluorometric immunoassay，TRFIA）和均相荧光偏振免疫分析技术（fluorescence polarized immunoassay，FPIA）的理论相继建立，相应仪器的应用也在提高检测方法的性能和排除非特异性背景荧光干扰等方面起了重要作用。化学发光与荧光物质发光的根本区别在于形成激发态分子的激发能不同。化学发光是化学反应过程中所产生的化学能使分子激发产生的发射光，而荧光是发光物质吸收了激发光后使分子继发产生发射光。化学发光及荧光免疫分析技术的重要发展里程碑见表13－1。近年来，基于液相芯片技术原理，流式点阵发光免疫分析技术应运而生，相应仪器的出现，也将免疫标志物的单一检测推进至多标志物同时检测的高通量模式。

表13－1　化学发光及荧光免疫分析技术的重要发展里程碑

时间	进展
20世纪70年代中期	应用发光信号进行酶免分析
1981年	建立CLIA
1983年	TRFIA理论的建立与应用
1984年	在CLIA中加入荧光素作以提高CLIA的敏感性
20世纪80年代初期	FPIA的应用
20世纪80年代中期	基于吖啶酯的全自动CLIA系统
20世纪90年代	建立ECLIA

扫码“学一学”

第二节　化学发光免疫分析技术

一、基本原理与分类

（一）基本原理

1. 化学发光基本原理　化学发光是在化学反应过程中发出可见光的现象。通常是指有些化合物中的原子或电子不经紫外光或可见光照射，通过吸收化学能（主要由氧化还原反应提供），从基态跃迁至激发态，当其回到基态（或将激发能转移至其他分子上），则释放能量产生光子从而引起的发光现象。化学发光反应可在气相、液相和固相反应体系中发生。

一些化学反应进行时，能释放足够的能量把参加反应的物质激发到电子激发态，当该物质从激发态回到基态时释放光子。若被激发的是一个反应产物分子，则这种反应过程叫直接化学发光。

$$A + B \rightarrow C^*$$

$$C^* \rightarrow C + h\gamma$$

A 或 B 通过反应产生电子激发态 C^*，当 C^* 跃迁回到基态 C 时发出光子 $h\gamma$。

若激发能传递到另一个未参加化学反应的分子上，并最终由该分子发光，这种反应过程叫间接化学发光。

$$A + B \rightarrow C^*$$

$$C^* + D \rightarrow C + D^*$$

$$D^* \rightarrow D + h\gamma$$

A 或 B 通过反应产生电子激发态 C^*，当 C^* 跃迁回到基态时将能量传递至 D，形成 D^*，当 D^* 跃迁回到基态时释放光子 $h\gamma$。

化学发光免疫分析技术包括两个系统：化学发光系统和免疫反应系统。化学发光免疫分析技术的原理是，将发光物质或酶标记在抗原或抗体上，免疫反应结束后，加入氧化剂或酶底物而发光，利用测量仪器测量发光强度，由计算机系统将发光强度转换成被测物质的浓度单位。

2. 化学发光效率　化学发光反应的发光效率（φ_{CL}）又称化学发光反应量子产率，取决于生成激发态分子的化学激发效率（φ_{CE}）和激发态分子的发射效率（φ_{EM}），即：

$$\varphi_{CL} = \frac{\text{发射光子的分子数}}{\text{参加反应的分子总数}} = \varphi_{\mathrm{CE}} \times \varphi_{\mathrm{EM}}$$

化学发光反应的发光效率完全由发光物质的性质所决定，每一个发光反应都具有其特征性的化学发光光谱和不同的化学发光效率。对于一般化学发光反应，φ_{CL}值约为 10^{-6}，某些发光剂，如鲁米诺，发光效率可达 0.01，但这类发光反应较少见。发光效率越高时，光信号检测越灵敏、越稳定。

3. 常见发光剂　在化学发光免疫分析仪的设计中，最常采用的是化学发光物质的氧化发光。反应过程中，氧化反应的底物可转变为激发分子，这些激发分子发出的光量子强弱直接代表氧化反应强弱的程度。因此，作为化学发光剂必须具备以下条件：其发光是由发光物质的氧化反应所产生的；光量子产额高；发光物质的理化特性能满足分析设计的要求；在所使用的浓度范围内，对人体没有毒性。常用的发光物质有鲁米诺、AMPPD 和吖啶酯等。

（1）酶促反应发光剂　在发光免疫分析过程中，利用标记酶的催化作用，使发光剂发光，这一类需要酶催化后发光的发光剂称为酶促反应发光剂。

目前化学发光酶免疫分析中常用的标记酶有辣根过氧化物酶（horse radish peroxidase，HRP）和碱性磷酸酶（alkaline phosphatase，ALP）。HRP 催化的发光剂为鲁米诺（3－氨基苯二甲酰肼）、异鲁米诺（4－氨基苯二甲酰肼）及其衍生物。鲁米诺是最早合成的发光物质，在碱性条件下（pH 8.6）与 H_2O_2 发生反应后发光，但发光的强度较弱，持续时间较短，本底较高，因此较少使用。HRP 催化的鲁米诺氧化发光可被某些酚类物质（如 3－氯－4－羟基乙酰苯胺）增强，表现为发光的强度增加，最大发光波长为 425nm，发光时间延长而且稳定，提高了检测的灵敏度和重复性。

ALP 催化的发光剂为 AMPPD［3－(2－螺旋金刚烷）－4－甲氧基－4－(3－磷氧酰）－苯基－1，2－二氧环乙烷］：AMPPD 分子结构中有两个重要的部分，一个是连接苯环和金刚烷的二氧四节环，它可以断裂并发出光子；另一个是磷酸基团，它维持着整个分子结构的稳定。在碱性条件下，ALP 使 AMPPD 脱去磷酸根基团，形成一个不稳定的 AMPD，这个中间体随即自行分解，同时发射光子，其发射光稳定，持续时间长达 1 小时。

（2）直接化学发光剂　直接化学发光剂的化学结构上有产生发光的特有基团，在发光免疫分析过程中不需要酶的催化作用，直接参与发光反应，可直接标记抗原或抗体，常用的有吖啶酯和三联吡啶钌。

1）吖啶酯类　在碱性条件下被 H_2O_2 氧化时，激发态产物 *N*－甲基吖啶酮作为发光体发出波长为 470nm 的光，具有较高的发光效率（图 13－1）。吖啶酯可用于半抗原和蛋白质的标记。用于标记抗体时，可获得较高的比活性。

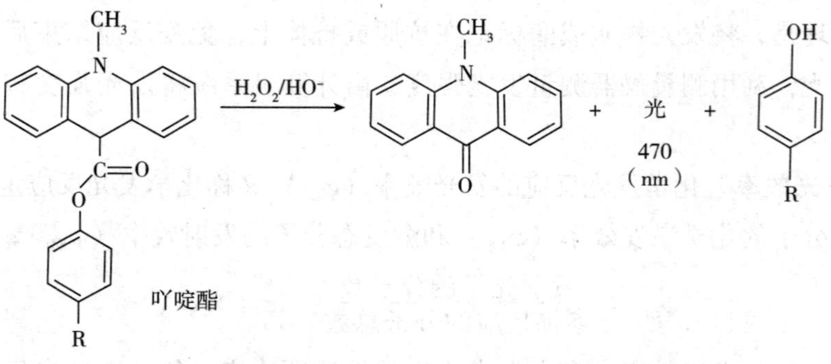

图 13－1　吖啶酯化学结构图及其发光原理

2）三联吡啶钌　三联吡啶钌［$Ru(byp)_3^{2+}$］是电化学发光剂（图 13－2）。它和电子供体三丙胺（tripropylamine，TPA）在电极板阳极表面同时失去一个电子而发生氧化反应。［$Ru(byp)_3^{2+}$］被氧化成［$Ru(byp)_3^{3+}$］，这是一种强氧化剂。TPA 也被氧化成阳离子自由基 $(TPA^+)^*$，$(TPA^+)^*$ 自发地释放一个质子形成非稳定分子 $(TPA)^*$，这是一个强还原剂。它可以将一个电子传递给［Ru（byp）$_3^{3+}$］，形成激发态的［Ru（byp）$_3^{2+}$］*。而［Ru（byp）$_3^{2+}$］*在衰减的同时发射一个波长为620nm的光子，并重新回到基态［Ru（byp）$_3^{2+}$］。这一过程在电极表面反复进行，产生高效、稳定的连续发光，光子信号的强弱与三联吡啶钌标记抗原－抗体复合物的量呈正相关（图13－3）。

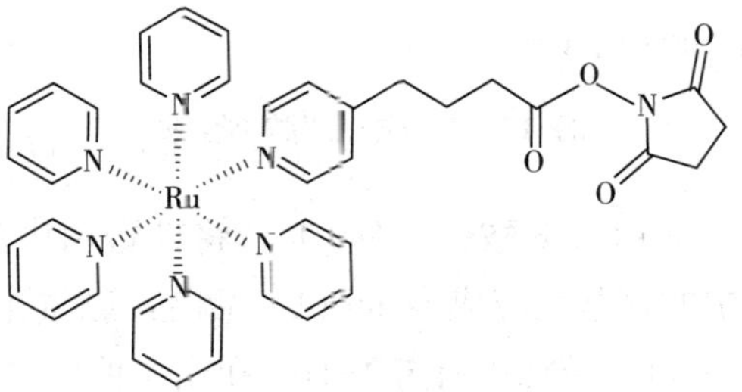

图13－2　三联吡啶钌图

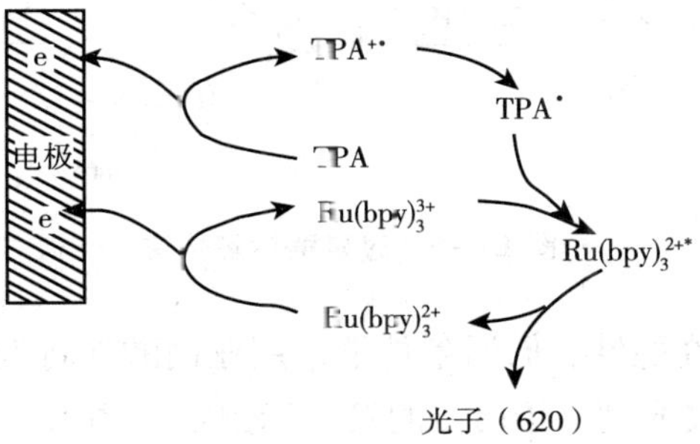

图13－3　电化学发光原理图

4. 常用的标记技术　标记是指通过化学反应将一种分子共价偶联到另一种分子上，其原理与常规化学反应原理一样，参与偶联反应的两种物质分别称为标记物和被标记物。化学标记要求被标记物保持自身的性质（如免疫原性质），又具有标记物的某些性质（如发光性质）。

按照标记反应的类型以及形成结合物的结构特点，可将标记反应分为直接偶联和间接偶联两种方式。直接偶联是指标记物分子通过偶联反应直接连接在被标记物分子的反应基团上。如碳二亚胺缩合法、过碘酸盐氧化法和重氮盐偶联法等都属于直接偶联。间接偶联是指在标记物分子和被标记物分子之间插入一条链或一个基团作为连接，如戊二醛法。该连接物作为新引进的活性基团，不但能减弱标记物分子和被标记物分子结构中存在的空间位阻效应，还可增加反应活性。

（1）碳二亚胺缩合法　碳二亚胺缩合反应可使蛋白质分子中的游离羧基与发光剂分子中的氨基形成稳定的酰胺键（图13－4）。此反应较温和，结构中有羧基或氨基的标记物均可选用此法进行标记，多用于制备大分子－大分子或大分子－半抗原衍生物等发光标记物。

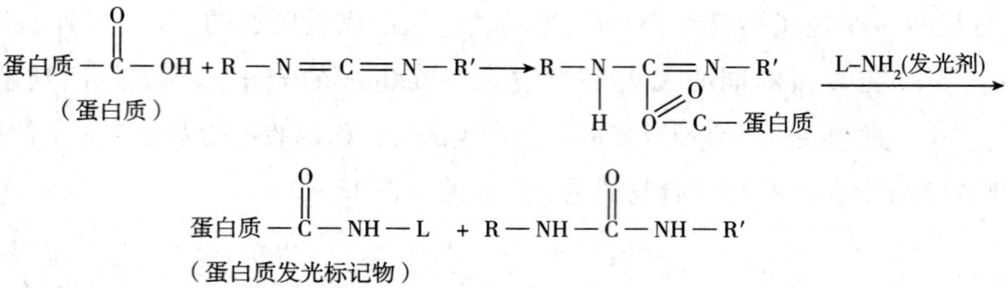

图 13 – 4　碳二亚胺缩合法

（2）过碘酸钠氧化法　先由过碘酸钠（$NaIO_4$）将糖蛋白中的羟基氧化成为活泼的醛基，再通过醛基与发光剂中的氨基反应成 Schiff 碱，后者经硼氢化钠（$NaBH_4$）还原后成为稳定的发光标记物（图 13 – 5）。结构中有芳香伯胺和脂肪伯胺的发光剂均可采用此法进行标记。

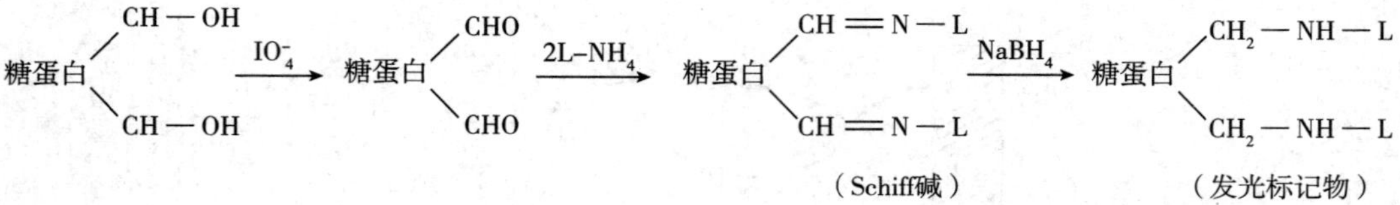

图 13 – 5　过碘酸钠氧化法

（3）重氮盐偶联法　在酸性、低温条件下，用亚硝酸盐将发光剂的氨基重氮化，再与被标记的蛋白质作用生成发光剂 – 蛋白质的发光标记物（图 13 – 6）。该法不适用于伯胺基位于侧链者或无芳香伯胺基的蛋白质标记。

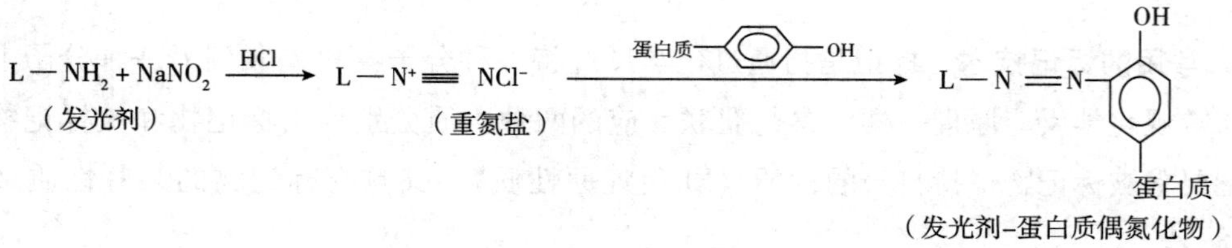

图 13 – 6　重氮盐偶联法

（4）*N* – 羟基琥珀酰亚胺活化法　利用环内酸酐与被标记分子的羟基或氨基反应形成半酯或半酰胺，再经过碳二亚胺法或混合酸酐法，使其与发光剂的氨基作用形成酰胺键，从而将标记物与被标记物连接起来形成发光标记物（图 13 – 7）。此法较戊二醛法而言，没有双功能交联剂的副反应，实现了标记物和蛋白质分子间的单向定量缩合，标记效率高。

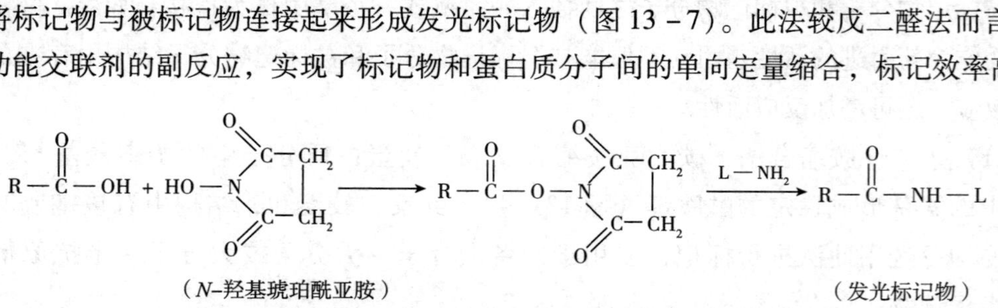

图 13 – 7　*N* – 羟基琥珀酰亚胺活化法

（5）戊二醛法　戊二醛作为一种双功能交联剂，可通过其两个醛基分别与标记物和被标记物的氨基形成 Schiff 碱，将两个分子通过五碳桥偶联成发光标记物（图 13 – 8）。由于戊二醛的偶联不易定量控制并缺乏特异性而较少应用。

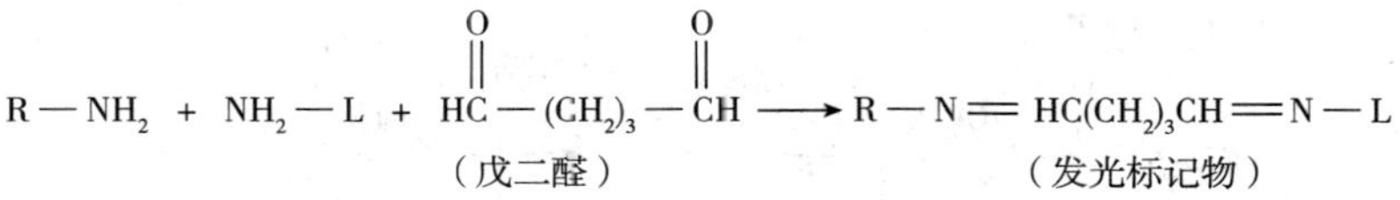

图 13－8　戊二醛法

5. 增强化学发光技术　化学发光免疫分析技术具有高的灵敏度，但由于光信号为瞬间发生，持续时间短，造成检测结果稳定性差、重现性不佳。向化学发光反应系统中加入一种化学试剂，可以使发光信号提高并持续几十分钟甚至 24 小时，将这种技术与化学发光免疫分析相结合，即为增强化学发光酶免疫分析技术（enhanced chemiluminescence enzyme immunoassay，ECLIA）。这类化学试剂统称为增强剂。

（1）增强 HRP 系统化学发光体系　增强 HRP－鲁米诺体系以鲁米诺及其衍生物为发光试剂，HRP 为标记物，一般使用 H_2O_2 和过氧硼酸钠为氧化物。常用的增强剂有：对碘苯酚、对羟基肉桂酸、苯酚、对羟基苯酚和羟基芴酮等酚类，苯胺、联苯胺、联甲苯胺和茴香胺等芳香胺类也有增强作用。HRP 与 H_2O_2 反应后，再与供氢体发生两步连续的单价相互作用而还原至起始状态。酚类和芳香胺类等化合物可作为 HRP 的第二底物，可显著加快酶的循环速度，增大鲁米诺游离基的浓度，从而提高化学发光强度，增强发光信号，且不同程度地抑制背景值等，这些都使测定 HRP 的灵敏度大大提高，更加适用于免疫分析（图 13－9）。

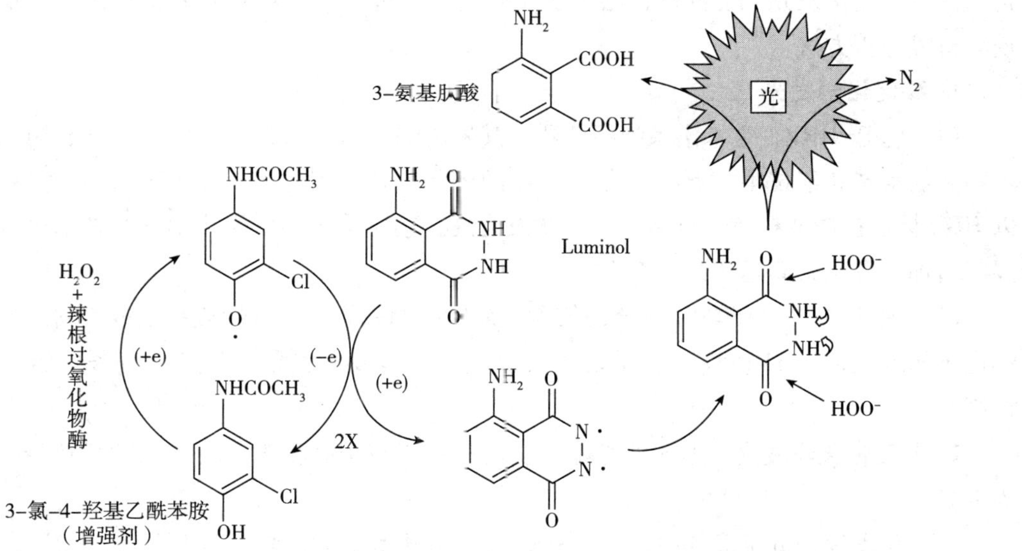

图 13－9　增强 HRP 系统化学发光体系

（2）增强 ALP 系统化学发光体系　本体系以 AMPPD 为发光试剂，ALP 为标记物。AMPPD 能有效地被 ALP 所分解，脱去一个磷酸基，生成 AMPPD 的中间产物 AMPD，该中间产物通过分子内电子转移裂解成为一分子的金刚烷和一分子处于激发态的间氧苯甲酸甲酯阴离子，处于激发态的间氧苯甲酸甲酯阴离子从激发态至基态时，产生高量子效率的光辐射（图 13－10）。该体系即使无增强剂存在，也可达到极高的发光强度。若将由 5－正十四烷酰－氨基荧光素和十六烷基三甲基溴化胺构成的微胶料作为增强剂加入发光体系，发光强度可提高400倍。

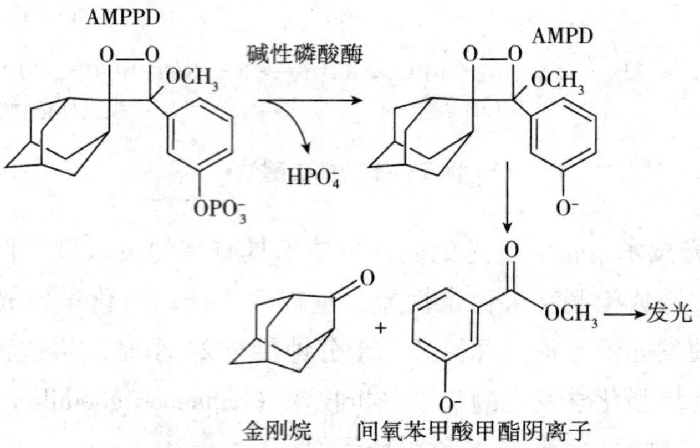

图13-10 增强ALP系统化学发光体系

（二）分类

按照化学反应的类型可以将化学发光分为酶促化学发光和非酶促化学发光。酶促化学发光主要包括HRP-鲁米诺系统、ALP-AMPPD系统和黄嘌呤氧化酶-鲁米诺系统等。这些系统均以酶为标记物，催化相应的发光剂而发光。非酶促化学发光包括吖啶酯系统、草酸酯系统和三价铁-鲁米诺系统等。在这些系统中，标记物同时又作为发光剂，因此在发光的过程中标记物将被消耗。根据标记物的不同，发光免疫分析还可分为化学发光免疫分析、微粒子化学发光免疫分析、电化学发光免疫分析、化学发光酶免疫分析和生物发光免疫分析等分析方法。

1. 酶促化学发光

（1）基于HRP-鲁米诺系统的仪器　其采用的技术有增强化学发光技术、酶联免疫技术和生物素亲和素技术。此类仪器所采用的固相载体（反应杯）是子弹头形塑料小孔管，以HRP标记抗原或抗体，鲁米诺为化学发光剂。它所采用的增强化学发光技术可以使发光强度增加，发光时间延长并且稳定。

（2）基于ALP-AMPPD系统的仪器　采用固相载体为顺磁性微粒子或塑料珠，以ALP标记抗原或抗体，AMPPD为化学发光剂。该发光剂发光稳定，持续时间长，容易测定与控制。

2. 非酶促化学发光　基于吖啶酯系统的仪器所使用固相载体为顺磁性微粒子，吖啶酯为发光剂。

酶促化学发光分析系统中，作为标记物的酶基本不被消耗，发光剂充分过量，因此发光信号强而稳定，且发光时间较长。可采用检测方式简单，成本较低的速率法测量。但在发光反应过程中，中间产物易发生裂变，使反应结果不稳定，可能出现工作曲线随时间漂移，而且低端斜率容易呈非线性下移。

非酶促发光分析系统中，吖啶酯等发光剂被消耗，使得发光剂的含量总是相对不足，因此发光信号持续时间较短，重复性较差。为降低检测成本并实现重复测量，目前普遍采用原位进样和流动池的测量方式。这类仪器成本及维护费用较高，而且反复使用的流动池可能导致交叉污染；冲洗或进样中产生的气泡也会干扰测定；繁琐冗长的冲洗过程也会降低检测效率。

CLIA已广泛应用于抗原、半抗原和抗体的检测，其优点在于减少了非特异性干扰，检测限低、化学反应简单而快速，不需要外来的光源，减少了光散射，降低了噪声信号的干扰，提高了检测的灵敏度（10^{-17}~10^{-19}g/L），扩大了线性动态范围，检测结果的稳定性强。CLIA的缺点是选择性差，会对一个系列的化合物作出反应，而不是针对某个单一的化合物。因此常与分离工具结合（HPLC或CE），才能发挥作用，但是联用技术的兼容性问题很多，限制了该方法在实际中的应用。另一个缺点是化学发光的发射强度依赖于各种环境因素，在不同的环境体系中，发射强度和时间的曲线有较大的差别，所以必须严格控制外界的各种影响因素。

二、仪器的检测原理

（一）HRP－鲁米诺系统检测原理

（1）由链霉亲和素包被的反应杯作为固相载体，加入生物素标记的特异性抗体和待测样本，37℃温育，亲和素与生物素结合，特异性抗体与样本中的抗原结合，形成链霉亲和素－生物素－抗体－抗原复合物，洗涤，除去多余的生物素标记抗体和样本。

（2）加入HRP标记抗体，37℃温育，形成链霉亲和素－生物素－抗体－抗原－酶标抗体复合物，洗涤，除去多余的酶标抗体。

（3）加入鲁米诺、H_2O_2和增强化学发光剂。HRP在氧化剂的作用下激活增强化学发光剂，而后催化并激活鲁米诺发光。

（4）由光量子记录系统记录发光强度，经计算从标准曲线上得出待测抗原含量（图13－11）。

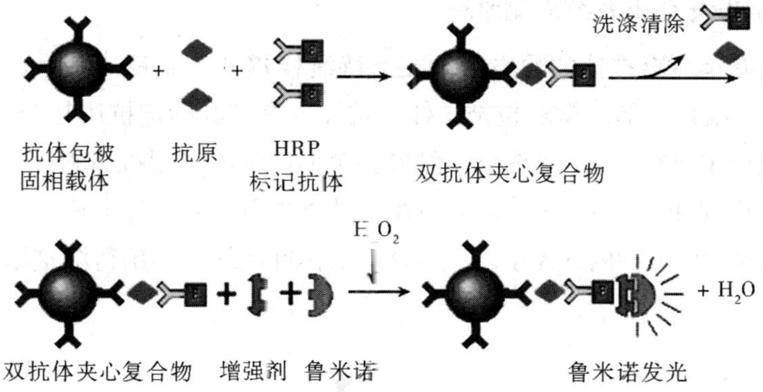

图13－11　HRP－鲁米诺系统检测原理图（双抗夹心法）

（二）ALP－AMPPD系统（固相载体－顺磁性微粒）检测原理

（1）将包被有特异性抗体的顺磁性微粒与待测样本加入到反应杯中，再加入ALP标记的抗体，温育，形成微粒包被抗体－抗原－酶标记抗体复合物。

（2）在电磁场中进行2~3次洗涤，除去多余的酶标抗体和样本。

（3）加入底物AMPPD。ALP催化其去磷酸基团，形成不稳定中间体AMPD，AMPD通过分子内电子转移裂解成为一分子的金刚烷和一分子处于激发态的间氧苯甲酸甲酯阴离子，处于激发态的间氧苯甲酸甲酯阴离子从激发态至基态时，释放光子。

（4）由光量子记录系统记录发光强度，经计算从标准曲线上得出待测抗原的含量（图

13－12）。

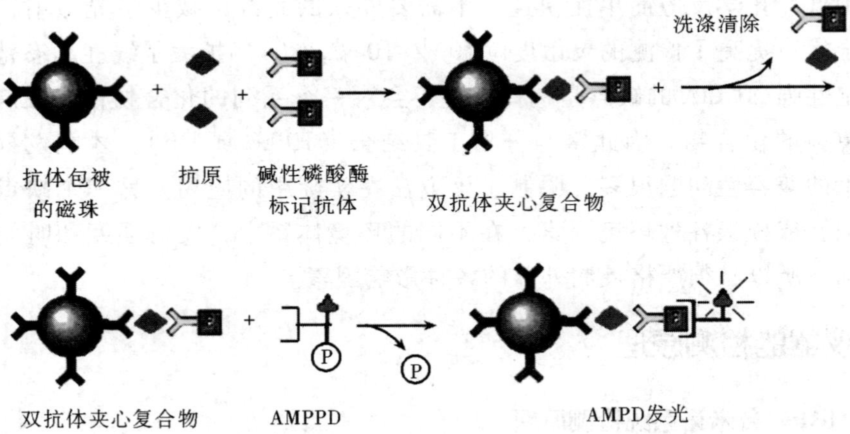

图 13－12　ALP－AMPPD 系统检测原理图（双抗夹心法）

（三）ALP－AMPPD 系统（固相载体－塑料珠）检测原理

（1）将包被有特异性抗体的塑料珠、待测样本和 ALP 标记的抗体加入到反应杯中，温育（每隔 10 秒自动摇动 1 次）形成微粒包被抗体－抗原－酶标记抗体复合物。

（2）10000r/min 离心，洗涤，除去多余的酶标记抗体和样本。

（3）加入底物 AMPPD，温育 10 分钟。ALP 催化其去磷酸基团，形成不稳定中间体 AMPD，AMPD 很快分解并从激发态返回到基态，释放光子。

（4）由光量子记录系统记录发光强度，从标准曲线上计算得出待测抗原含量。

（四）非酶促发光分析系统检测原理

（1）将包被有单克隆抗体的顺磁性微粒与待测样本加入到反应杯中，再加入吖啶酯标记的多克隆抗体，温育，形成微粒包被抗体－抗原－吖啶酯标记抗体复合物。

（2）在电磁场中进行 2～3 次洗涤，除去多余的吖啶酯标记抗体和样本。

（3）加入氧化剂和 pH 调节液 NaOH，在这种条件下，吖啶酯分解，发光。

（4）由光度检测仪 1 秒内的光子能，经计算从标准曲线上得出待测抗原的含量（图 13－13）。

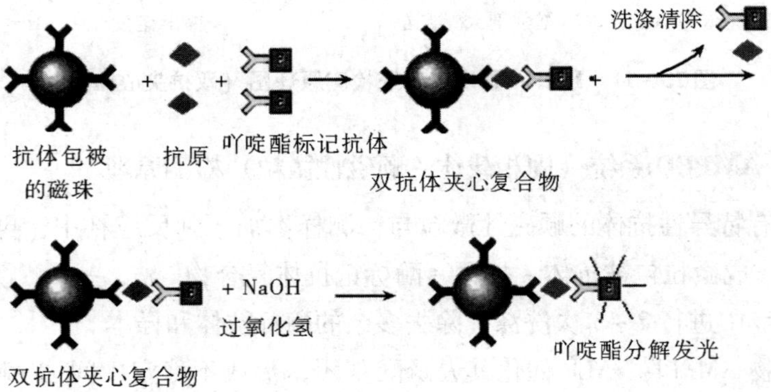

图 13－13　非酶促发光分析系统检测原理图

三、临床应用

CLIA 可用于肉毒梭菌毒素的检测，检测限值与“金标准”小鼠生物监测的水平相当，而且大大缩短了测量时间。此外，CLIA 是国外检测病毒性肝炎血清学指标的主流方法，与传统的酶联免疫法（enzyme－linked immuno sorbent assay，ELISA）相比，发光法试剂的优势在于其不仅具有较高的灵敏度，而且还具有较宽的线性范围，该优点使前者能够适应于定量检测的需要。临床工作中，CLIA 还普遍用于测定血液甲胎蛋白、前列腺特异抗原和人体绒膜促性腺激素等。其检测灵敏度高，对早期诊断肝癌、前列腺癌和乳腺癌等起着不可忽视的作用。

扫码“学一学”

第三节　电化学发光仪

一、基本原理

ECLIA 是指由电化学反应引起的化学发光过程与免疫反应过程结合而形成的一种技术。ECLIA 可根据待测分子的大小设计成多种反应模式，如竞争法和夹心法等。反应在电极表面进行，标记物一般采用钌的衍生物，如三联吡啶钌，这类标记物具有水溶性强，空间位阻小及相对分子质量小的特点，因此其可标记的物质非常广泛，与抗体、半抗原、激素及小分子核酸等均可结合形成标记物，并且在自然状态下稳定可靠。结合了三联吡啶钌的生物分子与配体发生特异的结合反应后，进入流动测量室。此时，由电启动发光反应，基本过程见图 13－14。含 TPA 的缓冲液进入测量室，同时电极加电；发光剂三联吡啶钌和电子供体 TPA 在阳极表面可同时各失去一个电子而发生氧化反应，$[Ru(byp)_3^{2+}]$ 被氧化成 $[Ru(byp)_3^{3+}]$，TPA 同时被氧化成阳离子自由基 $(TPA^+)^*$，阳离子自由基很不稳定，自发失去一个质子而转变为自由基 TPA 即 $(TPA)^*$，$(TPA)^*$ 具有强的还原性，可释放电子，该电子被 $[Ru(byp)_3^{3+}]$ 接收后，形成激发态的 $[Ru(byp)_3^{2+}]^*$，其可通过荧光机制衰减，发出一个波长为 620nm 的光子，重新形成基态的 $[Ru(byp)_3^{2+}]$，该过程只要存在加电过程，就可在电极表面周而复始地进行，产生许多光子。光强度与三联吡啶钌标记抗原－抗体复合物的量呈线性关系，由光电倍增管检测光强度，可计算出待测配体的含量。这种化学发光稳定，持续时间长，易于测定和控制。

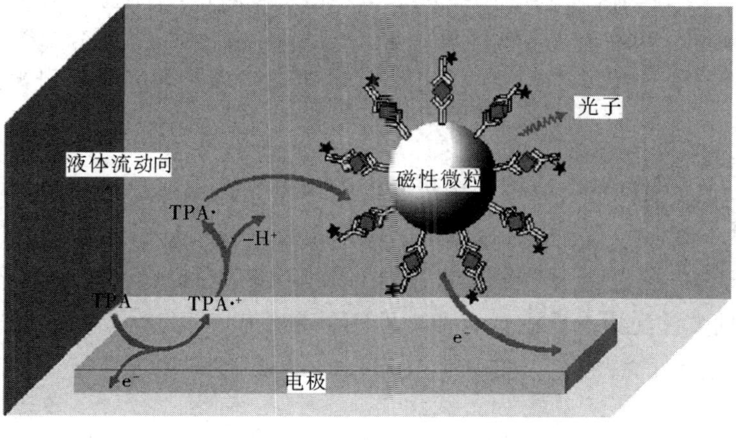

图 13－14　ECLIA 发光原理图

在实际应用中，ECLIA 使用了链霉亲和素 - 生物素放大体系。链霉亲和素 - 生物素技术与三联吡啶钌结合后，表现出高度特异性，明显降低或避免反应可能存在的非特异性作用。链霉亲和素通过 4 个结合位点与标记有生物素的反应物桥联，生物素化的大分子蛋白、核酸、酶、激素等有多级放大作用，使得电化学免疫分析能极精确地测量抗原、抗体、蛋白、激素受体和核酸等多种微量及超微量物质，检测的灵敏度大大提高。

ECLIA 常采用顺磁性微粒子为固相载体，发光底物为三联吡啶钌，TPA 用来激发光反应。ECLIA 中所采用的固相载体 - 顺磁性微粒是以三氧化二铁为核心，外包一薄层聚苯乙烯组成的，直径 1 ~ 2μm，由于顺磁性微粒体积小，几千万颗微粒的表面积比等量的固相载体表面积大 20 ~ 30 倍，可以吸附更多的抗体，加快了免疫反应的速度。利用免疫磁珠可制成一个易于更新的反应柱，其原理是把抗原或抗体固定在带有磁性的微珠表面，在电磁场的作用下，微珠附着于反应器表面进行免疫反应。反应结束撤去磁场，微珠被液流清洗掉，然后开始下一个循环（图 13 - 15）。发光信号检测的宽线性加上电化学发光独特的标记物循环发光和链霉亲和素 - 生物素包被技术的信号放大作用，使电化学发光测定的线性范围最大，超越 7 个数量级。固相免疫分析以其干扰少、灵敏度高等优点在临床检验中被广泛采用。但是，固相免疫分析存在着操作过程复杂、分析速度慢及难以实现自动化等缺点。自流动注射技术的出现使固相免疫分析操作灵活，易于实现自动化而得到了越来越广泛的应用。

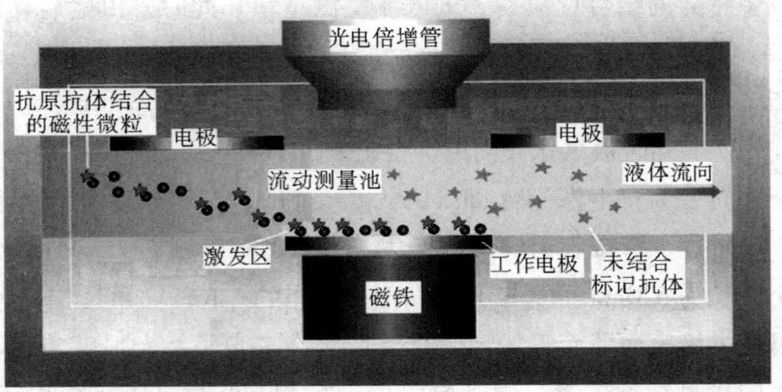

图 13 - 15　ECLIA 系统的核心——液体流动式测量池

磁铁将包被有抗原 - 抗体混合物的磁珠牢固地结合在工作电极表面。系统试剂用于冲洗掉多余的试剂及测量池中的标本物质。在电极表面施加电压，产生电化学发光反应。光电倍增管继而测定光子数，由系统将光子数转换成结果。一旦测定完毕，系统将释放磁珠并使用清洗试剂对测量池进行彻底清洗，为下一个检测准备

ECLIA 在一个全封闭的反应体系中进行，整个过程实现自动化，测量速度快，标记物循环再利用，使发光时间更长、强度更高，线性范围宽且本底信号极微，检测结果稳定可靠。它克服了 ELISA 易受温度、酸碱度变化的影响和存在前带和倒钩现象的不足，以及 CLIA 检测稳定性欠佳的缺点。既具有发光检测的高灵敏（可达 pmol 水平）度，又具有免疫分析的高度特异性，精密度、准确度亦优于 ELISA。试剂稳定性好，2 ~ 5℃ 可保持一年以上。

二、仪器的检测原理

ECLIA 检测原理：①将包被有特异性抗体的顺磁性微粒、待测样本和发光剂标记的抗体加入到反应杯中，温育，形成微粒包被的抗体－抗原－发光剂标记抗体复合物。②复合物被吸入流动室，以 TPA 缓冲液进行洗涤。磁性微粒被安装在电极表面下的磁铁吸住，而其余的发光标记抗体和样本被冲走。③给电极加压，使电化学发光反应开始，从而产生电化学发光（图 13－16）。④由光电倍增管接受光并转换为电信号，经计算从标准曲线上得出待测抗原含量。

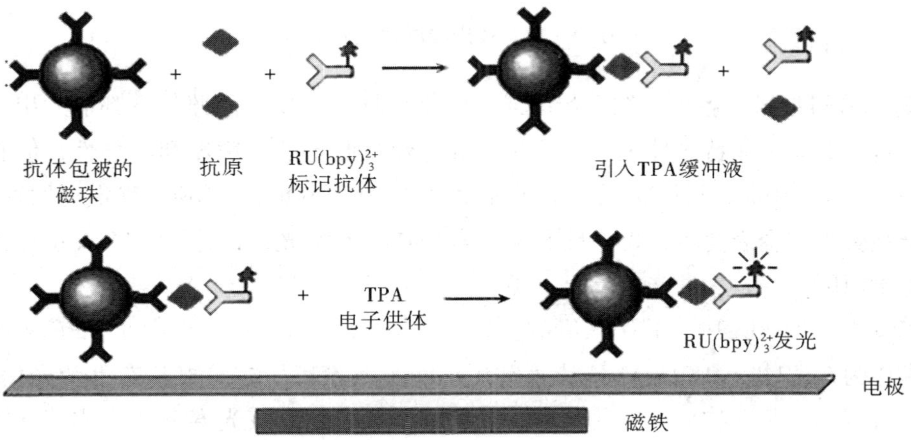

图 13－16　ECLIa 检测原理（双抗夹心法）

三、临床应用

ECLIA 的主要特点是本底信号极微弱，特异性高，最小检出值可达 1pmol 以下，操作十分简便快速，是 CLIA 优点较为集中的分析技术。ECLIA 在临床诊断上有着广泛的应用。在微生物诊断方面，ECLIA 检测高致病性禽流感病毒（H5N1）的结果与传统的鸡胚培养法灵敏度一致，与胚胎培养完全相同。该技术还可对其他致病性病毒、病原微生物进行快速准确的分子水平诊断。对于激素的检测，传统的方法多为放射免疫法，对工作人员有健康损害且污染公共环境。ECLIA 可动态测定 5pg～5ng 的激素水平，可检测甲状腺激素、促甲状腺激素和性激素等，有替代放射免疫分析技术的趋势。ECLIA 技术还可对其他一些微量物质进行测定，如细胞因子、维生素和酶类等。

第四节　时间分辨免疫分析仪

扫码“学一学”

一、基本原理与分类

（一）基本原理

1. 荧光物质发光原理　荧光物质受到紫外光或蓝紫光照射时，能够吸收光能进入激发态，在其回到基态的过程中，能以电磁辐射形式放射出所吸收的光能，从而产生荧光（图 13－17）。

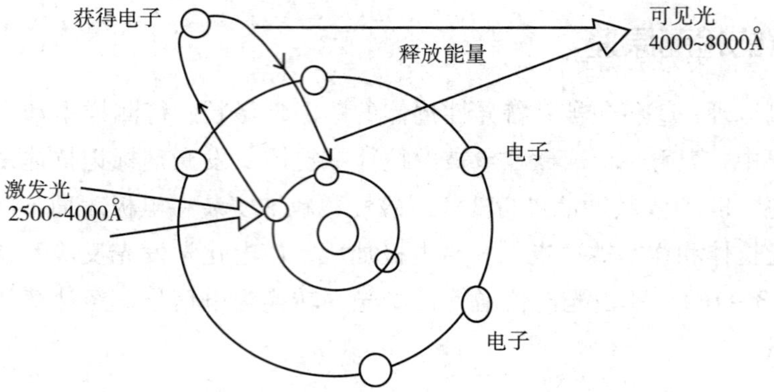

图 13-17　荧光物质发光原理图

2. 时间分辨技术　各种组织、蛋白或其他化合物在激发光的照射下都能发出一定波长的荧光，这些荧光为非特异性荧光，干扰了荧光免疫测定的灵敏度和特异性，但它们的荧光寿命一般在 1~10ns。而镧系元素的荧光寿命为 10~100μs，TRFIA 测定利用这一特性，待非特异性荧光完全衰变后，再测量镧系元素的特异性荧光，这是 TRFIA 灵敏度高、特异性好的主要原因之一。

3. 标记物　TRFIA 中，利用三价稀土离子如铕（Eu^{3+}）、钐（Sm^{3+}）和镝（Dy^{3+}）等镧系元素作为标记物，其中，Eu^{3+} 最为常用。镧系元素离子在游离状态下荧光信号很弱，与适当螯合剂形成螯合物后，可使荧光得到增强，螯合物的荧光寿命与形成螯合物的配体有关。Eu^{3+} 螯合物在水中不够稳定，加入三正辛基氧化膦或 TritonX-100，形成一种微胶囊包裹该复合物以消除水对螯合物的荧光淬灭作用。Eu^{3+} 螯合物的荧光特点有：Stokes 位移大，发射光谱带窄，激发光谱带宽，荧光寿命长且荧光标记物的相对比活性高。以上特点是 Eu^{3+} 螯合物作为 TRFIA 良好标记物的重要原因。

4. 标记方法　镧系元素需利用具有双功能基团的螯合剂，形成镧系元素离子-螯合剂-抗体（或抗原）复合物。

5. 解离增强技术　被镧系元素标记的抗体或抗原形成的复合物在弱碱性反应液中经激发产生的荧光信号较弱，必须再加入一种增强液。该增强液可以使 Eu^{3+} 从复合物上完全解离下来，被增强液中的另一种螯合剂所螯合并形成一个 Eu^{3+} 在其内部的保护性胶态分子团。这样一个新的螯合物在紫外光的激发下能发射出很强的荧光，信号的增强效果可达上百万倍，这就是解离增强技术。与免疫技术结合应用，即解离增强镧系元素荧光免疫分析技术（dissociation-enhanced lanthanide fluoroimmunoassay，DELFIA）。

（二）分类

根据抗原-抗体反应后是否需要把结合的荧光物质与游离的荧光标记物分离，可以将荧光免疫分析技术分为均相荧光免疫分析和异相荧光免疫分析。需分离者为异相荧光免疫分析，如 TRFIA；无须分离者为均相荧光免疫分析，如 FPIA。

二、仪器的检测原理

DELFIA 检测原理：①在 96 孔板内包被抗体，加入待测样本，温育，形成固相包被抗体-抗原复合物。②洗涤，除去多余的样本。③加入 Eu^{3+} 螯合抗体，温育，形成固相包被抗体-抗原-Eu^{3+} 螯合抗体复合物。④洗涤，除去未结合的螯合抗体。⑤加入酸性增强液，在 340nm 的激光发光照射下，发射出 613nm 的荧光（图 13－18）。⑥由荧光读数仪记录，经计算得出待测抗原含量。

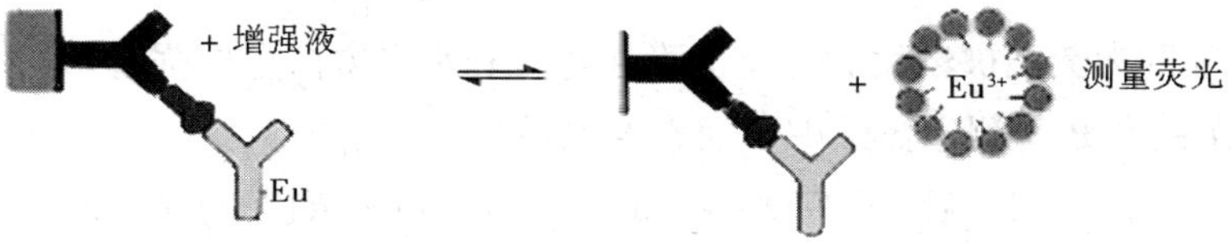

图 13－18　Auto DELFIA 检测原理图

DELFIA 常使用双光源时间分辨荧光计进行信号检测。对每一个测定孔在 1 秒内进行 1000 次光信号的循环检测，即脉冲光源发射激发光（340nm）1000 次，记录 Eu^{3+} 发出的荧光（613nm）1000 次，然后计算平均荧光强度。1 次循环测定为 1 毫秒，其中 3 微秒用于发射脉冲激发光，延迟约 400 微秒待本底荧光衰退，记录 401～800 微秒的长寿命镧系荧光量，再停留 200 微秒，待荧光基本淬灭后再进行下一个循环，这样可以提高检测的准确性。

三、临床应用

TRFIA 相关仪器在免疫、微生物、激素和肿瘤标志物检测等方面均有广泛应用。

在免疫检测方面，可采用 TRFIA 方法测定补体 C3 和细胞因子，方法简便，准确性较高且无放射性污染。TRFIA 还可以用于某些免疫细胞（如 NK、LAK、T 杀伤细胞等）活性的检测。此外，TRFIA 还广泛应用于乙型肝炎病毒、出血热病毒和梅毒螺旋体的抗原、抗体以及某些细菌和寄生虫抗体的检测。同 ELISA 相比，TRFIA 敏感性明显提高，特异性更好。TRFIA 可以用于检测 HCG、甲状腺激素和其他妇科激素等人血清激素及 CA50、CA125 和甲胎蛋白等肿瘤标志物。

第五节　荧光偏振光免疫分析仪

扫码“学一学”

一、基本原理和分类

从光源发出的一束光线经垂直起偏器后成为垂直偏振光，荧光素标记的样品被垂直偏振光激发而产生偏振荧光，由检偏器测出该荧光中与样本浓度有关的水平或垂直方向的荧光偏振光强度（图 13－19）。

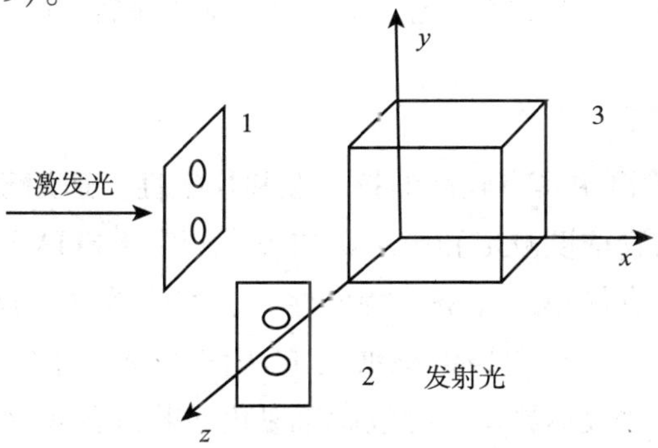

图 13－19　荧光偏振仪的光学原理

1. 起偏器；2. 检偏器；3. 样本

荧光偏振光强度（P）定义为：

$$P = (I_{\perp} - I_{\parallel}) / (I_{\perp} + I_{\parallel})$$

式中，$I_{\perp}$和$I_{\parallel}$分别为荧光被激发后，发射光在垂直和水平方向上的强度。

荧光偏振光强度P与测定体系中各因素的关系为：

$$(1/P - 1/3) = 1/P_o + (1/P_o - 1/3)(RT/V)(\tau/\eta)$$

式中，P_o为极限荧光偏振光强度；R为气体常数；T为绝对温度；V为摩尔分子体积；τ为荧光寿命；η为溶液的黏度。

从公式可知，对于荧光寿命一定的物质，降低温度、增大分子体积和增加溶液黏度都会使P值变大。当溶液的温度和黏度都固定时，P值主要取决于荧光子的分子体积。由于荧光偏振光强度与荧光物质受激发时分子转动速度成反比，所以小分子物质在溶液中旋转速度快时，P值较小；大分子物质在溶液中旋转速度较慢时，P值较大。

FPIA方法依据荧光标记抗原和其抗原－抗体结合物之间荧光偏振程度的差异，用竞争性方法直接测量溶液中小分子的含量。FPIA方法不仅能检测抗原，也能对抗体进行检测。

自动化FPIA分析系统可以进行荧光光源信号补偿、自动设定光电倍增管增益和信号本底扣除等，消除了光源对发光强度的影响，且使光信号扩大，检测灵敏度提高。为进一步提高灵敏度，还出现了停流FPIA法和置换FPIA法，这两种方法多用于科研。

FPIA的分析系统采用了FPIA和微粒子酶免分析技术。使用ALP标记抗体或抗原，4－甲基伞形酮磷酸盐（4－MUP）作为荧光基质，它亦是ALP的催化底物，固相载体是塑料微粒。

FPIA方法与其他标记免疫方法相比具有显著的优点：省去固相标记过程中反复多次的洗涤，测定速度快，样品用量少，精密度高，荧光样品信号强度与激发信号强度成正比和检测的光信号并不受样品浓度限制等。FPIA方法的主要局限性在于：检出限一般在0.1～10ng且只能测定分子量小于160kD的抗原，灵敏度低于ELISA法；仪器设备昂贵，药品试剂盒专属性强，因此不容易普及。

二、仪器的检测原理

FPIA检测原理：①将包被有特异性抗体的塑料珠、待测样本和ALP标记的抗体加入到反应杯中，温育，形成微粒包被抗体－抗原－酶标记抗体复合物。②将复合物转移至玻璃纤维上，用缓冲液进行冲洗，除去多余的酶标记抗体和样本。③加入底物4－MUP，ALP催化其去磷酸基团，形成4－甲基伞形酮（4－MU），在360nm激发光的照射下，发出448nm的荧光。④由荧光读数仪记录并放大，经计算得出待测抗原含量。

三、临床应用

FPIA在血药浓度的检测中具有较高的特异性和稳定性，适用于临床各种小分子药物的定量测定，包括治疗性药物浓度测定和滥用药物浓度测定。FPIA还可应用于单核苷酸多态性及基因型的检测中，具有简单、经济、特异性好、准确性高、检测范围广和高通量等优点。与多聚酶链反应－ELISA检测病毒核酸的方法作比较，符合率好。在肿瘤诊断方面，恶性肿瘤细胞胞内各种物质表达异常，导致胞浆黏度等物理因素改变，FPIA的荧光物质在进入细胞后受到物理因素改变的影响，受偏振光激发产生的激发光与正常细胞不同，分析偏振光性质以了解细胞内环境变化，有助于肿瘤早期诊断。

扫码“学一学”

扫码“看一看”

第六节　流式点阵发光免疫分析仪

一、基本原理

流式点阵发光免疫分析技术是基于液相芯片技术的多通路免疫荧光检测方法。液相芯片由直径为6～8μm的多种特制磁珠（包被不同种类的荧光染料）混合而成。每种磁珠包被配基（如抗原或抗体等分析物），用以捕获样本中相应的检测物。待测物、包被配基和荧光标记物反应后，仪器对结合着反应复合物的磁珠进行检测。磁珠以单个形式流过探测器模块流通池（图13－20），被两个激光器分别从光学散射和荧光两方面进行检测（图13－21）。前一个激光信号用于磁珠分类，另一个激光信号用于测量结合标记物上的荧光强度。每个检测项目至少分析200个磁珠。系统软件以内标磁珠固有荧光为标准将荧光信号转换成相对荧光强度值，然后再将其转换为荧光率。将荧光率与特定校准曲线比较，从而得出待测物指数，以表示待测物浓度或其他适当单位，或定性区分待测物的阳性与阴性。

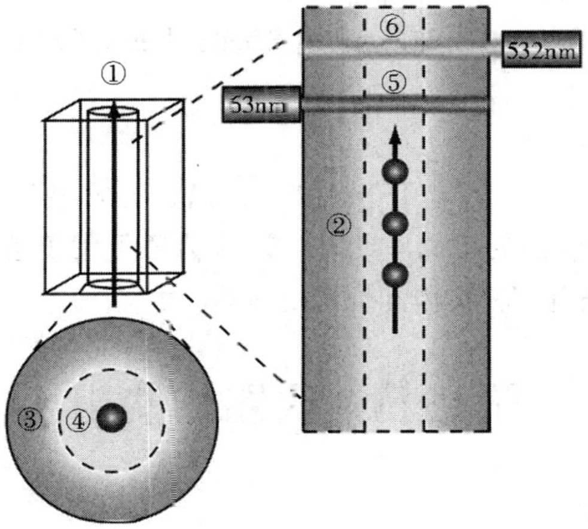

图13－20　探测器模块流通池

磁珠移动到流通池①，在鞘液中单个通过②。鞘液③包围着传输流④，创建出一个液流中心。这使得分类激光⑤和报告激光⑥可以连续对单珠进行检测。

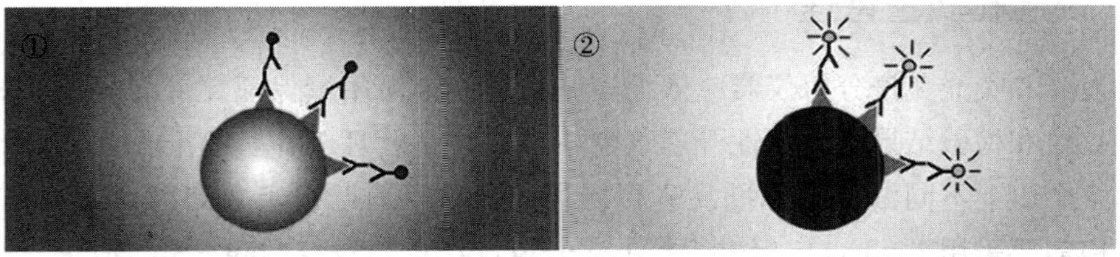

图13－21　流式点阵免疫荧光标记原理示意图

图13－21中①为红色激光（638nm），可激发磁珠表面分类分级染料，该复合信号可以被用来确定磁珠分析物。②为绿色激光（532 nm）激发荧光探针，此类信号检测将与分类激光产生数据相联系，最终输出为待测物检测结果。

二、仪器的检测原理

流式点阵发光免疫分析技术原理如下。①样本稀释：为了减少非特异性结合，在样本中加入稀释试剂。②加入磁珠试剂：配基（抗原）包被磁珠加入稀释后样本中。在37℃反应管中混合，样本中待测物（靶抗体）与磁珠上特殊抗原结合。③清洗和分离：在清洗过程中，磁铁将磁珠固定在反应管底部。磁珠悬浮在清洗缓冲液中进行清洗。④清洗后，加入一种荧光报告复合物来检测待测物。随着磁珠表面抗原/抗体结合物量增加，荧光报告复合物也增加。⑤再次清洗和分离磁珠。⑥清洗后，磁珠用清洗缓冲液重悬。⑦检测模块吸取磁珠，用流式细胞术分析荧光（图13－22）。

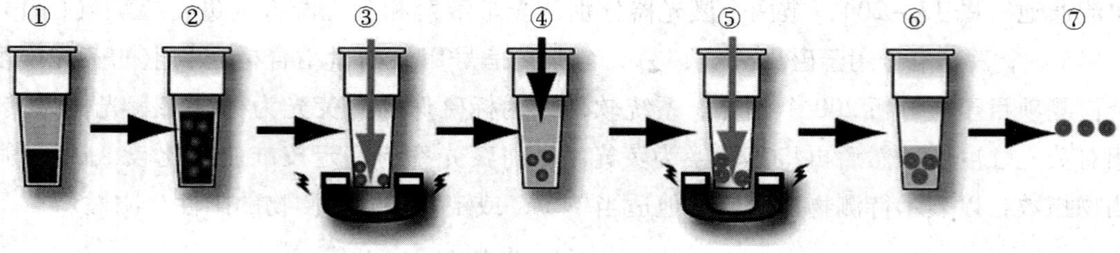

图13－22　流式点阵发光免疫分析技术原理图

三、临床应用

流式点阵发光免疫分析技术可应用于抗核抗体谱、类风湿关节炎特异性标志物，血管炎相关标志物和抗磷脂抗体谱的检测。此外，该仪器还可用于感染性疾病标志物的检测，包括肝炎相关抗体、EB病毒相关抗体和梅毒抗体等。

扫码“学一学”

第七节　仪器的使用

一、仪器操作

化学发光和荧光免疫分析仪器的操作主要包括试剂的装载、标本的测定、质控品和校准品的测定。具体依仪器标准操作程序完成。

二、校准和质量管理

化学发光和荧光免疫分析仪器应依据实验室检验结果质量保证文件的要求，对质量控制，室间比对和检验结果的可比性开展仪器校准和质量管理工作。校准方面，仪器主标准曲线多由5个以上不同浓度的标准品进行制备，在出厂前已设定并储存在计算机系统中。工作时一般需要采用1～3点定标进行校准。若校准结果超过控制限±3s，应重新校准。校准后标准曲线可稳定28天。此外，还应定义质控基线，输入均值、校准差与变异系数等基本数据，而后开始质控测定。

三、仪器使用注意事项、保养及维修

（一）注意事项

（1）应建立仪器标准操作程序文件，涵盖样本前处理，样本检测，结果分析，质控管理，保养和维护等内容。

（2）将仪器置于水平、稳固和洁净的地方。尤其是时间分辨免疫荧光分析仪器，由于自然环境中稀土离子存在十分广泛，如空气灰尘和烟雾中，均有不同程度的含量，所以应建立一个相对无尘的操作环境，防止仪器、试剂和操作者在操作中不慎可能造成的污染。

（3）操作时按照实验室安全工作准则，戴手套、穿工作服、不得戴首饰，以避免潜在的危险；在实验中应该注意用电安全，不得触及带电部分；标本及其他废弃物的处理应遵守实验室相关规定，注意生物安全。眼睛不要正视条码阅读器的光源，以免造成损伤。

（4）严格遵守操作规程，如仪器出现故障，立即向管理责任人或科室负责人报告，查明原因，及时处理，不得擅自“修理”，应登记“仪器设备使用登记”本。

（5）当仪器不处于待机或关机状态时，不能触及加样针、搅拌棒等仪器运动部分。

（6）将血清标本吸入样品杯时，避免产生气泡或吸入凝块。标本量较大时，应及时加水、清空废液瓶和废物盒，并保持反应杯盒底部有足够数量的反应杯。

（7）对于含有增大反应面积的磁性微粒子或塑料珠的固相试剂，静置时磁珠或塑料珠（部分）沉淀在瓶底，实验前需要恢复室温并充分混匀。

（8）试剂室温累计放置时间不宜过长，长时间不用应及时放回冰箱冷藏；因试剂转盘的位置有限，固、液相试剂应该尽量一一配对使用；根据需要，常用辅助试剂可以同时放置两管甚至多管。不经常使用的试剂超过一个月的，使用的时候需先定标。

（9）条件允许时，应在实验中分别设置阳性、阴性、空白对照来控制实验条件，且每份样品均应做三个复管，以保证实验结果的准确性。

（10）对于化学发光免疫分析仪器，当加入鲁米诺后，迅速产生化学发光并使发光在1秒内达到峰值，而后很快衰减到基线水平。因此，只有当小试管置于仪器的测量位置时，方可加入鲁米诺。

（11）镧标记物是TRFIA提高灵敏度、降低非特异性结合的关键，因受标记方法、抗体浓度、稀土元素或其螯合物质量以及标记中带来不均一性影响，每批标记物质量都有一定的差异，因此不同批号标记物敏感性不一，不能混用，每次测定都需做标准曲线。

（12）TRFIA的免疫反应与其他免疫反应的条件一样，易受pH、温度、时间等因素的影响。且TRFIA的免疫反应是在室温状态下不断振荡完成的，所以反应的室温等环境影响因素应严格控制。

（二）保养

1. 每日保养　检查系统温度状态、液路、耗材、试剂和废液罐的状态。用拭子蘸特定清洁剂或去离子水清洁试剂针和加样针外壁。此外，还需运行仪器的自动化保养模块，对预处理和自动上样的机械系统、激光光路系统、高速流式系统及软件分析系统进行每日保养。

2. 每周及每月保养　用拭子蘸取特定清洁剂或去离子水清洁加样头尖嘴部分，清洁吸样头，清洁试剂针，清洁孵育器，清洁光度计，清洁样品传送系统/样品架，对于化学发光仪器还需清洁电极，清洁触摸屏幕和键盘。此外，运行仪器的自动化保养模块，对仪器进行深度管路清洁。清洁完毕后运行系统检测，以保证清洁后检测系统的正常运作。

3. 长期保养　备份质控，校准和设置文件。按时完成保养以保护系统内部构造，清洁蒸馏水瓶和瓶盖，注意管路接口是否接好。按时做保养以保护系统内部构造。清洁水箱、冰箱压缩机过滤膜。

4. 需要时保养 时间分辨免疫分析仪器探针碰落时，做准确性和残留试验。待机，关机和两天以内停机需按照仪器说明进行相应的保养工作。对于时间分辨免疫分析仪器，停用2天，需启动增强液冲洗。如停用超过1周，必须更换增强液，再进行管路冲洗。较长时间停机，重开时需联系仪器公司。此外，需按时请专业工程师进行FPIA的光路检查。流式点阵发光免疫分析仪需要由专业工程师每半年执行一次仪器的性能优化。

（李永哲　夏良裕）

扫码“练一练”

第十四章　免疫比浊分析仪

扫码“看一看”

教学目标与要求

掌握　免疫比浊分析技术的分类及原理、免疫比浊分析仪的应用技术特征。

熟悉　免疫测定的特点、免疫比浊分析仪的光学基础和免疫比浊分析仪的质量控制管理。

了解　免疫比浊分析仪的发展概况。

免疫比浊分析仪（immunoturbidimetric analyzer）指利用免疫学反应特性以免疫比浊法为设计原理的检测血清、尿液和脑脊液等体液中特定蛋白质含量的仪器（也称为免疫浊度仪或免疫特定蛋白分析仪）。近几十年随着免疫学技术的飞速发展，免疫比浊分析仪的自动化程度不断提高，其临床应用价值、需要程度不断增加。本章将重点介绍目前国内医院临床实验室广泛应用的全自动免疫比浊分析仪的相关内容。

第一节　免疫比浊分析仪发展概况

扫码“学一学”

越来越多的人体免疫特定蛋白用于疾病诊断、治疗及预后，致使专业人员致力于研制能够快速准确检测样本中免疫特定蛋白的方法及仪器。

一、概述

免疫比浊分析仪的检测原理基本上应用免疫比浊技术，比浊检测本身历史悠久，由于免疫特定蛋白的检测需要应用抗原抗体反应的特异性才能达到，而比浊技术在酶标技术产生前是免疫技术的基本检测手段之一，因此出现了专门为比浊测定生产的仪器。免疫比浊技术与免疫比浊分析仪是一脉相承的。免疫比浊技术的发展与完善带动了免疫比浊分析仪的研发，免疫比浊分析仪自动化程度的提高又推进了免疫比浊技术的进步（免疫比浊分析仪发展概况见表 14－1）。

表 14－1　免疫比浊分析仪发展概况

年代	代表性技术及设备简介
1959 年	Sehultze 和 Sehwiek 报道了透射比浊法（transmission turbidimetry）。该法利用抗原抗体结合形成免疫复合物使溶液浊度改变这一现象，应用普通比浊计测定免疫球蛋白的含量
1967 年	Ritchie 提出了终点散射比浊法（end－point nephelometry）。该法与透射比浊法相比具有灵敏度高、重复性好、测定范围宽的特点，但测定时间较长，易受反应本身的干扰。之后在终点散射比浊法的基础上进行改进推出了定时散射比浊法（fixedtime nephelometry），其基本原理与终点散射比浊法相似，检测抗原抗体反应的第二阶段，但在测定散射信号时不与反应开始同步，而是推迟几秒钟用以减除抗原抗体反应的不稳定阶段，从而将误差影响降至最低。同时测定时间由数十小时缩短为数小时，刷新了以往蛋白免疫分析的检测纪录

续表

年代	代表性技术及设备简介
1977 年	Sternberg 等提出了速率散射比浊法（rate nephelometry），该检测法可检测抗原抗体结合反应的第一阶段，即在尚未出现肉眼可见的反应阶段就能够进行快速检测，使免疫化学分析发生了质的飞跃。随后，又出现了乳胶增强比浊法。该方法是利用微小的乳胶颗粒连接抗体后，在液相中和相应抗原结合后产生光吸收或光散射的变化等来测定抗原含量，增强了免疫比浊法检测特定蛋白的性能，其灵敏度大大提高，同时受非特异性反应的影响也相应减少，因而精确度和重复性均好
1982 年	根据速率散射比浊法原理制成的第一代免疫化学分析系统（immunoehechemistry systems，ICS）（AUTO－ICS），用计算机程序分析处理抗原抗体反应的动态数据，直接显示待测抗原的浓度电位（贝克曼库尔特公司）
1985 年	以终点、定时散射比浊技术为基础的 BNA（Behring Nephelometer Analyzers）（西门子公司），以速率散射比浊技术为原理的 Array 蛋白分析系统（贝克曼库尔特公司）
1987 年	TTS（Turbi Time System）（西门子公司）
1988 年	BN－100（Behring Nephelometer 100）免疫比浊分析仪（西门子公司）
1989 年	附有条形码装置的 Array 360CE 蛋白分析系统（贝克曼库尔特公司）
2000 年	BN－Ⅱ（BehringNephelometerⅡ）和 BN ProSpec®特定蛋白分析仪（西门子公司）
	IMMAGE 及 IMMAGE 800 全自动双光径免疫浊度分析仪（贝克曼库尔特公司）

二、免疫比浊分析仪临床应用状况

由于蛋白检测技术的发展和临床应用范围的扩大，免疫比浊分析仪是近年来国内实验室广泛使用的临床检验设备。各制造厂家在检测灵敏度、准确性、检测速度、检测范围等方面一直在不断地改进、创新，以满足临床的需要。在我国应用较为普遍的散射比浊仪主要有终点、定时散射分析仪类（如西门子公司的 BN－100，BN－Ⅱ，BN Prospec）、速率散射分析仪类（如贝克曼库尔特公司的 Array 系列、Immage 系列）。而透射比浊仪主要用于生化分析仪上的蛋白测定，用于免疫检测的已日渐减少（参见生化分析仪章节）。此外，还有一些专用的免疫比浊分析仪也都广泛地应用于临床，为临床提供不同需求的检验结果。

三、免疫比浊分析仪展望

技术的进步、临床需求的增多是免疫比浊分析仪更新换代的原动力。速率测定和胶乳粒子增敏技术是免疫比浊分析的发展方向，临床实验室急需可整合生化免疫于一体的全自动化检验一体机，与医院实验室信息管理系统共同构成智能安全的检验一体化解决方案，这是免疫比浊分析仪发展的必然趋势。信息自动化的实施使得免疫比浊分析仪快速、准确的优势得到充分发挥。实验室 LIS 系统的建立是医院信息系统自动化的重要组成部分，它可以提供完整的质量记录，建立质量控制的实时监测、分析、预警系统，强化实验室全面质量管理。总而言之，仪器设备的信息化、自动化对提高科室内部管理的规范性，强化检验工作的流程控制，使医学检验由经验管理向科学管理、规范化管理的过渡起到举足轻重的作用。

扫码“学一学”

第二节 免疫比浊分析仪分类及原理

免疫比浊分析仪综合了光学、胶体化学、物理学、免疫学等多学科的技术原理，尤以免疫比浊技术为重。免疫比浊按光路分为透射免疫比浊（turbidimetermeasure）和散射免疫比浊（nephelomitermeasure）；根据测定时间分为终点法、定时法和速率法。按是否添加增敏剂分为无增敏、PEG 增敏、胶乳增敏。从理论上说，散射法的灵敏度以及准确性好过透射法，检测特定蛋白的项目不同对应的理化性质不同，应有选择地使用最优的信号探测方式。免疫比浊分析仪亦可分为透射免疫比浊仪（主要用于生化检测）、终点散射比浊仪、固定时间（定时）散射比浊仪、速率散射比浊仪等。

一、免疫检测的特点

免疫比浊技术实际是由经典的免疫沉淀反应（precipitation）发展而来，是液相中的沉淀反应。即可溶性抗原、抗体在液相中特异结合，形成免疫复合物从而引起液体浊度的改变。通过测定此变化而得知待测抗原的浓度。由此发展的免疫比浊技术既体现了免疫测定的特点又便于自动化仪器的设计，从而使这项技术快速发展。体液中的各种蛋白质均具有各自的抗原性，免疫比浊技术的发展可极大地满足在不分离蛋白分子的条件下定量测定体内特定蛋白的要求。

免疫测定的基础是抗原抗体结合反应，一直以来抗原抗体的特异性结合反应都是免疫学研究的核心内容和建立新实验方法的重要基础。抗原抗体反应的最大特点是抗原抗体的结合具有特异性（specificity），即某一特定抗原只能与其相应的特定抗体结合。抗原与抗体结合的特异性取决于抗原决定簇的化学性质、数目及空间构型，也与抗体的抗原结合部位与之相匹配或互补的结构有关。抗原抗体反应可分为两个阶段。第一为抗原与抗体发生特异性结合的阶段，此阶段反应快，仅需几秒至几分钟，但不出现可见反应，适合快速检测。第二为可见反应阶段，抗原抗体复合物在环境因素（如电解质、pH、温度、补体）的影响下，进一步交联和聚集，表现为凝集、沉淀、溶解、补体结合介导的生物现象等肉眼可见的反应，此阶段不适合快速检测。

二、免疫比浊分析仪的光学基础

颗粒经光束照射后发光这一现象主要取决于颗粒的大小，即当颗粒直径大于入射光波波长的一半（半波长）时就发生散射现象。散射作用是入射光作用于颗粒后向各个方向发射的光，即可绕过颗粒发射光线。如果颗粒直径小于入射光波长，则会出现雷莱（Rayleigh）散射（图 14－1）。在这种情况下光束被对称平衡地散射到各个方向。用来进行测定的光学功效会降低。

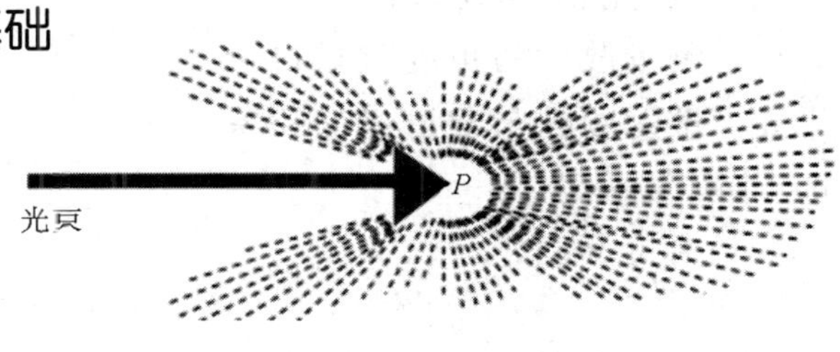

图 14－1　Rayleigh 散射

颗粒直径＜入射光波长

雷莱对小粒子溶胶系统进行研究后，1871 年总结了反应颗粒对入射光散射作用的有相关因素的公式，即：

$$I_\theta = \frac{24\pi^3}{\lambda_4}\gamma u I_0\left[\frac{n^2 - n_0^2}{n^2 - 2n_0^2}\right]\ (1 + \cos_2\theta)$$

式中，λ 为入射光的波长；I_0 为入射光强度；I_θ 为与入射光束成 θ 角度处散射光的强度；γ 为与单位容积内粒子的数目；ν 为单个粒子的容积或大小；n 为粒子的折射率；n_0 为溶剂的折射率；θ 为光信号检测器与入射光之间的夹角。

由公式可看出：

（1）I_θ与 λ 成反比即入射光波长愈短，颗粒对它产生的散射光愈强。

（2）I_θ与$\left[\dfrac{n^2-n_0^2}{n^2+2n_0^2}\right]$成正比，即颗粒溶剂的折射率相差愈大，散射光愈强。

（3）I_θ与颗粒容积的 2 次方成正比，但这一规律只适用于粒子直径在 5 ~ 100nm 的范围。当颗粒大于 100nm 时，散射光渐弱，主要是反射和折射等现象。

（4）I_θ和检测器与入射光夹角之间的关系是在 90°处最小，在 0°处最强。

因此，光线发散的数量及特性取决于颗粒的直径（d）、发射光的波长（λ）、光路的角度、介质的折射系数。

由于雷莱研究的是小粒子系统，当颗粒直径小于可见光波长（例如 500nm）的 1/20 时，散射光强度在各个方向上是一致的，上述公式成立。当颗粒直径大于入射光波长时，各方向散射光的强度就会不尽相同，即变为不对称或各向异性的了，产生的是 Mie 散射。随着颗粒直径的增大，光束主要朝前方散射。这种现象能提高进行测量的光学效率，那么雷莱提出的公式就不适用了，为此 Mie 及 Debye 先后对雷莱公式加以修正，修正后的公式反映了散射光的不对称性与颗粒大小及和入射光波长之间的相关性变化，即 Debye 所做的修正适合于颗粒直径略小于入射光波长的情况，Mie 修正的更适合于颗粒等于或大于入射光波长的情况。在免疫化学反应过程中，可溶性抗体与可溶性抗原反应，形成免疫复合物（immunologic complex，IC），混合物系统中的颗粒由小变大，遵循的规律已由雷莱公式的关系逐渐向 Mie 和 Debye 的修正公式过渡和转移（图 14－2）。

一相同波长的入射光通过溶液，这时光线被折射偏转，偏转角度可以从 0° ~ 90°。依此可在不同的散射角度收集不同粒径大小的复合物发射的散射光信号进行测定。因此，设置测量散射的角度就显得十分重要。散射颗粒与散射光的关系见图 14－3。

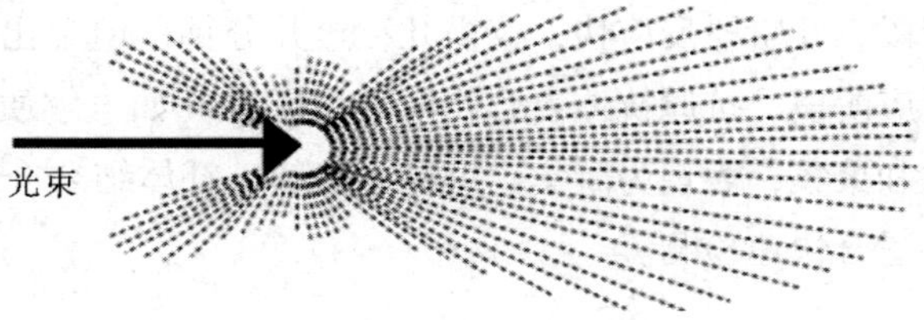

图 14－2　Mie 散射

颗粒直径 > 入射光波长

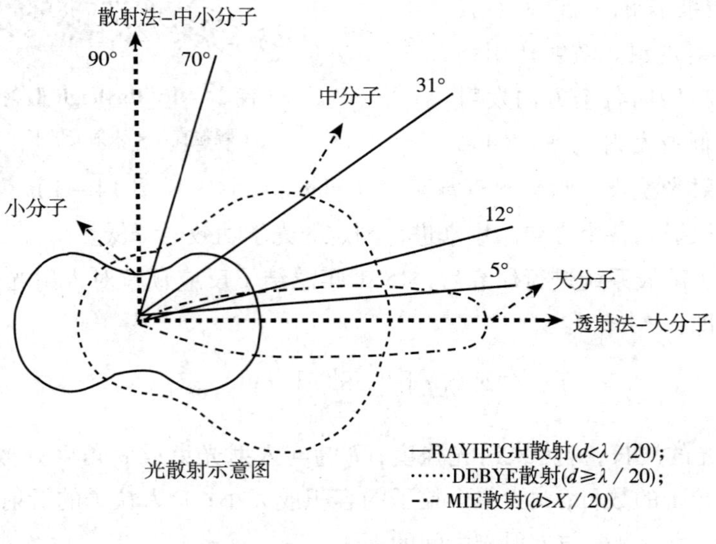

图 14－3　散射颗粒与散射光的关系

三、免疫比浊技术分类及原理

免疫比浊测定技术的基本原理是在一定适宜条件下，液体中特定抗原与其相应的抗体结合后，形成抗原抗体复合物，这种难溶性的大分子复合物能在液相中产生浊度。然后可以利用外界光源的照射，或者检测溶液透射光减少的程度（免疫透射比浊法），或者检测复合物对光的散射程度（免疫散射比浊法）计算复合物的含量，再推算出溶液中待测抗原或抗体的含量。

光线通过溶液会发生光散射和光吸收现象，根据检测器的位置及其接收光信号的性质，分为透射比浊法和散射比浊法。散射比浊法又分为终点法、定时法和速率法。透射法用于生化分析仪、分光光度计的测定，散射法则用于专门的浊度检测仪器。透射比浊法测定的信号主要是溶液的光吸收及其变化，即溶液的光吸收因散射作用造成的总损失之和。因此本方法测定的光信号中包含了透射、散射甚至折射光等因素，是难以区别的。散射浊度法检测的是与入射光成某一角度的散射光强度（一般从5°～90°）（图14－4）。因此有人认为透射比浊法测定的信号成分较杂，其灵敏度和特异性不如散射浊度法好。

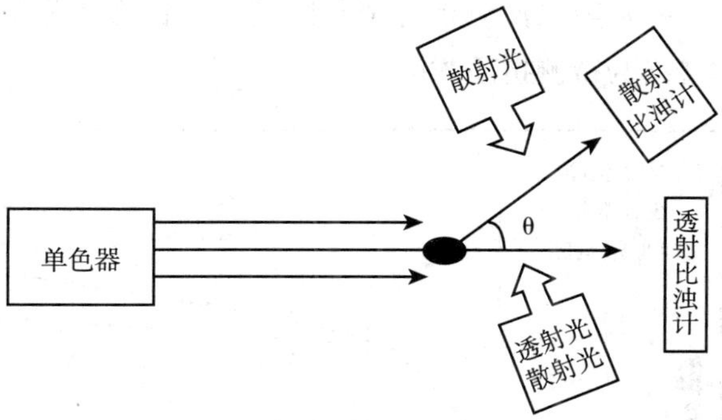

图14－4　散射比浊和透射比浊的区别示意图

图14－4所示信号测定的光路，构成了浊度分析方法学、试剂制备和检测仪器研究及设计的基础，各项因素达到最佳标准时，方法的灵敏度也最佳。

（一）免疫透射浊度测定法

免疫透射浊度测定原理是抗原抗体在特殊缓冲液中快速形成复合物，使反应溶液出现浊度，导致入射光在比色器光径中的穿透率下降，其光量减少的程度与复合物的含量成正比。使用比浊仪测定，与已知浓度的标准参考品抗原相比较，可计算出标本中的抗原含量。

本法所需抗体应选用纯化的高效价，高亲和力的R型（兔、鼠、羊等）抗血清，因其亲和力强，抗原或抗体过量均不致引起免疫复合物的再离解。此外必须不含任何干扰粒子，可经高速离心去除血脂，或经超滤膜过滤去除其他可能干扰的物质。标准参考品一般采用相应的国际参考品（世界卫生组织或美国疾病控制中心）或经准确标化的标准参考品，如人血清IgG、IgA、IgM、AFP等。透射比浊是依据透射光减弱的原理来定量的，因此只能测定抗原抗体反应的第二阶段，检测仍需抗原抗体温育反应时间，检测时间较长。大多数的生化分析仪应用此类技术（详见生化分析仪章节）。

（二）散射免疫比浊法

1. 终点散射比浊法　是观察抗原和抗体反应达到平衡时，免疫复合物形成的量不再增加，反应体系的浊度不再变化，测定此时的溶液浊度。一般这个过程需要几十分钟，复合物的浓度不再受时间变化的影响，应当说是免疫反应的结束，但又不能出现絮状沉淀影响浊度的判断。

本法反应时间与温度、溶液中离子及 pH 等有关，一般需 30～120 分钟，而且随着时间延长，抗原抗体复合物再次相互聚合形成大颗粒沉淀，导致散射值降低，而得出偏低的结果，故需掌握好最适时间比浊。另外，当样本内抗原含量较低时，由于本底（空白管）的散射较高而使敏感性不够。

2. 定时散射比浊 由终点散射比浊法改进而成，是免疫沉淀反应和散射比浊分析结合的技术。该方法的基本原理是，由于免疫沉淀反应是在抗原抗体相遇后立即开始，在极短的时间内反应介质中散射信号变动很大，如此时计算峰值信号而获得的结果会产生一定误差，因此在测定散射信号时不与反应开始同步，而是推迟几秒钟用以扣除抗原抗体反应的不稳定阶段，从而将这种误差影响降至最低。

反应分两个阶段，预反应阶段和反应阶段，保证抗原不过量，确保反应体系抗体过量，对抗原过量进行阈值限定（图 14－5）。在抗原抗体反应时，得出预反应时间，即散射光信号第一次读数在样品和抗体于反应缓冲液中开始反应 7.5 秒至 2 分钟内，大多数情况下 2 分钟以后测第二次读数，并从第二次测信号值扣除第一次读数信号值从而获得待测抗原的信号值并通过仪器处理转换为待测抗原浓度。

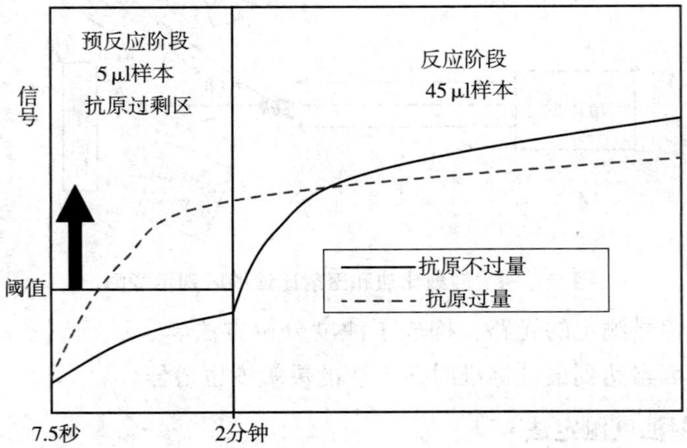

图 14－5 定时散射比浊反应曲线图

该原理采用抗体过量来保证抗原抗体反应中形成不可溶性小分子颗粒，获得小颗粒产生的散射光信号最强。

3. 速率散射比浊法 是一种抗原、抗体结合的动力学测定方法。所谓速率，是在单位时间内抗原抗体结合形成复合物的速度。抗原抗体结合速率最大的某一时刻称为速率峰，当反应体系的抗体过量时，速率峰的高低与抗原含量成正比，这种通过测定速率峰来测定待测物质的方法就是速率检测法。它是抗原抗体结合反应的一种动态测定法，适时检测抗原抗体复合物形成的散射光信号。本法具有速度快、敏感性高、精确度高、稳定性好的优点，是当今免疫化学分析中比较先进的方法。将各单位时间内形成复合物的速率及测定的散射信号连接在一起，即是动态的速率比浊分析。

速率法是测定最大反应速率，也就是抗原抗体反应达到最高峰时形成免疫复合物的量。一般这个时间是 20～25 秒，峰值的高低与待测物质（抗原）的量成正比，而形成峰值的时间与抗体（试剂）的浓度和其与抗原的亲和力有关。当仪器测定到某一时间内形成速率下降时，即出现速率峰，该峰值的高低，即代表所测抗原的量（图 14－6）。峰值一般出现于反应开始后 10～45 秒，因此除可改善测定结果准确度外，又加快了检测速度。在反应介质中加入一定量的促凝剂，可加速抗原抗体复合物的形成，以减少反应时间。速率法的优点是快速、不需要减去样本和试剂本底读数，校正结果也较稳定。

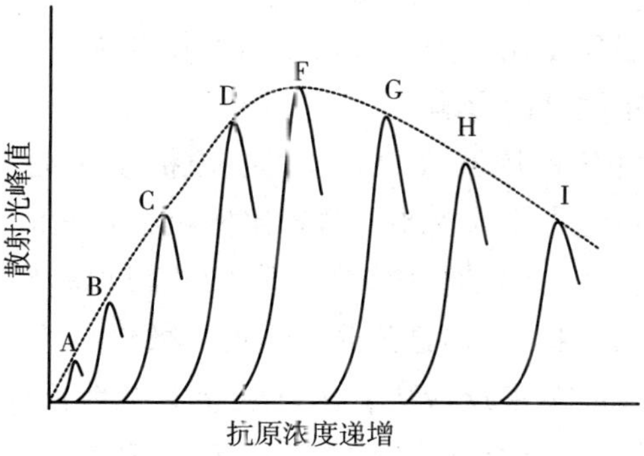
散射光峰值
A
B
C
D
F
G
H
I
抗原浓度递增

图 14－6　抗原浓度与峰值信号

4. 粒子强化免疫浊度测定法　基本原理是选择一种大小适中、均匀一致的胶乳颗粒，吸附或交联抗体后，当遇到相应抗原时，则发生聚集。单个胶乳颗粒在入射光波长之内，光线可透过。当两个胶乳颗粒凝聚时，则使透过光减少，这种减少的程度与胶乳凝集成正比，当然也与抗原量成正比（图 14－7）。

从抗血清提纯特异的免疫球蛋白（IgG）后，经吸附或共价交联反应固定于胶乳表面，作为主要的试剂。改变胶乳的原材料可改变其折光率，又因它有一定粒径，可增强正向散射光强度等原因，可使浊度法灵敏度达到 ng/ml 或 pg/ml 水平。此方法的关键在于：①选择适用的胶乳，其大小（直径）要稍小于波长。研究认为，用 500nm 波长者，选择 0.1μm 较适合；用 585nm 波长者，则选择 0.1～0.2μm 为好，目前多用 0.2μm 胶乳。②采用化学交联使胶乳与抗体结合虽好，但失活也较大。据报道，一般吸附法即可应用。可用于一般分光光度计及各种比浊仪。

它的特点是变非均相反应为均相反应，灵敏度提高；聚乙烯、聚苯乙烯等高分子胶乳颗粒，直径 100～200nm 可以物理吸附（多抗）或化学交联（单抗）方式与抗体连接；基于单抗胶乳免疫散射速率比浊技术的定量分析是发展方向。

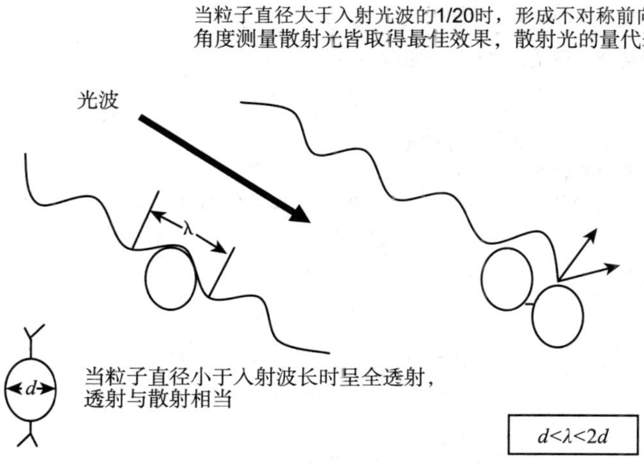
当粒子直径大于入射光波的1/20时，形成不对称前向散射，在90°以前的角度测量散射光皆取得最佳效果，散射光的量代表复合物的量
光波
λ
d
当粒子直径小于入射波长时呈全透射，透射与散射相当
d<λ<2d

图 14－7　粒子增强免疫测定光路

扫码“学一学”

第三节 免疫比浊分析仪应用技术特征及影响因素

用于特定蛋白检测的免疫比浊分析仪几乎均以散射免疫比浊法为基础而设计的，有些型号仪器还结合了粒子增强免疫比浊等多种技术从而使各项性能指标大为改观。虽然如此但不可避免地受到某些测定因素的影响。

影响免疫比浊分析仪测定的因素主要有：①抗原抗体比例。在自动免疫比浊技术中，选择抗原抗体的量在反应过程中极为重要。两者比例仅在合适时才出现最强的反应（即形成的复合物的量最大最稳定）。当抗原（待测物质）含量过高时，可能出现钩状效应而致检测结果呈假阴性。②抗体纯度和效价。选择亲和力好、效价高的抗体，可保证抗原抗体的反应质量。③增聚剂的使用。在免疫反应中，为增强抗原抗体反应常使用增聚剂，如3% ~ 4%的聚乙二醇等，利用其破坏抗原抗体的水化层，促进其靠近反应，但如浓度不适合，如高了会影响其他溶质或产生非特异性聚集影响结果。针对存在的这些缺憾，不同的仪器亦采取了不同的措施与技术来纠正，以保证仪器的各项性能。

免疫比浊分析仪性能的技术参数比较见表14－2。

表14－2 免疫比浊分析仪性能及技术参数比较

	BN Ⅱ	IMMGE800
检测原理	定时散射比浊法 以13°～24°固定角度测量散射光强度	速率散射法（670nm）90°检测角检测散射光强度。 近红外颗粒透射免疫分析法——NIPIA 180°检测角
检测项目	60多项	33项，可用户多项自定义
检测速度	最多达225测试/小时	最多达180测试/小时
分析方法	动态定时，终点测定，动态定时散射比浊法	透射法＋散射法；速率散射比浊法（测蛋白）速率抑制散射比浊法（TDM）近红外颗粒速率法免疫分析（Rate NIPIA）速率抑制NIPIA（低分子量TDM）
定标	多点定标	多点定标，单点确认
装载单位	8份标准品或质控品的试管架 7份试剂试管架 10份样品试管的试管架	24种试剂的试剂架 72份的试管架 72个，可连续，随机进样
稀释单位	两个框架单位中最大容量 264个稀释杯	共4个区，各有36个稀释孔
试管型号	（12～16）mm×（55～100）mm 儿童样品管或微量管（圆锥形，1.5ml）	
识别码	自动化识别不同类型（样品和试剂）条形编码	
样品稀释	1∶1到1∶64000	1∶1到1∶1296
液面感应	对样品、标准品、质控品以及试剂均可感应；同时，对系统中的液体系统也可感应	
比色杯	60个可重复使用的比色杯	39个半永久性比色杯
检测温度	（37±1.5）℃	（37±0.5）℃
光源	红外线高性能发光二极管	激光LED
波长	（840±25）nm	670nm；940nm
电压	（100～127）V/50或60Hz （187～240）V/50或60Hz	（100～120）V，（200～240）V；50/60Hz
环境温度	（18～32）℃	
重量	150kg	120kg

一、速率散射比浊仪技术特征

（一）技术原理

速率散射比浊仪，如 IMMAGE800，它应用了双光径、两种技术和四种方法进行免疫比浊检测。第一光径（1→4→5）（图 14－8）为激光光源，波长 670nm，采用速率散射法测定中小分子（直接反应产物），其检测角为 90°，特点是检测干扰小，精度高第二光径（2→4→6），近红外光源，波长是 940nm，采用近红外颗粒速率透射法测定大分子（抗体颗粒结合物），其检测角为 180°，结合使用近红外波长提高检测精度。同时对于其他任何种类的非特异性颗粒的干扰也更具有抵抗力。其在反应开始的 90 秒内，每隔 5 秒就记录一次，每次记录中进行 200 次读数，合计共 3600 次读数。这种连续的动态分析，根据相对时间的信号变动被用来进行结果计算，能记录特异的信号变化，排除因污染颗粒、气泡及非特异性沉淀物引起的干扰性信号，提高了准确度。

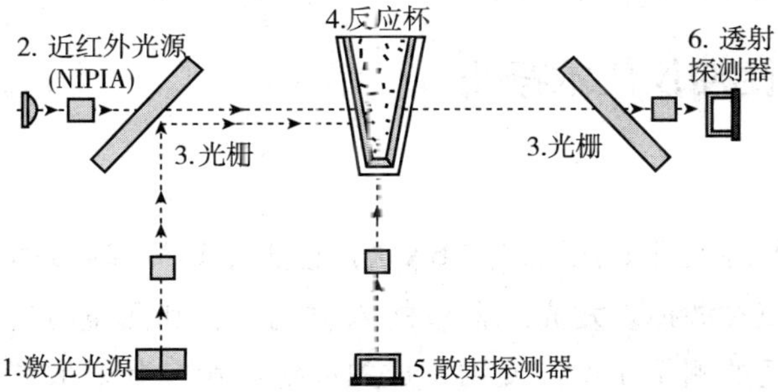

图 14－8　双光径光路图

（二）抗原过剩的监测性能

仪器设有抗原过量自动监测系统。该设计原理通常都选用抗体过量，以利于抗原抗体复合物的快速形成，并保持相对稳定，不易溶解，以保证所有待测抗原能完全与抗体结合，使检测反应的光散射信号与抗原量的增加呈正比关系。在抗体恒定过量时，抗原抗体在反应介质中可快速形成稳定的复合物，产生散射光信号，该信号随复合物的增加和时间的延长而动态性增强，可在单位时间内动态测定到该散射光信号，得到速率峰值。当该反应过程完成时，该反应介质中的抗体应是将抗原全部结合，无游离抗原存在，但仍有游离抗体存在。保证抗体恒定过量，最好的方法是在反应过程完成时，再加入已知相应抗原到该反应介质中，如新加入抗原可与游离抗体结合反应，则产生新的速率峰值，由此证明之前检测到的速率峰信号是由待测抗原完全反应产生的；若新加入抗原后不出现新的速率峰，则说明反应介质中无游离抗体存在，即可能出现待测抗原尚未完全反应，那么之前的速率峰信号可能不是在抗体恒定过量的条件产生，可能受到钩状效应的影响，结果不可靠，需将待测样品进一步稀释后重测（图 14－9）。

（三）非特异性干扰信号的排除

针对非特异性反应，如当有明显脂肪血、黄疸或溶血时，本身就有一定的浊度，尤其在待测物质含量较低的情况下可造成假阳性。针对特定样本的这类困扰该系统设有全程跟踪反应过程，特别是在测定低稀释度的样本时，采用空白样本，不加入抗体，在另一个比

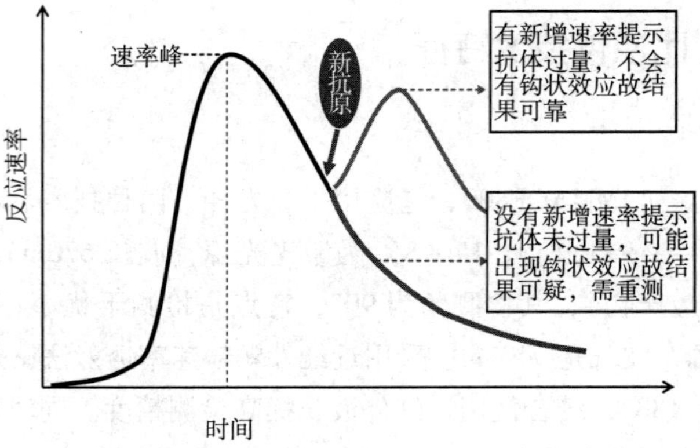

图 14－9　抗原过量监测示意图

色管中自动检测非特异性反应。这种动力学空白设计使得在测定的每一个循环过程中都可以将从反应比色管中得到的相应散射信号自动减去从样本空白对照比色管中得到的信号。由于用速率峰来计算结果就不可能受到非特异性干扰信号的影响。

二、定时散射比浊仪技术特征

（一）技术原理

以定时散射法为原理设计的比浊仪如 BNⅡ，它使用 13°～24°的固定角度测量相应的光学值有效地将初始光束过滤掉。发光二极管的入射光波长和测量时抗原抗体复合物的颗粒大小一起决定了最合适的测量角度。使用了成熟稳定的第三代乳胶增强技术，此类乳胶颗粒能使抗原抗体复合物的直径保持在 $d>1000$nm 左右；而光源的发射波长为 840nm，从而使得颗粒直径一般大于波长，因此主要产生光信号较高的 Mie 散射便于测定从而进一步提高检测的灵敏度。

（二）抗原过量的监测功能

使用预反应试验的原理解决抗原过量造成的假阴性问题。在预反应试验中，部分样本和全部量的试剂进行反应。如果信号值显著增加并超过定义的阈值，该测定将会被标记为结果大于测量范围，并且自动用下一个稀释度水平重新进行测量。而如果预反应试验正常，其余部分的样本会加入反应液中完成主要反应。

（三）非特异性反应的排除

在抗原抗体免疫反应中经常会遇到非特异性的反应（主要来源之一为样本的基底效应，尤其在低稀释度的情况下），干扰对实际反应信号的探测。

1. 浊度检查　通过测定起始值和比色管空白值之间的差异，排除由于内源性浊度（例如脂血样本）或具有快速反应特性（例如单克隆免疫球蛋白）的样本所带来的非特异性干扰。系统会自动监测起始值（7.5 秒后测得的第一个值）和比色管空白值的差异的情况。通过第二测定值和起始值之间很小的测定信号差异建立一个指标，用来排除非特异性浊度或非典型性反应。

2. 非特异性反应检查　通过测定在没有添加试剂的情况下出现的测定信号改变来监测非特异性反应。只有在没有出现非特异性反应的情况下（没有超过一定的阈值）系统才会继续测定该项目。如果发生非特异性反应，则系统会提示将样品从分析仪中取出并进行清理之后再将样本放回仪器上重新进行测定。

3. 可信度检查　鉴于很多基底效应都是在低稀释度（通常为1∶1或1∶5）的情况下出现的，可信度检查可以防止样本在这种条件下测得的结果被自动地作为最终结果发送出去。例如，如果在低稀释度条件下（1∶5）得到的结果小于测定范围，则会在1∶20的稀释度下重新测量，系统会自动检查重新测定的结果是大于规定阈值还是小于规定阈值。将第一次测量（1∶20稀释）的测量范围低限值加上这个低限值的15%，就可以计算得出阈值。这同样适用于1∶1到1∶5的稀释准备，大于1∶20稀释水平的样本准备通常不会出现基质效应。

第四节　免疫比浊分析仪的临床应用及校准

扫码"学一学"

全自动免疫比浊分析仪稳定性好，敏感性高可达ng/L水平，精确度高（CV<5%），干扰因素少；结果判断更加客观、准确，便于进行室内及室间质量控制等，在各方面都显示了其特有的应用优势。

一、免疫比浊分析仪的临床应用

1. 免疫功能监测　免疫球蛋白A、免疫球蛋白G、IgG1～4亚型、免疫球蛋白M、免疫球蛋白E（IgE）、免疫球蛋白轻链κ、免疫球蛋白轻链λ、Free κ轻链、Free λ轻链、补体C3、补体C4、C－反应蛋白、超敏CRP（CRPH）等。

2. 心血管疾病检测　载脂蛋白Al、载脂蛋白B、脂蛋白a、C－反应蛋白等。

3. 炎症状况监测　白蛋白（ALB）、C－反应蛋白、α_1－酸性糖蛋白、抗胰蛋白酶（AAT）、触珠蛋白、铜蓝蛋白等。

4. 类风湿性关节炎的检测　类风湿因子、C－反应蛋白、抗链O、ADNase－B等。

5. 肾脏功能监测　微量白蛋白、α_2－巨球蛋白、β_2－微球蛋白、转铁蛋白、免疫球蛋白G、胱抑素C、α_1－微球蛋白（A1M）等。

6. 营养状态监测　白蛋白、前白蛋白、铁蛋白（FER）、转铁蛋白等。

7. 新生儿体检　C－反应蛋白、免疫球蛋白A、前白蛋白、免疫球蛋白G等。

8. 凝血及出血性疾病的检测　抗凝血酶Ⅲ（AT）、备解素B因子（PFB）、转铁蛋白、触珠蛋白等。

9. 贫血监测　触球蛋白、转铁蛋白等。

10. 血脑屏障监测　脑脊液白蛋白、免疫球蛋白A、免疫球蛋白G、免疫球蛋白M等。

二、免疫比浊分析仪的校准

为提高免疫比浊分析仪的检测质量，防止漏检、误诊的发生，保证仪器在工作中发挥更好的效果，对仪器进行定期校准并全面执行质量控制工作是必不可少的。

（一）仪器性能指标

1. 灵敏度（sensibility）　定义为可以区分95%可信区间的最低检测浓度。每一个测定项目都有其各自的灵敏度。每一种测定项目都有其最低检出限和最高检出限。

2. 精密度（precision）　在免疫比浊分析仪运行良好的情况下，所获得的独立的测定结果之间的一致性程度。精密度是以不精密度来间接表示。测定不精密度的主要来源是随机误差，以标准差（SD）和（或）变异系数（CV）具体表示。SD或CV越大，表示重复测定的离散度越大，精密度越差，反之则越好。测得的精密度值应该小于或等于不同项目所示的最大精密度限度值。最大限度值通过检查不同方法学的精密度、测试操作的熟练程度以及文献资料得出。

3. 准确度（accuracy） 待测物的测定值与其真值的一致性程度。准确度不能直接以数值表示，通常以不准确度来间接衡量。临床一般取已知靶值的分析物重复十次测定，所得均值与其参考靶值之间的差异亦即偏差，即为测定的不准确度。

4. 干扰（interference）性能测试 在起始样本稀释度下，检测了主要干扰物质如胆红素、脂类、血红蛋白等在血清中对使用该方法学进行该项目检测的干扰。对测试结果分别分析采取不同的应对措施以确保结果的正确可靠。如使用浊度法进行定量测定可能不宜应用脂血样本，因为该样本具有强烈的光发散特性，会造成检测结果不准确。在进行测定前，脂血样本应该用超速离心方法离心10分钟去除脂类物质。

（二）仪器的校准

免疫比浊仪是临床实验室常用的分析仪器之一，其检测结果是否准确对疾病的诊断和治疗监测有直接的影响。当仪器出现无法确认的不正常测定结果时需进行校准并根据校准结果进行确认及处理。校准应由厂家专业人员在执行仪器全面维护保养之后，进行仪器性能全面评估。另外，仪器的校准还可为临床实验室提供具有时效性的校准报告，以满足其相关的认证工作（如ISO 15189，CAP认证等）。仪器的校准内容如下。

（1）仪器外部工作环境监测 监测仪器工作环境温度、相对湿度、工作电源等状况是否合格。

（2）仪器组成部件及运行状态监测 监测电脑、电脑与仪器间通讯、打印机、条码阅读器、供水系统、排废系统、试剂针、样本针等机械部件是否正常运行。

（3）仪器内部状态监测 通过仪器软件内部监控程序检测仪器电压、气路、温度、液面、数据采集板、参比色杯、光路等的状态使仪器各功能模块值在标准范围内。

（4）样本针携带污染率检测 要求携带污染率的值符合实验室的要求。

（5）定标检测 定标是为校正仪器的出厂反应曲线，使之适用于该定标仪器。通过精密度、准确度及重复性等指标测试使其偏差值在允许范围内（根据不同项目要求不同）。

（6）测试验证 急诊样本是否优先于一般样本检验的功能。

免疫比浊仪进行校准后，实验室工作人员必须开展全程质量管理以监测仪器的检测结果是否发生漂移。

（三）免疫比浊分析仪全程质量管理

1. 仪器运行前质控

（1）仪器运行前应保障其有良好的仪器运行环境。

（2）保证样本留取及存储正确，建议使用血清样本。血浆样本（EDTA，肝素锂和肝素钠）也可使用。

（3）试剂准备量应充足，试剂使用前轻柔地倒转试剂盒以混匀试剂。保证试剂在每天的工作完成后放回到冰箱中（2~8°C）保存。

2. 仪器运行中的质控 每台仪器都有标准操作程序，认真制作SOP文件，严格按照SOP文件正确操作以得到正确的检测结果。

（1）校准品及质控品标准化　特定蛋白检测的标准化根据临床化学国际联盟 IFCC 设定，并由欧共体参考品局 BCR 进行鉴定的血浆蛋白批号的国际参考品 CRM470。该参考品被美国病理学家协会 CAP 指定为人血清蛋白（RPPHS）批号 91/0619 的参考品预备。第 1 代参考品（即 1967 年推出的批号为 67/86 的 WHO 免疫球蛋白标准品）用于免疫扩散和火箭电泳测定的标准化，但由于其有些浑浊，不太适用于免疫比浊法。新一代国际人血清蛋白参考品是 RPPHS，研制 RPPHS 的目的是用其来校准用于血清蛋白常规测定的第三级参考品。RPPHS 可从美国 CAP 获得。

当前比较流行的特定蛋白的国际标准是 CRM－470。按照 IFCC 定值方案，统一使用指定的各特定蛋白纯化标准为原始标准。避免各实验室因使用的标准不一致造成定值差异。方案详细规定了定值的操作程序以及统计方法。在 1992 年欧洲经济共同体的共同体参考局（BCR）认可该参考品，并给予代号 CRM－470（认可参考品 470）。使用 CRM－470 标准后，各重要厂商（Abbott、Beckman、Behring 等）都已签署认可 CRM－470 作为公司的第一标准，从而使实验室结果的可比性得以改善。

（2）定标　是批特异性的。当试剂的批号更换时、更换特定部件时和保养程序后，试剂应该进行重新定标。系统记忆中保存的定标，可以通过每天检测中的质量控制程序的结果进行监控。在定标过程中系统会自动完成确认检查，并提供定标报告。

（3）由于免疫方法检测的特殊性，抗原过量的监测是检测结果的质量控制的另一个重要保证。选择最优的方法学和专业的检测系统，是保证检测结果准确的首要前提。

（4）室内质量控制　用于评估每个实验室的检测结果是否与以前相似，判定当日结果是否可以被采用。它控制着试验的重复性、精密度。每次检验常规样本前，先进行质控血清检验，借助质控血清检验结果与原预定的可接受限相比较，不满意的结果将被控制。每天要进行至少两级水平的质控品检测，正常和异常值。使用新批号的试剂或缓冲液，在特定维修或者出现故障后，都应该进行质控检测。

（5）回顾性质控　目前多采用 Westgard 质控规则（图 14－10）。它是回顾性的，可及时发现问题，总结偶然和必然误差发生的原因。Westgard 质控规则是在 Levey－Jennings 方法基础上发展起来，建立了同时使用多个规则来进行临床检验质量控制的方法。当失控时，能确定产生失控的分析误差的类型和误差范围，由此可帮助确定失控的原因以寻找解决问题的办法。通常有六个质控规则，即 $12s$，$13s$，$22s$，$R4s$，$41s$，$10_{\bar{x}}$质控规则。

（6）室间质评　是许多实验室之间比较某一样本的结果，确认同一样本，并给出一个正确的答案。室间质量评价提供准确度的评价，这是一个回顾性的评价，提供一个持续的检查该项目结果的可信度，使病人检验结果在不同医院之间可以通用。

3. 运行结束后质控　仪器运行结束后应严格执行保养程序，这是保证仪器正常运行的根本。认真执行日保养、月保养程序，定时更换仪器使用部件如反应杯等。在仪器通电时不要拔插电路板，不要连接或断开管道的任何接头；清洁仪器的任何部件时要在仪器非工作状态下。

全面的质量控制管理同样对实验室工作人员也提出了更高的要求。实验室人员应从各个方面提升自己的能力以熟练使用大型设备。

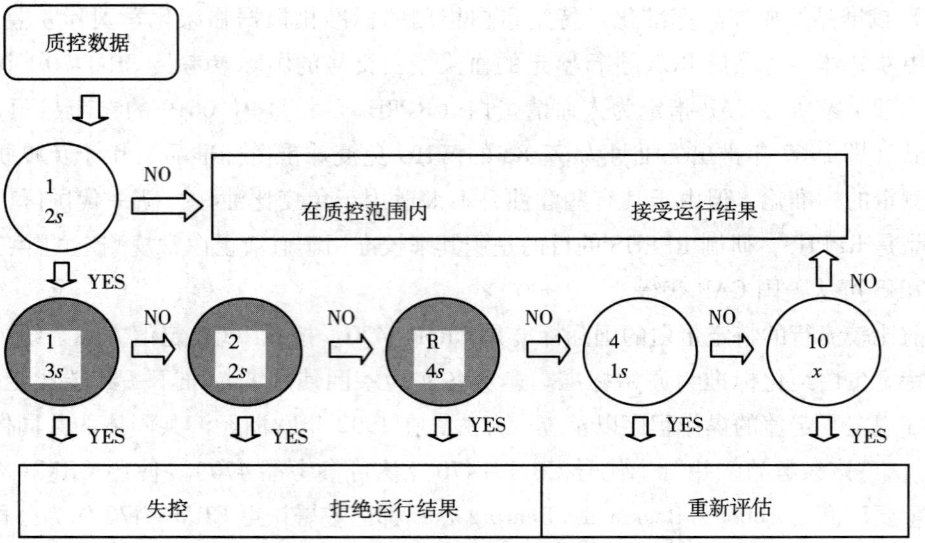

扫码“练一练”

图 14-10　Westgard 质控规则运行图

（胡志东　孔海芳）

第十五章　微生物培养与鉴定系统

教学目标与要求

掌握　自动化血培养检测系统的分析原理、仪器结构特点；微生物自动鉴定系统的工作原理；微生物自动药敏分析系统的工作原理；微生物自动鉴定及药敏分析系统基本结构与功能。

熟悉　自动血培养仪的性能特点、使用注意事项；自动细菌鉴定和药敏分析系统的性能特点、使用注意事项。

了解　自动血培养系统和鉴定系统的发展历史与进展；数码鉴定的原理和结果解释。

微生物学实验室的主要任务是探讨微生物与感染的关系，确定微生物的病原性，监测新发和突发传染病的出现，为感染性疾病的诊断和治疗提供依据。微生物自动化系统在快速准确病原分离、鉴定和药物敏感性试验方面发挥了重要作用。微生物实验室的培养与鉴定系统主要包括自动血培养系统、微生物鉴定和药敏分析系统。

第一节　自动血培养系统

扫码“学一学”

一、概述

血流感染是临床上严重危及病人生命的疾病，准确、快速地培养出血液中的细菌对感染性疾病的诊断和治疗具有极为重要的意义。血培养检查是用于检验血液样品中有无细菌存在的一种微生物学检查方法，对于快速检测病人血液中是否有细菌生长以明确诊断有十分重要的作用，是临床有效治疗的关键。一般病人血循环中细菌数量很少，据报道菌血症病人血中细菌数 < 10cfu/ml 的占 73%、10 ~ 99cfu/ml 的占 22%、> 100cfu/ml 的仅占 5%，因此，通常需将血液中细菌通过增菌才便于检测。

早期的手工血培养系统是将病人的血液标本接种于自制的含无菌肉汤的液体培养基中，35℃孵育，每天肉眼观察有无细菌生长的迹象（如溶血、产气、浊度和颜色变化，形成菌膜和沉淀等），然后转种琼脂平板进一步鉴定。如无细菌生长迹象需盲目传代和涂片，7 天后才能发出阴性报告。手工培养法耗时长、阳性率低，结果影响因素大，限制了临床应用。

为了加快检出时间，法国首先推出了商品化的双相 Hemoline 血培养瓶。它是在液体培养瓶中加一层琼脂平面，加入血标本后，使细菌在固相和液相培养基中同时增殖，一旦有菌生长，即可在平面上形成菌落，直接挑取菌落进行涂片鉴定等后续检查，减少了传代步骤，缩短了检测时间。

20 世纪 70 年代以后，半自动、自动化血培养系统的应用大大缩短了阳性报告时间，提高了阳性检出率，而且自动化血培养系统不仅缩短了血液中细菌的分离时间，同时也为无菌体液，如脑脊液、胸腹水、胆汁、关节液等的细菌分离提供了捷径。近年来，随着科学技术进步和微生物学的发展，微生物学家、计算机专家和工程技术人员相结合，已经创造出许多自动化、计算机化的智能型自动血培养仪。

自动血培养系统的发展经历了观察指标从肉眼到放射性标记、再到非放射性标记，操作从手工到半自动、再到自动，结果判断从终点到连续判读、能记录细菌生长曲线、一旦出现阳性结果可随时报告几个阶段。第一代血培养仪用放射性碳^{14}C标记法，培养瓶中含^{14}C－底物，标本中的细菌利用标记底物而产生$^{14}CO_2$，仪器将分析培养瓶中的气体，当$^{14}CO_2$量超过规定界限时报告阳性生长。第一代血培养仪有BACTEC110、225、301、460，Difco Sentinel系统和Bactometer系统，由于存在放射性标记物质，出于环保和安全性方面的考虑现已停止使用。第二代血培养仪采用红外线检测，通过分析培养瓶内的CO_2气体含量变化进行检测，并需额外添加新鲜气体，存在敏感性低、容易交叉污染的问题，现也很少使用，包括BACTEC660、730、860型号。现在应用普遍的第三代血培养仪则用更加敏感的荧光技术或显色技术检测血液中细菌的生长，具有自动、连续、封闭监测的特点和快速、灵敏、安全的优势，在临床感染性疾病的诊断中发挥了重要作用，已广泛使用于大中型医院的微生物实验室。第三代血培养仪有BACTEC9000系列血培养仪、BacT/Alert 3D血培养仪等。

展望自动化血培养系统的未来，可能向以下几方面发展：①灵敏度更高，如采用特定波长的激光检测微量CO_2的变化，使检出时间更快；②检出的范围更广，能同时检出需氧菌、苛氧菌、厌氧菌、分枝杆菌和真菌等；③自动化和计算机的智能化程度更强，包括专家系统、数据分析、传输和储存系统，使阳性结果直接传输至相关医生的计算机上；④所需血液样本量更少，仪器和设备的单位体积更小，提高检测效率；⑤进一步降低污染率，减少假阳性率和假阴性率；⑥降低成本，减少费用，病人更易接受。

二、结构原理

（一）自动化血培养系统的组成

自动化血培养系统主要由以下3部分组成。

1. 主机

（1）恒温孵育系统　设有恒温装置和震荡培养装置，根据可放置培养瓶的数量分为不同型号，如100、120、200、240等。

（2）检测系统　根据原理不同，有多种检测技术，包括放射性^{14}C标记法、二氧化碳感受器（显色法）、荧光技术等。

2. 计算机及其外围设备　通过条形码识别标本，计算、分析细菌生长曲线，判断阴阳性结果，记录和打印结果（包括阳性报警时间），进行数据贮存和分析等。

3. 配套试剂与器材

（1）培养瓶　种类较多，有需氧培养瓶、厌氧培养瓶、小儿培养瓶、中和抗生素瓶等，根据临床需要灵活选用。

（2）真空采血装置　有些仪器配有一次性使用的无菌塑料管，采血后通过负压作用自动进入培养瓶。

（3）条码扫描器　用于存取标本的识别、仪器的操作等。

半自动血培养仪仅有检测系统，而全自动血培养仪除检测系统外，尚有恒温孵育系统、计算机分析系统和打印系统等。

（二）自动化血培养系统的检测原理

根据检测方法的不同，现临床最常用的血培养系统分为比色法和荧光增强法两类。

1. 比色法　血培养瓶中含有各种微生物生长需要的营养物质，标本中如有微生物生长，就会利用营养物质新陈代谢产生 CO_2。真空发光检测装置发出光照射到颜色指示器上，其反射光可被光电检测器检测到。随着 CO_2 的增多，瓶子底部的颜色指示器变为更亮的颜色，反射光也会更强。如果 CO_2 持续增加，高于初始浓度和（或）不同寻常的高 CO_2 产生率，此标本培养结果即为阳性。如果经过一定时间培养后 CO_2 水平没有显著变化，此样本培养结果即为阴性。

2. 荧光增强法　微生物在代谢过程中消耗培养基中的营养成分并代谢引起 CO_2 浓度变化，而 CO_2 浓度的改变可直接激活培养瓶底部包埋的对 CO_2 浓度变化高度敏感的荧光物质，在二极管的激发下荧光物质释放荧光。荧光强度的变化可直接反映培养瓶内的 CO_2 浓度变化。系统每 10 分钟自动测定并记录荧光强度的变化。系统连续检测获得足够数据后，由电脑处理系统进行综合分析，并立即报告培养结果（图 15－1）。

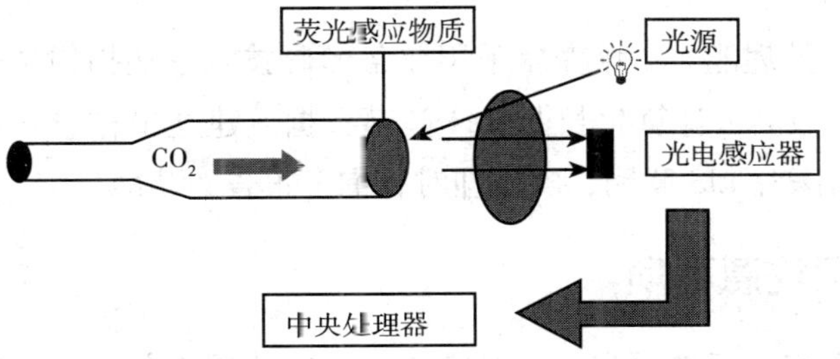

图 15－1　荧光法血培养系统的检测原理

三、性能特点

自动血培养系统包括半自动血培养系统和全自动血培养系统，后者比前者增加了恒温孵育系统，因此具有更加便捷和更高智能化的特点。

（1）培养瓶种类多样　自动血培养系统配套的培养瓶是血培养仪重要的组成部分，设置不同培养瓶的目的主要是针对细菌对营养和气体环境的要求不同，病人的年龄和体质差异较大及血液中是否有抗生素残留三大要素，不仅提供不同细菌繁殖所必需的增菌液体培养基，还包含适宜的气体成分，以最大限度检出所有阳性标本，防止假阴性。目前常用的培养瓶种类一般有标准需氧培养瓶、标准厌氧培养瓶、真菌培养瓶、分枝杆菌培养瓶、小儿培养瓶以及中和抗生素培养瓶（含树脂或活性炭的需氧、厌氧、儿童培养瓶）等。标准培养瓶用于未使用抗生素的病人，适合各种细菌和酵母菌的生长；对于已使用抗生素病人血培养，宜使用中和抗生素瓶，如培养基中加入硫酸镁拮抗某些抗生素、加入阳离子树脂或活性炭吸附抗生素，以提高阳性率；树脂包括亲水树脂和疏水树脂两种剂型，可分离已与细菌结合的抗生素，裂解红细胞释放养分供细菌使用，裂解白细胞释放已被吞噬的细菌，断开链球菌及葡萄球菌以加速细菌生长，可以吸附临床使用的绝大多数抗生素。儿童培养瓶专门为儿童设计，适合少量血标本（1～2ml），并添加促进细菌生长的特殊因子，可提高血培养阳性率。

（2）仪器容量大小不同　从50～240瓶不等，并且一部主机最多可控制6台组合孵箱，使培养瓶扩展到6×240瓶，满足不同规模医院的需要。

（3）连续恒温震荡方式培养和自动连续监测　每10～15分钟监测每个瓶位一次，一方面使微生物生长更快，易于检出，另一方面保证阳性标本能在第一时间检出。

（4）采用封闭式非侵入性监测方式　无须充气和通气，有效避免标本交叉污染和实验室人员的院内感染，符合生物安全要求。

（5）检测速度快、降低阳性检出时间　自动血培养仪平均阳性标本检出时间为9～65小时，最快阳性报告时间为30分钟，培养20小时阳性标本检出率为88.9%，培养48小时阳性标本检出率为95%。

（6）一些仪器具有处理延迟放入培养瓶能力　因此培养瓶可在任何时间放入培养系统，更大程度满足临床需要，如夜间抽好血标本，次日送达实验室也不影响结果。

（7）设有内部质控程序　定时进行温度、感应器等的监控，保证仪器正常运转。

（8）扩大应用范围　新一代自动化血培养系统，不仅可检测血液样本中细菌、真菌、结核菌等，更将标本类型扩展至其他无菌体液，如脑脊液、胸腹水、胆汁、骨髓、关节液、心包积液等。

（9）强大的数据处理能力　培养瓶采用双条形码技术，从扫描条码，自动进入培养箱任一位置，仪器自动检测，计算生长曲线，储存数据，建立工作量、病人、流行病学报告均自动完成，并可与医院LIS联网，实现即时查询、报告的功能。

四、仪器应用注意事项

1. 血培养标本采集、运送要求　一般应在抗生素使用之前、病人发热初期或开始出现寒战时采集标本。根据需要选择适当的培养基，如需氧培养瓶、厌氧培养瓶、小儿培养瓶、中和抗生素瓶等，推荐每名病人短时内采血2～3套，每套两瓶，分别为需氧瓶和厌氧瓶。每瓶血液5～10ml，小儿1～2ml，2～5天内不必重复取血。只有可疑为持续性菌血症，如心内膜炎、导管相关败血症时，才要有间隔地（1～24小时）几次取血监测、捕捉，特别是怀疑金黄色葡萄球菌感染时。病人抽血后直接注入血培养瓶，要求先需氧瓶后厌氧瓶，贴好条码，尽快送检，若不能，可于室温保存，但不可放置冰箱保存。实验室收到标本后检查无误，即刻放入仪器培养。可根据需要设定检测时间，如常规细菌培养5天，隐球菌14天，超过设定时间仍为阴性时，仪器报告结果为阴性。

2. 仪器保养与维护　仪器应由专业人员安装在坚固平整的台面上，仪器使用环境应符合特定要求，最好在有空调的房间以使温度控制在室温水平；每日检查仪器表面是否清洁、有无污染，用软布擦拭四周及表面；每日检查仪器内部放瓶位置底部有无纸屑杂物等，如有，及时清除；每日检查仪器温度是否在允许范围之内；每日清洁计算机屏幕、键盘、鼠标等附属设备；每月清洁、更换仪器背面排风口滤板；每半年进行仪器全面维护一次。新购血培养仪应按操作说明用标准菌株进行性能测试，符合后开始使用。

3. 自动血培养仪常见故障及维护　主要有：①温度异常；②瓶孔被污染；③数据管理系统与培养仪失去信息联系或不工作；④仪器对测试中的培养瓶出现异常反应。可参照仪器说明书操作，最好联系专业工程师进行维护和处理。

扫码“学一学”

第二节　微生物鉴定和药敏分析系统

一、概述

长期以来，临床微生物实验室一直沿用一百多年前由革兰、巴斯德、郭霍等创造的传统的微生物学鉴定方法，主要根据其形态、染色和生化特征，进行手工鉴定，程序繁杂，成本高、收费低、效益少，质量参差不齐，且在方法学和结果的判定、解释等方面易发生主观片面而引起错误，难以进行质量控制。

20 世纪 60 年代的细菌鉴定方法主要利用手工配制的试管培养基测定细菌的生化反应，试验项目单一，操作较繁，鉴定细菌的种类有限。20 世纪 70 年代后期，随着光电、色谱等技术的发展和计算机的广泛应用，采用了物理和化学的分析方法，并根据细菌不同的生物学性状和代谢产物的差异，逐步发展了微量快速培养基和微量生化反应系统，细菌检测开始机械化、自动化，并实现了从生化模式到数字模式的转化，并通过将恒温孵育系统辅以读数仪和计算机分析的功能，形成了半自动化或自动化微生物分析系统，突破性地解决了微生物学检测的繁琐问题，缩短了报告发出的时间。

20 世纪 80 ~ 90 年代发展迅速，一些自动化程度高，功能齐全的鉴定和药敏系统相继出现，并广泛用于临床。1985 年第一台自动化微生物系统（automated microbic system，AMS）进入中国并成功使用，该系统原由美国航天系统为了鉴定宇宙环境中的微生物而研制。1999 年底法国推出 VITEK 2 系统，从接种物稀释、密度计比浊及试卡冲填和封卡等步骤均实现了自动化。目前已有多种微生物自动鉴定及药敏测试系统问世，如 VITEK 2 - compact、PHOENIX™100、MicroScan Walk/Away、Sensititre - ARIS 等。这些自动化系统具有先进的微机系统，广泛的鉴定功能，同时通过定期统计学处理，为医院感染的控制及流行病学调查提供科学的依据，适用于临床微生物实验室、卫生防疫和商检系统，主要功能包括细菌、厌氧菌、真菌鉴定，细菌药物敏感性试验及最低抑菌浓度（minimum inhibitory concentration，MIC）的测定等，其准确性和可靠性均已大大提高。目前，自动化微生物鉴定和药敏试验分析系统已在世界范围内的临床实验室中得到广泛的运用。微生物自动化仪器的使用，促进了临床微生物检验工作的开展，提高了工作质量。

自动化药敏分析系统尽管在临床实验室发挥了重要作用，但由于仪器投入巨大、试剂条昂贵、抗生素种类相对固定、不易进行质量控制，使得经济简便的纸片扩散法一直是临床最常用的药敏试验方法之一。近年来一种能直接测量抑菌圈直径的药敏系统投入临床使用，它的原理是经孵育的药敏平板被仪器的图象分析系统识别并计算抑菌圈直径。根据判断标准，报告药敏试验结果。这些仪器可减少人工测量抑菌圈直径大小差异及主观判断错误，并能根据抑菌圈大小来计算 MIC，但值得注意的是该类仪器对抑菌圈内模糊生长或微小的菌落不能正确识别，而这些菌落对细菌的耐药性的判定至关重要，读取每个平板时仍需进行人工观察。

微生物鉴定的自动化可以缩短微生物的鉴定时间，并可促进实验室内和实验室间的标准化，但是它的试剂消耗费用、一次性设备投入都很高，在某些情况下其结果还需要候补方法确认，部分药敏试验的组合板也不适合国情。因此发展低费用，减少或取消候补方法确认，快速报告、适应性更强、智能化水平更高的新一代微生物鉴定系统是当前研究人员努力的方向。

二、结构原理

（一）自动化微生物鉴定和药敏分析系统的组成

自动化微生物鉴定系统一般由恒温孵育系统、自动检测系统和数据处理系统组成。半自动微生物鉴定系统缺少恒温孵育系统，鉴定板需在仪器外孵育后放入仪器自动检测和报告。

1. 主机 包括：①填充舱；②试卡架的装载与卸载区；③恒温孵育系统；④光学检测系统；⑤废物收集箱。

2. 计算机及其外围设备 负责分析资料的储存、系统的操作及分析程式的运作。自动定时读数，收集记录，储存和分析资料，自动打印报告。

扫码“看一看”

3. 配套试剂与器材 ①试验卡。种类较多，有革兰阴性鉴定卡、革兰阳性鉴定卡、酵母菌鉴定卡、芽孢杆菌鉴定卡、厌氧菌鉴定卡、革兰阴性药敏卡、革兰阳性药敏卡等。②比浊仪和试验卡架。③条码扫描器。

自动化微生物鉴定和药敏分析系统主要操作步骤：①菌液制备；②试验卡菌液填充；③卡片装入读数器/孵箱；④资料录入；⑤结果传输与报告。

（二）自动化微生物鉴定和药敏分析系统的工作原理

微生物自动鉴定系统采用数码鉴定原理。数码鉴定是指通过数学的编码技术将细菌的生化反应模式转换成数学模式，给每种细菌的反应模式赋予一组数码，建立数据库或编成检索本。通过对未知菌进行有关生化试验并将生化反应结果转换成数字（编码），查阅检索本或数据库，得到细菌名称。其基本原理是计算并比较数据库内每个细菌条目对系统中每个生化反应出现的频率总和。

细菌鉴定原理是根据不同细菌的理化性质不同，用光电比色法、荧光技术等测定反应板上的各项生化反应结果，将所得的生化反应模式转换成数学模式（编码），经检索菌种数据库又可将数字转化成细菌名称。编码的原则是将所有生化反应的阴阳性结果以 +/- 为标志的信息编为一组数字。具体做法是：将全部反应每三个归为一组，每个组的第一个反应阳性时记作 1，第二个反应阳性时记作 2，第三个反应阳性时记作 4，各种反应阴性时记作 0。将每组 3 个反应得出的 3 个数字相加，结果可能为 0 ~ 7 之间的任何一个数字。计算机自动查阅检索，编码出细菌名，并自动打印出实验报告。检测方法：细菌经初步分类后，调整细菌悬液到所需浓度，自动加至相应的鉴定卡，仪器每隔一定时间（如 1 小时），自动读数 1 次，直至报告结果，并将% Id 值的大小对鉴定的可信度作出评价。在有些情况下，需要做一些补充试验。

抗菌药物敏感性试验的检测原理，其实质是微型化的肉汤稀释试验。将抗生素微量稀释在条孔或条板中，加入菌悬液孵育后放入仪器或在仪器中直接孵育，仪器每隔一定时间自动测定细菌生长的浊度，或测定培养基中荧光指示剂的强度或荧光原性物质的水解，观察细菌的生长情况。得出待检菌在各药物浓度的生长斜率，经回归分析得到最低抑菌浓度 MIC 值，并根据美国临床和实验室标准协会（Clinical and Laboratory Standards Institute，CLSI）标准获得相应的敏感（susceptible，S）、中介（intermediate，I）和耐药（resistant，R）结果。

抑菌环测量仪的工作原理是以纸片扩散法为基础，采用数字成像技术快速读取抑菌环的直径，并按 CLSI 标准自动判读结果，并可根据抑菌环直径推算出最低抑菌浓度，指导临床用药。仪器可同时读取 1 个或多个平板以提高工作效率。

分枝杆菌培养系统则采用荧光增强原理，在 MGIT™（mycobacteria growth indicator tube，分枝杆菌生长指示管）培养管底部包埋对培养管内氧气浓度高度敏感的荧光指示剂，当培养管内有分枝杆菌生长时，氧气被消耗，荧光显示剂在二极管的激发下发出荧光，通过内荧光强度记忆探测器每隔 60 分钟测定培养管内荧光强度变化，当荧光强度呈现加速度变化时系统将以生长单位（growth unit，GU）形式报告该标本为阳性。阳性培养管可立即取出进行涂片和抗酸染色以确定是否为分枝杆菌，并可将菌液稀释，第二次接种于预先配制好的含有药物敏感试验所需标准浓度药物的 MGIT™培养管及空白对照 MGIT™培养管内（两者菌液浓度比为100:1）进行培养，根据分枝杆菌的生长情况对比而判断该药物敏感性。

三、性能特点

1. 鉴定功能　系统鉴定试卡种类很多，包括 GN 卡（革兰阴性杆菌）、GP 卡（革兰阳性球菌）、YBC 卡（酵母菌）、BAC 卡（需氧芽孢杆菌）、ANC 卡（厌氧菌和棒状杆菌）、NHI 卡（奈瑟菌、嗜血杆菌）、YST 卡（酵母菌）。可鉴定近 500 种不同种类的细菌。也有鉴定系统直接分为阳性菌和阴性菌两种。有些系统同时有鉴定板和鉴定/药敏复合板可选。

2. 药敏试验　含革兰阴性杆菌、革兰阳性菌试卡的多种型号，有些可再细分为尿道分离菌、肺炎链球菌等型号，涉及数十种抗菌药物的药物敏感试验，可进行 VRE、β－内酰胺酶、ESBL、MRSA、碳青霉烯酶等多种细菌耐药机制的检测。有单独的药敏试验板和鉴定/药敏复合板可选。

3. 专家系统软件　所谓专家系统是用计算机软件来代替有丰富经验的专家审核试验结果。专家系统有多条规则，分为三级水平，一级水平是极不可能出现的表型，二级是罕见表型，三级是利用一种药物表型推理另外一些药物的耐药性。专家系统规则，每天审核异常药敏规则，使检验医生可对报告进行修订或重复处理。新一代仪器具有高级专家系统，可根据药敏试验的结果提示细菌耐药机制，还能自动复核检验结果，如发现鉴定与药敏不符合的现象，即发出提示，要求进行复查。

4. 数据处理软件　具有强大的统计功能，可根据用户需要，打印出多种流行病学和统计报告，统计报告内容包括：菌种发生率报告、抗生素敏感率统计报告、细菌对抗生素累积敏感率报告、细菌对抗生素累积 MIC 报告、每月细菌发生率报告、每月细菌敏感率报告、工作量报告、生物模式统计报告、根据不同试卡种类统计的敏感性报告。

5. 结果报告迅速　最快 2～4 小时鉴定出结果，5～16 小时出药敏报告，准确度高。

6. 分枝杆菌鉴定药敏系统

（1）最多可容纳 960 个培养管同机进行培养、鉴定、药敏试验。

（2）临床标本适用范围广，包括痰液、胸腹水、体液、脑脊液、组织、粪便以及其他非血液标本。

（3）快速检测、鉴定功能。分枝杆菌快速培养阳性标本平均检出时间为 9 天；鉴定、药敏试验平均时间为 4 天。

（4）系统自动化检测，自动化质控功能。

（5）系统自动分析药敏试验数据，直接报告试验最终结果，可随机存储 500 份检测结果。

四、仪器应用注意事项

（1）待检细菌在用鉴定系统测试前必须做涂片和革兰染色，根据染色反应选择所需试卡。

（2）待测试细菌一定要纯培养，最好使用在非选择性培养基上过夜孵育的纯培养菌落。

（3）使用光电比色计时一定要调验好 0 点和 100% 点。

（4）菌悬液配制后应在 20 分钟之内接种完毕并放入仪器孵育。

（5）仪器安装后初次使用或新批号试卡使用前需用 ATCC 标准菌株测试，并做好质控记录，结果符合后方可使用。

（6）建立故障和维修记录，详细记录每次故障的时间、内容、性质、原因和解决办法。

（7）建立仪器保养程序，保证仪器正常工作。①每日检查仪器表面是否清洁、有无污染，用软布擦拭四周及表面。②每日检查仪器冲液器表面是否清洁、有无污染，软布擦拭清洁。③每日检查切割机口是否清洁、有无污染，擦拭干净。④每日清洁计算机屏幕、键盘、鼠标等附属设备。⑤每月清洗、更换标本架，检查有无破损。⑥每半年进行仪器全面维护 1 次。

第三节　微生物质谱鉴定仪

扫码“学一学”

一、概述

质谱分析法是通过对被测样品离子质荷比的测定来进行分析的方法。被分析的样品首先要离子化，然后利用不同离子在电场或磁场的运动行为的不同，把离子按质荷比（m/z）分开而得到质谱，通过样品的质谱和相关信息，可以得到样品的定性定量结果。

早期的质谱仪主要是用来进行放射性核素测定和无机元素分析，20 世纪 40 年代以后开始用于有机物分析，60 年代开始检测热不稳定的生物分子。到 20 世纪 80 年代，基质辅助激光解吸离子化质谱（matrix – assisted laser desorption ionization mass spectrometry，MALDI – MS）问世并迅速发展，这种离子化方式产生的离子常用飞行时间（time of flight，TOF）检测器检测，因此 MALDI 常与 TOF 一起称为基质辅助激光解吸离子化飞行时间质谱（MALDI – TOF – MS）。该技术使传统的主要用于小分子物质研究的质谱技术发生了革命性的变革，从此迈入生物质谱技术发展新时代，广泛运用于生物化学，尤其是蛋白质、核酸的分析研究。MALDI – TOF – MS 在临床的应用，主要是对微生物的快速鉴定方面。

目前临床常用的用于微生物鉴定的质谱仪有德国布鲁克公司的 Biotyper 和法国生物梅里埃公司的 VITEK – MS。Biotyper 系统是布鲁克公司独立研发的产品，最早成功用于临床微生物的菌种鉴定。VITEK – MS 最初来自日本岛津公司推出的 Axima 质谱仪，其微生物数据库 SARAMIS 由德国 Anagnos Tec 公司开发，现已于国内许多实验室常规用于微生物鉴定。

二、结构原理

（一）质谱鉴定仪的组成

以 MALDI – TOF Biotyper 鉴定仪为例，仪器主要由以下 2 部分组成。

1. 主机　由基质辅助激光解吸电离离子源（MALDI）和飞行时间质量分析器（TOF）组成。

2. Biotyper 数据库　包括细菌、霉菌、酵母、分枝杆菌等，共计超过 2000 种。

（二）质谱鉴定仪的原理

MALDI－TOF 的原理是用激光照射样品与基质形成的共结晶薄膜，基质从激光中吸收能量传递给生物分子，而电离过程中将质子转移到生物分子或从生物分子得到质子，而使生物分子电离。离子在电场作用下加速飞过飞行管道，根据离子飞行时间的不同进行分析得出离子质荷比（m/z）和离子峰值，形成质量图谱。每种微生物都有自身独特的蛋白质组成，因而拥有独特的蛋白质指纹图谱。通过 MALDI－TOF 质谱仪测得待测微生物的蛋白质指纹谱图，利用软件对这些指纹谱图进行处理并和数据库中各种已知微生物的标准指纹图谱进行比对，从而完成对微生物的鉴定。

三、性能特点

1. 操作简单　单个微生物菌落经简单的样品前处理（仅需几分钟）后，直接使用质谱仪进行测定，无须革兰染色、菌液配置、初步鉴定等其他步骤。

2. 快速、高通量　在几分钟内完成鉴定，鉴定数据库达 2000 种以上，包括常见细菌、酵母菌、霉菌、分枝杆菌等。

3. 耗材少　除靶板和基质外，无须额外试剂。

4. 开放性　微生物蛋白特征指纹图谱数据库系统采用开放式的设计，用户可以添加和扩大数据库。

5. 在鉴定无菌体液病原菌中的应用　应用 MALDI－TOF 质谱仪直接鉴定阳性血培养标本中的细菌和真菌可以获得较好的结果。另外，对经过一定处理后的尿液和脑脊液标本进行鉴定也取得了一定的效果。

6. 在检测病原菌耐药性方面的应用　质谱技术也被尝试用于临床分离菌对青霉素、头孢菌素、碳青酶烯类等的耐药性研究。

四、仪器应用注意事项

（1）待测定的细菌需分离成纯菌。

（2）样品准备时注意菌膜大小合适。

（3）定期仪器保养与维护。

（陈　瑜　陈保德）

扫码“练一练”

第十六章　核酸检测分析仪

教学目标与要求

掌握　聚合酶链反应的概念及原理。

熟悉　核酸分子杂交、基因测序技术、基因芯片技术的基本原理。

了解　实时荧光定量聚合酶链反应仪的基本原理；Southern 印迹杂交的原理及和 Northern 印迹杂交的区别。

扫码"学一学"

第一节　核酸检测分析仪概述

、20 世纪 80 年代中期问世的分子生物学技术是以核酸和蛋白质等生物大分子为研究对象，从分子水平上研究生命本质为目的的一门新兴学科。这些生物大分子由核苷酸或氨基酸排列组合而成，蕴藏大量的遗传信息，并且具有复杂的空间结构，形成精密的相互作用的系统，在遗传信息传递及细胞内、细胞间通讯过程中发挥重要作用，构成了生物的多样化和生物个体的生长发育和代谢调控系统。阐明这些生物大分子的复杂结构及其功能特点，从而揭示遗传、生殖、生长和发育的生命基本特征的分子机制，是分子生物学的主要任务。由于分子生物学技术灵敏、特异性高、较简便快速等特点，具有广泛应用前景，特别是人类基因重组计划的完成，将大大促进对疾病基因和易感基因的鉴定工作。本章节重点介绍基因分析技术中较为常用的 PCR 仪、核酸分子杂交仪、基因测序仪和基因芯片仪。

1983 年美国的 Kary Mullis 和 Randall Saiki 等人发明了聚合酶链反应技术，1985 年公开报道后，使人们能在试管内通过几小时的反应将 DNA 扩增 10^9 倍。随后，美国推出了第一台 PCR 扩增仪。Mullis 因此荣获 1993 年度诺贝尔奖。1985 年 12 月 Science 杂志报道了 R. K. Saiki 等通过扩增 β－珠蛋白基因组序列及用限制性内切酶分析来诊断镰形红细胞贫血，这是 PCR 技术应用于临床疾病诊断的第一篇文献。此后，PCR 技术得到迅速发展，从 1985 年至今 PCR 经历了 3 代技术的发展。"第一代 PCR"技术采用凝胶电泳的方法进行 PCR 产物的定性分析，但它存在操作繁琐、交叉污染风险大等不足。为了避免一代 PCR 的缺陷，并对 PCR 扩增产物进行定量分析，1992 年诞生了"第二代 PCR"技术－实时荧光定量 PCR，极大推动了 PCR 技术在整个生命科学的应用。但由于定量 PCR 结果的分析依赖于 Ct 值和标准曲线，所以在某种意义上所谓的"定量"也只是相对的，"第三代 PCR"技术－数字 PCR 技术（digital PCR，dPCR）应运而生，它是一种核酸分子绝对定量技术。PCR 的应用是分子生物学领域的一次革命性突破，有力地推动了现代医学由细胞水平向分子水平、基因水平的发展，在临床医学上对传染病、遗传病、肿瘤、艾滋病等的诊断、预后观察、疗效判断等方面发挥着越来越重要的作用，特别在基因诊断方面，提供了强有力的手段。

核酸分子杂交技术起源于 1961 年 Hall 等开始用探针与靶序列在溶液中杂交，通过平衡密度梯度离心分离杂交体，开拓了核酸杂交技术的研究。20 世纪 60 年代中期 Nygard 等的研究为应用标记 DNA 或 RNA 探针检测固定在硝酸纤维素膜上的 DNA 序列奠定了基础。由于当时缺乏特异探针，这种方法不能用于研究其他特异基因的表达。70年代末期到80年代早期，分子生物学技术有了突破性进展，限制性内切酶的发展和应用使分子克隆成为可能。迄今为止，已克隆和定性了许多特异DNA探针。由于固相化学技术和核酸自动合成仪的诞生，现在可常规制备18~100个碱基的寡核苷酸探针。特异DNA或RNA序列的量和大小均可用Southern印迹和Northern印迹来测定，与以前的技术相比，大大提高了杂交水平和可信度。

DNA序列测定最早的尝试是借鉴于60年代发展起来的RNA序列测定技术——小片段重叠法，结果相当费时费力。1965年Holly等人使用这个方法花了9年时间才测出丙氨酸tRNA的核苷酸序列。1975年研究者们突破了小片段重叠法的束缚，发展了一种新的策略——加减法。在该法中不直接测定DNA片段中碱基组成和顺序，而是测定片段的长度来推测碱基的顺序。随后在此基础上发展了两种快速序列测定技术：Sanger双脱氧链末端终止法和Maxam-Gilbert DNA化学降解法。进入80年代以后，随着计算机技术、仪器制造和分子生物学研究的迅速发展，产生了DNA自动测序技术。与手工测序相比，自动测序技术中的基本原理仍沿用Sanger等建立的双脱氧链末端终止法。但用非放射性荧光集团取代放射性核素作为DNA片段的标记物，提高了操作的安全性。测序技术的每一次变革，也都对基因组研究、疾病医疗研究、药物研发、育种等领域产生巨大的推动作用。

基因芯片技术是融微电子学、生物学、物理学、化学、计算机科学为一体的高度交叉的新技术，该技术可以将极其大量的探针同时固定于支持物上，所以一次可以对大量的生物分子进行检测分析，从而解决了传统核酸印迹杂交技术复杂、自动化程度低、检测目的分子数量少、低通量等不足。通过设计不同的探针阵列、使用特定的分析方法可使该技术具有多种不同的应用价值，如基因表达谱测定、突变检测、多态性分析、基因组文库作图及杂交测序等，为“后基因组计划”时期基因功能的研究及现代医学科学及医学诊断学的发展提供了强有力的工具，将会使新基因的发现、基因诊断、药物筛选、给药个性化等方面取得重大突破，为整个人类社会带来深刻广泛的变革。该技术被评为1998年度世界十大科技进展之一。

随着分子生物学和生物高技术的迅速发展及其在医学各领域的广泛渗透，使检验医学的方法，从一般的表型鉴定进入基因检验水平。这种以核酸生化为基础的新技术已逐渐成为医学领域不可或缺的最有价值的诊疗手段之一，广泛应用于检验学科的各领域之中，极大地提高了检测试剂的质量和应用范围，更新了人们对疾病的认识，为临床疾病的诊断开辟了新的途径。

第二节　聚合酶链反应仪

扫码“学一学”

聚合酶链反应（polymerase chain reaction，PCR）是一项在短时间内将极微量的靶DNA片段特异地扩增上百万倍，从而大大提高对DNA分子的分析和检测能力。

一、PCR技术基本原理

PCR是体外酶促合成特异DNA片段的方法，主要由高温变性、低温退火和适温延伸三个步骤反复的热循环构成：即在高温（95℃）下，待扩增的靶DNA双链受热变性成为两条单链DNA模板；而后在低温（37~55℃）情况下，两条人工合成的寡核苷酸引物与互补的单链DNA模板结合，形成部分双链；在Taq DNA聚合酶的最适温度（72℃）下，以引物3′端为合成的起点，以单核苷酸为原料，沿模板以5′→3′方向延伸，合成DNA新链。这样，每一双链的DNA模板，经过一次解链、退火、延伸三个步骤的热循环后就成了两条双链

扫码“看一看”

DNA 分子。如此反复进行，每一次循环所产生的 DNA 均能成为下一次循环的模板，每一次循环都使两条人工合成的引物间的 DNA 特异区拷贝数扩增一倍，PCR 产物得以 2^n 的指数形式迅速扩增（图 16－1），经过 25～30 个循环后，理论上可使基因扩增 10^9 倍以上，实际上一般可达 10^6～10^7 倍。将扩增产物进行电泳，经溴化乙啶染色，在紫外灯（254nm）照射下一般都可见到 DNA 的特异扩增区带。

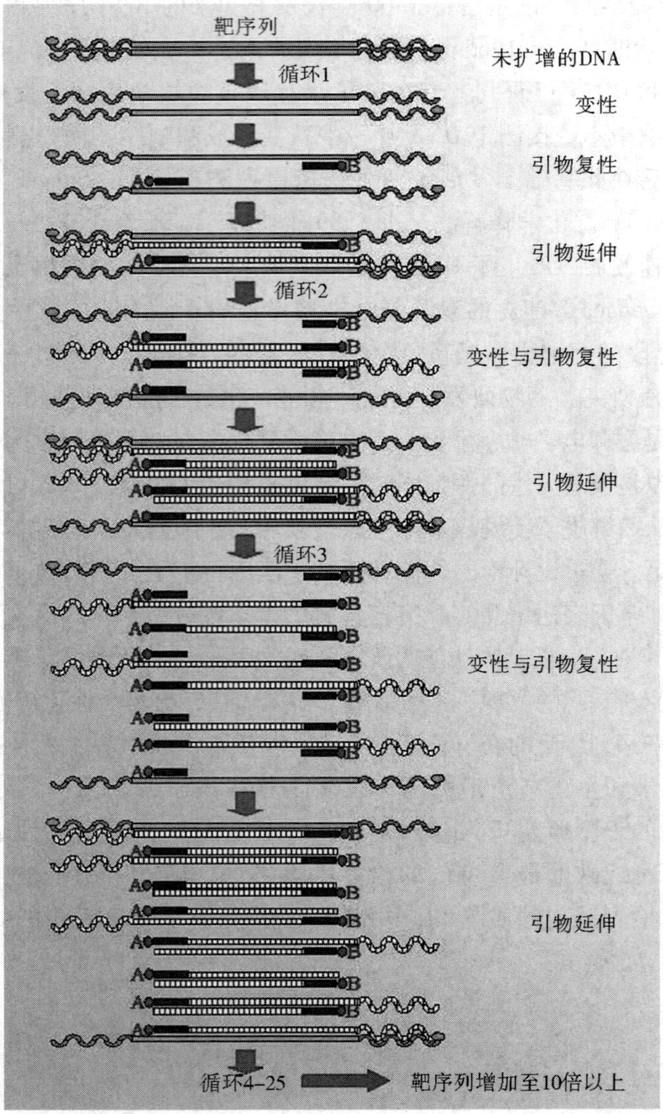

图 16－1　PCR 技术的原理

二、PCR 仪分类

1. 定性 PCR 仪　即第一代 PCR 仪（图 16－2）。它采用普通 PCR 仪来对靶基因进行扩增，采用琼脂糖凝胶电泳等其他方法来对产物进行分析。定性 PCR 有几个缺点：①采用毒性较大的核酸染料，会对实验人员和环境造成伤害；②容易发生污染而造成假阳性结果；③检测耗时长，操作繁琐；④只能定性检测产物的有无，而不能对起始模板量进行定量。

2. 荧光定量 PCR 仪　即第二代 PCR 仪（图 16－3）。

图 16－2　定性 PCR 仪

图 16－3　荧光定量 PCR 仪

荧光定量 PCR（fluorescence quantitative PCR，FQ－PCR）是综合运用了 PCR 的高效扩增特性、核酸探针的特异性、光谱技术的高敏感性和可计量性以及 DNA 聚合酶的 5′→3′外切活性。其原理为设计一条位于引物 3′下游的探针。该探针的 5′和 3′端分别标记荧光报告基团和荧光淬灭基团。该探针在完整时由于淬灭基团的存在，荧光报告基团不能发射荧光（图 16－4）。在 PCR 扩增反应的变性阶段，探针游离于反应体系中，具完整性，所以不发射荧光；退火复性阶段，探针与目的基团杂交，仍具完整性；但在延伸阶段，当 DNA 聚合酶移至探针的 5′端时，发挥其 5′→3′外切活性而将探针 5′端的荧光报告基团切下，荧光报告基团与淬灭基团分开，此时反应体系发射出荧光。发射荧光的强度与 PCR 产物数量成正比关系，因此在扩增过程中或反应结束后用荧光检测仪对荧光信号进行检测，经计算机分析给出定量分析图谱并计算出结果。其主要优点是可以在封闭状态下对扩增产物进行检测，避免了扩增产物污染而引起的假阳性。荧光定量 PCR 需要借助校准物制备的标准曲线来定量，因此实际上是一种相对定量方法。

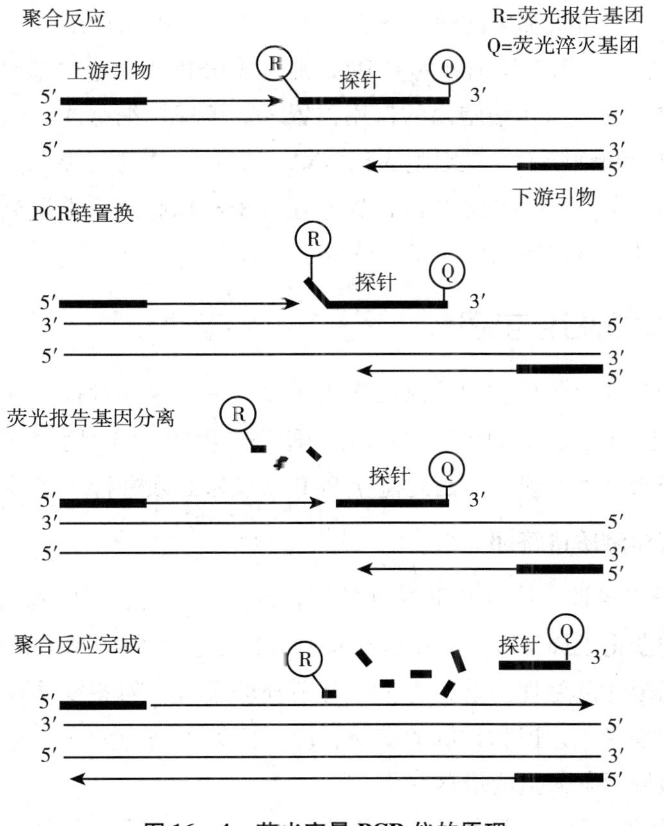

图 16－4　荧光定量 PCR 仪的原理

目前，荧光定量 PCR 已在临床诊断中得到广泛应用。它特别适用于病毒、细菌、寄生虫等病原体的检测。例如乙型肝炎病毒（HBV）的检测，它可定量地观察 HBV 在治疗过程中的动态改变，便于治疗方案的制定和疗效的观察。

3. 数字 PCR 仪 即第三代 PCR 仪（图 16－5）。是一种全新的对核酸进行检测和定量的方法。采用直接计数目标分子而不再依赖任何校准物或外标，即可确定低至单拷贝的待检靶分子的绝对数目。数字 PCR 可用于在大量正常细胞群中检测少数含突变的细胞（如结肠直肠癌的致癌基因）。通过稀释样本 DNA 到每两个检测孔中才有一个分子，经 PCR 扩增后，向每个孔中加入特异性结合突变型的荧光探针和既能与突变型结合也能与野生型结合的荧光探针与产物杂交，然后直接计数样本中突变型和野生型等位子的数量。数字 PCR 要通过使用统计分析来评估等位基因分布同正常值不同的可能性强度，因此将传统 PCR 的指数的模拟信号转换成线性的数字信号。数字 PCR 技术主要应用在突变分析、评估组织内的等位基因失衡、体液 DNA 的癌症检测、混杂 DNA 的癌症检测、定量特异等位基因的基因表达等方面。

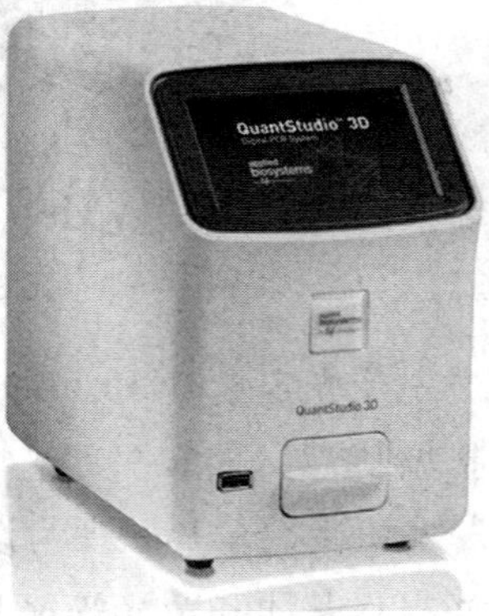

图 16－5 数字 PCR 仪

4. 梯度 PCR 仪 一次性 PCR 扩增可以设置一系列不同的退火温度条件（通常 12 种温度梯度）的称为梯度 PCR 仪。因为被扩增的不同的 DNA 片段其最适合的退火温度不同，通过设置一系列的梯度退火温度进行扩增，从而一次性 PCR 扩增就可以筛选出表达量高的最适合退火温度进行有效的扩增。主要用于研究未知 DNA 退火温度的扩增，这样既节约时间，也节约经费。在不设置梯度的情况下亦可当作普通的 PCR 仪用。

5. 原位 PCR 仪 是用于从细胞内靶 DNA 的定位分析的细胞内基因扩增仪。如病原基因在细胞的位置或目的基因在细胞内的作用位置等。可保持细胞或组织的完整性，使 PCR 反应体系渗透到组织和细胞中，在细胞的靶 DNA 所在的位置进行基因扩增。不但可以检测到靶 DNA，还能标出靶序列在细胞内的位置。在分子和细胞水平上研究疾病的发病机制和临床过程及病理的转变有着重大的实用价值。

三、PCR 仪的使用与管理

PCR 技术作为现代分子生物学检测的先进手段之一，为多种疾病提供了核酸的诊断依据，但 PCR 技术是一种基因扩增技术，作为一种分子生物学检测手段其灵敏度达到 fg 级，细微的变异将会带来极大的误差，因此建立 PCR 实验室必须进行严格科学管理。

（一）PCR 仪检测质量管理

1. 人员的管理与培训 从事 PCR 检测的工作人员，需受过临床基因扩增实验室基础知识和技能的培训并获得上岗证书，具备医学检验和微生物检验的基本知识，且对 PCR 的原理、应用范围、局限性及处理污染的每一个环节充分了解，熟悉操作规程，善于分析试验结果。同时为了加强专业知识和技能的训练，应不定期外请专业人员进行培训和派送相关人员外出学习，做好后备人员的培养。

2. 实验室建设规范化 PCR 实验室应该根据实验内容进行必要的分区，如试剂配制区、样品制备区、基因扩增区、清洗灭菌区等，每个分区之间可以根据需要设置缓冲区域和可控的气压控制系统，同时，必须设计专门的清洁区域，配备高压灭菌设备和生物安全柜等，并进行定期核查和计量校准。各分区保持独立，注意人员流向和风向，因地制宜，以方便工作为准。

3. 仪器的校准　仪器性能稳定调试校准好是基因操作的前提条件，加样枪应及时的校准及保养维护，PCR 检测仪每年应由仪器厂家对仪器进行检修和校准；对冰箱和加热模板应每日记录其温度，有效地控制实验的条件。及时升级或更新已老化的仪器设备，保证 PCR 检测实验结果的准确。

4. 实验室污染的排除　在实验的操作过程中，必须戴一次性手套、帽子，并经常更换，加样器、吸头等必须经高压处理，避免交叉污染，防止核酸酶的污染。工作结束后必须立即对工作区进行清洁，可有效灭活扩增产物。PCR 反应常见的污染原因：①标本间交叉污染，为避免样本间的交叉污染，加入待测核酸后，必须盖好反应管，必须有明确的样品处理和灭活程序；②PCR 试剂的污染，主要是由于在 PCR 试剂的配置过程中加样枪、容器、双蒸水及其他溶液被 PCR 核酸模板污染；③PCR 扩增产物污染，主要是气溶胶污染，在操作过程中，必须有高度的责任感，熟练掌握基因操作的技巧，是质量保证体系的重要部分。

5. 样本的采集　常用于基因扩增检测的临床标本包括血、痰、CSF、尿及分泌物等。标本的收集应在实验室工作区域之外进行，样本采集后应及时分离或 -20℃保存。采集样本时，必须注意防止来自采样者的皮屑或分泌物的污染，采样时必须戴一次性手套、帽子。玻璃器皿在使用前应高压处理，可使核酸酶永久性失活。

（二）PCR 仪的维护与保养

虽然 PCR 仪器不是一种计量仪器，但其主要作用原理与基本计量要素密切相关，要求较高，所以 PCR 仪器也需要定期检测和维护，对依赖自然风降温的 PCR 仪器尤为重要。在仪器的维护保养中，需要注意以下问题。

（1）PCR 仪器需要定期检测，视制冷方式而定，一般半年至少一次。

（2）PCR 反应的要求温度与实际分布的反应温度是不一致的，当检测发现各孔平均温度差偏离设置温度大于 1～2℃时，可以运用温度修正法纠正 PCR 实际反应温度差。

（3）PCR 反应过程的关键是升、降温过程的时间控制，要求越短越好，当 PCR 仪的降温过程超过 60 秒，就应该检查仪器的制冷系统，对风冷制冷的 PCR 仪要较彻底地清理反应底座的灰尘；对其他制冷系统应检查相关的制冷部件。

（4）一般情况如能采用温度修正法纠正仪器的温度时，不要轻易打开或调整仪器的电子控制部件，必要时要请专业人员修理或利用仪器电子线路详细图纸进行维修。

第三节　核酸分子杂交仪

扫码“学一学”

核酸分子杂交（nucleic acid hybridization）是用标记的已知 DNA 或 RNA 片段（探针）来检测样品中未知核酸序列的方法。

一、核酸分子杂交技术的原理

在生理条件下，DNA 呈稳定的双链螺旋结构。DNA 分子中双链核酸的结合是依靠互补碱基对之间的氢键结合力，这种结合是可逆性的（非共价结合），并且是序列特异性的（碱基互补配对）。在体外，当有变性因素存在时（如温度超过65℃，含甲酰胺或极端pH时），DNA分子内部的氢键断裂，解离成两条无规则的卷曲状的单链DNA，此现象称为变性。除去变性因素后，单链DNA能通过碱基互补再结合成稳定的双链螺旋结构，此过程称为复性或退火。在复性过程中，若存有与样品核酸某部分序列相同或高度同源的外源性单链DNA片段或寡核苷酸时，则两者的互补碱基间可产生氢键，形成杂交体，即双链DNA分子，此过程称DNA杂交反应（图16-6）。杂交反应不仅发生在DNA与DNA之间，也可发生在DNA与RNA、RNA与RNA之间。生成的杂交体分别为DNA-DNA、DNA-RNA或RNA-RNA的双链结构。外源性序列相同或高度同源的DNA（RNA）片段或人工合成的寡核苷酸（一般为17~45个碱基），标记上放射性核素或非放射性标记物，通过杂交反应去探测未知样本中是否存在互补序列，这种标记的核酸片段或寡核苷酸称为探针。

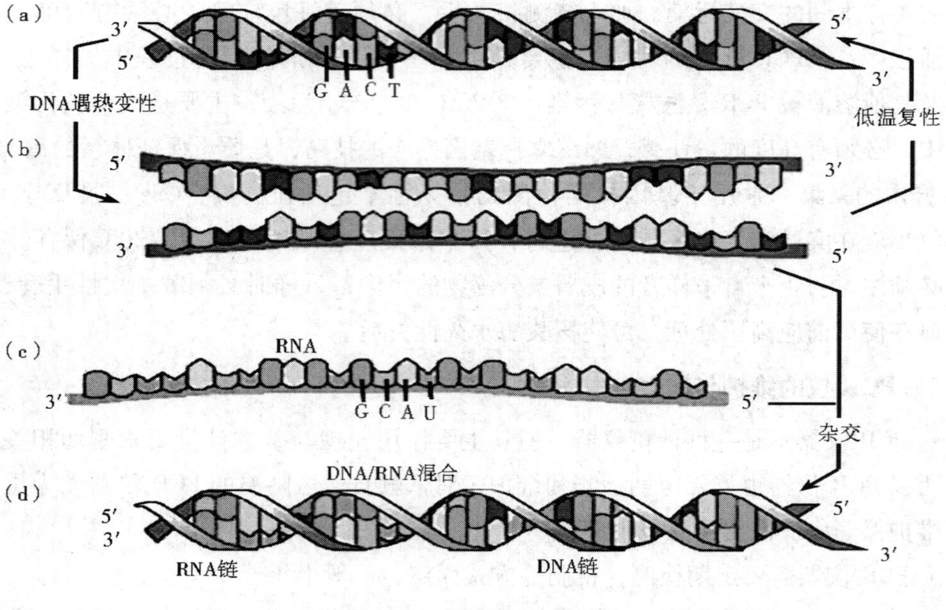

图16-6　核酸分子杂交原理

二、核酸分子杂交的模式

核酸分子杂交可按作用环境大致分为固相杂交和液相杂交两种类型。固相杂交是将参加反应的一条核酸链先固定在固体支持物上，一条反应核酸游离在溶液中。固体支持物有硝酸纤维素滤膜（NC膜）、尼龙膜、乳胶颗粒、磁珠和微孔板等。液相杂交所参加反应的两条核酸链都游离在溶液中。由于固相杂交后，未杂交的游离片段可容易地漂洗除去，膜上留下的杂交物容易检测和能防止靶DNA自我复性等优点，故该法最为常用。

（一）固相杂交反应

根据核酸结合于固相支持物后仍具有杂交反应的性能，先将样品中的核酸（纯化或未纯化）吸附在固体支持物（NC膜或尼龙膜）上，经烘烤或紫外线照射使核酸固定后，进行变性处理和杂交反应，用放射自显影或呈色反应鉴定，最大优点是可以同时检测多份标本。常用的固相杂交反应有如下几种。

1. Southern印迹杂交　Southern印迹杂交（Southern blotting）是研究DNA图谱的基本

技术。基因组 DNA 首先用一种或数种限制性内切核酸酶消化，消化后的片段通过琼脂糖电泳按分子大小进行分离。DNA 再经原位变性，从胶上转移到固相支持物上。附着于膜上的 DNA 可以与标记的 DNA、RNA 或者寡核苷酸探针杂交，通过特定的检测方法（如放射自显影），可以确定与探针互补的条带位置。Southern 印迹杂交的主要步骤是：由限制性内切酶酶切已纯化的待测 DNA 样品→琼脂糖凝胶电泳分离酶切 DNA 片段→用变性液使凝胶上的 DNA 变性、中和→Southern 印迹转移→预杂交、杂交及洗膜→放射自显影→结果分析（图 16－7）。Southern 印迹杂交在分析 PCR 产物和遗传疾病的诊断分析等方面具有重要价值。

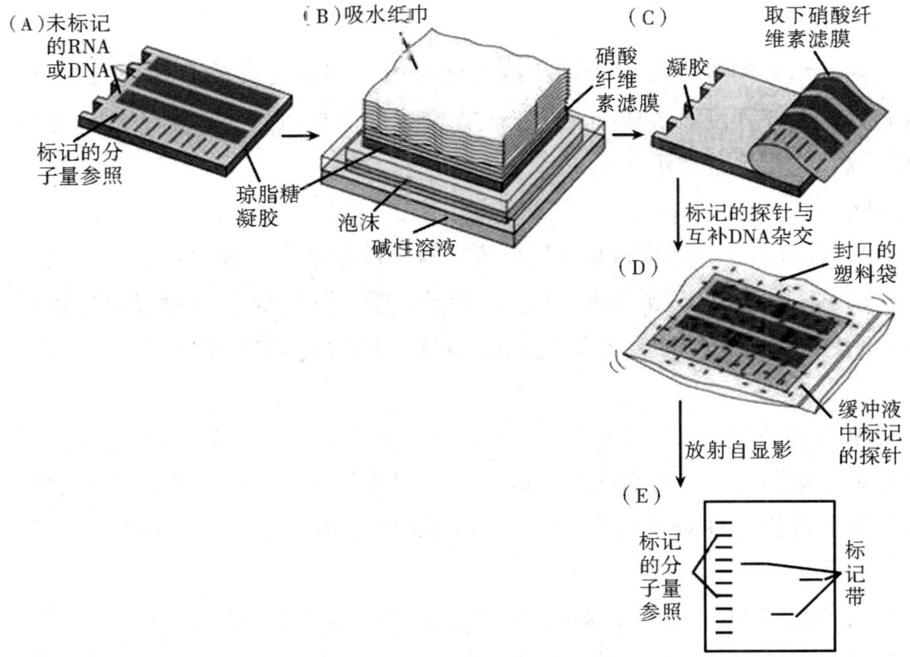

图 16－7　Southern 印迹杂交操作流程图

2. Northern 印迹杂交　Northern 印迹杂交（Northern blotting）是一种将 RNA 从琼脂糖凝胶中转移到固体支持物上（如硝酸纤维素薄膜），然后进行杂交的方法。基本原理与 Southern 印迹杂交相似，操作程序略有差异。此方法可用于测定细胞的总 RNA 或 mRNA 分子量大小。

3. 原位杂交　这类杂交类似于免疫组织化学技术。原位杂交可用于组织、细胞、染色体和菌落的检测，菌落原位杂交是一种十分灵敏而且快速的检测方法。操作如下：①将生长在平板上的菌落转移到 NC 膜上；②用 NaOH 处理膜上的菌落，使菌体裂解；③DNA 变性并释放到 NC 膜上；④80℃烤膜 4～5 小时，使 DNA 牢固地吸附在膜上；⑤将 NC 膜与放射性核素标记的探针放在封闭的塑料袋内进行杂交过夜；⑥用一定离子强度的缓冲溶液洗膜，再烘干 NC 膜；⑦进行放射自显影；⑧显影后底片上的黑点即代表已杂交的菌落。

4. 斑点杂交　是将样品点到一张硝酸纤维素膜上，并将膜按区域划分，点多个样品，烘烤固定，然后进行杂交。斑点杂交是一种快速、简便检测微量 DNA 或 RNA 的方法，在确定 DNA 样品之间的同源性，或确定两个克隆 DNA 片段是否来源于同一 DNA 样品等方面具有特殊用途。

5. 固相夹心杂交　需要两个靠近而又互相重叠的探针，一个做固相吸附探针，另一个作标记检测探针，样品基因组内核酸只有使这两个探针紧密相连才能形成夹心结构，需要注意的是两探针必须分别亚克隆进入两个分离的非同源载体内，以避免产生高的本底信号。

夹心杂交法可用滤膜和小珠固定吸附探针，使用小珠可更好地进行标准化试验和更容易对小量样品进行操作。Dahlen 等利用微孔板进行夹心杂交，可同时进行大量样品检测，它们先吸附 DNA 探针加到凹板中，然后用紫外线照射使其固定到塑料板上，用微孔板进行夹心杂交还可直接用于 PCR 技术。应用光敏生物素标记探针，检测 PCR 产物的敏感性和用^{32}P标记探针（3×10^8cpm/μg）作 16 小时放射自显影的 Southern 杂交的敏感性一样。用微孔板杂交的其他优点还有可同时操作多份样本，加样、漂洗和读结果等步骤可以自动化。

（二）液相杂交反应

标记的探针与待测样本存在于同一溶液体系中，即杂交反应在一均匀的液相中进行，彼此间互补的碱基序列配对形成杂交分子，杂交反应完成以后，以含变性剂的聚丙烯酰胺凝胶电泳分离并进行信号显示。

1. 吸附杂交

（1）HAP 吸附杂交　羟基磷灰石层析或吸附是液相杂交中最早使用的方法，在液相中杂交后，DNA：DNA 杂交双链在低盐条件可特异地吸附到 HAP 上，通过离心使吸附有核酸双链 HAP 沉淀，再用缓冲液离心漂洗几次 HAP，然后将 HAP 置于计数器上进行放射性计数。

（2）亲和吸附杂交　生物素标记 DNA 探针与溶液中过量的靶 RNA 杂交，杂交物吸附到酰化亲和素包被的固相支持物（如小球）上，用特异性抗 DNA：RNA 杂交物的酶标单克隆抗体与固相支持物上的杂交物反应，加入酶显色底物。这个系统可快速（2 小时）检测 RNA。

（3）磁珠吸附杂交　Gen－Probe 公司最近应用吖啶翁酯（Acridinium ester）标记 DNA 探针、这种试剂可用更敏感的化学方法来检测，探针和靶杂交后，杂交物可特异地吸附在磁化的有孔小珠（阳离子磁化微球体）上，溶液中的磁性小珠可用磁铁吸出，经过简单的漂洗步骤，吸附探针的小珠可用化学发光测定。

2. 发光液相杂交

（1）能量的传递法　Heller 等设计用两个紧接的探针，一个探针的一端用化学发光基团（供体）标记，另一个探针的一端用荧光物质标记，并且这两个探针靠得很近，两个探针用不同的物质标记（光发射标记）。当探针与特异的靶杂交后，由于这些标记物靠得很近，一种标记物发射的光可被另一种标记物吸收，并重新发出不同波长的光，调节检测器使自动记录第二次发射光的波长，只有在两个探针分子靠得很近时，才能产生激发光，因此这种方法具有较好的特异性。

（2）吖啶翁酯标记法　吖啶翁酯标记探针与靶核酸杂交后，未杂交的标记探针分子上的吖啶翁酯可以用专门的方法选择性除去，所以杂交探针的化学发光是与靶核酸的量成比例的。该法的缺点是检测的敏感度低（1ng 的靶核酸），仅适用于检测扩增的靶序列，如 rRNA 或 PCR 扩增产物。

3. 液相夹心杂交

（1）亲和杂交　在靶核酸存在的情况下，两个探针与靶杂交形成夹心结构。杂交完成后，杂交物可移到新的管或凹孔中，杂交物上的吸附探针可结合到固相支持物上，而杂交物上的检测探针可产生检测信号。一般用生物素标记吸附探针，用^{125}I标记检测探针。这个系统的敏感性可检测出 4×10^5 靶分子，该试验保持了固相夹心杂交的高度特异性。

（2）采用多组合探针和化学发光检测　第一类探针是未标记的检测探针和液相吸附探针，它们有 50 个碱基长，其中含有 30 个细菌特异序列碱基和 20 个碱基的单链长尾；第二类探针是固相吸附探针，它可吸附在小珠或微孔板上。未标记检测探针的单链长尾用于结合扩增多体（标记探针），液相吸附探针和靶杂交物从溶液中分离并固定在小珠或微板上。典型的试验可有 25 个不同的检测探针和 10 个不同的吸附探针，第一个标记检测探针上附着很多酶（碱性磷酸酶或过氧化物酶），可实现未标记检测探针的扩增，使用化学发光酶的底物比用显色反应酶的底物敏感。这个杂交方法用于乙肝病毒、沙眼衣原体、淋球菌以及质粒抗性的检测，敏感性能达到检测 5×10^4 双链 DNA 分子。

4. 复性速率液相分子杂交　这个方法的原理是细菌等病原生物的基因组 DNA 通常不包含重复序列，它们在液相中复性（杂交）时，同源 DNA 比异源 DNA 的复性速度要快，同源程度越多，复性速率和杂交率越快。利用这个特点，可以通过分光光度计直接测量变性 DNA 在一定条件下的复性速率，进而用理论推导的数学公式来计算 DNA－DNA 之间的杂交（结合）度。

三、核酸分子杂交仪的应用及展望

目前核酸分子杂交技术主要用于特定的 DNA 或 RNA 片段的定性或定量测定。如测定特定病原体特异 DNA 序列的拷贝数；特定 DNA 序列的酶切图谱，用于分析是否存在基因序列的缺失、插入、重排等现象的发生；同时可利用末端标记的寡核苷酸探针检测特定基因的点突变；核酸分子杂交技术也可以用于特异基因克隆的筛选以及 RNA 的检测等。Southern 印迹杂交技术不仅可以用来检查样品中是否存在有某个特定的基因片段，而且还可知道其大小及酶切位点的分布。

Northern 印迹杂交技术多用于基因表达水平的检测。原位杂交技术则可以对基因及其表达进行定位，该技术广泛应用于临床医学研究和疾病的诊断治疗以及预后的评价。

第四节　基因测序仪

扫码“学一学”

基因是控制性状的基本遗传单位，在医学上对某种遗传疾病的研究等都离不开对 DNA 或 RNA 的序列进行测定。基因测序也成为生物学研究的重要手段。

一、基因测序仪的发展历史

DNA 测序技术成熟于 20 世纪 70 年代中后期，随后的 20 多年第一代测序技术测出了不少简单的小型基因组。1990 年提出人类基因组计划，逐步诞生了高通量第二代测序技术。近年来，单分子等第三代测序技术开始出现，也预示着测序技术将应用更广，测序的成本越低。

1. 第一代测序技术　1975 年 Sanger 和 Coulson 发明了“Plus and Minus”（俗称“加减法”）测定 DNA 序列；1977 年 Maxam and Gilbert 发明了化学降解法测序；1977 年 Sanger 引入 ddNTP（双脱氧核苷三磷酸），发明了著名的双脱氧链终止法。双脱氧链终止法有效控制了化学降解法中化学毒素和放射性核素的危害，在随后的 20 多年得到很好的应用。自此，人类获得了窥探生命遗传差异本质的能力，并以此为开端步入基因组学时代。研究人员在

Sanger 法的多年实践之中不断对其进行改进。在 2001 年，完成的首个人类基因组图谱就是以改进了的 Sanger 法为其测序基础。

2. 第二代测序技术 随着人类基因组计划的完成，人们开始进入后基因组时代。科学家逐步测出多种生物的序列，传统的测序技术已经无法满足高通量和高效率的大规模基因组测序，因此第二代 DNA 测序技术就诞生了。第二代测序技术主要指应用焦磷酸测序原理的 454 测序技术、应用合成测序原理的 Solexa Genome Analyzer 测序平台及使用连接技术的 Solid 测序平台。第二代测序技术大大降低了测序成本的同时，还大幅提高了测序速度，并且保持了高准确性，以前完成一个人类基因组的测序需要 3 年时间，而使用二代测序技术则仅仅需要 1 周，但在序列读长方面比起第一代测序技术则要短很多。第二代测序技术很好应用于单核苷酸多态性（single nucleotide polymorphism，SNP）的研究，对探索人类的遗传及基因病有极大的意义。

3. 第三代测序技术 在遗传学中，成千上万的基因组需要分析，高通量的二代技术还是面临成本高、效率低、准确度不是很高等的难题，第三代测序技术已经开始崭露头角。第三代测序技术主要有 SMRT 和纳米孔单分子测序技术。与前两代相比，它们最大的特点就是单分子测序，测序过程无须进行 PCR 扩增。

这三代测序技术的特点比较见表 16－1。其中测序成本，读长和通量是评估该测序技术先进与否的三个重要指标。第一代和第二代测序技术除了通量和成本上的差异之外，其测序核心原理都是基于边合成边测序的思想。第二代测序技术的优点是成本较之一代大大下降，通量大大提升，缺点是所引入 PCR 过程会在一定程度上增加测序的错误率，并且具有系统偏向性，同时读长也比较短。第三代测序技术是为了解决第二代所存在的缺点而开发的，它的特点是单分子测序，不需要任何 PCR 的过程，有效避免了因 PCR 偏向性而导致的系统错误。

表 16－1 测序技术的比较

	测序方法	检测方法	大约读长（碱基数）	优点	相对局限性
第一代	桑格－毛细管电泳测序法	荧光/光学	600～1000	高读长，准确度一次性达标率高，能很好处理重复序列和多聚序列	通量低；样本制备成本高，使之难以做大量的平行测序
第二代	焦磷酸测序法	光学	230～400	在第二代中最高读长；比第一代的测序通量大	样本制备较难；难于处理重复和同种碱基多聚区域；试剂冲洗带来错误累积；仪器昂贵
	连接测序法	荧光/光学	25～35	很高测序通量；在广为接受的几种第二代平台中，所要拼接出人类基因组的试剂成本最低	测序运行时间长；读长短，造成成本高，数据分析困难和基因组拼接困难；仪器昂贵
	单分子合成测序法	荧光/光学	25～30	高通量；在第二代中属于单分子性质的测序技术	读长短，推高了测序成本，降低了基因组拼接的质量；仪器非常昂贵
第三代	实时单分子 DNA 测序	荧光/光学	1000	高平均读长，比第一代的测序时间降低；不需要扩增；最长单个读长接近 3000 碱基	不能高效地将 DNA 聚合酶加到测序阵列中；准确性一次性达标的机会低（81%～83%）；DNA 聚合酶在阵列中降解；总体上每个碱基测序成本高（仪器昂贵）

续表

测序方法	检测方法	大约读长（碱基数）	优点	相对局限性
复合探针锚杂交和连接技术	荧光/光学	10	第三代中通量最高；在所有测序技术中，用于拼接一个人基因组的试剂成本最低；每个测序步骤独立，使错误的累积变得最低	低读长；模板制备妨碍长重复序列区域测序；样品制备费事；尚无商业化供应的仪器
合成测序法	以离子敏感场效应晶体管检测 pH 变化	100～200	对核酸碱基的掺入可直接测定；在自然条件下进行 DNA 合成（不需要使用修饰过的碱基）	一步步的洗脱过程可导致错误累积；阅读高重复和同种多聚序列时有潜在困难
纳米孔外切酶测序	电流	尚未定量	有潜力达到高读长；可以低成本生产纳米孔；无须荧光标记或光学手段	切断的核苷酸可能被读错方向；难于生产出带多重平行孔的装置

二、基因测序仪的技术原理

1. Sanger 双脱氧链终止法原理　核酸模板在核酸聚合酶、引物、四种单脱氧碱基存在条件下复制或转录时，如果在四管反应系统中分别按比例引入四种双脱氧碱基，只要双脱氧碱基掺入链端，该链就停止延长，链端掺入单脱氧碱基的片段可继续延长。如此每管反应体系中便合成以共同引物为 5′端，以双脱氧碱基为 3′端的一系列长度不等的核酸片段。反应终止后，分四个泳道进行电泳。以分离长短不一的核酸片段（长度相邻者仅差一个碱基），根据片段 3′端的双脱氧碱基，便可依次阅读合成片段的碱基排列顺序。

2. Maxam－Gilbert DNA 化学降解法原理　将一个 DNA 片段的 5′端磷酸基作放射性标记，再分别采用不同的化学方法修饰和裂解特定碱基，从而产生一系列长度不一而 5′端被标记的 DNA 片段，这些以特定碱基结尾的片段群通过凝胶电泳分离，再经放射线自显影，确定各片段末端碱基，从而得出目的 DNA 的碱基序列。Maxam－Gilbert 化学降解测序法不需要进行酶催化反应，因此不会产生由于酶催化反应而带来的误差；对未经克隆的 DNA 片段可以直接测序；化学降解测序法特别适用于测定含有如 5－甲基腺嘌呤 A 或者 G，C 含量较高的 DNA 片段，以及短链的寡核苷酸片段的序列。

3. 单分子测序原理　单分子测序 1989 年被 J H Jett 等提出来，其原理是利用合成测序理论，将样本 DNA 数以百万的单链分子绑定在该仪器特有的、没有背景荧光的玻璃表面，通过加入荧光标记的核苷酸（一次加入 4 种核苷的 1 种）和聚合酶到单分子阵列中，核苷酸会结合到 DNA 分子上特异性结合的位点上。用激光激发结合在 DNA 分子上的荧光标记的核苷酸，使标记物发出荧光，相机以 15 毫秒速度快速扫描整个阵列，检测特异性结合到 DNA 片断上的荧光碱基。在此之后，结合的核苷酸对会被移动除去，然后通过重复加入标记的核苷酸来重复这一过程。

三、基因测序仪的应用和展望

DNA 序列分析技术从简单装置进行手工测序到全自动 DNA 序列分析发展十分迅速，目前的自动分析系统与原来的分析技术相比，具有速度快、准确性高、操作简单、分析片段长等特点。

目前核酸序列分析已广泛应用在临床遗传病、传染性疾病和肿瘤的基因诊断，以及农业、畜牧业的动植物育种，法医鉴定等领域，尤其在人类基因组计划中的应用，它为人类破译全部基因密码发挥极其重要的作用，其应用前景是非常光明和难以估量的。

根据目前全自动 DNA 测序仪的现状，预料今后此类仪器的发展趋势将是在功能上更强、速度更快、可靠性更高，尤其重要的是一次分析可得到更长的序列，一次可分析更多的样品。在外形上将向小型化发展。在软件上将配备分析处理能力更强、功能更全的软件，并可能在序列分析、基因库对比和实时通讯方面有所突破。

第五节　基因芯片仪

扫码“学一学”

基因芯片是建立在分子生物学、计算机发展基础上的高新技术，是根据生物分子间特异性地相互作用的原理，将生物分子的分析过程集成于硅芯片或玻璃芯片表面的微型生物化学分析系统。它具有高通量、微型化的特点。根据检测对象的不同可以将生物芯片分为基因芯片、蛋白质芯片、细胞芯片和组织芯片等。由于其包含了微量测定、多个样本同时检测等多个要素，测定快速、价廉，以及在后基因组研究、新药开发、疾病诊断中拥有的巨大潜力。

一、基因芯片技术的原理

基因芯片技术是基于核酸分子碱基之间（A－T/G－C）互补配对的原理，利用分子生物学、基因组学、信息技术、微电子、精密机械和光电子等技术将一系列短的、已知序列的寡核苷酸探针排列在特定的固相表面构成微点阵，然后将标记的样品分子与微点阵上的 DNA 杂交，以实现对多到数万个分子之间的杂交反应，并根据杂交模式构建目标 DNA 的序列，从而达到高通量大规模地分析检测样品中多个基因的表达状况或者特定基因分子是否存在的目的（图16－8）。

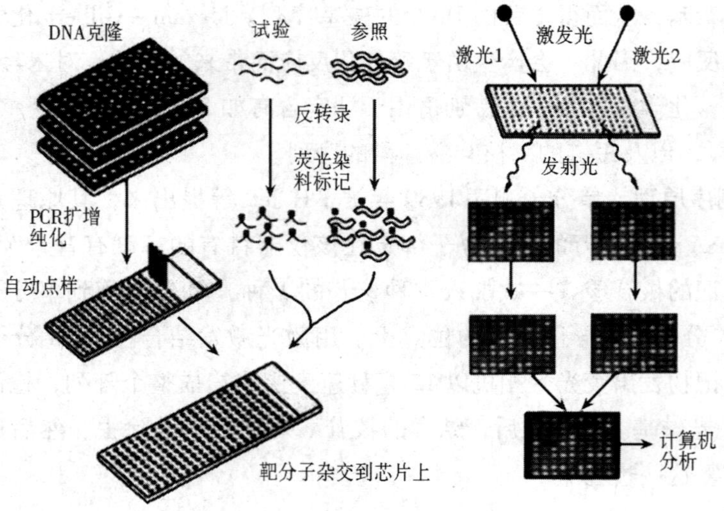

图16－8　基因芯片示意图

二、基因芯片检测系统主要环节

1. 芯片制备　目前制备芯片主要以玻璃片或硅片为载体，采用原位合成和微矩阵的方法将寡核苷酸片段或 cDNA 作为探针按顺序排列在载体上。芯片的制备除了用到微加工工艺外，还需要使用机器人技术。以便能快速、准确地将探针放置到芯片上的指定位置。

2. 样品制备　生物样品往往是复杂的生物分子混合体，除少数特殊样品外，一般不能直接与芯片反应，有时样品的量很小。所以，必须将样品进行提取、扩增，获取其中的蛋白质或 DNA、RNA，然后用荧光标记，以提高检测的灵敏度和使用者的安全性。

3. 杂交反应　反应是荧光标记的样品与芯片上的探针进行的反应产生一系列信息的过程。选择合适的反应条件能使生物分子间反应处于最佳状况中，减少生物分子之间的错配率。杂交是提高芯片在实际应用中的准确性的关键步骤之一。杂交条件的构建要根据芯片的实际情况进行最优化。

4. 信号检测和结果分析　杂交反应后的芯片上各个反应点的荧光位置、荧光强弱经过芯片扫描仪和相关软件可以分析图像，将荧光转换成数据，即可以获得有关生物信息。荧光检测方法主要为激光共聚焦荧光显微扫描和 CCD 荧光显微照相检测。前者检测灵敏度、分辨率均较高，但扫描时间长；后者扫描时间短，但灵敏度和分辨率不如前者。芯片杂交图谱的多态性处理与存储都由专门设计的软件来完成。一个完整的基因芯片配套软件应包括生物芯片扫描仪的硬件控制软件、生物芯片的图像处理软件、数据提取或统计分析软件，芯片表达基因的国际互联网上检索和表达基因数据库分析和积累。

三、基因芯片仪的特点

1. 高度并行性　提高实验进程、利于显示图谱的快速对照和阅读。

2. 多样性　可进行样品的多方面分析，提高精确性，减少误差。

3. 微型化　减少试剂用量和反应液体积，提高样品浓度和反应速率。

4. 自动化　降低成本，保证质量。

四、基因芯片仪的应用和展望

1. 基因表达水平的检测　用基因芯片进行的表达水平检测可自动、快速地检测出成千上万个基因的表达情况。在人类基因组计划完成之后，科学界预测用于检测在不同生理、病理条件下的人类基因表达变化的基因芯片诞生应该为期不远。

2. 基因诊断　从正常人的基因组中分离出 DNA 后将其与 DNA 芯片杂交就可以得出标准图谱。而从病人的基因组中分离出 DNA 与 DNA 芯片杂交就可以得出病变图谱。通过比较、分析这两种图谱，就可以得出病变的 DNA 信息。这种基因芯片诊断技术以其快速、高效、敏感、经济、平行化、自动化等特点，将成为一项现代化诊断新技术。

3. 药物筛选和新药开发　如何分离和鉴定药的有效成分是目前中药产业和传统的西药开发遇到的重大障碍，基因芯片技术能够从基因水平解释药物的作用机制，即可以利用基因芯片分析用药前后机体的不同组织、器官基因表达的差异。而且能够完成规模地筛选，使成本大大降低。这一技术具有很大的潜在应用价值。

4. 个体化医疗　临床上，相同剂量的同一药物对病人甲有效，可能对病人乙不起作用，而对病人丙则可能有副作用。在药物疗效与副作用方面，病人的反应差异很大。这主要是由于病人遗传学上存在差异（单核苷酸多态性，SNP），导致对药物产生不同的反应。如果利用基因芯片技术对病人先进行诊断，就可对病人实施个体优化治疗。另一方面，在治疗中很多同种疾病的具体病因是因人而异的，用药也应因人而异。

5. 测序　基因芯片利用固定探针与样品进行分子杂交产生的杂交图谱而排列出待测样

品的序列，这种测定方法快速而前景看好。Markchee 等用含 135000 个寡核苷酸探针的阵列测定了全长为 16.6kb 的人线粒体基因组序列，准确率达 99%。

6. 日常检验诊断测试的芯片化 芯片并非分子生物学专用技术，只要解决检测的灵敏度和由此带来的重复性问题，芯片可以广泛程度上替代临床检验诊断的日常工作，不仅能达到自动化、微量化的目的，还能同时检测多个项目，提高效率，并使实验室小型化。

扫码“练一练”

不久将来，基因芯片技术一定会广泛应用于临床诊断和治疗，在医学、生命科学、药业、农业、环境科学等凡与生命活动有关的领域中均具有重大的应用前景。

（郝晓柯　杨　柳）

第十七章　POCT 分析仪

教学目标与要求

掌握　POCT 的定义；POCT 仪器的质量控制环节。

熟悉　POCT 仪器快速发展的因素；临床常用的 POCT 分析仪。

了解　POCT 分析仪的主要技术。

扫码“学一学”

第一节　POCT 分析仪概述

一、POCT 的定义

POCT（point - of - care testing），比较公认的中文名称为即时检验，它是指在病人旁边进行的临床检测，并非是由临床检验师来进行检验操作，而是在采样现场即刻进行分析，省去标本在实验室检验时的复杂处理程序，确保快速得到检验结果的一类新方法。在 POCT 的发展过程中，曾使用过其他名称术语，如病人身边检测（near - patient testing）、家用检验（home use testing）、分散检验（decentralized testing）、检验科外的检验（extra - laboratory testing）、床旁边检测（bedside testing）等。随着这一领域的不断发展，这些名称都已不能完全概括 POCT 的含义。

二、POCT 的发展

比较公认的说法是床旁检测起源于尿液检测技术。1995 年，美国临床化学学会年会上辟出一个特殊的展区，专门展示一些移动快捷、操作简便、结果准确可靠的技术和设备，此后人们开始逐渐了解这一技术。POCT 仪器不需专业人员操作，不需要标本预处理等繁琐步骤，直接快速获取检验结果，得到越来越多的青睐，呈现快速发展的良好势头。其中，技术的进步是发展的基础，医学的发展、人们对健康的高度关注和需求，以及医疗体制改革助推了这些技术的应用。

（一）科学技术的进步是 POCT 仪器发展的基础

科技的进步，尤其是酶学、免疫学、色谱、光谱、生物传感器以及光电分析等技术，使 POCT 仪器得到快速发展。

1. 胶体金免疫标记技术　氯金酸在还原剂作用下，聚合成一定大小的金颗粒，形成带负电的疏水胶溶液，由于静电作用而成为稳定的胶体状态，故称胶体金。胶体金标记技术可用于快速检测蛋白质类和多肽类抗原，如激素、HCV、HIV 抗原和抗体测定。

2. 免疫层析技术　将金标抗体吸附于下端的玻璃纤维纸上，浸入样品后，此金标抗体即被溶解，并随样品上行，当样品中含有相应抗原时，即形成抗体 - 抗原 - 抗体 - 金复合物，当上行至中段醋酸纤维薄膜，与包被在膜上的抗原（抗体）结合并被固定显色。免疫层析技术问世已有十多年时间，可检测项目已达数十项。如心肌标志物、激素和各种蛋白质以及 D - 二聚体等。定量测定甲胎蛋白和 HCG 的金标检测技术已在国内研发成功。

3. 免疫斑点渗滤技术 将包被有特异性待测物抗原（抗体）的醋酸纤维膜放置在吸水材料上，当样品滴加到膜上后，样品中的待测物质结合到膜上的抗原（抗体）上。洗去膜上的未结合成分后，再滴加金标抗体，若样品中含有目标物质，膜上则呈现抗体 - 抗原 - 抗体 - 金复合物红色斑点。该技术目前已被广泛应用于结核分枝杆菌等细菌的抗原或抗体检测，从而快速鉴定细菌。

4. 干化学技术 将一种或多种反应试剂干燥固定在固体载体上（纸片、胶片等），用待测样品中的液体作反应介质，待测成分直接与固化于载体上的干试剂进行呈色反应。此技术目前已被广泛应用于血糖、素氮、血脂、血氨以及生化酶学指标的 POCT 检测。

5. 生物和化学传感器技术 生物及生化传感器是指能感应（或响应）生物和化学量，并按一定的规律将其转换成可捕捉信号（包括电信号、光信号等）装置。它一般由两部分组成，其一是生物或生化分子识别元件（或感受器），由具有对生物或化学分子识别能力的敏感材料（如由电活性物质、半导体材料等构成的化学敏感膜和由酶、微生物、DNA 等形成的生物敏感膜）组成；其二是信号转换器（或换能器），主要是由电化学或光学检测元件（如电流、电位测量电极、离子敏场效应晶体管、压电晶体等）组成。

6. 生物芯片技术 生物芯片又称微阵列（microarray），它主要是指通过微加工技术和微电子技术在固相载体芯片表面构建的微型生物化学分析系统，以实现对核酸、蛋白质、细胞、组织以及其他生物组分的准确、快速、高通量检测。其基本原理是在面积很小（仅为几个平方毫米）的芯片表面有序地点阵固定排列一定数量的识别分子（DNA、抗体或抗原等蛋白质及其他分子）。这些成分及相应的标记分子结合或反应，结果以荧光、化学发光或酶显色等信号被捕捉。目前，通过基因多态性芯片可实现临床的个体化用药分析；通过基因芯片进行细菌检测和细菌耐药性分析，以及对肿瘤、糖尿病、高血压、传染性疾病等的筛查。

7. 微流控技术 该技术使用微管道（直径为数十到数百纳米级）精确控制微小流体（纳升或更少），通过物理学、化学等新技术，把样品制备、反应、分离、检测等操作集成在一块芯片上，从而实现微型全分析的技术。微流控技术的关键点是利用微尺度环境下独特的流体性质，以此解决常规方法难以完成的操作。微流控技术不但具有快速、通量高和消耗低的特点，而且操作灵活，方便携带，在 POCT 领域展现出巨大的发展潜力和应用价值。目前，以微流控检测技术为基础的产品有结核分枝杆菌、SARS 冠状病毒、流感病毒等检测试剂盒。

（二）医疗需求助推 POCT 仪器的发展

1. 急救医学等对 POCT 仪器的推动 医院内的急诊医学、重症监护、手术室等诊疗环节，对检验结果的快速性要求越来越高，因此最先出现了与之密切相关的 POCT 仪器，如 POCT 血气分析仪、POCT 电解质分析仪、POCT 血糖仪等；此外，野外救援、灾难现场、刑事侦查等特殊环境，提出了便捷、可移动、快速等要求，因此各种功能的干化学分析仪不断涌现，目前各种 POCT 仪器几乎可装备一个可移动的小型化医学实验室。

2. 健康理念的转变对 POCT 仪器的推动 健康理念的转变使社会和病人对医疗服务的

需求发生新的变化，这种转变主要体现在：①由单纯治疗转向预防、保健、治疗和康复；②临床诊断和监测，由院内扩大到社区、诊所，甚至家庭。POCT 仪器很好地满足了健康理念转变对检验的新需求，使得医院外的健康体检、重大疾病筛查、慢性病管理得以实现。

（三）行业规范促进 POCT 健康发展

卫生健康和行业主管部门高度重视 POCT 的快速发展和规范应用。以便携式血糖检测仪为例，相继出台系列文件：卫医发［2008］54 号《关于规范医疗机构临床使用便携式血糖检测仪采血笔的通知》；卫办医政发［2009］126 号《卫生部办公厅关于加强便携式血糖仪临床使用管理的通知》；卫办医政发［2010］209 号《医疗机构便携式血糖检测仪管理和临床操作规范》；中华医学会检验医学分会、国家卫计委临床检验中心组织全国专家共同制定，并于 2016 年 9 月联合发布《便携式血糖仪临床操作和质量管理规范中国专家共识》，这系列文件规范了 POCT 检验流程，提高了 POCT 检验质量，促进了以便携式血糖仪为代表的 POCT 仪器健康快速发展。

第二节　POCT 的检测技术与设备

扫码“学一学”

扫码“看一看”

一、POCT 常用检测技术

（一）免疫层析技术

免疫层析技术（immunochromatography）是以抗原 - 抗体相互作用为基础，即将已知抗体或抗原偶联到介质上，使检测的样品通过，样品中若存在相应的抗原或抗体，就能够与介质上抗体或抗原吸附发生特异性反应，被吸附在介质上，然后加入检测试剂将这一反应转换为可以被捕捉的信号，原理示意见图 17 - 1。

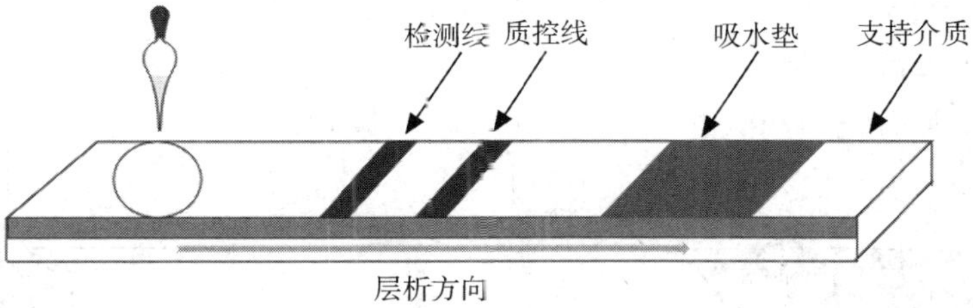

图 17 - 1　免疫层析技术基本原理示意图

根据标记物的不同，免疫层析技术可分为胶体金免疫层析技术（colloidal gold immunochromatography assay，GICA）、荧光免疫层析技术（fluorescence immunochromatography assay，FICA）等；根据原理又可细分为夹心法和竞争法，而夹心法又分为双抗原夹心和双抗体夹心。在此以 GICA 为例进行介绍。

胶体金免疫层析技术是在酶联免疫吸附试验、乳胶凝集试验、单克隆抗体技术、胶体金免疫标记技术和新材料技术等基础上发展起来。具有简单快速、结果清晰、可通过肉眼判定结果、无须复杂操作技巧和特殊设备、无污染、携带方便等优点。

胶体金免疫层析技术的关键在于胶体金及免疫金的制备，下面将简要介绍。

1. 胶体金的制备　常用化学还原法制备胶体金溶液，即向一定浓度的金溶液内加入一定量的还原剂使金离子变成金原子。目前常用的还原剂有：白磷、乙醇、过氧化氢、硼氢化钠、抗坏血酸、枸橼酸钠和鞣酸等，目前应用最广泛的还原剂是枸橼酸钠，可以通过调节枸橼酸钠的用量来控制胶体金颗粒的直径。

2. 免疫金的制备 碱性溶液中的金颗粒表面带有负电荷，它们之间的静电斥力使其在溶液中形成稳定的胶体。当抗原抗体等大分子蛋白质存在于溶液中时，金颗粒表面的负电荷与抗原抗体表面的正电荷结合，金颗粒吸附到抗原抗体分子上，但不影响其免疫活性。

3. 免疫层析技术的分类

（1）竞争法 即待测物中的抗原与检测条带处的相同抗原，竞争性结合胶体金标记的抗体，检测信号与待测物质浓度成反比。一般用于检测小分子的抗原决定簇和半抗原重组物质。

检测原理如图 17－2 所示。将免疫试纸条平放，向加样孔中滴加无空气的待测样本，待测样本中的抗原或抗体与检测线上的抗原或抗体，竞争性地结合胶体金标记的抗体或抗原，当待测物中含有相应的抗原或抗体时，检测带变浅或无色，当待测样本中不含相应的抗原或抗体时，检测带显色，剩余的标记物继续层析，当层析至质控带时，由于不存在竞争结合的关系，所以质控区的抗体不断累积而显色。因此以竞争法为基础的免疫层析 POCT 的阳性结果仅为质控区显色，阴性结果为检测区和质控区均显色，如质控区未出现红色条带，则认为试纸条失效。

（2）夹心法 即待测样本中抗原或抗体，与检测条带特异的抗体或抗原，以及胶体金标记的抗体或抗原发生特异性结合，形成三明治型复合物。检测信号与待测物的浓度成正比。一般用于检测含有两个或两个以上抗原决定簇的大分子物质。

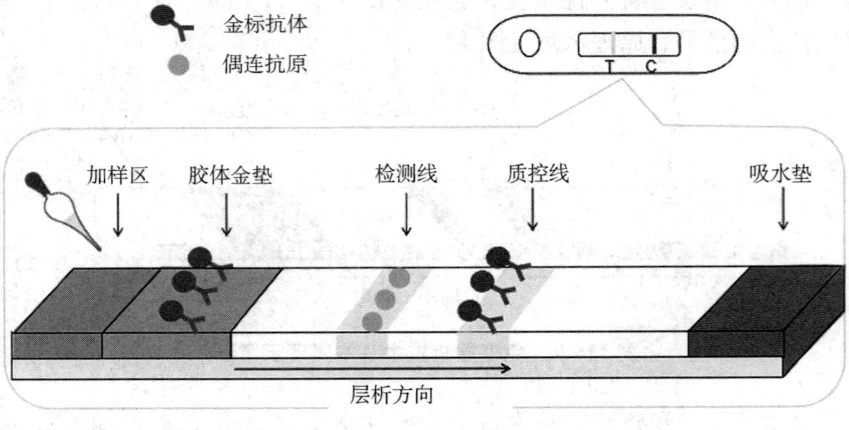

图 17－2 竞争法基本原理示意图

检测原理如图 17－3 所示。向平放的免疫试纸条加样孔中滴加无空气的待测样本，如待测样本中含有相应的目标物，则可与金标抗体和检测区抗体结合成一个双抗体夹心免疫复合物大分子，多余的金标抗体继续层析，与质控区的金标抗体（二抗）结合，随着金标抗体的累积，质控区显色。因此以夹心法为基础的免疫层析 POCT 的阳性结果为检测区和质控区都显色，阴性结果仅质控区显色，如质控区未出现红色条带，则认为试纸条失效。

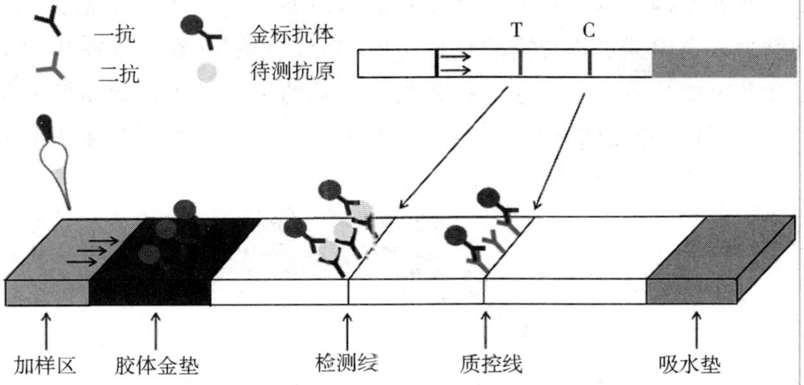

图 17－3　双抗体夹心法基本原理示意图

（二）生物传感技术

1. 生物传感技术的定义与分类

（1）定义　一种含有经固化的生物物质（如酶、抗体、细胞、细胞器或其联合体）并与一种合适的换能器紧密结合的分析工具或系统，它可以将生物信号转化为可捕捉的数字化信号。生物传感技术是以生物化学和传感技术为基础，其对特定生物物质敏感并将其浓度转换为可捕捉信号进行检测的仪器，它以生物活性单元作为生物敏感基元，与适当的物理或化学换能器及信号放大装置有机结合起来从而实现对生命、化学物质进行检测和监控。使用生物传感技术 POCT 仪器往往可对生物体液中的多种物质进行超微量分析。如使用电化学（如微型离子选择电极）和光学生物传感器定量测定葡萄糖、电解质和动脉血气的 POCT 分析仪。

生物传感器主要由两部分组成：生物分子识别元件（感受器）和信号转换器（换能器）。感受器是具有分子特异识别能力的生物活性单元（酶、核酸、细胞、细胞器膜、组织切片、抗体、有机分子等），直接决定传感器的应用领域与质量，是生物传感器的关键部分，其特异性好，仅与特定的目标物反应；分析速度快、灵敏度高、稳定性强及操作简便，因而容易实现自动分析；体积小，可以实现连续在线监测；成本低，容易进行批量生产。换能器是指可以捕捉目标物与敏感材料之间相互作用过程的器件，包括电化学电极、热敏电阻、光学检测元件等。最早应用的换能器是电化学传感器。

生物传感器工作原理可用图 17－4 表示：待测物质通过扩散作用进入分子识别元件（生物活性材料），经分子特异性识别，与识别元件发生结合进而产生生物化学反应，产生的生物学信息经过相应的信号转换器可转化成可以定量检测的光、电等信号，再经过相应仪器的放大、处理和输出，就能达到分析检测的目的。

（2）分类　一般可根据三个方面，对生物传感器进行分类：按传感器中生物分子特异识别元件上的敏感物质不同，可分为酶传感器、免疫传感器、微生物传感器、核酸传感器、组织传感器、细胞传感器等；按传感器中信号转化器不同，可分为电化学生物传感器、声波生物传感器、光生物传感器、热生物传感器等；按传感器输出信号的产生方式不同，可分为生物亲和型生物传感器、代谢型生物传感器和催化型生物传感器等。

2. 生物传感器与 POCT 仪器　生物传感器领域最成熟的 POCT 检测设备是便携式血糖仪。其出现包括两大原因，一是基于糖尿病病人家庭护理的需求，另外一个重要的原因为生物传感技术和丝网印刷技术的发展。葡萄糖生物传感器的发展主要基于以下两方面的原因：首先葡萄糖为人体内碳水化合物的重要组成部分，它的准确定量在临床工作中有重要作用，推动了葡萄糖酶分析方法的建立；其次是技术的不断进步，葡萄糖氧化酶电催化研究主要经历了三个时期，即以氧作为中继体的电催化，基于人造媒介体的电催化和直接电催化。

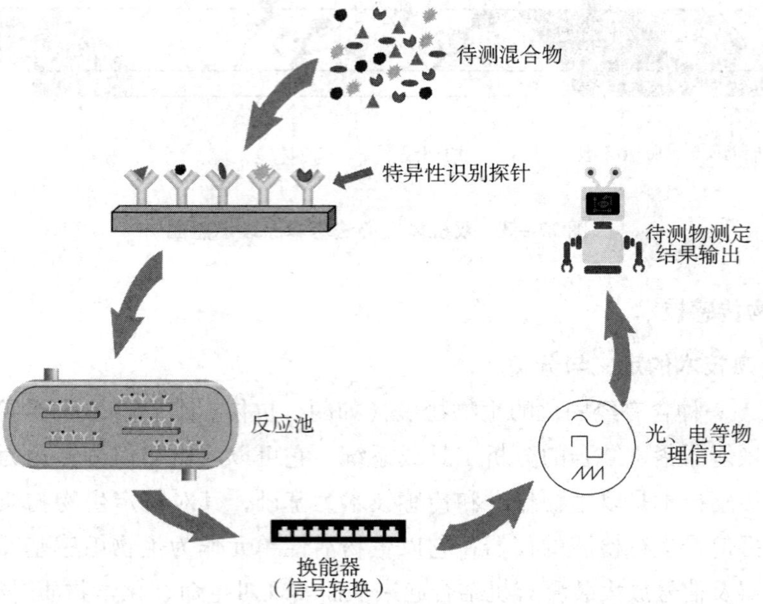

图 17－4　生物传感器传感原理

生物传感器 POCT 仪具有以下优势：①分子识别元件具有较好的选择性，因此一般不需要对样品进行预处理，同时完成样品中被测组分的分离及检测，整个测定过程简便迅速；②体积小、响应快、能实现连续的在线监测；③样品用量少，敏感材料固定化，可重复使用。

（三）生物芯片技术

生物芯片又称微阵列（microarray），它主要是指通过微电子技术和微加工技术在固相载体表面构建微型生化分析系统，以实现对核酸、蛋白质、细胞、组织以及其他生物组分的准确、快速、高通量的检测。其基本原理是在面积很小的固相材料表面有序地固定一定数量的已知生物识别分子，在一定条件下，被测物质与之结合或反应，结果以酶显色、化学发光或荧光等指示，再用扫描仪或 CCD 相机等记录，经计算机软件分析，最终得到所需要的信息。目前，常见的生物芯片分为基因芯片、蛋白质芯片、细胞芯片、组织芯片及芯片实验室。

1. 芯片实验室　芯片实验室（lab－on－a－chip）是指把生物和化学等领域中所涉及的样品制备、生物与化学反应、分离检测等基本操作单元集成在一块几平方厘米的芯片上，完成不同的生物或化学反应过程，并对产物进行分析的一种技术。芯片实验室进行生化检测，可提高分析速度，减少样本和试剂的消耗，降低分析成本，排除人为干扰，有效防止污染，并可在微环境下完成自动高效的重复实验。

芯片实验室有以下几个特点。①集成性：通过微细加工工艺，制作微滤器、微反应器、微泵、微阀门、微电极等，集约化形成的微型分析系统能实现对生物样品从制备、生化反应到检测和分析的全过程；②分析速度极快；③高通量；④物耗少，污染小；⑤快速、成本低。

2. 基因芯片　基因芯片（gene chip）又称 DNA 芯片或 DNA 微阵列，是采用寡核苷酸原位合成，将数以万计的 DNA 探针序列固定于支持物表面，形成二维 DNA 探针微阵列，利用核酸杂交技术与待测样本进行反应，通过检测杂交信号的变化，实现对生物样本的快速、高效的诊断。基因芯片技术是生物芯片最基础、最成熟的技术，目前广泛用于肿瘤的基因诊断、传染病病原体的快速检测等领域。

3. 蛋白质芯片　蛋白芯片（protein chip）是将蛋白质或多肽等固定于支持介质的表面，用于样品中相应成分和蛋白质之间相互作用的分析，亦称蛋白质微阵列。蛋白芯片技术具有快速、并行、自动化和高通量的特点，目前已广泛应用于蛋白质功能及蛋白质－蛋白质之间相互作用的研究、蛋白质表达谱的分析、药物新靶点的筛选和新药的研制、临床疾病的诊断和疗效评价等各个领域。

4. 细胞芯片　是对基因芯片和蛋白质芯片技术的补充。可利用生物芯片技术研究细胞的代谢机制、细胞内环境的稳定、细胞内生物电信号识别传导机制以及细胞内各种复合组件控制等。细胞芯片一般是应用显微或纳米技术，结合力学、几何学、电磁学等原理，在芯片上完成对细胞的固定、捕获、移动、刺激和培养等精确控制，通过微型化的分析方法，实现对细胞样品的多参数、高通量、原位检测和细胞组分的理化分析等研究。

5. 组织芯片　又称组织微阵列（tissue microarray，TMA），是指数十个至上千个不同的小圆形组织样本，在一张切片上依照一定的规律排列形成组织微阵列。应用组织芯片技术，可对数十个至成百上千个样本同时进行免疫组织化学、荧光原位杂交、原位杂交、原位 PCR 及原位 RT－PCR 等检测，还可与蛋白质芯片和基因芯片技术相结合，构成更为完整的基因表达分析体系。

（四）微流控技术

微流控技术（microfluidics）是将样品的制备、反应、分离、检测等过程集成在 1μm 大小的芯片上，自动完成分析。图 17－5 是微流控技术的原理示意图：包含待检抗原的液滴加入加样区，当液体流通过标记有荧光抗体的反应池时，对应抗体与待检抗原结合；液滴通过检测区，捕获抗体与待检抗原形成双抗体夹心复合物，检测区的荧光型号强度与待测样品中的抗原的量呈对应比例关系，从而计算出待测样品的抗原浓度。微流控检测技术克服了传统固相检测低灵敏度的缺点，减少了人为操作带来的误差，提高了自动化水平和效率，在病原微生物的核酸检测，疾病诊断方面具有潜在的应用价值。

（五）其他技术

1. 红外和近红外分光光度技术（infrared spectrophometery）　当化合物受红外或近红外光照射后，选择性吸收特定频率的红外光，形成特定的红外吸收光谱。不同生物组织在近红外光照射下，具有不同的红外吸收光谱，据此对不同的组织进行区分，达到非侵入检测之目的。目前主要有血红蛋白、胆红素、葡萄糖等快速检测仪。

2. 等温扩增技术　该技术能在某恒定的温度下（30～37℃）扩增特定的 DNA 或 RNA，从而实现对核酸的定量检测。其特点是简单、快速、特异性强，因不需要温度的转换，对仪器的要求大大降低，反应时间相应缩短，极大的方便了临床。

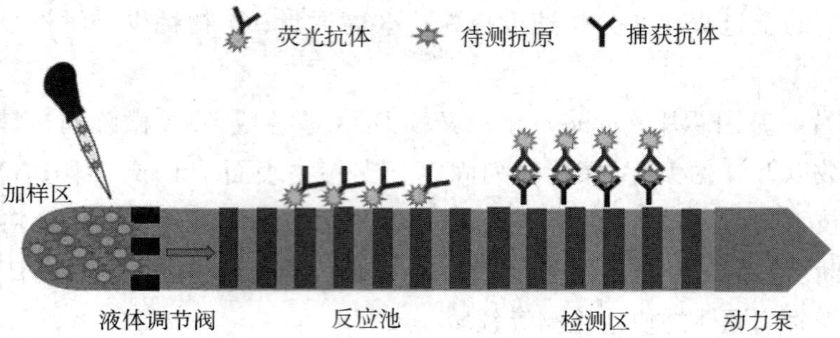

图 17－5　微流控技术示意图

二、POCT 仪器概况与工作原理

（一）POCT 仪器概况

POCT 仪器外形小巧，基本结构一般包括电源开关、电池、状态灯、（热敏）打印机、（液晶触摸）显示器、输入键盘、条形码阅读器、样本测量室、内置的数据处理及储存器、一次性分析装置等。POCT 仪器目前没有统一的分类法，根据其大小和重量可分为桌面型、便携型、手提式 POCT 仪；根据检测结果的定量程度，可分为定性、半定量和定量 POCT 仪；根据自动化程度可分为手动、半自动或全自动 POCT 仪；根据用途可分为血糖检测仪、电解质分析仪、血气分析仪、尿液分析仪、血液分析仪等。图 17－6 列举了常见的 POCT 分析仪。

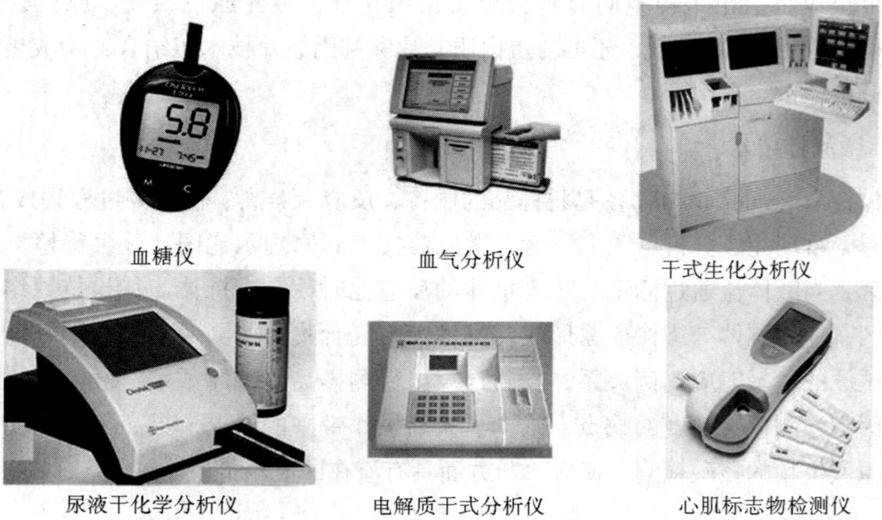

图 17－6　临床常用 POCT 分析仪

（二）常见 POCT 仪器与工作原理

用于临床的 POCT 分析仪比较多，目前使用单一技术的 POCT 分析仪往往比较少，大部分的 POCT 分析仪都使用了多种技术。表 17－1 列举了常见的 POCT 仪器及其主要工作原理。

表 17－1　常见 POCT 仪器及其主要工作原理

主要工作原理	POCT 仪器
免疫层析技术	胶体金 HCG 尿液检测试纸条；胶体金 HBsAg 检测试纸条；心肌损伤标志物 POCT 分析仪
免疫荧光技术	降钙素原 POCT 分析仪
电化学技术	电解质 POCT 分析仪；血气 POCT 分析仪
干式化学技术	尿液 POCT 分析仪；干式生化分析仪
生物传感技术	POCT 血糖分析仪
生物芯片技术	电化学芯片 POCT 分析仪
微流控技术	共聚焦型荧光 POCT 分析仪
红外和远红外分光光度技术	红外无创血糖仪

（三）POCT 血糖分析仪

1. POCT 血糖分析仪的基本概况　临床广泛使用的 POCT 血糖分析仪是基于生物传感技术的 POCT 仪器之一。其中，葡萄糖酶电极是最先研制成的一种生物传感器。电化学酶传感器法微量快速血糖测试仪，采用生物传感器原理将生物敏感元件酶同物理或化学换能器相结合，能对测定对象作出精确定量反应，并借助现代电子技术将所测得信号以直观数字形式输出。仪器一般由开关、显示屏、试纸插口、标本测量室、电池等结构组成。采用生物传感技术的试纸条是 POCT 血糖仪的核心部件（图 17－5），属于一次性分析装置。根据所用酶电极不同分为葡萄糖氧化酶法和葡萄糖脱氢酶法，市面上采用葡萄糖氧化酶法的仪器较多。

2. POCT 血糖仪的工作原理　电极的两端被施加一定的恒定电压，当血液标本滴在电极的测试区后，电极上固定的葡萄糖氧化酶或葡萄糖脱氢酶与血中的葡萄糖发生酶反应，经过几秒钟的滞后期，酶电极产生一定的响应电流，这个响应电流与被测血样中的葡萄糖浓度呈线性关系，根据这一关系即可计算样本中的葡萄糖浓度。血糖仪试纸条基本结构见图 17－7。

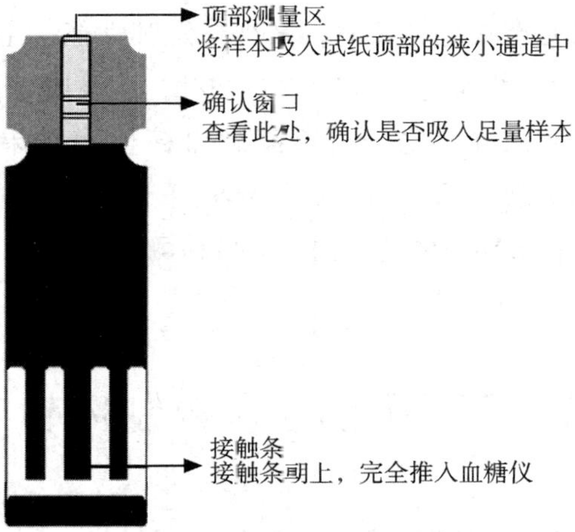

图 17－7　某厂家 POCT 血糖仪操作流程图

3. POCT 血糖仪的操作　POCT 血糖仪产品种类较多，在操作上应严格遵照说明书。但各厂家的 POCT 血糖仪的操作大致相同，图 17－8 归纳了某厂家血糖仪的简要操作流程。

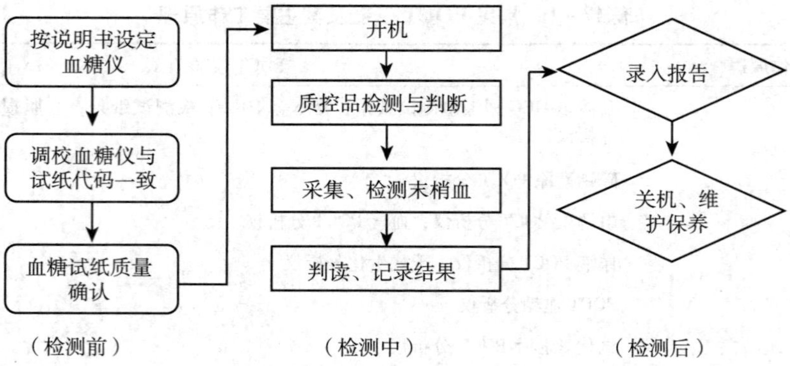

图 17－8　某厂家 POCT 血糖仪操作流程图

4. 使用 POCT 血糖分析仪的注意事项

（1）试剂的保存　保存在防潮及避光的原装瓶内，储存温度不超过 30℃的干燥阴凉处；切勿将试纸放入冰箱内或在阳光下直射，避免将试纸长期暴露在空气、潮湿环境及强光下；取出试纸条后应立即将瓶盖拧紧，不要把试纸条移往其他容器；测试前，试纸上的血量指示圆点应为米白色，如颜色已变，切勿使用。

（2）快速血糖检测的室温宜在 10～35℃，湿度 10%～90%。

（3）当血糖仪有尘垢、血渍或仪器出现相应的报警代码时，需要清洁血糖仪。可拆下试纸支撑区，然后清洁试纸支撑区、感光区及感应器，一般使用沾清水的棉花棒擦拭，用柔软干布或面纸擦干，注意不要留下棉絮或纤维。

（4）屏幕上显示电池图像，表示电池已变弱，应尽快更换。

（5）为加强各级各类医疗机构便携式血糖检测仪的临床使用管理，规范临床血糖检测行为，保障检测质量和医疗安全，2016 年中华医学会检验医学分会和国家卫生和计划生育委员会临床检验中心联合发布“便携式血糖仪临床操作和管理规范中国专家共识”对医疗机构血糖仪管理基本要求、血糖仪的选择、血糖检测操作规范流程等做了明确要求，并制定了血糖仪与实验室生化方法比对方案。

（6）医疗机构在采购便携式血糖仪时，必须核定其性能，主要指标如下。①精密度：当血糖浓度＜5.5mmol/L 时，标准差应＜0.42mmol/L；当血糖浓度≥5.5mmol/L 时，变异系数应＜7.5%；②准确度：与生化分析仪静脉血糖检测结果进行比对，当血糖浓度＜5.5mmol/L时，至少 95% 的结果差异在 ±0.83mmol/L 的范围内；当血糖浓度≥5.5mmol/L 时，至少 95% 的结果差异在 ±15% 的范围内；③可检测范围：2.2～22.2mmol/L。

扫码“学一学”

第三节　POCT 的质量控制环节与展望

一、POCT 的质量控制环节

POCT 仪器作为即时快速诊断仪器，给医患双方都带来了极大的方便，在及时获知检验结果、快速决定医疗措施，甚至抢救病人生命等方面均赢得了宝贵的时间。但是，正是由于其快速、床旁和即时等特点，在检验的各个环节均需加强质量控制，才能保证 POCT 检测结果的准确性，具体表现在以下方面。

1. 操作人员　由于 POCT 仪器是在不确定的检测需求下使用（病床旁、手术室、救护车、野外救治、病人家庭等），大部分操作人员无检验相关背景知识（医生、护士、病人），他们往往缺乏对所操作的 POCT 仪器的全面了解，对特定 POCT 仪器的操作欠规范。他们可能忽略不同的样本类型（静脉、动脉），样本状态（溶血、脂血、黄疸）以及样本采集时间、部位等对检验结果的影响。因此，应对使用者进行必要的培训和考核。

2. POCT 仪器　检验仪器处于良好的在用状态，是得到正确的检验结果的基础和前提。大部分 POCT 仪器的工作场所往往分布在监护室、临床科室、家庭、野外等，在正式投入使用前，缺乏规范、完整的性能评价和验证，使用者对 POCT 仪器的检测性能知识甚少；在使用中，往往缺乏定期的校准和符合规范的维护保养。野外急救时，长途运输中的搬运与抖动都将影响 POCT 仪器的状态。因此，对 POCT 仪器状态评估确实必不可少。

3. 检测过程中质量控制　受条件和观念的影响，POCT 仪器在使用过程中，很难像在规范的医学实验室那样对检测过程进行分析中的质量控制。具体表现：没有进行质控品检测即开始测试样本；对质控结果所反映出来的缺陷认识不足；对失控的处理不恰当等。这些因素都会使 POCT 检测质量难以保证，甚至可能由此得出错误、荒谬的检测结果。

4. 检测结果的传递与运用　POCT 仪器一般不连接计算机处理和打印系统，其结果报告往往通过热敏纸打印或者人工抄录的形式传递给临床医师。热敏纸打印的报告在一段时间之后会褪色，人工抄录时难免会发生录入错误。此外，POCT 仪器往往采用与医学实验室不同的检测方法，其结果的参考区间也有所不同，临床医师在使用这些报告时，如不清楚这些特殊情况，有可能对结果进行误判，甚至采取不正确的临床措施。因此，应更加注重分析后的质量控制。

5. 工作环境　POCT 仪器主要是以免疫层析技术、色谱技术和干化学技术等为基础的仪器，容易因温度、湿度和 pH 的变化而影响反应活性。而大部分 POCT 仪器并非存放在规范的医学实验室，由非专业人员储存、保养和使用。这些条件得不到保障，将直接影响 POCT 的检测结果。此外，电压不稳定、强光线、强磁场等都会直接影响特定检测原理的 POCT 仪器结果准确性。

6. 规范化管理　因医疗需要，便携式血糖仪、血气分析仪等 POCT 仪器在同一医疗机构内各临床科室、医学检验科往往同时使用，大部分医院未成立专门的 POCT 管理委员会，对仪器设备、操作人员、质量控制、医院内结果比对等问题进行规范化管理，在同一医疗机构内同一项目 POCT 检测结果的正确性和一致性得不到保证。

POCT 仪器虽然存在上述诸多问题，但可喜的是，我国卫生健康和行业主管部门已高度重视这一问题，以便携式血糖检测仪为例，相继出台系列文件，对便携式血糖检测仪采血笔、临床使用管理、临床操作规范等进行规定，业内专家联合发布《便携式血糖仪临床操作和质量管理规范中国专家共识》，这些文件和专家共识，必将促进 POTC 仪器的健康发展和规范使用。

二、POCT 技术和仪器的展望

POCT 分析仪器的小型化、智能化、自动化，检验项目的多样化等是医患双方共同的期待，也必将是 POCT 未来发展的方向。分子生物学技术、免疫学技术、生物芯片技术、电化学技术、计算机技术等的快速发展，为这一发展方向奠定了基础。

1. 精准化和智能化 POCT检测的精准化是精准医疗快速发展的要求。标准化是精准化的前提，POCT涉及的标准品、质控品均应具备可溯源性，检测精密度和准确度才能逐渐向大型分析仪靠拢。以微流控形式的液相反应逐渐替代基于生物膜的固相反应，极大提高了检测精密度和灵敏度。智能化质量管理是基于仪器自动统计质控数据，连续监测和确认仪器处于良好的在用状态，及时发现运行过程中的潜在问题，并自动纠错。

2. 高通量和多样化 芯片技术的引入，使POCT仪器在高通量方面得以实现。电化学发光技术、微流控技术、多层涂膜技术、免疫层析与渗滤技术、红外和远红外分光光度技术、生物传感器与生物芯片、微型显微镜成像模糊识别技术等不断融入，将引领POCT仪器的变革和更新，向多元化方向发展。从检测项目的种类来看，它几乎可以囊括常规检测、生化检测、免疫检测、肿瘤标志物等所有医学实验室的检测项目。

3. 定量化 伴随纳米等新材料的不断应用，以及生物医学、自动控制、制造工艺等多种新技术元素，POCT检测仪器将和大型检测设备的精确定量能力相媲美。POCT仪器也将逐步由定性、半定量到精确定量转变。包括普通荧光、时间分辨荧光、电化学发光等多种发光技术为基础的POCT仪器已经实现了精确定量。

4. 微创和无创化 经皮近红外光谱分析技术逐步成熟和相应检测技术的不断进步，使得非创伤性POCT检测仪器的出现成为可能。由于省去了标本采集步骤，易于被受检者和医护人员接受，尤其是在新生儿检测方面意义更加重大。

扫码“练一练”

5. 云平台与信息化 移动医疗、云计算、健康数据云服务平台的建立与应用，有利于对POCT仪器的质量控制和结果运用，为不断满足病人对医疗服务提出的新需求提供了信息保障。

（陈 辉 候玉磊）

第十八章　实验室自动化与信息化系统

教学目标与要求

掌握　实验室自动化的基本概念和分类。

熟悉　实验室自动化设备的结构和工作原理；实验室信息系统的基本概念和分类。

了解　实验室自动化和信息化的发展历史、应用注意事项。

第一节　实验室自动化与信息化系统概述

扫码“学一学”

针对实验室自动化，目前尚无公认的定义。相对于全手工操作来说，独立的半自动或全自动分析仪设备就是一种单机模式的自动化。随着技术的逐渐进步和发展，目前实验室自动化这一概念多指多模块整合模式的自动化。

狭义的全实验室自动化系统（total laboratory automation，TLA）又称自动化流水线，是指为实现临床实验室内某一个或几个检测系统的功能整合，而将不同的分析仪器与分析前样本处理设备和分析后样本储存设备通过硬件和信息网络进行连接的整合体。

广义的实验室自动化应理解为：涉及分析前、中、后各个步骤，以减低各类医疗差错、提高工作效率、缩短并均衡样本 TAT 为目的，利用各种自动化的硬件平台及与之相匹配的软件控制系统替代原有手工操作；可以是分步骤、模块式的，也可以是全连接的，客户高选择性的系统。基于此理解，实验室自动化可以扩展到从实验室前病人采样开始的，包含智能采血系统、样本分拣系统、自动化样本物流系统，到进入实验室后的覆盖样本验收、分拣、离心、分杯、传递、检测、保存及弃置的部分过程或全过程的自动化系统。

实验室自动化始于 20 世纪 50 年代，其发展和演变的过程包括实验室检测仪器自动化程度的不断增加，实验室信息管理系统（LIS/LIMS）的使用和随之出现的分析前、后样本自动化处理系统及流水线系统。TLA 的发展简史见表 18－1。

近年随着分析检测设备技术的飞速发展，实验室自动化在国内呈快速发展，尤其是 2012 年以后，自动化设备的年装机增长量达到 60%～70%。不同制造商推出的自动化系统理念不同，如岛屿式自动化、全实验室自动化（TLA）、样本任务处理系统（TTA）等。无论自动化的理念如何，最终均需依据实验室的规模、需求、设备配置、场地等实现适宜的实验室自动化。

表 18－1　临床实验室自动化发展简史

年代	代表性设备及简介
1981 年	日本佐佐木匡秀首次提出了“全自动化实验室系统”概念，历时 3 年完成了用传输轨道连接多台分析设备的自动化
1989 年	日立公司完成了日本第一条由工厂设计生产的自动化系统，并于 5 年后推出了带控制系统的自动化流水线，自动化系统开始在日本快速发展

续表

年代	代表性设备及简介
1990 年	德国 PVT 公司和意大利 Inpeco 公司开始研发并为临床实验室提供自动化解决方案
1991 年	日本 TechnoMedica 公司发布了第一款智能采血系统，该产品主要解决样本采集阶段试管准备工作的自动化、标准化问题
1996 年	IFCC 正式提出 TLA 概念。同年，美国密苏里州圣路易斯的 QUEST 实验室安装了北美第一台由日本制造的 TLA 系统
2001 年	浙江大学附属第一医院安装了中国第一条实验室自动化流水线，揭开了中国实验室自动化流水线系统建设的序幕
2009 年	德国 MUT 公司发布样本试管分拣自动化系统 HCTS2000，主要解决样本分拣、接收环节的自动化、标准化问题

扫码“学一学”

第二节　实验室自动化与信息化系统分类与原理

一、分类及特点

目前临床实验室内应用于除微生物实验室以外的自动化系统主要有两种类型：离线式全自动前处理系统，也称为任务目标式自动化（task target automation，TTA），也有学者称为岛屿式自动化或独立式自动化系统；另一种称为全实验室自动化系统（total lab automation，TLA）或轨道式自动化系统，习惯上也被称为流水线，流水线可以连接自动生化分析仪、免疫分析仪，也可以连接凝血分析仪、全血细胞分析仪。另外，在样本采样、运输、分拣阶段也实现了自动化，其相关设备暂合称辅助样本自动化系统。

（一）离线式全自动前处理系统

该系统的特点是在一台独立运行的设备中整合了样本前处理的各个步骤，例如离心、血清和试管拍照、去盖、分杯及自动粘贴条码，封膜和分类出样。在大多数情况下各个功能组件无法独立运行，需通过软件协同工作，样本通过抓手和传输带依次完成每步操作，最后到达分类出样区域。之所以称之为任务目标自动化，是因为通过前处理后样本会根据要去往检测的仪器设备不同，而分类到各个不同的出样区域。这类离线式的自动化前处理的出样区往往比较大，一般能够同时容纳超过 1000 个样本，而且实验室可以根据本科室的设备和工作流程对出样区进行规划和排列。实验室操作人员可直接把出样区域的样本架直接放入对应的仪器中检测。由此可见，TTA 系统中的样本分类目标较明确，这就是其名称的由来。TTA 自动化系统有以下特点。

1. 结构紧凑，占地面积小　由于将样本前处理中离心、去盖、分杯、分类和封膜等功能组件进行了整合，因此 TTA 往往占地面积都比较小，特别适用于布局紧凑、场地条件有限的实验室。

2. 系统开放性较好　离线式前处理的出样区通常能够放置不同厂家的试管架，并根据客户对样本量的需求作自定义布局规划。操作人员可将分类完成的样本架直接加载入分析仪器，减少了操作步骤。

3. 样本处理通量较大　由于 TTA 结构紧凑的设计特点，传输路径短，其样本通过各功能组件进行处理的效率较高，而且 TTA 后端不连接分析仪器，其分类速度不受后端分析仪器运行速度的影响，因此处理速度较快。

（二）全实验室自动化系统

TLA 或实验室自动化系统（laboratory automation system，LAS）或轨道式自动化系统，是指临床实验室内多个检测系统如临床化学、免疫学、血液学等检测系统与分析前和分析后系统，通过轨道进行物理连接，并由信息系统进行控制，协同运行从进样到检测及样本归档的系统。TLA 自动化系统有以下特点。

1. 占地面积较大　由于 TLA 的各个功能组件是独立的，需要用轨道连接起来，因此 TLA 往往占地面积较大，而且实验室样本量越大，对线上连接的仪器模块数越多时，流水线的占地面积越大。

2. 系统较封闭　TLA 系统较 TTA 来说要封闭，往往只能为那些在线上仪器中检测的样本进行前处理操作。一个公司生产的流水线系统通常不能连接其他厂家生产的分析仪器。

3. 样本有较恒定的 TAT　根据流水线各个模块的处理速度和线上仪器的分析速度，能够大致推算出样本在流水线上的 TAT，另外，由于系统可以按照最佳匹配方案向分析仪器自动分配任务，故每份标本 TAT 相对恒定，且用时相对较短。

4. 系统功能较齐全　TLA 系统中的功能模块往往涉及分析前的离心、去盖、分杯等，以及分析中的自动化检测仪器和分析后的样本储存处理系统。样本在流水线上可以完成整个处理、检测过程，并最终存档保存，流水线还支持自动复检、查询、调取样本等功能。

（三）全血细胞分析自动化系统

全血细胞分析流水线是一类功能相对专一的自动化系统。该系统将全血细胞计数仪与推片染片机连接在一起，通过计算机系统实现根据预先设定的复检规则筛选并自动推片染片的功能。

（四）辅助样本自动化系统

实验室自动化不仅限于实验室内部，对于那些样本还未到达实验室的环节来说，自动化系统按照应用环节来分，可以分为以下几类。

1. 智能采血自动化系统　主要应用于标本采集环节和标本确认环节。

2. 试管分拣自动化系统　主要应用于标本确认环节（采血部门核发、检验部门核收等）。

3. 标本传送自动化系统　主要应用于标本运输环节例如气动物流系统（本章不作详述）。

二、构成和原理

（一）智能采血系统

1. 基本组成及功能　智能采血自动化技术是 20 世纪 90 年代左右发展起来的自动化技术，它集成了计算机技术、光学条码技术、自动化控制于一体，实现了在采血过程中试管准备工作的自动化、标准化，是信息化、自动化技术整合到采血过程的一个典型实用技术。试管条码自动化主要是采用自动化手段协助医务人员完成试管选择、条码标签打印、粘贴、试管定向传送、回收等工作，并辅助医务人员完成采集阶段标本确认。引入该系统后医务人员可更专注于标本采集的技术服务。

智能采血自动化系统主要有以下几个核心部分组成。

（1）采血信息管理系统（BCMS） 用于接收 HIS 或者 LIS 的病人采血登记信息，按照指定的规则发送给条码自动化设备，交由自动化设备完成采血试管准备工作。

（2）试管选择单元 用于根据病人项目数据选择所需的不同类型的试管。

（3）标签打印粘贴单元 用于打印指定要求的标签，并粘贴在所选试管上面。

（4）试管收集单元 用于将同一个病人的试管收集在一起，实现不同病人试管之间的物理区分。

（5）试管传送单元 用于将试管传送到指定的采血台。

（6）已采集标本试管回收单元 用于回收已采集的病人试管。

（7）数据处理单元 将数据信息转化成试管选择单元、标签打印粘贴单元等各个单元所能接受的指令。

2. 工作流程及设计理念

（1）工作流程 见图 18－1。

1）病人项目数据从 LIS/HIS 系统直接或者从 LIS/HIS 经由 BCMS 通过标准通讯协议或者厂家标准通讯协议发送到试管条码自动化系统。

2）设备开启自动打印后，按照病人项目要求由试管供应单元选取试管转移到标签打印粘贴位置。

3）设备标签打印单元根据自定义标签格式打印标签，标签粘贴单元自动完成标签粘贴。

4）准备好的试管自动收集到收纳盒里。

5）当病人的所有试管准备完成时，通过发送装置将完成收集收纳盒发送到指定采血台，执行叫号。

6）采样人员根据信息提示终端进行核对后，开始采血。

7）每完成一个项目采集后，在终端上完成采血时间记录。

8）完成病人所有项目标本采集后，将采集完标本的试管放置到回收装置中，由回收装置将试管回收到指定位置，完成当前病人的标本采集。

9）病人试管准备完成后以及病人标本采集完成后将执行结果返回给 LIS/HIS 或者经 BCMS 返回给 HIS \ LIS。

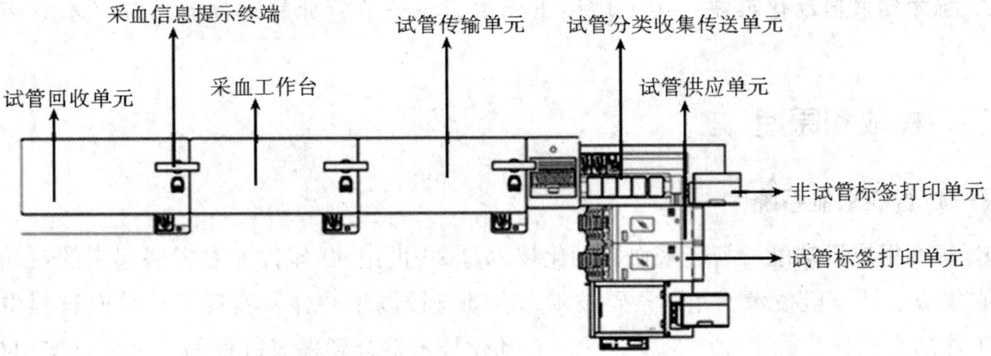

图 18－1 智能采血系统工作流程示意图

（2）设计理念 智能采血自动化系统将简单的手工劳动（试管选择、标签打印、标签粘贴等）由仪器自动完成，减少人为错误、规范条码粘贴，实现了采样前的标准化；让采样人员专注于标本采集过程。该系统还同步解决必要的核验环节（病人叫号、验证，标本数量验证，采集时间记录），进一步规范流程。护士终端的采血信息管理系统可显示当前病人采血信息以及注意事项，协助护士完成采血，提供采血核验以及采血时间记录功能；语音模块提示病人到指定位置采血；队列模块根据临床科室或者检验项目的要求设计病人排序队列；护士管理终端可以统计工作量、耗材等数据，指导工作安排。

（二）试管分拣自动化系统

1. 基本组成及功能　试管分拣自动化采用条码识别技术，自动化控制技术将待处理试管标本按照指定要求（例如按照标本送达科室或者标本检测设备等）分类，并实现标本验收确认，可替代当前标本确认环节大量的简单重复手工劳动。试管分拣自动化系统主要有以下几个核心部分组成。

（1）采血信息管理系统　用于接收 HIS 或者 LIS 的病人以及病人项目信息，是分类试管信息的数据源。

（2）待分拣试管收集舱　批量放置待分拣的试管。

（3）试管分拣单元　将批量试管逐个或者批量取出，通过一定的识别方法区分。

（4）试管分类收集单元　不同类别的试管分别收集到不同的容器中。

（5）数据处理单元　主要由计算机组成，接收试管分类单元返回的数据，将接收的数据对比分类规则后，将分类信息转化成分类指令发送给试管分类单元完成指定试管的分类，并完成试管数据的验证，记录接收相关信息。

2. 工作流程及设计理念

（1）工作流程　见图 18－2。

1）将待分拣的试管放置到待分拣试管收集舱。

2）通过传送装置将试管逐个传送到传送带上。

3）传送带将试管传送到条码识别位置。

4）根据系统定义的分拣规则将试管分配到指定收集容器。

5）将信息数据反馈给 BCMS 或者 HIS \ LIS。

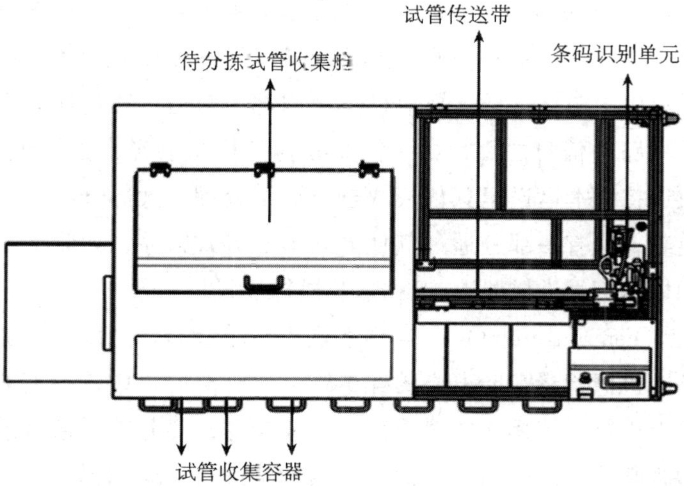

图 18－2　试管分拣自动化系统分拣工作流程示意图

（2）设计理念　试管分拣自动化设备设计的初衷是为解决标本收发阶段大量手工劳动引起的效率低、潜在差错风险问题。将简单的重复的识别确认工作交由设备完成，减少标本确认环节的耗时。然而单纯试管分拣设备依然不符合标本确认的要求，因此必须引入必要的数据处理软件，用于接收试管分类单元返回的数据，在接收到数据对比分类规则后，将分类信息转化成分类指令发送给试管分类单元完成指定试管的分类，并完成试管数据的验证及信息记录。

（三）离线式前处理系统

1. 基本组成及功能介绍　离线式前处理系统是一种计算机控制的，能够实现样品前、后处理自动化的软硬件系统，通常由几个模块组成，可实现样本的识别、离心、去盖、分杯、分类和存档等功能（图 18－3）。

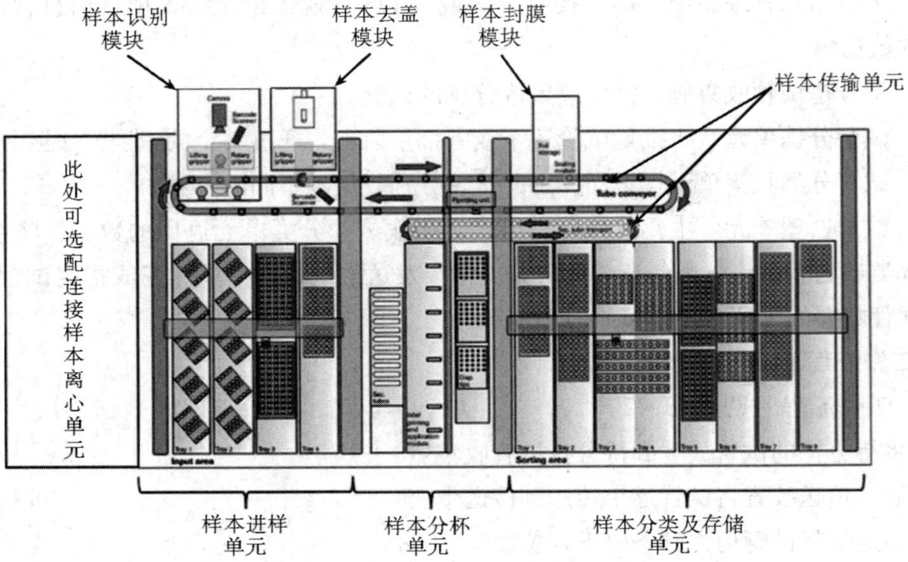

图 18－3　样本处理系统平面示例图

（1）进样单元（input unit/inlet unit）　通常包含样品进样架、机械手臂、样本识别组件及样本去盖组件。样本进样单元一般作为离线式前处理工作的起始，样本在此单元由人工进行上载，之后由机械臂从进样区抓取样本至内部小轨道，通过样品识别单元（条码扫描、试管拍照）获取路由信息之后，如果需要去盖的样本会经由去盖组件进行去盖处理，之后再由内部小轨道将样本运送至其他模块进行后续处理。大部分离线式前处理都是通过样本架进行样本上载，也有一部分通过其他方式上载方式样品，如倾倒式进样模式（直接将未离心、去盖的样本倒入进样器），又称散装进样模式。

（2）离心单元（centrifuge unit）　当样本进入该单元后，系统会根据样本类型判断该样本是否需要离心，机械臂将需要离心的样本管抓取到离心机中进行离心，离心结束后再返回到内部小轨道上进行后续操作。对于离线式前处理，离心单元通常放置在进样单元之前，通过试管类型判断是否需要离心。此模块通常不进行条码扫描，用户可以根据自己的实际工作需求选配该模块。

（3）分杯单元（aliquot unit）　在离心去盖之后，需要分杯的样本会进入分杯单元，由带有吸样头的机械手臂按照分杯量将母管的样本加入到一个或多个子管中，随后母管和子管通过内部小轨道进行后续操作。为了减少采样误差，智能化分杯系统能检测总的可用样本量以及吸样的深度，根据样本的检测项目数量以及相应分析仪的死腔量来计算分杯量。其中一类分杯单元集成在进样单元中，另一类分杯单元作为独立的单元存在。

（4）分类及存储单元（sorter and archive unit）　该单元通常包含样本出样架、存档架、机械手臂及加盖/封膜组件。该单元通常作为离线式前处理的终点。当样本完成之前的所有处理后，进入该单元，系统通过样本信息判断该样本需要分类或者是存档。对于需要分类的样本，机械手臂会根据样本信息将样本抓取到目标位置，再由人工搬运至不同的线下检测平台进行后续操作；对于需要存档的样本，首先通过封膜模块进行封膜的操作，再由机械手臂抓取到存档架，并在系统中记录样本存储位置，之后由人工搬运至线下冰箱或冷库进行存储。

（5）传输单元（tube transport unit）　样本在离线式前处理各单元之间的流转都是依靠样本传输单元实现的，样本传输单元通常是一个内部的小轨道，不同单元的机械手臂将样本从不同单元抓取到内部的小轨道上，再由小轨道将样本运送到不同的单元进行相应的处理。

以上为样本前处理设备的基本构成，不同厂家不同型号的设备在细节上有所区别，但大体功能相似。

2. 工作流程及设计理念　离线式样本前处理系统作为服务于临床实验室的自动化设备，其实现的工作流程和设计理念一定需要符合实验室样本前后处理要求，帮助其提升自动化程度，通过标准化的软、硬件结合的方式，进一步规范实验室的日常样本检测流程，提升实验室管理质量。实验室样本常见处理流程步骤如图 18－4 所示。

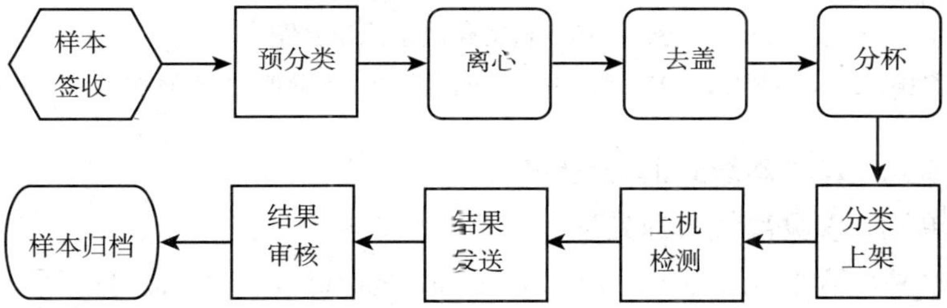

图 18－4　实验室样本处理一般流程

由于离线式前处理将会覆盖一个区域或整个实验室的样本前后处理流程，因此在项目实施之前，需要进行详细的工作流程分析，再决定离线式前处理的配置及使用方式。工作流程分析主要包含以下几个方面的原则。

（1）适宜性　对于不同的实验室，应根据工作量、场地、工作流程、操作者技能及 IT 系统的基础等差异，针对不同的实验项目要求，设计适合该实验室的个性化解决方案。

（2）操作便利性　在进行方案设计时，一定要考虑到操作者现有习惯以及未来使用过程中操作便利性。如在分类区尽量使用可以直接上到分析仪器的样本架；又如尽量将前处理设备摆放在靠近样本接收处的区域，便于样本完成接收之后以最短路径进入前处理并完成后续操作。

（3）可扩展性　在方案设计时，应考虑到实验室在未来 5～8 年的发展，应考虑工作量增大后，如何对前处理设备和检测平台进行扩展，从而相应的提升方案整体的样本处理能力。

（4）峰值处理能力　按照目前大部分中国实验室的状况，每天有30% ~40%的工作量会在早上8:00 ~9:00进入实验室，因此在进行方案设计时，应当充分考虑高峰日高峰1小时的工作量，避免以日均工作量为基础进行设备通量的设计而导致高峰样本不能及时得到处理。

（5）平台整合　在方案设计时，应根据检测项目所需平台进行整合，并在核定工作量的基础上配置不同数量的设备。

（四）全实验室自动化系统（流水线）

1. 基本组成及功能　全实验室自动化系统也常称为自动化流水线，通常包含样品的进样、离心、去盖、检测、加盖、出样、存储、检索等功能。流水线系统通常由进样单元，出样单元、离心单元、去盖单元、分杯单元、分析仪器连接单元，封膜/加盖单元、样品存储及检索单元等组成，并配以相应的数据管理系统（图18 -5）。

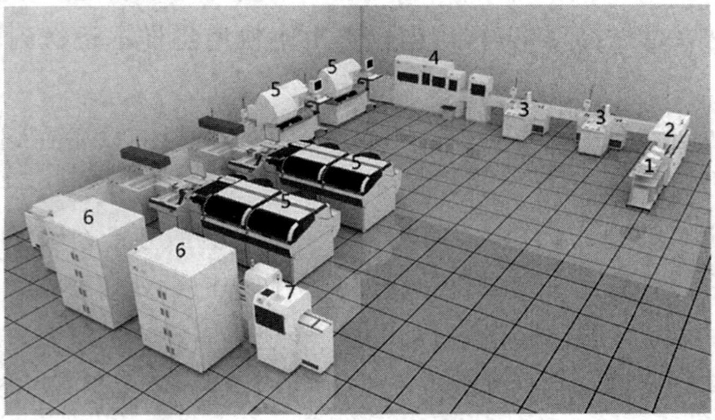

图18 -5　自动化流水线示例图

1 控制中心；2 进样器；3 离心机；4 去盖分杯器；5 分析仪器；6 存储冰箱；7 出样器

（1）进样单元　参见离线式前处理一节。

（2）离心单元　参见离线式前处理一节。

（3）血清水平检测单元（serum level detection module）　样品离心后，进入血清检测单元。经过光学探测器可以对样本的血清量进行记录，用于计算分杯所需血清量。部分厂家的设备在该单元可对血清质量进行判断。

（4）去盖单元　参见离线式前处理一节。

（5）分杯单元　参见离线式前处理一节。需要注意的是，对于分杯出来的样本需要到线下仪器的后续处理：①一类流水线可以将需要到线下仪器的分杯管在返回到出样区时直接放置在目标仪器专用的试管架上，无须再进行人工转架；②另一类流水线在完成分杯后只能将样本放置在流水线专用的出样架上，需要人工转架后到线下仪器检测。

（6）检测仪器及连接单元（analyzer connection module & analyzer module）　样本完成自动化的前处理之后，通过轨道运输到不同的分析仪器进行分析和检测。分析仪器通过专用的连接模块与运输轨道相连。连接单元主要有三种模式：①通过机械手臂将样本从轨道抓入仪器进行检测；②轨道则可直接将样本传输进入仪器进行检测；③样本不需进入仪器，直接在轨道上取样。目前市场上的大部分流水线仪连接生化和免疫的分析仪器，只有少数流水线连接了血常规、凝血等其他检测平台。

（7）封膜/加盖单元　参见离线式前处理一节。

（8）样本存储及检索单元（storage & retrieval module）　项目完成所有检测并进行封膜之后，样本通过轨道进入存储及检索模块。样本存储主要有 2 种模式：①样本存储及检索单元包含一个在线的样本存储冰箱，样本可以直接进行在线的样本存储、检索及丢弃；②不包含在线的存储冰箱，需要在由人工从该模块搬运到线下的冰箱进行存储，如需检索，则需在系统中查找位置之后由人工找出并进行后续操作。

（9）出样单元　参见离线式前处理一节。

（10）样本传输单元　用于连接不同模块的分析仪器以及样本传输。不同形状的轨道，如 L 型、T 型等可以使得轨道摆放形状更加灵活。

（11）流水线数据管理系统（automation data management system）　用户可以预先在系统上设置符合自己实验室操作流程的各种规则，流水线系统通过该系统从 LIS 获取样本的测试请求并及时作出智能判断，控制标本在轨道上的走向和仪器工作量的平衡，并且能够结合实验室定义的规则对测试结果进行自动审核，可显著缩短检测完成到审核的时间。

2. 工作流程及设计理念　无论是规模较小的医院，还是大型医院或是医学中心的实验室，流水线解决方案可以帮助实验室管理不同的工作流程，以全面改善工作效率、降低运营成本。

流水线设计的流程及理念与前处理方案类似，可以参见离线式前处理一节的描述。需要特注意的是，流水线方案的设计对于场地的要求更加严格，对于未来扩展的考虑需要更加细致。

第三节　全实验室自动化系统的应用与管理

扫码“学一学”

全实验室自动化系统在多数情况下可以服务于整个实验室，因此在引进前，一般都会对整个实验室进行重新规划。专业的实验室流程分析人员将采集实验室过往一段时间的工作数据，并通过专业的软件分析这些数据，计算出合理的分析设备数量，运用精益管理理念规划出合理的设备布局，使整个实验室的工作流程更加流畅有序，工作效率显著提升。对于整个系统的管理要求一般包含以下几个方面。

一、安装确认

（一）场地尺寸

在安装进入实验室时需要考虑仪器设备、供电、UPS 电源放置、电脑操作台布局等因素；特别是仪器四周要预留出维修空间、操作空间及人员通道。

（二）场地硬件

出于对仪器运行安全性和可靠性的考虑，场地的硬件设施需要满足一定要求，例如吊顶、墙体涂装、地面承重、地面水平等。

（三）场地环境

主要包含以下方面的要求。

1. 通风换气系统　直接影响实验室空气质量，因此实验室应保持负压，维持实验室气流从低污染区流向高污染区，由非辐射区流向辐射区等。同时通风换气系统不能影响仪器运行。通风口、换气口不能离仪器过近等。

2. 暖通空调系统 供暖系统一般选用可调式空调系统。供暖系统须能保持实验室常温恒温；空调系统送风不能直吹仪器；北方地区大部分同时选用水暖系统，甚至地暖系统，需要注意暖气片与仪器应间隔一定的距离。

3. 制冷空调系统 制冷系统一般选用可调式空调系统，须能保持实验室常温恒温。

4. 避免阳光直射仪器 如果仪器靠近窗户，应考虑使用遮光窗帘等措施。

5. 环境温湿度 ①实验室温度保持在15～30℃，温度变化小于2℃/h；②实验室湿度保持在30%～75%；③实验室任何时刻无水汽、水珠凝结。

6. 噪声环境 实验室远离噪声源，保持安静状态，噪声环境不大于75dB。

7. 电磁环境 ①实验室应远离高压线、变压器等外在高电磁辐射环境；②远离电磁波或放射性强的设备，如X线光机、磁共振、加速器等；③如果实验室内有离心机等产生强电磁设备，应远离仪器放置。

8. 运输通道 要能够保障较大设备的顺利搬运，包括货运电梯的承重等。

9. 水、电、气要求

（1）水 符合NCCLS TYPE2标准水质要求。

（2）电 220VAC±10%，50Hz/60Hz±10%及380VAC，50Hz。①接地线要求：接地电阻即火线-地线、零线-地线电阻均小于10Ω。零地电压小于2VAC。②空气开关及配电箱：必须安装空气开关，建议为空气开关安装配电箱。③UPS电源：为保证仪器在突然断电下安全工作，要求安装UPS电源。④电源电缆：遵循设备的要求。

（3）气 无油干性压缩空气，（80±5）PSI，3.0CFM，7kg/cm^2，100～400L/min。悬浮颗粒，压力泄露点，油含量应符合ISO 8573.1（Air Quality Standard）。

二、性能确认

1. 检查设备运行时，设备运行的稳定性、适应性。
2. 检查设备运行时，设备参数是否和说明书相一致。
3. 检查设备质量保证和安全保护功能可靠性，如卡机、报警等。
4. 检查设备操作是否方便，是否符合人机工程学，机器维护是否方便，操作性能是否良好等。

三、维护保养

保养和维护程序包括使用者定期执行的所有活动。这些活动用于确保系统的无故障运行。遵守维护规程有助于确保无故障的工作流程。全自动样本处理系统的保养主要包含对于传感器清洁、气动元件清洁、液路清洁、电子元器件清洁、运动马达保养、抓取机构消毒、传动皮带保养和设备外壳消毒这些大类。

（一）保养材料准备

保养材料主要有清洁剂，如2% Extran溶液（碱性）、系统液体（蒸馏水或软化水）、消毒剂、清洗剂、酒精（乙醇）、硅油、抹布（干净、吸水、不掉绒）、橡胶手套、清洁刷、条码打印机清洁工具套件、照相系统镜头清洁工具套件、传感器机清洁工具套件。

（二）保养和维护计划

1. 定期保养计划　包括每日、每周、每月维护保养计划。实验室应根据厂家要求制定维护保养计划，按要求执行。

2. 预防性维护保养　系统的维护取决于运行时间的长短，可以是每季度、半年、一年。可按需由维修技术人员进行预防性维护保养。

3. 纠正性维护保养　如果出现实验室人员无法解决的故障，由厂家执行纠正性维护和保养。

第四节　微生物检测自动化系统

扫码“学一学”

一、概述

相对于临床化学、临床免疫学和血液学，自动化在临床微生物实验室的发展相对较晚。微生物实验室自动化系统可以分为自动化的标本处理系统和全微生物实验室自动化解决方案，包括不同级别自动化程度的各种模块。全微生物实验室自动化主要包括：自动化样本处理系统、智能孵育箱、数字成像设备、自动化鉴定和药敏分析系统以及连接各模块的传输轨道。样本经自动接种仪完成接种工作后，可通过传输轨道将平皿送入智能孵箱，配合数字成像设备采集照片，随时监测样本生长情况，无须将平皿从孵箱取出，工作人员即可在专业分析软件上对标本进行分析，如在不同光线波长下进行菌落的形态特征的识别，进而借助机械装置选取待测菌落，配合连接的微生物鉴定和药敏分析系统进行进一步检测。工作人员甚至可以通过在线软件系统，在实验室外实现远程操作。

目前国内微生物实验室应用最广泛的自动化设备是自动化鉴定和药敏系统（详见第十五章），有少数实验室已使用自动接种仪进行样本处理，实现了全实验室自动化仅有几家。随着微生物检验的发展，特别是基质辅助激光解析电离－飞行时间质谱（matrix－assisted laser desorption ionization－time of flight mass spectrometry，MALDITOF MS）以及微生物样本液体转运技术（liquidbased microbiology specimen transport）的运用，使微生物检验流程发生了极大的变革，这两项技术作为实验室自动化的主要驱动力，促进了微生物实验室自动化逐渐普及。微生物实验室标本前处理自动化发展简史见表18－2。

表18－2　临床微生物前处理自动化发展简史

年代	代表性技术
1996年	加拿大Dynaco公司推出的第一台自动接种仪，以机械臂代替部分人工操作，每小时能处理100个平板，推动了微生物前处理自动化的进程
2006年	意大利COPAN公司推出了微生物标本前处理系统（walk away specimen processor，WASP），实现了微生物样本前处理的自动化
2006年	荷兰KIESTRA公司率先提出了临床微生物实验室全自动化概念，并安装全球第一套用于临床诊断的微生物实验室全自动化解决方案IESTRA TLA，其中包括全球第一套微生物数字化成像系统
2008年	荷兰KIESTRA公司推出创新性的平板磁珠划线技术，采用此项技术所获得单克隆菌落的数量是手工划线法的3～5倍，完全改变了自动化设备模拟手工操作，部分标本获得单菌落的质量不佳的状况

二、分类、特点及功能

（一）自动化微生物样本处理系统

自动化的标本处理系统即标本自动接种仪有强大的处理功能，可以根据标本类型选择合适的培养基（包括固体或液体培养基、液体培养基的次代培养），标本进行自动开盖，通过各系统专利技术平台实现对液态或非液态生物标本的进行标本接种和（或）涂片；将标本划线以获得单个菌落；对接种好的平板进行正确的标记和分类等。

目前主流的自动化微生物标本接种仪，最主要的区别在于实现标本划线接种的技术和方式不同。COPAN WASP 通过金属接种环进行划线处理，可以提供多种划线方式，例如三分区、四分区划线等。BD Kiestra 是通过磁性滚珠技术，可以选择不同的划线模式，对五个培养皿同时接种（图 18－6）。梅里埃 PREVI Isola 使用一次性吸头吸取一定量的标本，然后由一个刷子似的涂布器进行转圈涂布（图 18－7）。不同的接种方式均较传统的手工接种能获得更大量的单个菌落。在系统完成对标本的处理后，会将所接种的培养基使用轨道运送至智能孵育箱。

图 18－6　Kiestra™ InoquIA 磁性滚珠技术及划线方式

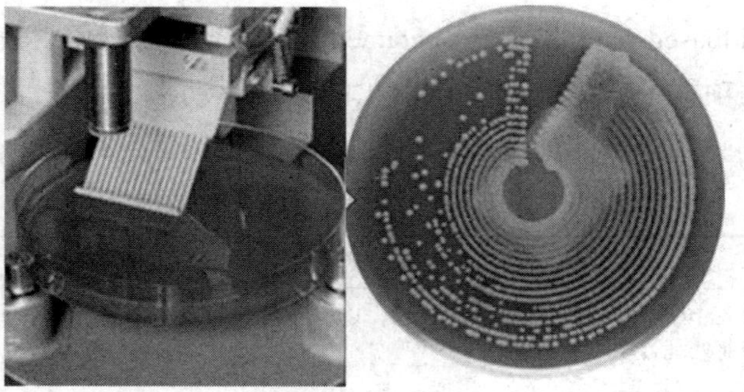

图 18－7　PREVI Isola 接种仪划线方式

（二）智能孵育箱

智能化孵育箱的主要特征是通过对孵育箱内环境的实时监控，实现有效控制，包括普通空气孵育箱和二氧化碳孵育箱两种。如果孵育箱因为某种原因需要开启，会造成一定程度的温度或者 CO_2浓度降低，这时智能孵育箱会对孵育环境自动进行调整。

（三）数字成像设备

以数字成像站或智能孵育箱配套平板成像系统的形式呈现，可依系统设置对智能孵育箱中正在培养的培养基进行高清拍照。同时，工作人员即可在系统软件上对培养基影像进行存储和标记分析，如在不同光线波长下进行菌落的形态特征的识别等，进而借助机械装置选取待测菌落。

智能孵箱和微生物数字化成像系统将自动化技术，计算机技术和数字图像技术完美结合，推出了数字微生物的概念，颠覆了传统微生物平板只能通过直观的肉眼判读方式，对所有微生物平板生长情况用数字图像的方式记录，提供不同时段微生物生长情况的高清图像，给判读者带来了极大的方便。

（四）传输轨道

传输轨道用于将培养皿传输至智能孵育箱、数字成像站或工作台，完成后续的跟进实验（图 18－8）。

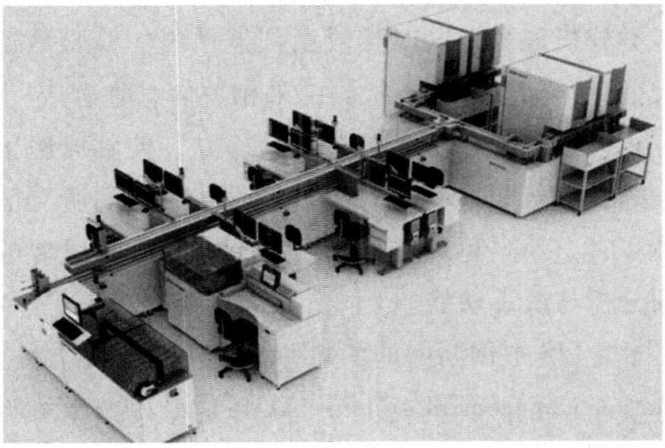

图 18－8　包含培养皿传输轨道的全自动微生物流水线

第五节　实验室信息系统

扫码"学一学"

仪器设备的自动化是实验室自动化的硬件基础，信息系统则是促进实验室大规模自动化改造的软件基础。信息系统是由计算机硬件、网络和通讯设备、计算机软件、信息资源、信息用户和规章制度组成的以处理信息流为目的的人机一体化系统。信息系统具有数据输入、存储、处理、输出、控制五个基本功能。实验室信息系统（laboratory information system，LIS）是根据临床实验室的工作流程而开发的医学实验室专用信息系统。

20 世纪 70 年代信息系统的出现逐渐帮助实验室实现了数据、工作流程和分析仪器的电子管理，国外实验室信息系统发展简史见表 18－3。

表 18－3　临床实验室信息系统发展简史

年代	发展简介
20 世纪 70 年代	全自动分析仪器开始使用微处理器进行控制和记录
20 世纪 80 年代	出现第一代商品化 LIS。由用户自行在小型机上开发或定制，再由计算机编程人员编程实现其功能，主要解决手工抄写数据、报告登记和结果查询等问题。它提供了比较简单的数据记录功能，提高了检验工作的效率

续表

年代	发展简介
20 世纪 80 年代末 90 年代初	计算机和网络技术的发展催生了第二代 LIS。第二代 LIS 是基于终端/服务器（T/S：Terminal/Server）或客户端/服务器（C/S：Client/Server）开发出的 LIS 产品，其优点是能满足用户不断变化的需求，升级操作简便，使用寿命长。缺点是各家实验室个性化编程需求大，导致成本升高，使用效率低
20 世纪 90 年代中期	基于局域网开发出了第三代 LIS。用户的个性化需求只需通过简单的设置实现，增强可操作性和便捷性
20 世纪 90 年代末期	基于局域网和网联网的第四代 LIS 诞生，实现了分布式管理结构。无论何时何地，用户都可以访问 LIS 开展工作，使用更加便捷

国内 LIS 应用始于 20 世纪 90 年代，随着医学实验室从国外引进全自动化仪器设备而开始使用随机自带的单机版 LIS 软件。LIS 的发展历经从单机版、多机联网、与医院信息系统（hospital information system，HIS）集成后的局域网、互联网等模式运行，在 20 多年的时间里得到了飞速的发展。

LIS 的主要功能是搜集和记录检验医嘱申请信息和标本采集、转送等相关信息，并将其中的检测信息发送给各类分析仪器，同时接收由仪器传出的检验数据，或者记录手工检测后录入的数据，将病人信息、标本信息、检测结果相关信息整合成一份完整的实验室报告，最后通过数据传输的方式传递到临床医生和护士工作站，使临床医生、护士或病人能够在终端电脑阅读检验结果或直接打印检验结果报告单。系统中的所有信息以及传递信息过程中的每个节点均能够被实时记录且可供相关人员查询。根据检验者的需求还能够提供质量控制及各类检验数据的分析与统计功能。

根据管理工作的需求，LIS 中逐渐增加了多种管理功能模块，故又称为实验室信息管理系统（laboratory information management system，LIMS）。LIMS 涉及的管理功能可包括考勤模块、文件管理模块、人员培训及档案管理模块、试剂与设备管理模块、成本核算模块、标本流程监控模块、各类警示模块，甚至还包括了智能审核模块以及专家分析模块。LIMS 为实验室提供科学便捷的管理路径以及实现办公自动化提供支持。这些模块可以与 LIS 是同一数据库，成为 LIS 的一部分，也可以是独立的系统而通过数据接口程序与 LIS 相连接。实际工作中，LIS 和 LIMS 并没有明显的划分，都指实验室信息系统。

在 LIS 发展的过程中，数据的流转是一个核心问题。条形码技术的广泛应用为数据流转提供了一个载体，有效实现了不同数据在不同系统之间的交换，包括 LIS 和 HIS 之间、LIS 和仪器之间的数据交换。有了这个载体，使得数据可通过双工模式（也称双向模式）进行交换，相比于单工（即单向传输）极大提高了工作效率，降低了差错。LIS 与 HIS 之间通过数据交换实现了资源共享，同时方便了实验室工作者和临床医生。数据库是存储和读取数据的核心，SQL Server 或 Oracle 等大型数据库的使用对于保证数据的安全、稳定，读取的流畅都有重要意义。另外，操作系统界面和操作方式的不断优化和改进使得 LIS 操作更加方便，有利于其在不同水平实验室的推广使用。

随着 LIS 应用的推广，某些专业对其提出了特殊的要求，由此而诞生了输血/血站实验室信息系统、微生物信息管理系统。这些系统针对相关专业的流程进行独特的设计，有别于普通实验室的常规流程，它可以是 LIS 的一个模块，也可以独立成为一个子系统，通过接口方式与其他系统连接。

LIS 的发展必然紧扣实验室的需求。对于将来可能出现的区域性大型中心实验室，需要处理医学中心、社区医院、诊所甚至家庭来源的标本，同时又要将结果进行合理的分析并及时传输到各个终端，这对于新一代的LIS系统提出了更高的数据处理分析能力要求。LIS的功能不再局限于数据的存储和传输，而更多地需要开发其对于数据的分析能力以及基于大数据分析进行智能诊断和决策的能力。例如根据检测结果决定是否重复检测或是添加其他相关的检测项目等；也可以通过对以往病例的统计分析，自动对检测结果给出更具诊断性的评价。

随着自动样品处理和自动信息处理技术的发展，LIS将会发展成为一种动态的系统知识库，它能够根据特殊情况和可确定的发展情况进行自我改变和自我调整。这将使实验室自动化过程中由过去的硬件推动发展到软件推动，最终实现虚拟实验室（virtual laboratory），通过部署在实验室内的大数据仓库，利用数据引擎和规则应用分析，从而推动并整合实验室整体运营管理。

除了LIS外，在自动化程度较高的实验室里还常用到多种其他软件，最常用的软件有流水线控制软件和中间体软件（middleware）。中间体软件又称中间件，是基础软件的一大类。顾名思义，中间体软件处在操作系统软件（仪器控制软件）与用户应用软件（LIS）的中间层，其从上至下的层次结构为应用软件、中间件、操作系统以及网络和数据库。中间件是安装了自动化流水线实验室用得较多的一种软件。中间件总的作用是为处于自己上层的应用软件提供运行与开发的环境，帮助用户灵活、高效地开发和集成复杂的应用软件。

目前国内市场上常见的与相应自动化仪器设备以及医学实验室用户的LIS配套的中间件性质的软件有：Instrument Manager（IM）流水线信息系统、DM2信息系统、Remiso（信息分类）、cobasIT3000、Centralink数据管理系统、LABOMAN检验数据管理软件。这些中间件普遍具有友好的操作界面，功能比较全面，例如全面流程监控、自动化智能复查、自动化智能审核、智能化质控管理等功能，可以作为LIS的有效补充。

[展望]

近年来我国实验室自动化发展快速，很多实验室选择了实验室前处理系统与自动化流水线的解决方案。目前实验室流水线系统多安装用于检测血清样本仪器，实验室也可根据需求将全血细胞分析仪、血凝分析仪整合到轨道上，通过优化样本流程和数据流程，定制符合各自实验室特点的自动化流水线。

如何跳出实验室内部样本分析前、中、后的自动化整合，拓展到从医嘱、计价到“一管血”产生至消亡的全流程控制是我们目前面临的挑战。将每一个环节标准化，提供稳定的样本周转时间，降低整体运营成本，并且减少生物危害风险是发展的目标。越来越多的医院，正在考虑如何构建完整的自动化流程，从医嘱生成样本申请开始，选择试管、打印条码、采血、样本运输到实验室到完成签收确认，这一系列的工作，都通过实验室外部的自动采样设备与样本管道物流传输系统相连接，再直接将样本直接送入实验室流水线系统，配合医院HIS和LIS软件系统，实现样本从采集到完成检测归档这一系列工作的全自动化。

未来的实验室自动化应具备在线自动运行室内质量控制、在线项目自动校准、在线自动更换试剂等功能。在线冷藏模块可以提供质控物、校准品和试剂的存放，在开启流水线后至样本检测前，自动将在线保存的质控物送入仪器进行检测，自动按照预先设定的规则检查质控结果，并判断是否可以进行样本检测；在运行过程中根据预设的校准周期，将校准品自动送入仪器进行校准并判断结果；如果某个项目试剂即将耗尽，流水线将自动更替新的试剂包装至仪器内，而无须停机人工添加。

扫码“看一看”

扫码“练一练”

远程诊断能力以及应急预案也是未来发展的重点。一旦遇到实验室工作人员无法立即修复的情况时，可通过启动远程诊断功能寻求工程师的及时援助，必要时须启动应急预案以保障实验室工作的正常开展。

微生物专业自动化系统的发展也是一个重要的方向。全自动微生物样本前处理和培养系统发展到今天，体现了当前尖端科技的应用，包括机械臂高度自动化，高分辨率图像处理以及自动化质量控制等技术，对于系统今后的发展方向，主要可以概括机械臂的小型化以及更高性能的自动化；高效的自动化前处理；自动化前处理的标准化流程与客户定制性化需求间的相适应；前处理和培养系统与鉴定手段的无缝链接，实现处理、孵育、培养以及鉴定的全流程。

自动化和信息化的快速发展对于临床实验室既是机遇也是挑战。实验室可以借助高度自动化的设备和智能的信息系统进一步实现流程优化、规范操作，快速准确地发出检验报告，显著提高实验室的工作质量和效率。而对于每个具体的实验室，关键的问题是如何选择适合自己的自动化系统。自动化系统应该与实验室的工作量及实际需求相适应，切忌盲目复制其他实验室的设计。TLA 是实验室自动化的发展方向，但并不一定适用于所有的实验室。每个临床实验室应根据自身的特点和需求建立适合自己的自动化和信息化系统。

（邱　玲）

参考文献

[1] Muravskaia NP, Men'shikov VV. On the way to national reference system of laboratory medicine. Klin Lab Diagn, 2014, 59 (10): 49 -52.

[2] Siest G (1), Henny J, et al. The theory of reference values: an unfinished symphony. Clin Chem Lab Med, 2013, 51 (1): 47 -64.

[3] Schmidt RL, Ashwood ER, et al. An analysis of clinical consultation activities in clinical chemistry: implications for transformation and resident training in chemical pathology. Arch Pathol Lab Med, 2014, 138 (5): 671 -677.

[4] Ashwood ER, Palomaki GE. A new era in noninvasive prenatal testing. N Engl J Med, 2013, 369 (22): 2164.

[5] 丛玉隆，王前．实用临床实验室管理学．北京：人民卫生出版社，2011.

[6] 丛玉隆，临床实验室仪器管理学．北京：人民卫生出版社，2012.

[7] 中华人民共和国国家计量技术规范．JJF 1402 -2013 生物显微镜校准规范．北京：中国标准出版社，2013.

[8] Wollman AJ, Nudd R, Hedlund EG, et al. From Animaculum to single molecules: 300 years of the light microscope. Open Biol, 2015, 5 (4).

[9] Gopinath SC, Tang TH, Chen Y, et al. Bacterial detection: from microscope to smartphone. Biosens Bioelectron, 2014, 10 (60): 332 -342.

[10] 丛玉隆．检验医学高级教程．北京：人民军医出版社，2013.

[11] 王治国．临床检验质量控制技术．3 版．北京：人民卫生出版社，2014.

[12] 丛玉隆．实用检验医学．2 版．北京：人民卫生出版社，2013.

[13] Wood BL. Principles of minimal residual disease detection for hematopoietic neoplasms by flow cytometry. Cytometry B Clin Cytom, 2015 Apr 23. doi: 10. 1002/cyto. b. 21239.

[14] 郑卫东，周茂华．实用流式细胞分析技术．广东：广东科学技术出版社，2013.

[15] 丛玉隆，马骏龙，张时民．实用尿液分析技术与临床．北京：人民卫生出版社，2013.

[16] Seimiya M, Suzuki Y, Yoshida T, et al. The abnormal reaction data -detecting function of the automated biochemical analyzer was useful to prevent erroneous total -bilirubin measurement and to identify monoclonal proteins. Clin Chim Acta, 2015, 20 (441): 44 -46.

[17] De Koninck AS1, De Decker K, Van Bocxlaer J, et al. Analytical performance evaluation of four cartridge -type blood gas analyzers. Clin Chem Lab Med, 2012, 50 (6): 1083 -1091.

[18] 曾照芳，贺志安．临床检验仪器学．北京：人民卫生出版社，2013.

[19] Cas Weykamp, Helene Waenink -Wieggers, Erwin Kemna, et al, HbA1c: performance of the Sebia Capillarys 2 Flex Piercing. Clin Chem Lab Med, 2013, 51 (6): e129 -e131.

[20] 徐永威，孙庆龙，黄静，等．Waters ACQUITY UPC2 仪器结构和性能特点．现代仪器，2012，18 (5)：45 -48.

[21] Carl A Burtis, R Ashwood. tietz textbook of clinical chemistry. 5 版．W B Saunders Co,

Philadelphia, 2005.
[22] 邓勃，李玉珍，刘明钟．实用原子光谱分析．北京：化学工业出版社 2013.
[23] 汪正．原子光谱分析基础与应用．上海：上海科学技术出版社，2015.
[24] 中国环境监测总站编．分析测试技术．北京：中国环境出版社，2013.
[25] 尚红．全国临床检验操作规程．4 版．北京：人民卫生出版社，2015.
[26] Armbruster DA, Overcash DR, Reyes J. Clinical chemistry laboratory automation in the 21st century - amat victoria curam (Victory loves careful preparation). Clin Biochem Rev, 2014, 35 (3): 143 -53.
[27] 陈东科，孙长贵．实用临床微生物学检验与图谱．北京：人民卫生出版社，2011.
[28] 倪语星，尚红．临床微生物学检验．5 版．北京：人民卫生出版社，2012.
[29] Karlsson R, Gonzales - Siles L, Boulund F, et al. Proteotyping: Proteomic characterization, classification and identification of microorganisms - A prospectus. Syst Appl Microbiol, 2015 Apr 11. doi: 10. 1016 [Epub ahead of print].
[30] Amani J, Mirhosseini SA, Imani Fooladi AA. A review approaches to identify enteric bacterial pathogens. Jundishapur J Microbiol, 2014, 8 (2): e17473.
[31] Gupta A, Anupurba S. Detection of drug resistance in Mycobacterium tuberculosis: Methods, principles and applications. Indian J Tuberc, 2015, 62 (1): 13 -22.
[32] Balasuriya UB, Lee PY, Tiwari A, etal. Rapid detection of equine influenza virus H3N8 subtype by insulated isothermal RT - PCR (iiRT - PCR) assay using the POCKITTM Nucleic Acid Analyzer. J Virol Methods, 2014, 207: 66 -72.
[33] Patel KM, Tsui DW. The translational potential of circulating tumour DNA in oncology. Clin Biochem. 2015 Apr 15. doi: 10. 1016 [Epub ahead of print].
[34] Behzadi P, Ranjbar R, Alavian SM. Nucleic Acid - based approaches for detection of viral hepatitis. Jundishapur J Microbiol. 2014, 8 (1): e17449.
[35] 李文美，梁国威，陈婷梅，等．临床检验装备大全 即时即地检验．北京：科学出版社，2016.
[36] 中华医学会检验医学分会，国家卫生和计划生育委员会临床检验中心．便携式血糖仪临床操作和质量管理规范中国专家共识．中华医学杂志．2016，96 (36)：2864 -2867.
[37] 刘锡光，康熙雄，刘忠．现场医护 POC 现状和进展．北京：人民卫生出版社，2015.
[38] Burtis CA, Ashwood ER, Burns DE. Tietz textbook of clinical chemistry and molecular diagnostics. St. Louis: Elservier Saunder, 2012: 469 -485.
[39] 杨启文，徐英春．临床微生物实验室自动化现状与进展．中华临床实验室管理电子杂志，2014，(01)：4 -10.
[40] Krasowski MD, Davis SR, Drees D, et al. Autoverification in a core clinical chemistry laboratory at an academic medical center. J Pathol Inform, 2014, 5: 13.
[41] Lam CW, Jacob E. Implementing a laboratory automation system: experience of a large clinical laboratory. J Lab Autom, 2012, 17 (1): 16 -23.
[42] 丛玉隆，乐家新．实用血细胞分析技术与临床．北京：人民军医出版社，2012.